目　　录

U0264526

ICS 23.020.30
CCS J 74

中华人民共和国国家标准

GB/T 4732.1—2024

压力容器分析设计
第 1 部分：通用要求

Pressure vessels design by analysis—
Part 1：General requirements

2024-07-24 发布   2024-07-24 实施

国家市场监督管理总局
国家标准化管理委员会   发 布

前　　言

本文件按照 GB/T 1.1—2020《标准化工作导则　第 1 部分:标准化文件的结构和起草规则》的规定起草。

本文件是 GB/T 4732《压力容器分析设计》的第 1 部分。GB/T 4732 已经发布了以下部分:

——第 1 部分:通用要求;

——第 2 部分:材料;

——第 3 部分:公式法;

——第 4 部分:应力分类方法;

——第 5 部分:弹塑性分析方法;

——第 6 部分:制造、检验和验收。

请注意本文件的某些内容可能涉及专利。本文件的发布机构不承担识别专利的责任。

本文件由全国锅炉压力容器标准化技术委员会(SAC/TC 262)提出并归口。

本文件起草单位:中国特种设备检测研究院、中国机械工业集团有限公司、浙江大学、江苏省特种设备安全监督检验研究院、甘肃蓝科石化高新装备股份有限公司、清华大学、大连金州重型机器集团有限公司、中国石化工程建设有限公司、中国天辰工程有限公司。

本文件主要起草人:杨国义、陈学东、徐锋、郑津洋、李军、缪春生、张延丰、陆明万、刘静、陈志伟、段瑞、曲建平。

引　言

GB/T 4732《压力容器分析设计》给出了压力容器按分析设计方法进行建造的要求,GB/T 150 基于规则设计理念提出了压力容器建造的要求。压力容器设计制造单位可依据设计具体条件选择两种建造标准之一实现压力容器的建造。

GB/T 4732 由 6 个部分构成。

——第 1 部分:通用要求。目的在于给出按分析设计建造的压力容器的通用要求,包括相关管理要求、通用的术语和定义以及 GB/T 4732 其他部分共用的基础要求等。

——第 2 部分:材料。目的在于给出按分析设计建造的压力容器中的钢制材料相关要求及材料性能数据等。

——第 3 部分:公式法。目的在于给出按分析设计建造的压力容器的典型受压元件及结构设计要求。具体给出了常用容器部件按公式法设计的厚度计算公式。GB/T 4732.3 可作为GB/T 4732.4、GB/T 4732.5 的设计基础,也可依据 GB/T 4732.3 自行完成简化的、完整的分析设计。

——第 4 部分:应力分类方法。目的在于给出按分析设计建造的压力容器中采用应力分类法进行设计的相关规定。

——第 5 部分:弹塑性分析方法。目的在于给出按分析设计建造的压力容器中采用弹塑性分析方法进行设计的相关规定。

——第 6 部分:制造、检验和验收。目的在于给出按分析设计建造的压力容器中所涵盖结构形式容器的制造、检验和验收要求。

GB/T 4732 包括了基于分析设计方法的压力容器建造过程(即指材料、设计、制造、检验、试验和验收工作)中需要遵循的技术要求、特殊禁用规定。由于 GB/T 4732 没有必要,也不可能囊括适用范围内压力容器建造中的所有技术细节,因此,在满足安全技术规范所规定的基本安全要求的前提下,不限制GB/T 4732 中没有特别提及的技术内容。GB/T 4732 不能作为具体压力容器建造的技术手册,也不能替代培训、工程经验和工程评价。工程评价是指由知识渊博、娴于规范应用的技术人员所作出针对具体产品的技术评价。工程评价需要符合 GB/T 4732 的相关技术要求。

GB/T 4732 不限制实际工程建造中采用其他先进的技术方法,但工程技术人员采用先进的技术方法时需要作出可靠的判断,确保其满足 GB/T 4732 的规定。

GB/T 4732 既不要求也不限制设计人员使用计算机程序实现压力容器的分析设计,但采用计算机程序进行分析设计时,除需要满足 GB/T 4732 的要求外,还要确认:

——所采用程序中技术假定的合理性;

——所采用程序对设计内容的适用性;

——所采用程序输入参数及输出结果用于工程设计的正确性。

进行应力分析设计计算时可以选择或不选择以 GB/T 4732.3 作为设计基础,进而采用GB/T 4732.4 或 GB/T 4732.5 进行具体设计计算以确定满足设计计算要求中防止结构失效所要求的元件厚度或局部结构尺寸。当独立采用 GB/T 4732.4 或 GB/T 4732.5 作为设计基础时,无需相互满足。

压力容器分析设计
第 1 部分：通用要求

1 范围

1.1 GB/T 4732 规定了采用分析设计方法设计的钢制压力容器（以下简称"容器"）的建造要求，提供了以弹性应力分析或弹塑性应力分析为基础，基于失效模式的设计方法。本文件规定了采用分析设计方法设计的容器材料、设计、制造、检验和验收的通用要求。

1.2 GB/T 4732 适用的设计压力：

    a) 大于或等于 0.1 MPa 且小于 100 MPa 的容器；

    b) 真空度高于或等于 0.02 MPa 的容器。

1.3 GB/T 4732 适用的设计温度范围按各部分适用的温度范围确定。

1.4 下列容器不在 GB/T 4732 的适用范围内：

    a) 设计压力小于 0.1 MPa 且真空度低于 0.02 MPa 的容器；

    b) 旋转或往复运动机械设备中自成整体或作为部件的受压器室（如：泵壳、压缩机外壳、涡轮机外壳、液压缸等）；

    c) 核能装置中存在中子辐射损伤失效风险的容器；

    d) 直接火焰加热的容器；

    e) 内直径（对非圆形截面，指截面内边界的最大几何尺寸。如：矩形为对角线，椭圆形为长轴）小于 150 mm 的容器。

1.5 容器结构界定范围

1.5.1 容器与外部管道连接：

    a) 焊接连接的第一道环向接头坡口端面；

    b) 螺纹连接的第一个螺纹接头端面；

    c) 法兰连接的第一个法兰密封面；

    d) 专用连接件或管件连接的第一个密封面。

1.5.2 接管、人孔、手孔等的承压封头、平盖及其紧固件。

1.5.3 非受压元件与受压元件的连接焊缝。

1.5.4 直接连接在容器上的非受压元件，如支座、裙座等。

1.5.5 容器的超压泄放装置（见 GB/T 150.1）。

2 规范性引用文件

下列文件中的内容通过文中的规范性引用而构成本文件必不可少的条款。其中，注日期的引用文件，仅该日期对应的版本适用于本文件；不注日期的引用文件，其最新版本（包括所有的修改单）适用于本文件。

    GB/T 150.1　压力容器　第 1 部分：通用要求

    GB/T 151　热交换器

    GB/T 4732.2　压力容器分析设计　第 2 部分：材料

    GB/T 4732.3　压力容器分析设计　第 3 部分：公式法

GB/T 4732.1—2024

GB/T 4732.4　压力容器分析设计　第 4 部分:应力分类方法

GB/T 4732.5　压力容器分析设计　第 5 部分:弹塑性分析方法

GB/T 4732.6　压力容器分析设计　第 6 部分:制造、检验和验收

GB/T 12337　钢制球形储罐

GB/T 26929　压力容器术语

JB/T 4756　镍及镍合金制压力容器

NB/T 47041　塔式容器

NB/T 47042　卧式容器

TSG 21　固定式压力容器安全技术监察规程

TSG R0005　移动式压力容器安全技术监察规程

3　术语和定义、符号

3.1　术语和定义

GB/T 26929 和 GB/T 150.1 界定的以及下列术语和定义适用于本文件。

3.1.1

压力　pressure

垂直作用在容器单位表面积上的力。

注:除注明外,压力均指表压力。

3.1.2

工作压力　operating pressure

在正常工作情况下,容器顶部可能达到的最高压力。

3.1.3

设计压力　design pressure

设定的容器顶部的最高压力。

注:设计压力与相应的设计温度一起作为容器的基本设计载荷条件,其值不低于工作压力。

3.1.4

计算压力　calculation pressure

在相应设计温度下,用以确定元件厚度的压力。

注:计算压力包括液柱静压力等附加载荷。

3.1.5

试验压力　test pressure

进行耐压试验或泄漏试验时,容器顶部的压力。

3.1.6

最高允许工作压力　maximum allowable working pressure;MAWP

在指定的相应温度下,容器顶部所允许承受的最大压力。

注:该压力是根据容器各受压元件的有效厚度,考虑了该元件承受的所有载荷而计算得到的,且取最小值。当压力容器的设计文件没有给出最高允许工作压力时,将该容器的设计压力作为最高允许工作压力。

3.1.7

设计温度　design temperature

容器在正常工作情况下,设定的元件的金属温度(沿元件金属截面的温度平均值)。

注:设计温度与相应的设计压力一起作为容器的基本设计载荷条件。设计温度的上限值称为最高设计温度,设计温度的下限值称为最低设计温度。

3.1.8

试验温度　test temperature

进行耐压试验或泄漏试验时,容器壳体的金属温度。

3.1.9

最低设计金属温度　minimum design metal temperature

设计时,容器在运行过程中预期的各种可能条件下各元件金属温度的最低值。

3.1.10

计算厚度　required thickness

按 GB/T 4732 相应公式或方法基于所计及的载荷计算得到的厚度。

3.1.11

设计厚度　design thickness

计算厚度与腐蚀裕量之和。

3.1.12

名义厚度　nominal thickness

设计厚度加上材料厚度负偏差后向上圆整至材料标准规格的厚度。

3.1.13

有效厚度　effective thickness

名义厚度减去腐蚀裕量和材料厚度负偏差。

3.1.14

最小成形厚度　minimum required fabrication thickness

受压元件成形后保证设计要求的最小厚度。

3.1.15

低温容器　low-temperature pressure vessel

设计温度低于−20 ℃的低合金钢、双相不锈钢和铁素体不锈钢制容器,以及设计温度低于−196 ℃的奥氏体不锈钢制容器。

3.1.16

当量应力　equivalent stress

由强度理论定义的用作任意应力状态下强度判据的组合应力。

注：GB/T 4732.3 公式法设计总体上采用第三强度理论;GB/T 4732.4 基于应力分类方法进行设计或强度核算,以及 GB/T 4732.5 基于弹塑性应力分析方法进行强度设计采用第四强度理论。

3.1.17

总体结构不连续　gross structural discontinuity

几何形状、材料或载荷的不连续使结构在较大范围内的应力或应变发生变化,对结构总的应力分布和变形影响显著。

示例：总体结构不连续的实例,如封头、法兰、接管、支座等与壳体的连接处,以及不等直径或不等壁厚的壳体连接处等。

3.1.18

局部结构不连续　local structural discontinuity

几何形状、材料或载荷的不连续使结构在很小范围内的应力或应变发生变化,对结构总的应力分布和变形无显著影响。

注：局部结构不连续的实例,如小的过渡圆角处、壳体与小附件连接处,以及未全熔透的焊缝等。

3.1.19

正应力　normal stress

正交于所考虑截面的应力分量。

注 1：也称"法向应力"。

注2：通常正应力沿部件厚度的分布是不均匀的,可分解成沿厚度均匀分布的薄膜应力、线性分布的弯曲应力和非线性分布的峰值应力三个成分。

3.1.20

切应力 shear stress

与所考虑截面相切的应力成分。

注：也称"剪应力"。

3.1.21

薄膜应力 membrane stress

沿截面厚度均匀分布的应力成分,等于沿所考虑截面厚度的应力平均值。

3.1.22

弯曲应力 bending stress

沿厚度方向线性变化,且与离中性轴的距离成正比的正应力。

注：对于非线性分布的应力可用等效线性化得到弯曲应力。

3.1.23

一次应力 primary stress

为平衡压力与其他机械载荷所必需的正应力或切应力。

注1：对理想塑性材料,一次应力所引起的总体塑性流动是非自限的,即当结构内的塑性区扩展到使之变成几何可变的机构时,达到极限状态,即使载荷不再增加,仍产生不可限制的塑性流动,直至破坏。

注2：一次应力分为一次总体薄膜应力、一次局部薄膜应力和一次弯曲应力。

3.1.24

一次总体薄膜应力 general primary membrane stress

P_m

影响范围遍及整个结构的一次薄膜应力。

注：在塑性流动过程中一次总体薄膜应力不会发生重新分布,它将直接导致结构破坏。

示例：一次总体薄膜应力的实例,如各种壳体中平衡内压或分布载荷所引起的薄膜应力。

3.1.25

一次局部薄膜应力 primary local membrane stress

P_L

应力水平大于一次总体薄膜应力,但影响范围仅限于结构局部区域的一次薄膜应力。

注1：当结构局部发生塑性流动时,这类应力将重新分布。若不加以限制,则当载荷从结构的某一部分(高应力区)传递到另一部分(低应力区)时,会产生过量塑性变形而导致破坏。

示例：一次局部薄膜应力的实例,如在壳体的固定支座或接管处由外部载荷和力矩引起的薄膜应力。

注2：总体结构不连续引起的局部薄膜应力,虽具有二次应力的性质,但出于方便与稳妥考虑仍归入一次局部薄膜应力。

注3：局部应力区是指经线方向延伸距离不大于 $1.0\sqrt{R\delta}$,当量应力超过 $1.1S_m$ 的区域(此处 R 是该区域内壳体中面的第二曲率半径,即沿中面法线方向从壳体回转轴到壳体中面的距离;δ 为该区域内的最小壁厚)。局部薄膜当量应力超过 $1.1S_m$ 的两个相邻应力区之间彼此隔开,它们之间沿经线方向的间距大于或等于 $2.5\sqrt{R_m\delta_m}$[其中,$R_m = \frac{1}{2}(R_1+R_2)$,$\delta_m = \frac{1}{2}(\delta_1+\delta_2)$。$R_1$ 与 R_2 分别为所考虑两个区域壳体中面的第二曲率半径;δ_1 与 δ_2 为每一所考虑区域的最小厚度]。

3.1.26

一次弯曲应力 primary bending stress

P_b

平衡压力或其他机械载荷所需的沿截面厚度线性分布的弯曲应力。

示例：一次弯曲应力的实例,如平盖中心部位由压力引起的弯曲应力。

3.1.27

二次应力 secondary stress

Q

为满足外部约束条件或结构自身变形连续要求所需的正应力或切应力。

注：二次应力的基本特征是具有自限性，即局部屈服和小量变形就可以使约束条件或变形连续要求得到满足，从而变形不再继续增大。

示例：二次应力的实例，如总体热应力和总体结构不连续处的弯曲应力。

3.1.28

峰值应力 peak stress

F

由局部结构不连续或局部热应力影响而引起的附加于一次加二次应力的应力增量。

注：峰值应力的特征是同时具有自限性与局部性，它不会引起明显的变形；其危害性在于可能导致疲劳裂纹或脆性断裂。非高度局部性的应力，如果不引起显著变形者也属于此类。峰值应力的实例，如壳体接管连接处由于局部结构不连续所引起的应力增量中沿厚度非线性分布的应力，复合钢板容器中覆层的热应力。

3.1.29

载荷应力 load stress

由压力或其他机械载荷所引起的应力。

3.1.30

热应力 thermal stress

由结构内部温度分布不均匀或材料线膨胀系数不同所引起的自平衡应力；或当温度发生变化，结构的自由热变形被外部约束限制时所引起的应力。

注：热应力分为总体热应力和局部热应力。

3.1.31

总体热应力 grossthermal stress

影响范围遍及厚度和结构较大范围的热应力。

注：总体热应力属于二次应力。总体热应力的实例如下：
——圆筒中由于轴向温度梯度所引起的应力；
——由壳体与接管间的温度差所引起的应力；
——圆筒中由于径向温度梯度所引起的等效线性应力。等效线性应力是指由应力等效线性化得到的薄膜加弯曲应力，要求合力相等和合力矩相等。

3.1.32

局部热应力 localthermal stress

影响范围仅占厚度很小部分和结构局部区域的热应力。

注：局部热应力属于峰值应力范畴。

示例：局部热应力的实例如下：
——容器壁上小范围局部过热处的应力；
——筒体中由于径向温度梯度所引起的实际应力与当量线性应力之差；
——复合钢板中因复层与基体金属线膨胀系数不同而在复层中引起的热应力。

3.1.33

工作循环 operating cycle

由初始状态进入新状态，随后又回到初始状态开始点的过程。

注：工作循环有以下三种情况。
——启动停止循环。以大气压力或大气温度为一个极值，而正常工作条件为另一极值的任一工作循环。
——正常工作循环。从启动到停止之间，容器为了实现其预期目的所需的任何工作循环。
——设计中需要考虑的任何紧急状态或异常情况由起始到恢复的循环。

3.1.34

应力循环　stress cycle

应力由某初始值开始,经过代数最大值和代数最小值,然后又返回初始值的循环。

注:一个工作循环可以引起一个或多个应力循环。

3.1.35

变形　deformation

元件形状或尺寸的改变。

3.1.36

非弹性　lnelasticity

材料的一般性质。即:当卸去全部外加载荷后材料不再恢复到原来的(未变形的)形状与尺寸的性质。

3.1.37

塑性　plasticity

材料中应力超过屈服强度后发生与时间无关的不可恢复的变形。

注:塑性变形有三个主要特点:

——非线性:应力-应变关系是非线性的;

——加卸载性质不同:加载是塑性,卸载是弹性;

——历史相关性:应力与应变没有一一对应关系,与加载历史有关。

3.1.38

塑性分析　plastic analysis

考虑材料塑性变形特性(包括塑性应力-应变关系、应力重分布等)来计算给定载荷作用下结构状态的方法。

3.1.39

极限分析　limit analysis

假设材料为理想塑性、结构处于小变形状态时,研究塑性极限状态下的结构平衡特性的塑性力学分析方法。

注:极限分析的理论基础是下限定理与上限定理。下限定理是:在所有与静力容许应力场(满足平衡条件且不违背屈服条件的应力场)对应的载荷是极限载荷的下限解,其中最大者为极限载荷。上限定理是:在所有与机动容许位移场(满足几何可能条件形成破损机构的位移场)对应的载荷是极限载荷的上限解,其中最小者为极限载荷。由上、下限定理得到的分别称为上限解、下限解,当二者相等时称为完全解。

3.1.40

极限载荷　limit load

理想塑性结构在小变形情况下,当载荷不变时发生无限制塑性变形而丧失承载能力时的载荷。

注:用极限分析方法能求得极限载荷。

3.1.41

塑性铰　plastic hinge

在梁、刚架、板、壳等结构极限分析中描述弯曲型塑性垮塌机构的理想模型。

注1:塑性铰的实例,如当梁的某一截面全部进入塑性状态后,该处曲率变化率可以任意地增大,称该点处出现了一个塑性铰。

注2:塑性铰与工程中的机械铰有两个本质区别:

——它是单向铰,只能朝加载时的转动方向转动,卸载是弹性的,不能转动。

——它不是光滑铰,转动时截面上有塑性极限弯矩,在转动过程中做塑性功。在板壳结构中连续的一串塑性铰会形成塑性铰线。

3.1.42

蠕变 creep

在应力不变的条件下应变随着时间不可逆缓慢增加的现象。

3.1.43

棘轮现象 ratcheting

当构件经受一次应力和循环热应力(或循环一次应力)共同作用时,产生逐次渐增非弹性变形的现象。

注:也称"渐增塑性"(progressive plasticity),亦称"棘轮"。

3.1.44

安定性 shakedown

结构除在初始阶段少数几个载荷循环中产生一定的塑性变形外,在继续施加的循环外载荷作用下不再发生新的塑性变形,或者说不出现塑性疲劳或棘轮现象。此时称结构处于安定状态。

3.1.45

疲劳 fatigue

零部件的某处受循环载荷的作用,在应力集中部位产生局部损伤累积,并在一定载荷循环次数后裂纹萌生、扩展和断裂的机理。

3.1.46

失效 failure

容器在规定的服役环境和寿命内,因尺寸、形状或材料性能变化而危及安全或者丧失规定功能的现象。

3.1.47

失效模式 failure mode

容器丧失其规定功能或者危及安全的事件及其本质原因。

3.1.48

短期失效模式 short term failure mode

非循环载荷短期作用导致容器短期失效的模式。

注:短期失效模式包括但不限于脆性断裂、韧性断裂(如塑性垮塌、局部过度应变)、过量变形、屈曲和某些环境助长导致的短期失效。

3.1.49

长期失效模式 long-term failure mode

非循环载荷长期作用导致容器失效的模式。

注:长期失效模式包括但不限于蠕变破裂、蠕变过量变形、蠕变失稳、腐蚀和磨蚀、某些环境助长导致的长期失效。

3.1.50

循环失效模式 cyclic failure mode

循环载荷作用导致容器延迟失效的模式。

注:循环失效模式包括但不限于疲劳、棘轮(渐增塑性)。

3.1.51

脆性断裂 brittle fracture

容器构件未经明显的塑性变形而发生的断裂。

3.1.52

屈曲 buckling

在压应力作用下,处在弹性或弹塑性状态的容器构件失去原有规则几何形状而导致的失效。

GBT 4732.1—2024

3.1.53

塑性垮塌　plastic collapse

在单调加载条件下容器构件因过量总体塑性变形而不能继续承载导致的失效。

3.1.54

局部过度应变　excessive local strains

在局部多向拉应力状态下,容器因材料延性耗尽而导致裂纹产生或者撕裂。

3.1.55

泄漏　leakage

容器本体或者连接件失去密封功能。

3.1.56

倾覆　overturning

结构失去平衡而产生倾翻的不稳定模式。

3.1.57

设计评定准则　design evaluating criteria

防止失效发生的设计许用判据。

3.1.58

塑性失效准则　plastic failure criteria

防止塑性失效的各类设计评定准则的统称。

注:塑性失效准则包括但不限于以下评定准则:

——塑性垮塌;

——局部过度应变;

——塑性疲劳;

——棘轮。

3.2　符号

下列符号适用于本文件。

C——厚度附加量,mm。

C_1——材料厚度负偏差,mm。

C_2——腐蚀裕量,mm。

E^t——材料在设计温度下的弹性模量,MPa。

p——设计压力,MPa。

p_T——试验压力最低值,MPa。

R_o——圆筒的外半径,mm。

R_m——材料标准抗拉强度下限值,MPa。

$R_{eL}(R_{p0.2}、R_{p1.0})$——材料标准室温屈服强度(或 0.2%、1.0%非比例延伸强度),MPa。

$R_{eL}^t(R_{p0.2}^t、R_{p1.0}^t)$——材料在设计温度下的屈服强度(或 0.2%、1.0%非比例延伸强度),MPa。

R_D^t——材料在设计温度下经 10 万 h、15 万 h 或 20 万 h 断裂的持久强度的平均值,MPa。

R_n^t——材料在设计温度下经 10 万 h 蠕变率为 1%的蠕变极限平均值,MPa。

S_I——一次总体薄膜应力的当量应力,MPa。

S_{III}——一次薄膜加一次弯曲应力的当量应力,MPa。

S_m——容器元件材料在耐压试验温度下的许用应力,MPa。

S_m^t——容器元件材料在设计温度或工作温度下的许用应力,MPa。

S_1^t——设计温度下基层材料的许用应力,MPa。

12

S_2^t——设计温度下覆层材料的许用应力,MPa。

S_{cr}^t——设计温度下圆筒许用轴向压缩应力,MPa。

S_i^t——设计温度下多层包扎圆筒内筒材料的许用应力,MPa。

S_o^t——设计温度下多层包扎圆筒层板层材料的许用应力,MPa。

δ_1——基层材料的名义厚度,mm。

δ_2——覆层材料的厚度,不计入腐蚀裕量,mm。

δ_e——圆筒或球壳的有效厚度,mm。

δ_i——多层包扎圆筒内筒的名义厚度,mm。

δ_n——多层包扎圆筒的名义厚度,mm。

δ_o——多层包扎圆筒层板层总厚度,mm。

ϕ_o——多层包扎圆筒层板层的焊接接头系数。

4 失效模式

4.1 容器建造中涉及的主要失效模式

容器建造中考虑的主要失效模式如下。

a) 短期失效模式:脆性断裂(brittle fracture)、韧性断裂(ductile fracture)(如塑性垮塌、局部过度应变)、过量变形(excessive deformation)、屈曲(buckling)。

注:过量变形会导致法兰等连接处介质泄漏或丧失其他功能。

b) 长期失效模式:蠕变断裂(creep rupture)、蠕变过量变形(creep excessive deformation)、蠕变失稳(creep instability)、腐蚀和磨蚀(corrosion and erosion)、环境助长断裂(environmentally assisted cracking)。

c) 循环失效模式:棘轮或称渐增塑性(ratcheting or progressive plastic deformation)、交替塑性(alternating plasticity)、疲劳(fatigue)、环境助长疲劳(environmentally assisted fatigue)。

4.2 GB/T 4732 涵盖的基本失效模式

GB/T 4732 涵盖的基本失效模式如下:

a) 塑性垮塌——GB/T 4732.3、GB/T 4732.4、GB/T 4732.5 中考虑了该失效模式;

b) 局部过度应变——GB/T 4732.3、GB/T 4732.4、GB/T 4732.5 中考虑了该失效模式;

c) 屈曲——GB/T 4732.3、GB/T 4732.5 中考虑了该失效模式;

d) 疲劳——GB/T 4732.4、GB/T 4732.5 中考虑了该失效模式;

e) 棘轮——GB/T 4732.4、GB/T 4732.5 中考虑了该失效模式;

f) 脆性断裂——GB/T 4732.2、GB/T 4732.6 中考虑了该失效模式;

g) 泄漏——在法兰设计、密封结构设计等要求中考虑了该失效模式;

h) 均匀腐蚀和磨蚀——受压元件设计计算中确定设计厚度时考虑了该失效模式;

i) 环境助长断裂——GB/T 4732.2、GB/T 4732.6 中考虑了该失效模式。

4.3 工程上考虑的失效模式

包括4.1规定的失效模式和容器在全寿命周期内可能出现的其他失效模式。

5 基本要求

5.1 通则

5.1.1 容器的设计、制造、检验和验收除应符合 GB/T 4732 相关部分的规定外,还应遵守国家发布的有关法律、法规和安全技术规范要求。

5.1.2 特定结构容器,其设计、制造、检验和验收除应符合本文件及 GB/T 4732.2～GB/T 4732.6 的规定外,还应符合 GB/T 151、GB/T 12337、NB/T 47041 和 NB/T 47042 的相应结构设计要求。

5.1.3 容器的设计、制造单位应建立健全质量管理体系并有效运行。

5.1.4 TSG 21 和 TSG R0005 管辖范围内的压力容器设计和制造应接受特种设备安全监察机构的监察。

5.1.5 固定式容器类别按照 TSG 21 的规定确定,移动式容器类别按照 TSG R0005 或有关文件的规定确定。

5.2 资质与职责

5.2.1 资质

TSG 21 和 TSG R0005 管辖范围内压力容器的设计单位应持有含分析设计的相应特种设备设计许可证,TSG 21 和 TSG R0005 管辖范围内压力容器的制造单位应持有相应的 A 级或 C 级特种设备制造许可证。

5.2.2 职责

5.2.2.1 用户或设计委托方的职责

容器的用户或设计委托方应以正式书面形式向设计单位提出容器设计条件,应至少包含以下内容:
a) 容器设计所依据的主要标准和规范;
b) 操作参数(包括工作压力、工作温度范围、液位高度、接管载荷等);
c) 压力容器使用地及其自然条件(包括环境温度、抗震设防烈度、风和雪载荷等);
d) 介质组分与特性;
e) 预期使用年限,承受循环交变载荷的容器,注明预期使用年限内载荷波动范围及循环次数;
f) 几何参数和管口方位;
g) 设计需要的其他必要条件。

5.2.2.2 设计单位的职责

设计单位的职责要求如下:
a) 设计单位应对设计文件的正确性和完整性负责;
b) 容器的设计文件应至少包括应力分析报告(或计算书)、设计图样、制造技术条件、风险评估报告,必要时还应包括安装与使用维修保养说明;
c) TSG 21 和 TSG R0005 管辖范围内压力容器的设计总图应盖有特种设备设计专用印章;
d) 设计单位向容器用户出具的风险评估报告应符合附录 A 的规定;
e) 设计单位应在容器设计使用年限内保存全部容器设计文件。

5.2.2.3 制造单位的职责

制造单位的职责要求如下。
a) 制造单位应按照设计文件的要求进行制造,当需要对原设计进行变更时,应取得原设计单位同意变更的书面文件,并且对改动部位作出详细记载。
b) 制造单位在容器制造前应制定完善的质量计划,其内容应至少包括容器或元件的制造工艺控制点、检验项目和合格指标。
c) 制造单位的检查部门在容器制造过程中和完工后,应按本文件、设计文件和质量计划的规定对容器进行各项检验和试验,出具相应报告,并对报告的正确性和完整性负责。

  d) 制造单位在检验合格后,应出具产品质量合格证。

  e) 制造单位对其制造的每台容器产品应在容器设计使用年限内至少保存下列技术文件备查:

    1) 质量计划;

    2) 制造工艺图或制造工艺卡;

    3) 产品质量证明文件;

    4) 容器的焊接工艺和热处理工艺文件;

    5) 标准中允许制造厂选择的检验、试验项目记录;

    6) 容器制造过程中及完工后的检查、检验、试验记录;

    7) 容器的原设计图和竣工图。

5.3 设计一般规定

5.3.1 容器设计单位(设计人员)应依据用户或设计委托方所提供的容器设计条件进行容器设计,考虑容器在全寿命周期中可能出现的所有失效模式,提出防止失效的措施。

  注:设计中考虑的失效模式见第4章。

5.3.2 设计时应计及以下载荷:

  a) 内压、外压或压差;

  b) 液柱静压力,当液柱静压力小于设计压力的5%时,可忽略不计,需要时,还应计及 c)～k)载荷;

  c) 容器的自重(包括内件和填料等),以及正常工作条件下或耐压试验状态下内装介质的重力载荷;

  d) 附属设备及隔热材料、衬里、管道、扶梯、平台等的重力载荷;

  e) 风载荷、地震载荷、雪载荷;

  f) 支座及其他型式支承件的反作用力;

  g) 连接管道和其他部件的作用力;

  h) 温度梯度或由于热膨胀量不同引起的作用力;

  i) 冲击载荷,包括压力急剧波动引起的冲击载荷、流体冲击引起的反力等;

  j) 运输或吊装时的作用力;

  k) 其他应计及的载荷。

5.3.3 确定设计压力或计算压力时,需满足下述要求。

  a) 容器上装有超压泄放装置时,应按 GB/T 150.1 的规定确定设计压力。

  b) 对于常温储存液化气体的容器,当装有可靠的保冷设施,在规定的装量系数范围内,设计压力应以规定温度下的工作压力为基础确定。工作压力按 TSG 21 的规定确定。

  c) 对于外压容器(例如真空容器、液下容器和埋地容器),确定计算压力时应计及在正常工作情况下可能出现的最大内外压力差。

  d) 确定真空容器的壳体厚度时,设计压力按承受外压考虑。当装有安全控制装置(如真空泄放阀)时,设计压力取 1.25 倍最大内外压力差或 0.1 MPa 两者中的低值;当无安全控制装置时,取 0.1 MPa。

  e) 由2个或2个以上压力室组成的容器,如夹套容器,应分别确定各压力室的设计压力。确定公用元件的计算压力时,需计及相邻室之间的最大压力差。

5.3.4 设计温度的确定要求如下。

  a) 设计温度不应低于元件金属在工作状态可能达到的最高温度。对于0 ℃以下的金属温度,设计温度不应高于元件金属可能达到的最低温度。

b) 容器各部分在工作状态下的金属温度不同时，可分别设定每部分的设计温度。

c) 元件的金属温度可通过以下方法确定：
　　1) 传热计算求得；
　　2) 在已使用的同类容器上测定；
　　3) 根据容器内部介质温度并结合外部条件确定。

d) 在确定最低设计金属温度时，应计及在运行过程中，大气环境低温条件对容器壳体金属温度的影响。

注：大气环境低温条件系指历年来月平均最低气温（指当月各天的最低气温值之和除以当月天数）的最低值。

5.3.5 多工况运行的容器，应按最苛刻的工况设计，必要时还需考虑不同工况的组合，并在图样或相应技术文件中注明各工况操作条件和设计条件下的压力和温度值。

5.3.6 厚度附加量按公式（1）确定：

$$C = C_1 + C_2 \qquad\qquad\qquad\qquad\qquad\qquad (1)$$

式中，C_1 和 C_2 按下列要求确定。

a) 板材或管材的厚度负偏差（C_1）按材料标准的规定。

b) 为防止容器受压元件由于腐蚀、机械磨损而导致厚度削弱减薄，按下列规定考虑腐蚀裕量（C_2）：
　　1) 对有均匀腐蚀或磨损的元件，应根据预期的容器设计使用年限和介质及环境对金属材料的腐蚀速率（及磨蚀速率）确定腐蚀裕量；
　　2) 容器各元件受到的腐蚀程度不同时，可采用不同的腐蚀裕量；
　　3) 介质为压缩空气、水蒸气或水的非合金钢或低合金钢制容器，腐蚀裕量不应小于 1 mm。

5.3.7 壳体加工成形后不包括腐蚀裕量的最小厚度：
a) 非合金钢、低合金钢制容器，不宜小于 3 mm；
b) 高合金钢制容器，不宜小于 2 mm。

5.3.8 容器元件的名义厚度和最小成形厚度应标注在设计图样上。

5.4 许用应力

5.4.1 GB/T 4732 中材料的许用应力 S_m^t 应按 GB/T 4732.2 的规定选取。应按表 1 的规定确定钢材（螺栓材料除外）许用应力，按表 2 的规定确定钢制螺栓材料许用应力。

表 1 许用应力的取值（螺栓材料除外）

材料	许用应力/MPa（取下列各值中的最小值）
非合金钢、低合金钢	$\dfrac{R_m}{2.4}$，$\dfrac{R_{eL}(R_{p0.2})}{1.5}$，$\dfrac{R_{eL}^t(R_{p0.2}^t)}{1.5}$，$\dfrac{R_D^t}{1.5}$，$\dfrac{R_n^t}{1.0}$
高合金钢	
对奥氏体高合金钢制受压元件，根据使用部位，当允许有微量的永久变形时，可适当提高许用应力至 $0.9R_{p0.2}^t$，但不超过 $R_{p0.2}^t/1.5$。此规定不适用于法兰或其他有微量永久变形就产生泄漏或故障的场合。 对奥氏体高合金钢制受压元件，如果引用标准规定了 $R_{p1.0}$ 或 $R_{p1.0}^t$，则可以选用该值计算其许用应力。 根据设计使用年限选用 1.0×10^5 h、1.5×10^5 h、2.0×10^5 h 等持久强度极限值。 对非焊接瓶式容器瓶体，其许用应力可基于产品经过改善材料性能热处理后的强度保证值确定	

表 2　钢制螺栓材料许用应力的取值

材料	螺栓直径/mm	热处理状态	许用应力/MPa
非合金钢	≤M22	热轧、正火	$\dfrac{R_{eL}^{t}}{2.7}$
	M24～M48		$\dfrac{R_{eL}^{t}}{2.5}$
低合金钢、马氏体高合金钢	≤M22	调质	$\dfrac{R_{eL}^{t}(R_{p0.2}^{t})}{3.5}$
	M24～M48		$\dfrac{R_{eL}^{t}(R_{p0.2}^{t})}{3.0}$
	≥M52		$\dfrac{R_{eL}^{t}(R_{p0.2}^{t})}{2.7}$
奥氏体高合金钢	≤M22	固溶	$\dfrac{R_{eL}^{t}(R_{p0.2}^{t})}{1.6}$
	M24～M48		$\dfrac{R_{eL}^{t}(R_{p0.2}^{t})}{1.5}$

5.4.2　设计温度低于 20 ℃时,取 20 ℃时的许用应力。

5.4.3　对于覆层与基层结合率达到 NB/T 47002.1、NB/T 47002.2 中 2 级板以上的不锈钢-钢、镍-钢复合钢板,在设计计算中,当计入覆层材料的强度时,其设计温度下的许用应力应按公式(2)确定:

$$S_{m}^{t}=\frac{S_{1}^{t}\delta_{1}+S_{2}^{t}\delta_{2}}{\delta_{1}+\delta_{2}} \quad\cdots\cdots\cdots\cdots\cdots\cdots\cdots\cdots\cdots\cdots(2)$$

S_{1}^{t} 按 GB/T 4732.2 选取;S_{2}^{t} 根据覆层材料按 GB/T 4732.2 或 JB/T 4756 选取。当 S_{2}^{t} 值高于 S_{1}^{t} 值时,取 S_{1}^{t} 值代替 S_{2}^{t} 值。

5.4.4　多层包扎圆筒设计温度下的许用应力应按公式(3)确定:

$$S_{m}^{t}=\frac{\delta_{i}}{\delta_{n}}S_{i}^{t}+\frac{\delta_{o}}{\delta_{n}}S_{o}^{t}\phi_{o} \quad\cdots\cdots\cdots\cdots\cdots\cdots\cdots\cdots(3)$$

式中,$\phi_{o}=0.95$。

5.4.5　壳体许用压缩应力应按 GB/T 4732.3 的规定确定。

5.5　当量应力的许用极限

5.5.1　基于应力分类方法设计时当量应力的许用极限

采用应力分类方法进行容器设计时,相应类别当量应力及组合当量应力的许用极限应按 GB/T 4732.4 的规定。

5.5.2　特殊应力的许用极限

5.5.2.1　支承载荷

5.5.2.1.1　在最大设计载荷作用下,用于防止挤压破坏的平均支承应力应限制在所处温度下的屈服强度 $R_{eL}^{t}(R_{p0.2}^{t})$ 以下。当支承载荷作用边缘到自由端的距离(非承压部分)大于支承载荷作用的长度范围时,支承应力可为所处温度下屈服强度 $R_{eL}^{t}(R_{p0.2}^{t})$ 的 1.5 倍。

评定复合材料覆层表面上的支承应力时,应采用复材的屈服强度 $R_{eL}^{t}(R_{p0.2}^{t})$;当计算支承应力时,如果支承面积取为实际接触面积和支承接触表面的基层金属面积两者中的较小值时,则可采用基材的屈服强度 $R_{eL}^{t}(R_{p0.2}^{t})$。

5.5.2.1.2 当支承载荷作用于具有自由端的部件上时,例如外伸边缘处,应计及剪切失效的可能性。当仅有载荷应力时,平均剪应力不应超过 $0.6S_m$;针对载荷应力加二次应力,平均剪应力不应超过下列数值:

a) 对奥氏体不锈钢,取常温下 $0.5R_{p0.2}$ 和其他温度下 $0.675R_{p0.2}^t$ 中的较低值;

b) 对其他所有材料,在任何温度下均为 $0.5R_{eL}^t(R_{p0.2}^t)$;

c) 对于复合层表面,如果剪切失效仅发生在覆层金属中,覆层的许用剪应力按与该覆层材料相当的锻件性能确定;如果剪切失效一部分发生在基层,一部分发生在覆层,评定这种类型失效的综合抗力时,采用覆层和基层各自材料的许用剪应力。

5.5.2.1.3 销子及类似部件的支承应力不应超过该温度下的 $R_{eL}^t(R_{p0.2}^t)$;但距板边一个销子直径范围内的承压面上无承载时,许用值取 $1.5R_{eL}^t(R_{p0.2}^t)$。

5.5.2.2 纯剪切

受纯剪切的截面(如键、抗剪环、螺纹)的平均一次剪应力不应超过 $0.6S_m^t$。承受扭力的实心圆形截面外周上,不计集中应力时的最大一次剪应力不应超过 $0.8S_m^t$。

5.5.2.3 非整体连接件的扩展性变形

螺帽、丝堵、环状抗剪锁紧装置、栓状锁紧装置等非整体连接件,由于喇叭状或其他形状的扩展性变形而受到损坏,以致不能啮合,引起非整体连接件之间产生滑移。为防止发生此类现象,一次加二次当量应力不应超过 $R_{eL}^t(R_{p0.2}^t)$。

5.6 焊接接头分类

5.6.1 容器受压元件之间的焊接接头分为 A、B、C、D 四类,如图 1 所示。

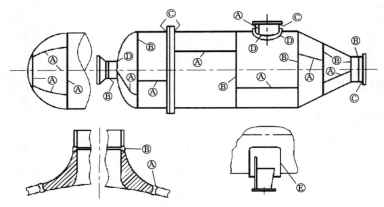

ⒶⒷⒸⒹⒺ分别表示 A、B、C、D 和 E 类焊接接头。

图 1 焊接接头分类

焊接接头的具体分类方法如下:

a) 圆筒部分(包括接管)和锥壳部分的纵向接头(多层包扎容器层板层纵向接头除外)、球形封头与圆筒连接的环向接头、各类凸形封头和平封头中的所有拼焊接头,以及嵌入式的接管与壳体对接连接的接头或凸缘与壳体对接连接的接头,均属 A 类焊接接头;

b) 壳体部分的环向接头、锥形封头小端与接管连接的接头、长颈法兰与壳体或接管连接的接头、平盖或管板与圆筒对接连接的接头以及接管间的对接环向接头,均属 B 类焊接接头,但已规定为 A 类的焊接接头除外;

　　c)　球冠形封头、平盖、管板与圆筒非对接连接的接头,法兰与壳体或接管连接的接头,内封头与圆筒的搭接接头以及多层包扎容器层板层纵向接头,均属 C 类焊接接头,但已规定为 A、B 类的焊接接头除外;

　　d)　接管(包括人孔圆筒)、凸缘、补强圈等与壳体连接的接头,均属 D 类焊接接头,但已规定为 A、B、C 类的焊接接头除外。

5.6.2　非受压元件与受压元件的连接接头为 E 类焊接接头,如图 1 所示。

5.7　耐压试验

5.7.1　通用要求

5.7.1.1　耐压试验包括液压试验、气压试验和气液组合试验。

5.7.1.2　容器制成后应经耐压试验,试验的种类、要求和试验压力值应在图样上注明。

5.7.1.3　耐压试验一般采用液压试验,试验液体应符合 TSG 21 或 TSG R0005 的规定。

5.7.1.4　对于不适宜进行液压试验的容器,可采用气压试验或气液组合试验。进行气压试验或气液组合试验的容器应满足 GB/T 4732.6 的要求。

5.7.1.5　采用气液组合试验时,试验用液体和气体应分别满足 5.7.1.3 和 5.7.1.4 的要求,试验压力按气压试验的规定。

5.7.1.6　外压容器以内压进行耐压试验,试验压力按 5.7.2.3 的规定执行。

5.7.2　耐压试验压力

5.7.2.1　耐压试验压力的最低值按 5.7.2.2 和 5.7.2.3 的规定,并考虑:

　　a)　对于立式容器采用卧置进行液压试验时,试验压力应计入立置试验时的液柱静压力;

　　b)　工作条件下内装介质的液柱静压力大于压力试验的液柱静压力时(气压试验时液注静压力为零,液压试验或气液组合试验时按实际液柱静压力考虑),应相应增加试验压力。

5.7.2.2　内压容器进行耐压试验时,其试验压力的最低值按以下规定确定:

　　a)　液压试验的试验压力应按公式(4)确定:

$$p_{\mathrm{T}} = 1.25 p \frac{S_{\mathrm{m}}}{S_{\mathrm{m}}^{\mathrm{t}}} \quad\cdots\cdots\cdots\cdots\cdots\cdots\cdots\cdots（4）$$

　　b)　气压试验或气液组合试验的试验压力应按公式(5)确定:

$$p_{\mathrm{T}} = 1.1 p \frac{S_{\mathrm{m}}}{S_{\mathrm{m}}^{\mathrm{t}}} \quad\cdots\cdots\cdots\cdots\cdots\cdots\cdots\cdots（5）$$

注 1:容器铭牌上规定有最高允许工作压力时,公式中以最高允许工作压力代替设计压力 p。

注 2:容器各主要受压元件,如圆筒、封头、接管、设备法兰(或人手孔法兰)及其紧固件等所用材料不同时,取各元件材料 $\dfrac{S_{\mathrm{m}}}{S_{\mathrm{m}}^{\mathrm{t}}}$ 值中的最小者。

5.7.2.3　外压容器进行耐压试验时,其试验压力的最低值按以下规定确定:

　　a)　液压试验的试验压力应按公式(6)确定:

$$p_{\mathrm{T}} = 1.25 p \quad\cdots\cdots\cdots\cdots\cdots\cdots\cdots\cdots（6）$$

　　b)　气压试验或气液组合试验的试验压力应按公式(7)确定:

$$p_{\mathrm{T}} = 1.1 p \quad\cdots\cdots\cdots\cdots\cdots\cdots\cdots\cdots（7）$$

5.7.2.4　对于由 2 个或 2 个以上压力室组成的多腔容器,每个压力室的试验压力按其设计压力确定。当分隔两压力腔的共用元件非按压力差进行设计时,其各压力腔单独进行压力试验;当分隔两压力腔的共用元件按压力差进行设计时,确定该分隔两压力腔的共用元件试验压力时,应按压力差替代公式(4)~公式(7)中的 p,各腔在进行压力试验时,另一腔应保持压力,使分隔两压力腔的共用元件所受压力差不超过规定的试验压力值。

5.7.3 耐压试验应力校核

5.7.3.1 对于采用公式法设计的容器,试验时容器任意点上的压力(包括液注静压力)超过公式(4)、公式(5)规定的试验压力时,应校核各受压元件在试验条件下的应力水平,例如对壳体元件校核 S_I。校核要求应符合如下规定:

    a) 液压试验时,$S_I \leq 0.9R_{eL}$;

    b) 气压试验或气液组合试验时,$S_I \leq 0.8R_{eL}$。

5.7.3.2 对于采用应力分类方法设计的容器,试验时容器任何点上的压力(包括静压头)超过公式(4)、公式(5)规定的试验压力的 6% 时,应按表 4 校核各承压元件在试验条件下的当量应力 S_I 和 S_{III},其中对于多腔容器分隔两压力腔的共用元件,应按 5.7.2.4 施加压力计算其应力,并按表 3 校核其当量应力 S_I 和 S_{III}。

表 3　耐压试验下的应力校核

耐压试验类型	S_I	S_{III}	
		当 $S_I \leq 2/3R$ 时	当 $S_I > 2/3R$ 时
液压试验	$\leq 0.9R$	$\leq 1.35R$	$\leq 2.35R - 1.5S_I$
气压试验、气液组合试验	$\leq 0.8R$	$\leq 1.2R$	$\leq 2.2R - 1.5S_I$
注:表中 R 代表 $R_{eL}(R_{p0.2})$。			

5.7.3.3 对于采用弹塑性分析方法设计的容器,试验时容器任何点上的压力(包括液注静压力)超过公式(4)、公式(5)规定的试验压力时,试验压力上限的应力核算应满足 GB/T 4732.5 的要求。

5.7.3.4 对于多腔容器的耐压试验,当其分隔两压力腔的共用元件需承受外压作用时(凸面受压),应校核其稳定性,使其满足外压稳定性要求。整个试验过程(包括升压、保压和卸压)中的任一时刻,共用元件需承受的外压不应超过许用外压,且图样上应注明该要求和许用外压。

5.8 泄漏试验

5.8.1 泄漏试验包括气密性试验以及氨检漏试验、卤素检漏试验和氦检漏试验等。

5.8.2 介质毒性程度为极度、高度危害或者不准许有微量泄漏的容器,应在耐压试验合格后进行泄漏试验。介质毒性程度应按 TSG 21 的相关规定确定。

5.8.3 设计单位应提出容器泄漏试验的方法和技术要求。

5.8.4 需进行泄漏试验时,试验压力、试验介质和相应的检验要求应在设计文件中注明。

5.8.5 气密性试验压力等于设计压力。

5.9 焊接接头结构设计要求

容器的焊接接头的结构设计参照 GB/T 4732.3 的要求。

5.10 超压泄放装置

GB/T 4732 适用范围内的容器,当操作过程中有可能出现超压时,应按 GB/T 150.1 的规定设置超压泄放装置。

附　录　A
（规范性）
风险评估报告

A.1　一般要求

A.1.1　本附录规定了风险评估报告的基本要求。

A.1.2　容器设计者应根据相关法规或设计委托方要求编制针对容器预期使用状况的风险评估报告。

A.1.3　设计者应根据第4章,充分考虑容器在各种工况条件下可能产生的失效模式,在材料选择、结构设计、制造检验要求等方面提出安全措施,防止可能发生的失效。

A.1.4　设计者应向容器用户提供制定容器事故应急预案所需要的信息。

A.2　制定原则和程序

A.2.1　设计阶段风险评估主要针对危害识别和风险控制。

A.2.2　设计阶段风险评估按以下程序进行:

　　a)　根据用户设计条件和其他设计输入信息,确定容器的各种使用工况;

　　b)　根据各使用工况的介质、操作条件、环境因素进行危害识别,确定可能发生的危害及其后果;

　　c)　针对所有危害和相应的失效模式,说明应采取的安全防护措施和依据;

　　d)　对于可能发生的失效模式,给出制定事故应急预案所需要的信息;

　　e)　形成完整的风险评估报告。

A.3　风险评估报告内容

风险评估报告应至少包括:

　　a)　压力容器的基本设计参数:压力、温度、材料、介质性质和外载荷等;

　　b)　操作工况条件的描述;

　　c)　所有操作、设计条件下可能发生的危害,如爆炸、泄漏、破损、变形等;

　　d)　对于标准已经有规定的失效模式,说明采用标准的条款;

　　e)　对于标准没有规定的失效模式,说明设计中载荷、安全系数和相应计算方法的选取依据;

　　f)　对介质少量泄漏、大量涌出和爆炸状况下如何处置的措施;

　　g)　根据周围人员的可能伤及情况,规定合适的人员防护设备和措施;

　　h)　风险评估报告应具有与设计图纸一致的签署。

GB/T 4732.1—2024

参 考 文 献

[1]　NB/T 47002.1　压力容器用复合板　第1部分:不锈钢-钢复合板
[2]　NB/T 47002.2　压力容器用复合板　第2部分:镍-钢复合板

22

ICS 23.020.30
CCS J 74

中华人民共和国国家标准

GB/T 4732.2—2024

压力容器分析设计
第2部分：材料

Pressure vessels design by analysis—
Part 2：Materials

2024-07-24 发布　　　　　　　　　　　　　2024-07-24 实施

国家市场监督管理总局
国家标准化管理委员会　发 布

前　言

本文件按照 GB/T 1.1—2020《标准化工作导则　第 1 部分：标准化文件的结构和起草规则》的规定起草。

本文件是 GB/T 4732《压力容器分析设计》的第 2 部分。GB/T 4732 已经发布了以下部分：

——第 1 部分：通用要求；

——第 2 部分：材料；

——第 3 部分：公式法；

——第 4 部分：应力分类方法；

——第 5 部分：弹塑性分析方法；

——第 6 部分：制造、检验和验收。

请注意本文件的某些内容可能涉及专利。本文件的发布机构不承担识别专利的责任。

本文件由全国锅炉压力容器标准化技术委员会（SAC/TC 262）提出并归口。

本文件起草单位：合肥通用机械研究院有限公司、中国特种设备检测研究院、中国石化工程建设有限公司、中石化广州工程有限公司、江苏省特种设备安全监督检验研究院、南京钢铁股份有限公司、二重（德阳）重型装备有限公司。

本文件主要起草人：章小浒、杨国义、段瑞、张国信、常彦衍、缪春生、陈志伟、陆戴丁、孔韦海、霍松波、沈国劬。

GB/T 4732.2—2024

引　言

GB/T 4732《压力容器分析设计》给出了压力容器按分析设计方法进行建造的要求,GB/T 150 基于规则设计理念提出了压力容器建造的要求。压力容器设计制造单位可依据设计具体条件选择两种建造标准之一实现压力容器的建造。

GB/T 4732 由 6 个部分构成。

——第1部分:通用要求。目的在于给出按分析设计建造的压力容器的通用要求,包括相关管理要求、通用的术语和定义以及 GB/T 4732 其他部分共用的基础要求等。

——第2部分:材料。目的在于给出按分析设计建造的压力容器中的钢制材料相关要求及材料性能数据等。

——第3部分:公式法。目的在于给出按分析设计建造的压力容器的典型受压元件及结构设计要求。具体给出了常用容器部件按公式法设计的厚度计算公式。GB/T 4732.3 可作为 GB/T 4732.4、GB/T 4732.5 的设计基础,也可依据 GB/T 4732.3 自行完成简化的、完整的分析设计。

——第4部分:应力分类方法。目的在于给出按分析设计建造的压力容器中采用应力分类法进行设计的相关规定。

——第5部分:弹塑性分析方法。目的在于给出按分析设计建造的压力容器中采用弹塑性分析方法进行设计的相关规定。

——第6部分:制造、检验和验收。目的在于给出按分析设计建造的压力容器中所涵盖结构形式容器的制造、检验和验收要求。

GB/T 4732 包括了基于分析设计方法的压力容器建造过程(即指材料、设计、制造、检验、试验和验收工作)中需要遵循的技术要求、特殊禁用规定。由于 GB/T 4732 没有必要,也不可能囊括适用范围内压力容器建造中的所有技术细节,因此,在满足安全技术规范所规定的基本安全要求的前提下,不限制 GB/T 4732 中没有特别提及的技术内容。GB/T 4732 不能作为具体压力容器建造的技术手册,也不能替代培训、工程经验和工程评价。工程评价是指由知识渊博、娴于规范应用的技术人员所作出针对具体产品的技术评价。工程评价需要符合 GB/T 4732 的相关技术要求。

GB/T 4732 不限制实际工程建造中采用其他先进的技术方法,但工程技术人员采用先进的技术方法时需要作出可靠的判断,确保其满足 GB/T 4732 的规定。

GB/T 4732 既不要求也不限制设计人员使用计算机程序实现压力容器的分析设计,但采用计算机程序进行分析设计时,除需要满足 GB/T 4732 的要求外,还要确认:

——所采用程序中技术假定的合理性;

——所采用程序对设计内容的适用性;

——所采用程序输入参数及输出结果用于工程设计的正确性。

进行应力分析设计计算时可以选择或不选择以 GB/T 4732.3 作为设计基础,进而采用 GB/T 4732.4 或 GB/T 4732.5 进行具体设计计算以确定满足设计计算要求中防止结构失效所要求的元件厚度或局部结构尺寸。当独立采用 GB/T 4732.4 或 GB/T 4732.5 作为设计基础时,无需相互满足。

26

压力容器分析设计
第2部分:材料

1 范围

本文件规定了采用分析设计方法设计的钢制压力容器受压元件用钢材允许使用的牌号及其标准、钢材的附加技术要求、钢材的使用范围(温度和压力)、钢材的许用应力、焊接材料的基本要求。

本文件适用于设计温度-269 ℃～800 ℃、设计压力小于100 MPa的压力容器。

本文件不适用的范围为 GB/T 4732.1 规定的不适用范围。

2 规范性引用文件

下列文件中的内容通过文中的规范性引用而构成本文件必不可少的条款。其中,注日期的引用文件,仅该日期对应的版本适用于本文件;不注日期的引用文件,其最新版本(包括所有的修改单)适用于本文件。

GB/T 228.1 金属材料拉伸试验 第1部分:室温试验方法

GB/T 228.2 金属材料拉伸试验 第2部分:高温试验方法

GB/T 229 金属材料 夏比摆锤冲击试验方法

GB/T 699 优质碳素结构钢

GB/T 713.2 承压设备用钢板和钢带 第2部分:规定温度性能的非合金钢和合金钢

GB/T 713.3 承压设备用钢板和钢带 第3部分:规定低温性能的低合金钢

GB/T 713.4 承压设备用钢板和钢带 第4部分:规定低温性能的镍合金钢

GB/T 713.5 承压设备用钢板和钢带 第5部分:规定低温性能的高锰钢

GB/T 713.6 承压设备用钢板和钢带 第6部分:调质高强度钢

GB/T 713.7 承压设备用钢板和钢带 第7部分:不锈钢和耐热钢

GB/T 1220 不锈钢棒

GB/T 1221 耐热钢棒

GB/T 3077 合金结构钢

GB/T 3965 熔敷金属中扩散氢测定方法

GB/T 4226 不锈钢冷加工钢棒

GB/T 4334 金属和合金的腐蚀 奥氏体及铁素体-奥氏体(双相)不锈钢晶间腐蚀试验方法

GB/T 4732.1 压力容器分析设计 第1部分:通用要求

GB/T 6394 金属平均晶粒度测定方法

GB/T 6479 高压化肥设备用无缝钢管

GB/T 6803 铁素体钢的无塑性转变温度落锤试验方法

GB/T 7735—2016 无缝和焊接(埋弧焊除外)钢管缺欠的自动涡流检测

GB/T 9948 石油裂化用无缝钢管

GB/T 13305 不锈钢中 α-相面积含量金相测定法

GB/T 20878 不锈钢和耐热钢 牌号及化学成分

GB/T 21433 不锈钢压力容器晶间腐蚀敏感性检验

GB/T 31935　金属和合金的腐蚀　低铬铁素体不锈钢晶间腐蚀试验方法

GB/T 32571　金属和合金的腐蚀　高铬铁素体不锈钢晶间腐蚀试验方法

GB/T 34542.2　氢气储存输送系统　第2部分:金属材料与氢环境相容性试验方法

GB/T 39255　焊接与切割用保护气体

JB/T 4756　镍及镍合金制压力容器

NB/T 47002.1　压力容器用复合板　第1部分:不锈钢-钢复合板

NB/T 47002.2　压力容器用复合板　第2部分:镍-钢复合板

NB/T 47002.3　压力容器用复合板　第3部分:钛-钢复合板

NB/T 47002.4　压力容器用复合板　第4部分:铜-钢复合板

NB/T 47008　承压设备用碳素钢和合金钢锻件

NB/T 47009　低温承压设备用合金钢锻件

NB/T 47010　承压设备用不锈钢和耐热钢锻件

NB/T 47013.3　承压设备无损检测　第3部分:超声检测

NB/T 47013.4　承压设备无损检测　第4部分:磁粉检测

NB/T 47013.5　承压设备无损检测　第5部分:渗透检测

NB/T 47014　承压设备焊接工艺评定

NB/T 47018.1　承压设备用焊接材料订货技术条件　第1部分:采购通则

NB/T 47018.2　承压设备用焊接材料订货技术条件　第2部分:钢焊条

NB/T 47018.3　承压设备用焊接材料订货技术条件　第3部分:气体保护电弧焊丝和填充丝

NB/T 47018.4　承压设备用焊接材料订货技术条件　第4部分:埋弧焊钢焊丝和焊剂

NB/T 47018.5　承压设备用焊接材料订货技术条件　第5部分:堆焊用不锈钢焊带和焊剂

NB/T 47019.1　锅炉、热交换器用管订货技术条件　第1部分:通则

NB/T 47019.4　锅炉、热交换器用管订货技术条件　第4部分:低温用低合金钢

TSG 21　固定式压力容器安全技术监察规程

3　术语和定义

GB/T 4732.1界定的术语和定义适用于本文件。

4　总体要求

4.1　压力容器受压元件用钢板、钢管、钢锻件、螺柱(含螺栓)用钢材和焊接材料应符合 TSG 21 的规定。

4.2　压力容器受压元件用钢材应是焊接性良好的钢材。

4.3　采用未列入本文件但已列入 GB/T 20878 和 GB/T 713.7 中的奥氏体型不锈钢钢材,其磷、硫含量和强度指标应不低于本文件所列相应钢材标准中化学成分相近牌号钢材的规定。

4.4　除符合 4.3 规定的钢材外,采用其他未列入本文件的钢材,其技术要求应符合附录 A 的规定。

4.5　压力容器受压元件用钢材应附有钢材制造单位的钢材质量证明书,质量证明书的内容应齐全、清晰,并且印刷可追溯的信息化标识,加盖材料制造单位质量检验章。可追溯的信息包括钢材制造单位名称、钢材标准号、牌号、规格、炉批号、交货状态、热处理工艺参数(需要时)、质量证明书签发日期等内容。可追溯的信息化标记应为二维码或条码等。

4.6　容器制造单位应按质量证明书对钢材进行验收。如无钢材制造单位的钢材质量证明书原件时,应在钢材质量证明书原件的复印件上加盖材料经营单位公章和经办负责人签字(章)。

4.7 选择压力容器受压元件用钢材时应依据容器的使用条件(如设计温度、设计压力、介质特性和操作特点等)、钢材的化学成分、微观组织、性能(力学性能、工艺性能、化学性能和物理性能)、容器的制造工艺以及经济合理性来确定。

4.8 压力容器受压元件用钢应采用氧气转炉、电炉或电渣重熔法冶炼。对标准抗拉强度下限值大于540 MPa 的低合金钢钢板和低合金钢锻件、奥氏体-铁素体型不锈钢钢板,以及使用温度低于−20 ℃的低温钢钢板、低温钢锻件和低温钢钢管,还应采用炉外精炼并进行真空处理。

4.9 压力容器受压元件用钢材使用温度上限符合下列规定。

    a) 钢材使用温度上限为附录 B 中表 B.1～表 B.8 的各牌号钢材许用应力所对应的最高温度,表 B.1～表 B.8 中粗线右侧的许用应力由钢材的 10^5 h 高温持久强度极限平均值所确定。当因工艺过程要求,钢材需短时在高于使用温度上限操作时,应由设计文件规定。

    b) 非合金钢和碳锰钢钢材在高于 425 ℃温度下长期使用时,应注意钢中碳化物相的石墨化倾向。

    c) 奥氏体型不锈钢钢材的使用温度高于 525 ℃时,钢中含碳量应不小于 0.04%。

4.10 压力容器受压元件用钢材使用温度下限符合下列规定。

    a) 钢材使用温度下限应符合第 5 章～第 8 章的规定。

    b) 奥氏体型不锈钢钢材使用温度下限为 −269 ℃。使用温度高于或等于 −196 ℃时,可免做冲击试验。使用温度低于 −196 ℃时,应进行压力容器设计温度下的低温冲击试验,3 个标准试样冲击吸收能量平均值($\overline{KV_2}$)不小于 54 J,且侧膨胀值平均值($\overline{LE}$)不小于 0.53 mm。奥氏体-铁素体型不锈钢钢材可进行最低冲击试验温度为 −40 ℃的冲击试验,3 个标准试样冲击吸收能量平均值($\overline{KV_2}$)不小于 47 J,且侧膨胀值平均值($\overline{LE}$)不小于 0.53 mm。冲击试验其他要求应符合 4.11b)、4.11c)的规定。

    c) 液氢压力容器用奥氏体型不锈钢钢材应进行 −253 ℃的冲击试验,液氦压力容器用奥氏体型不锈钢钢材应进行 −269 ℃的冲击试验,冲击性能应符合 4.10b)的规定。

4.11 非合金钢和合金钢钢材冲击试验符合下列规定。

    a) 非合金钢和合金钢钢材(钢板、钢管、钢锻件)的冲击性能应符合表 1 的规定。

注1:当钢材的标准抗拉强度下限值随厚度增大而降低时,表 1 中的标准抗拉强度下限值指的是钢材在最小厚度时的标准抗拉强度下限值。

表 1 非合金钢和合金钢钢材的冲击性能

钢材标准抗拉强度下限值(R_m) MPa	3 个标准试样冲击吸收能量平均值($\overline{KV_2}$) J	3 个试样侧膨胀值平均值($\overline{LE}$) mm
≤450	≥24	—
>450～510	≥31	—
>510～570	≥34	—
>570～630	≥38	—
>630～690	≥47	≥0.53
>690	≥54	≥0.64

    b) 夏比 V 型缺口冲击试样的取样部位和试样方向应符合相应钢材标准的规定,应选择厚度为 10 mm 的标准试样。冲击试验每组取 3 个标准试样,允许 1 个标准试样的冲击吸收能量数值低于表 1 的规定值,但不应低于表 1 规定值的 70%。当冲击试验结果不符合上述规定时,应从钢材的同样部位和同样方向上再取 3 个标准试样进行复验,前后两组 6 个标准试样的冲击吸收能量平均值应不低于表 1 的规定值,允许有 2 个标准试样低于规定值,但低于规定值

70%的试样只准许有 1 个。

c) 当钢材因厚度小于 11 mm 而无法制备标准试样时应依次制备厚度为 7.5 mm、5 mm 的小尺寸试样，其冲击吸收能量平均值应分别为标准试样冲击吸收能量平均值的 75%、50%。当钢材可制备标准试样而制备厚度为 7.5 mm 或 5 mm 的小尺寸试样时，其冲击试验温度应分别降低 5 ℃ 或 10 ℃（冲击试验温度低于 －100 ℃ 的钢材除外），冲击吸收能量平均值应分别为标准试样冲击吸收能量平均值的 75% 或 50%。

d) 钢材标准中，钢材的冲击吸收能量平均值和侧膨胀值平均值高于表 1 规定的还应符合相应钢材标准的规定。

e) 夏比冲击试样侧膨胀值的测定应符合 GB/T 229 的规定。

注 2：冲击试样的侧膨胀值与冲击试样尺寸无关。

f) 冲击试验温度为 －40 ℃～－100 ℃ 的低合金钢钢板和锻件可按 GB/T 229 的规定测定转变温度 T_t（如：指定吸收能量值 47 J 确定的转变温度 T_{t47}、指定吸收能量上平台的百分数 50% 确定的转变温度 $T_{t50\%US}$、指定侧膨胀值 0.53 mm 确定的转变温度 $T_{t0.53}$ 或指定剪切断面率 50% 确定的转变温度 $T_{t50\%SFA}$）。

g) 钢板冲击试验应符合第 5 章和 GB/T 713.2、GB/T 713.3、GB/T 713.4、GB/T 713.5、GB/T 713.6、GB/T 713.7 的规定。对于 Q245R、Q345R 和 13MnNiMoR 钢板，如需进行 －20 ℃ 冲击试验，应在设计文件中注明。如需提高钢板的冲击吸收能量和侧膨胀值，应在设计文件中规定。

h) 钢管冲击试验应符合第 6 章的规定。

i) 钢锻件冲击试验应符合第 7 章和 NB/T 47008、NB/T 47009 的规定。对于 20、16Mn、20MnMo 和 20MnMoNb 钢锻件，如需进行 －20 ℃ 冲击试验，应在设计文件中注明。如需提高钢锻件的冲击吸收能量和侧膨胀值，应在设计文件中规定。

j) 非合金钢、低合金钢和耐热钢钢棒的冲击试验应符合第 8 章的规定。

k) 焊接材料的冲击试验应符合第 9 章的规定。

4.12 当钢材按 GB/T 4334 进行晶间腐蚀试验、按 GB/T 15970.1～GB/T 15970.9 或 GB/T 4157 进行应力腐蚀试验、按 GB/T 17897 进行点腐蚀试验时，应在设计文件中规定试验方法和合格指标。

4.13 对于设计温度低于 95 ℃ 且满足下列条件之一的储存氢气压力容器，其钢材应按 GB/T 34542.2 的规定进行氢环境相容性试验，试验内容和合格指标应在设计文件中规定：

a) 氢分压大于 41 MPa 的非焊接压力容器；

b) 氢分压大于 17 MPa 或氢分压大于 5.2 MPa 且钢材室温标准抗拉强度下限值大于 620 MPa 的焊接压力容器。

4.14 奥氏体-铁素体型不锈钢钢板、钢管和锻件应按 GB/T 13305 的规定进行相比例测定，金相组织应为奥氏体-铁素体，奥氏体含量应在 40%～60%。

4.15 当对钢材有特殊技术要求时（如要求特殊冶炼方法、严格的化学成分、较高的冲击吸收能量指标或侧膨胀值、附加保证高温屈服强度和抗拉强度、提高无损检测合格等级、增加力学性能检验率等），应在设计文件中规定。

4.16 主要受压元件使用的钢材中，未列入本文件，也未列入压力容器（承压设备）专用钢板国家标准、专用锻件行业标准、专用复合钢板行业标准的钢材，应按照 TSG 21 的规定进行技术评审后，可用于制造压力容器。

注：压力容器（承压设备）专用钢板国家标准是指 GB/T 713.1、GB/T 713.2、GB/T 713.3、GB/T 713.4、GB/T 713.5、GB/T 713.6 和 GB/T 713.7；专用锻件行业标准是指 NB/T 47008、NB/T 47009 和 NB/T 47010；专用复合钢板行业标准是指 NB/T 47002.1、NB/T 47002.2、NB/T 47002.3 和 NB/T 47002.4。

4.17 主要受压元件使用的钢材，未列入本文件，但已列入压力容器（承压设备）专用钢板国家标准、锻件行业标准、专用复合钢板行业标准的，钢材研制单位应进行钢材的研制，提供必要的材料数据（包括化学成分、拉伸性能、疲劳试验数据、断裂韧性以及其他满足该材料使用范围要求的相应性能参数)。钢材应经压力容器用材料(钢板、锻件)型式试验机构的试验验证,证明其各项性能指标满足本文件要求的,可用于压力容器制造。

4.18 钢材制造单位首次制造本文件中标准抗拉强度下限值大于540 MPa的合金钢钢板及锻件或用于设计温度低于−40 ℃的合金钢钢板及锻件,应同时满足下列要求后,可用于压力容器制造。

    a) 钢材制造单位应向钢材使用单位提供钢材焊接性试验报告和焊后热处理工艺等技术资料,并根据设计文件提供钢材高温短时拉伸性能、疲劳试验数据、断裂韧性,以及落锤试验(DWT)、韧脆转变温度结果的系列试验数据。对于使用温度高于钢材蠕变温度的,钢材制造单位应提供钢材的高温性能试验数据,高温性能数据至少包括持久强度或者蠕变极限等。

    b) 钢材应经压力容器用材料(钢板、锻件)型式试验机构的试验验证。

4.19 选用已列入本文件的压力容器主要受压元件的钢板及锻件,但其板材厚度或者锻件公称厚度超出本文件厚度范围的,其各项性能应不低于本文件中已规定厚度范围内的最低要求。

4.20 设计单位在选用符合4.16、4.17和4.19规定的钢材时,应在设计文件中提供选材满足TSG 21基本安全要求的说明,包括材料的力学性能、物理性能、工艺性能和与介质相容性等,同时应提出材料订货技术条件,明确压力容器制造、使用、检验等相关技术要求,并且对设计选材负责。

4.21 选用符合4.16、4.17和4.19规定的钢材用于压力容器主要受压元件时,压力容器制造单位应按炉号进行化学成分分析、按批号进行力学性能的验证性复验,复验结果应经监督检验机构确认合格,材料复验报告应纳入产品质量证明文件。

4.22 主要受压元件采用的钢材,已列入本文件,但未列入压力容器(承压设备)专用钢板国家标准、专用锻件行业标准、专用复合钢板行业标准、钢管国家标准或者行业标准的钢材以及境外牌号钢材的使用,其技术要求应符合附录A的规定。

4.23 对受压元件用钢材的代用应事先取得原设计单位的书面批准,并在竣工图上做详细记录。

4.24 本文件中各钢材的许用应力应按TSG 21和GB/T 4732.1的规定确定,钢材的许用应力应符合表B.1～表B.8的规定。各钢材许用应力表中间温度的许用应力采用内插法求得。

4.25 钢材的高温屈服强度见附录C中表C.1～表C.8,高温持久强度极限平均值见表C.9～表C.12,弹性模量见表C.13,平均线膨胀系数参考值见表C.14。

4.26 高合金钢牌号近似对照表见附录D。

5 钢板

5.1 非合金钢和合金钢钢板

5.1.1 GB/T 713.2、GB/T 713.3、GB/T 713.4、GB/T 713.6中钢板的使用状态、厚度、使用温度上限、许用应力应符合表B.1的规定。

5.1.2 表B.1中用连铸坯或钢锭轧制的钢板,压缩比应不小于3.0;用电渣重熔钢锭轧制的钢板,压缩比应不小于2.0;用定向凝固钢坯轧制的钢板,压缩比应不小于2.4。

5.1.3 钢板制造单位交货的钢板应按表B.1中的使用状态进行供货。Q245R、GB/SA 516 Gr485和Q345R钢板应为正火状态交货,厚度大于50 mm的Q345R也可正火加回火状态交货。

5.1.4 下列非合金钢和合金钢钢板应逐热处理张取样进行拉伸和V型缺口冲击试验,冲击试验温度按相应钢板标准的规定:

    a) 调质热处理钢板;

    b) 多层容器的内筒钢板;

    c) 壳体厚度大于60 mm的钢板。

5.1.5 厚度大于36 mm调质状态、厚度大于80 mm正火或正火加回火状态的壳体用钢板可增加一组在厚度 1/2 处取样的冲击试验,冲击试验温度应按相应钢板标准的规定,冲击性能应符合表 1 的规定。当相应钢材标准中 1/2 处取样的冲击性能高于表 1 的规定时,应以相应钢材标准的规定为准。

5.1.6 厚度大于 50 mm 调质状态、厚度大于 100 mm 正火或正火加回火状态的壳体用钢板,应规定较严格的冲击试验要求,设计文件应选用下列方法之一:

    a) 冲击试验温度按照相应钢板标准的规定,冲击性能高于相应钢板标准的规定;

    b) 冲击试验温度低于相应钢板标准规定的试验温度,冲击性能符合相应钢板标准的规定。

5.1.7 设计温度低于−20 ℃且厚度大于 36 mm 的调质状态的钢板、设计温度低于−40 ℃且厚度大于 60 mm 的正火或正火加回火状态的钢板可增加落锤试验(DWT)。试验按 GB/T 6803 的规定进行,采用 P-2 型试样,其无塑性转变温度(NDTT)不高于相应钢板标准规定的冲击试验温度加 10 ℃。

5.1.8 壳体用钢板(不包括多层压力容器的层板)应按表 2 的规定逐张进行超声检测,超声检测方法和质量等级应符合 NB/T 47013.3 的规定。

表 2 壳体用钢板超声检测

牌号	钢板厚度 mm	压力容器使用条件	质量等级
Q245R GB/SA 516 Gr485 Q345R GB/SA 537 Cl.1	＞30	无限制条件	不低于Ⅱ级
Q370R Q420R、Q460R Mn-Mo 系 Cr-Mo 系 (含 GB/SA 387 Gr12 Cl.2) Cr-Mo-V 系	＞25 ＞5 ＞25 ＞25 ＞25	无限制条件	不低于Ⅱ级
16MnDR 15MnNiNbDR Q420DR、Q460DR 13MnNiDR 09MnNiDR 11MnNiMoDR 08Ni3DR、07Ni5DR 06Ni7DR、06Ni9DR	＞20 ＞20 ＞5 ＞20 ＞20 ＞12 ＞20 ＞12	无限制条件	不低于Ⅰ级
Q490R、Q490DRL1 Q490DRL2 Q490RW Q580R、Q580DR	＞16 ＞16 ＞12 ＞16	无限制条件	不低于Ⅰ级
多层容器内筒钢板	≥12	无限制条件	不低于Ⅰ级
所有牌号	≥12	盛装毒性危害程度为极度、高度危害介质的; 在湿 H_2S 腐蚀环境中使用(不包括多层压力容器的层板)	不低于Ⅱ级

表2 壳体用钢板超声检测（续）

牌号	钢板厚度 mm	压力容器使用条件	质量等级
所有牌号	≥12	设计压力大于或等于 10 MPa（不包括多层压力容器的层板）	不低于 Ⅰ 级

5.1.9 用于设计温度高于 350 ℃的 Q370R、18MnMoNbR、13MnNiMoR 和 12Cr2Mo1VR 钢板，应按批进行设计温度下的高温拉伸试验，测定屈服强度和抗拉强度，试验按 GB/T 228.2 的规定进行，其高温屈服强度值见表 C.1。

5.1.10 压力容器受压元件用钢板，其使用温度下限按表 3 的规定。

表3 钢板的使用温度下限

牌号	钢板厚度 mm	使用状态	冲击试验要求	使用温度下限 ℃
中常温用钢板				
Q245R	＜6		免冲击试验	−20
	6～12			−20
	＞12～16	正火	0 ℃冲击	−10
	≥16～250			0
	＞12～250		20 ℃冲击[a]	−20
GB/SA 516 Gr485	3～200	正火	0 ℃冲击	0
			20 ℃冲击[a]	−20
Q345R	＜6		免冲击试验	−20
	6～20			−20
	＞20～25	正火，正火加回火	0 ℃冲击	−10
	＞25～250			0
	＞20～250		−20 ℃冲击[a]	−20
GB/SA 537 Cl.1	3～100	正火	0 ℃冲击	0
			−20 ℃冲击[a]	−20
Q370R	6～100	正火	−20 ℃冲击	−20
Q420R	5～30	正火	−20 ℃冲击	−20
Q460R	5～20	正火	−20 ℃冲击	−20
18MnMoNbR	30～100	正火加回火	0 ℃冲击	0
13MnNiMoR	30～150	正火加回火	0 ℃冲击	0
			−20 ℃冲击[a]	−20
15CrMoR	6～200	正火加回火	20 ℃冲击	20
GB/SA 387 Gr12 Cl.2	6～150	正火	20 ℃冲击	20
14Cr1MoR	6～200	正火加回火	20 ℃冲击	20

表 3 钢板的使用温度下限（续）

牌号	钢板厚度 mm	使用状态	冲击试验要求	使用温度下限 ℃
12Cr2Mo1R	6～200	正火加回火	20 ℃冲击	20
12Cr2Mo1VR	6～200	正火加回火	−20 ℃冲击	−20
12CrMo1VR	6～100	正火加回火	20 ℃冲击	20
Q490R	10～60	调质	−20 ℃冲击	−20
Q490RW	10～60	调质	−20 ℃冲击	−20
Q580R	10～60	调质	−20 ℃冲击	−20
低温用钢板				
16MnDR	6～120	正火，正火加回火	−40 ℃冲击	−40
Q420DR	5～30	正火，正火加回火	−40 ℃冲击	−40
Q460DR	5～20	正火，正火加回火	−40 ℃冲击	−40
15MnNiNbDR	10～60	正火，正火加回火	−50 ℃冲击	−50
13MnNiDR	6～100	正火，正火加回火	−60 ℃冲击	−60
09MnNiDR	6～80	正火，正火加回火	−70 ℃冲击	−70
	＞80～120		−60 ℃冲击	−60
11MnNiMoDR	6～100	调质	−70 ℃冲击	−70
08Ni3DR	6～100	正火，正火加回火，调质	−100 ℃冲击	−100
07Ni5DR	6～50	正火，正火加回火，调质	−120 ℃冲击	−120
06Ni7DR	5～12	正火、正火加回火，调质	−196 ℃冲击	−196
	＞12～50	调质	−196 ℃冲击	−196
06Ni9DR	5～12	正火、正火加回火，调质	−196 ℃冲击	−196
	＞12～50	调质	−196 ℃冲击	−196
Q490DRL1	10～60	调质	−40 ℃冲击	−40
Q490DRL2	10～60	调质	−50 ℃冲击	−50
Q580DR	10～50	调质	−50 ℃冲击	−50
ª 按供需双方协议。				

5.1.11 ASME BPVC.Ⅱ.A-2021 SA-516/SA-516M、SA-537/SA-537M、SA-387/SA-387M 中 SA-516 Gr485（GB/SA 516 Gr485）、SA-537 Cl.1（GB/SA 537 Cl.1）和 SA-387 Gr12 Cl.2（GB/SA 387 Gr12 Cl.2）钢板的使用状态、厚度范围、使用温度范围、许用应力应符合表 B.1 的规定，超声检测要求、使用温度下限应符合表 2、表 3 的规定，质量证明书中 C 含量、P 含量、S 含量，A 值、KV_2 值等指标还应满足本文件对 Q345R、Q345R 和 15CrMoR 的相关要求。

5.2 高合金钢钢板

5.2.1 GB/T 713.5、GB/T 713.7 中钢板的厚度、使用温度上限及许用应力应符合表 B.2 的规定。

5.2.2 表 B.2 中钢板应由经炉外精炼的钢轧制而成。用连铸坯或钢锭轧制的钢板，压缩比不应小于 3.0。

5.2.3　钢板的交货状态应符合 GB/T 713.7 和 GB/T 713.5 的规定。铁素体型不锈钢钢板应以退火状态交货,奥氏体-铁素体型不锈钢钢板和奥氏体型不锈钢钢板应以固溶热处理状态交货。奥氏体高锰钢板应以热机械轧制(TMCP)状态交货。

5.2.4　厚度大于 6 mm 的奥氏体高锰 Q400GMDR 钢板应按 NB/T 47013.3 的规定进行超声检测,质量等级应不低于 I 级。

5.2.5　压力容器用钢板宜采用 GB/T 713.7 规定的厚度普通精度钢板,当采用 GB/T 713.7 规定的厚度较高精度钢板时,应在设计文件中注明。

> 注:GB/T 713.7 中热轧厚钢板、热轧钢板及钢带的尺寸精度分为厚度普通精度(代号 PT.A)和厚度较高精度(代号 PT.B)两个等级。

5.2.6　压力容器用钢板热轧产品宜采用 1 D,冷轧产品宜采用 2 B。设计文件中应注明定钢板的表面加工类型。

> 注:GB/T 713.7 中钢板的表面加工类型,热轧产品分为 1E(热轧、热处理、机械除氧化皮)和 1 D(热轧、热处理、酸洗),冷轧产品分为 2 D(冷轧、热处理、酸洗或除鳞)、2 B(冷轧、热处理、酸洗或除鳞、光亮加工)和 BA(冷轧、光亮退火)。

5.2.7　奥氏体型不锈钢钢板、奥氏体-铁素体型不锈钢钢板应按 GB/T 4334 或 GB/T 21433 的规定进行晶间腐蚀试验,铁素体型不锈钢钢板应按 GB/T 31935 或 GB/T 32571 的规定进行晶间腐蚀试验,试验方法和评定标准应在设计文件中规定。

5.2.8　当使用温度高于 600 ℃时,对统一数字代号为 S30409、S31609、S32169、S34779 的耐热钢钢板应按 GB/T 6394 的规定进行晶粒度检验,平均晶粒度级别应为 3 级~7 级。

5.2.9　奥氏体高锰 Q400GMDR 钢板应进行−196 ℃冲击试验,冲击试验结果应符合 GB/T 713.5 的规定。奥氏体型不锈钢钢板的冲击试验结果应符合 GB/T 713.7、4.10b)的规定。

5.2.10　用于壳体的钢板,使用温度下限应符合下列规定:

    a)　铁素体型不锈钢板为 0 ℃;

    b)　奥氏体-铁素体型不锈钢板为−40 ℃;

    c)　奥氏体型不锈钢钢板为−269 ℃;

    d)　奥氏体高锰钢 Q400GMDR 钢板为−196 ℃。

5.2.11　设计文件可按 GB/T 713.7 提出对奥氏体型不锈钢钢板附加检验规定塑性延伸强度($R_{p1.0}$)的要求,并应按标准规定的规定塑性延伸强度($R_{p1.0}$)和 GB/T 4732.1 的规定确定钢板的许用应力。

5.3　复合板

5.3.1　不锈钢-钢复合板符合下列规定:

    a)　不锈钢-钢复合板的技术要求应符合 NB/T 47002.1 的规定,不计入强度计算的奥氏体型不锈钢覆材可选用 GB/T 20878 中的钢材,其磷、硫含量,强度指标可低于 GB/T 713.7 中化学成分相近牌号的规定(耐腐蚀性能除外);

    b)　不锈钢-钢复合板的级别应不低于 2 级,未结合率不应大于 2%,设计文件中应注明不锈钢-钢复合板的级别;

    c)　不锈钢-钢复合板的使用温度范围应与基材和覆材使用温度范围相一致;

    d)　不锈钢-钢复合板复合界面的结合剪切强度不应小于 210 MPa。

5.3.2　镍-钢复合板符合下列规定:

    a)　镍-钢复合板的技术要求应符合 NB/T 47002.2 的规定;

    b)　镍-钢复合板的级别应不低于 2 级,未结合率不应大于 2%,设计文件中应注明镍-钢复合板的级别;

c) 镍-钢复合板的使用温度范围应与基材和覆材使用温度范围的规定相一致,其中基材的使用温度范围应符合本文件的规定,覆材的使用温度范围应符合 JB/T 4756 的规定;

d) 镍-钢复合板复合界面的结合剪切强度不应小于 210 MPa。

5.3.3 钛-钢复合板符合下列规定:

a) 钛-钢复合板的技术要求应符合 NB/T 47002.3 的规定;

b) 钛-钢复合板的级别应不低于 2 级,未结合率不应大于 2%,设计文件中应注明钛-钢复合板的级别;

c) 钛-钢复合板的使用温度下限应与基材的规定相一致,使用温度上限为 350 ℃;

d) 钛-钢复合板复合界面的结合剪切强度不应小于 140 MPa。

5.3.4 铜-钢复合板符合下列规定:

a) 铜-钢复合板的技术要求应符合 NB/T 47002.4 的规定;

b) 铜-钢复合板的级别应不低于 2 级,未结合率不应大于 2%,设计文件中应注明铜-钢复合板的级别;

c) 铜-钢复合板的使用温度下限应与基材的规定相一致,使用温度上限为 200 ℃;

d) 铜-钢复合板复合界面的结合剪切强度不应小于 100 MPa。

6 钢管

6.1 非合金钢和合金钢钢管

6.1.1 钢管的使用状态、壁厚、使用温度上限及许用应力应符合表 B.3 的规定。对壁厚大于 30 mm 的钢管、使用温度低于 −20 ℃ 的钢管,表中的正火不应用终轧温度符合正火温度的热轧来代替。

6.1.2 表 B.3 中用于设计温度低于 −20 ℃ 的钢管用钢应采用电弧炉加炉外精炼并经真空精炼处理,或氧气转炉加炉外精炼并经真空精炼处理,或采用电渣重熔法冶炼。

6.1.3 GB/T 8163 中 10、20 和 Q345D 钢管的使用符合下列规定:

a) 钢管用钢应采用电弧炉加炉外精炼方法冶炼,或采用氧气转炉加炉外精炼方法冶炼;

b) 不应用于管壳式换热器的换热管;

c) 钢中硫含量应不大于 0.020%;

d) 设计压力不应大于 4.0 MPa;

e) 外径不小于 76 mm 且壁厚不小于 6.5 mm 的 10、20 和 Q345D 钢管,应进行纵向冲击试验,冲击试验温度分别为 −10 ℃、0 ℃ 和 −20 ℃,3 个标准试样的冲击吸收能量平均值分别不小于 34 J、34 J 和 41 J,1 个标准试样的最低值以及小尺寸试样的冲击吸收能量应符合 4.11b) 的规定,冲击试样应选用较大尺寸的试样;

f) 10、20 和 Q345D 钢管的使用温度下限应分别为 −10 ℃、0 ℃ 和 −20 ℃;

g) 10、20 钢管壁厚不大于 10 mm,Q345D 钢管壁厚不大于 16 mm;

h) 不应用于输送毒性危害程度为极度、高度危害的介质;

i) 钢管应逐根进行液压试验。也可按 GB/T 7735—2016 的规定以逐根钢管进行涡流检测替代液压试验,对比样管人工缺陷应符合 GB/T 7735—2016 中验收等级 E4H 或 E4、E5 的规定。

6.1.4 GB/T 6479 中各牌号钢管的使用应符合下列规定:

a) 钢管用钢应采用电弧炉加炉外精炼并经真空精炼处理,或采用氧气转炉加炉外精炼并经真空精炼处理,或采用电渣重熔法冶炼;

b) 外径不小于 76 mm 且壁厚不小于 6.5 mm 的 10、20、Q345D 和 Q345E 钢管,应分别进行 −10 ℃、0 ℃、−20 ℃、和 −40 ℃ 的纵向冲击试验,3 个标准试样的冲击吸收能量平均值分别不小于 40 J、40 J、41 J 和 47 J,1 个标准试样的最低值以及小尺寸试样的冲击吸收能量指标按

4.11b)的规定,冲击试样应优先选用较大尺寸的试样;

c) 10、20、Q345D 和 Q345E 钢管的使用温度下限分别为−10 ℃、0 ℃、−20 ℃和−40 ℃;

d) 外径不小于 76 mm 且壁厚不小于 6.5 mm 的 12CrMo、15CrMo、12Cr2Mo 和 12Cr5Mo 钢管,应进行 20 ℃的纵向冲击试验,3 个标准试样的冲击吸收能量平均值不小于 47 J、47 J、60 J 和 47 J,1 个标准试样的最低值以及小尺寸试样的冲击吸收能量应符合 4.11b)的规定,冲击试样应选用较大尺寸的试样;

e) 钢管应逐根进行液压试验。也可按 GB/T 7735—2016 的规定以逐根钢管进行涡流检测替代液压试验,对比样管人工缺陷应符合 GB/T 7735—2016 中验收等级 E4H 或 E4、E5 的规定。

6.1.5 GB/T 9948 中各牌号钢管的使用符合下列规定:

a) 钢管用钢均应采用电弧炉加炉外精炼并经真空精炼处理,或采用氧气转炉加炉外精炼并经真空精炼处理,或采用电渣重熔法冶炼;

b) 外径不小于 76 mm 且壁厚不小于 6.5 mm 的 10 和 20 钢管,应进行纵向冲击试验,冲击试验温度分别为−20 ℃和 0 ℃,3 个标准试样的冲击吸收能量平均值不小于 40 J,1 个标准试样的最低值以及小尺寸试样的冲击吸收能量应符合 4.11b)的规定,冲击试样应选用较大尺寸的试样;

c) 10 和 20 钢管的使用温度下限分别为−20 ℃和 0 ℃;

d) 经供需双方协商,并在合同中注明,20 钢管可进行−20 ℃的纵向冲击试验,3 个标准试样的冲击吸收能量平均值不小于 40 J,此时 20 钢管的使用温度下限为−20 ℃;

e) 外径不小于 76 mm 且壁厚不小于 6.5 mm 的 12CrMo、15CrMo、12Cr1MoV、12Cr2Mo 和 12Cr5MoI(I 为完全退火或等温退火)钢管,应进行 20 ℃的纵向冲击试验,3 个标准试样的冲击吸收能量平均值分别不小于 47 J、47 J、47 J、60 J 和 47 J,1 个标准试样的最低值以及小尺寸试样的冲击吸收能量应符合 4.11b)的规定,冲击试样应选用较大尺寸的试样;

f) 钢管应逐根进行液压试验。也可按 GB/T 7735—2016 以逐根进行涡流检测替代液压试验,对比样管人工缺陷应符合 GB/T 7735—2016 中验收等级 E4H 或 E4、E5 的规定。

6.1.6 GB/T 5310 中各牌号钢管的使用符合下列规定:

GB/T 5310 中的 20G、12CrMoG、15CrMoG 和 12Cr2MoG 钢管可分别代用 GB/T 6479 中的 20、12CrMo、15CrMo 和 12Cr2Mo 钢管,GB/T 5310 中的 20G、12CrMoG、15CrMoG、12Cr1MoVG 和 12Cr2MoG 钢管可分别代用 GB/T 9948 中的 20、12CrMo、15CrMo、12Cr1MoV 和 12Cr2Mo 钢管,但冲击试验要求应分别符合 6.1.4 和 6.1.5 的规定。

6.1.7 使用温度低于−20 ℃的钢管,其牌号、化学成分、交货状态和拉伸性能应分别符合 GB/T 6479 和 NB/T 47019.1、NB/T 47019.4 的规定,其钢管标准、使用状态、壁厚、冲击试验温度、冲击吸收能量平均值和使用温度下限应符合表 4 的规定,1 个标准试样的最低值以及小尺寸试样的冲击吸收能量指标应符合 4.11b)的规定。冲击试样应选用较大尺寸的试样。

表 4 钢管的壁厚、冲击试验和使用温度下限

牌号	钢管标准	使用状态	壁厚 mm	冲击试验温度 ℃	3 个试样冲击吸收能量平均值($\overline{KV_2}$) J	使用温度下限 ℃
Q345E	GB/T 6479	正火	≤50	−40	≥47	−40
	NB/T 47019.4		≤16			
09MnD	NB/T 47019.4	正火	≤16	−50	≥60	−50

GB/T 4732.2—2024

表 4 钢管的壁厚、冲击试验和使用温度下限（续）

牌号	钢管标准	使用状态	壁厚 mm	冲击试验温度 ℃	3 个试样冲击吸收能量平均值($\overline{KV_2}$) J	使用温度下限 ℃
09MnNiD	NB/T 47019.4	正火	≤16	−70	≥60	−70
08Ni3MoD	NB/T 47019.4	正火	≤16	−100	≥60	−100

6.2 高合金钢钢管

6.2.1 GB/T 13296、GB/T 14976、GB/T 21833.1 和 GB/T 21833.2 中钢管的壁厚、使用温度上限及许用应力应符合表 B.4 的规定。钢管的交货状态应符合表 B.4 中相应钢管标准的规定。

6.2.2 管壳式换热器的换热管不应采用 GB/T 14976、GB/T 21833.2 中规定的钢管。

6.2.3 GB/T 21833.1 中钢管应按 GB/T 13305 的规定进行相比例测定，金相组织应为奥氏体加铁素体，奥氏体含量应为 40%～60%。

6.2.4 钢管的使用温度下限应符合下列规定：

a) GB/T 21833.1、GB/T 21833.2 各牌号钢管，使用温度下限为−40 ℃；

b) GB/T 13296、GB/T 14976 各奥氏体型不锈钢牌号钢管，使用温度下限为−269 ℃。

6.2.5 选用 GB/T 1220 中直径不大于 50 mm 的 S30403、S30408、S32168、S31603、S31608、S31703 和 S31008 钢棒制造的钢管应符合下列规定：

a) 厚度不大于 10 mm；

b) 固溶或稳定化处理状态下使用；

c) 许用应力选用表 B.4 中 GB/T 14976 规定的相应牌号许用应力；

d) 使用温度下限为−269 ℃；

e) 硬度（或拉伸）试验、无损检测要求在设计文件中规定。

7 钢锻件

7.1 非合金钢和合金钢锻件

7.1.1 钢锻件的使用状态、公称厚度、使用温度上限及许用应力应符合表 B.5 的规定。

7.1.2 20MnNiMo、12Cr2Mo1V、12Cr3Mo1V、35CrNi3MoV 和 36CrNi3MoV 钢锻件用钢以及 NB/T 47009 中所有低温钢锻件用钢，应采用炉外精炼加真空精炼处理。

7.1.3 钢锻件的类型和级别应由设计文件规定，并应在图样上注明，应以牌号后加级别符号表示（如 16Mn 级、09MnNiD 号）。下列钢锻件应选用Ⅲ级或Ⅳ级锻件：

a) 用作容器筒体、封头的筒形、环形、碗形锻件；

b) 公称厚度大于 200 mm 的合金钢锻件；

c) 公称厚度大于 100 mm 且标准抗拉强度下限值大于 540 MPa 的合金钢锻件；

d) 公称厚度大于 100 mm 的低温钢锻件；

e) 有疲劳工况的压力容器。

7.1.4 用于设计温度高于 350 ℃ 的 20MnMoNb、20MnNiMo、12Cr2Mo1V 和 12Cr3Mo1V 钢的Ⅲ级或Ⅳ级钢锻件，应按批（Ⅲ级）或逐件（Ⅳ级）进行设计温度下的高温拉伸试验，测定屈服强度和抗拉强度，屈服强度值见表 C.5。

7.1.5 对于 12Cr2Mol、12Cr2Mo1V 和 12Cr3MolV 钢锻件,设计文件应规定其化学成分和力学性能(包括模拟焊后热处理之后的性能)的特殊要求。

7.1.6 对于外购的第Ⅲ类压力容器用Ⅳ级锻件,应按相应的锻件标准进行复验。

7.1.7 钢锻件的使用温度下限应符合表 5 的规定。

表 5　钢锻件的使用温度下限

牌号	公称厚度 mm	冲击试验要求	使用温度下限 ℃
中常温用钢锻件			
20	≤300	0 ℃冲击	0
		−20 ℃冲击ᵃ	−20
35	≤100	20 ℃冲击	0
	>100~300		20
16Mn	≤300	0 ℃冲击	0
		−20 ℃冲击ᵃ	−20
08Cr2AlMo	≤200	20 ℃冲击	20
09CrCuSb	≤200	20 ℃冲击	20
20MnMo	≤850	0 ℃冲击	0
		−20 ℃冲击ᵃ	−20
20MnMoNb	≤500	0 ℃冲击	0
		−20 ℃冲击ᵃ	−20
20MnNiMo	≤500	−20 ℃冲击ᵃ	−20
15NiCuMoNb	≤500	20 ℃冲击	20
12CrMo	≤100	20 ℃冲击	20
15CrMo	≤500	20 ℃冲击	20
14Cr1Mo	≤500	20 ℃冲击	20
12Cr2Mo1	≤500	20 ℃冲击	20
12Cr2Mo1V	≤500	−20 ℃冲击	−20
12Cr3Mo1V	≤500	−20 ℃冲击	−20
12Cr1MoV	≤500	20 ℃冲击	20
12Cr5Mo	≤300	20 ℃冲击	20
10Cr9Mo1VNbN	≤300	20 ℃冲击	20
10Cr9MoW2VNbBN	≤300	20 ℃冲击	20
30CrMo	≤300	0 ℃冲击	0
35CrMo	≤500	0 ℃冲击	0
35CrNi3MoV	≤300	−20 ℃冲击	−20
		−40 ℃冲击ᵃ	−40

表 5 钢锻件的使用温度下限（续）

牌号	公称厚度 mm	冲击试验要求	使用温度下限 ℃
36CrNi3MoV	≤300	−20 ℃冲击	−20
		−40 ℃冲击[a]	−40
低温钢锻件			
16MnD	≤100	−45 ℃冲击	−45
	>100～300	−40 ℃冲击	−40
20MnMoD	≤300	−40 ℃冲击	−40
	>300～700	−30 ℃冲击	−30
08MnNiMoVD	≤300	−40 ℃冲击	−40
10Ni3MoVD	≤300	−50 ℃冲击	−50
09MnNiD	≤300	−70 ℃冲击	−70
08Ni3D	≤300	−100 ℃冲击	−100
06Ni9D	≤125	−196 ℃冲击	−196

[a] 按照供需双方协议。

7.2 高合金钢锻件

7.2.1 钢锻件的公称厚度、使用温度上限及许用应力应符合表 B.6 的规定。钢锻件的交货状态应符合 NB/T 47010 的规定。

7.2.2 高合金钢锻件用钢应采用炉外精炼处理。

7.2.3 钢锻件的类型和级别应由设计文件规定，并应在图样上注明，应以牌号后加级别符号表示（如 S30408 Ⅱ）。用作容器筒体和封头的筒形、环形、碗形锻件应选用Ⅲ级或Ⅳ级锻件。

7.2.4 钢锻件的使用温度下限应符合下列规定：
    a) 铁素体型不锈钢锻件，使用温度下限为 0 ℃；
    b) 奥氏体-铁素体型不锈钢锻件，使用温度下限为−40 ℃；
    c) 奥氏体型不锈钢锻件，使用温度下限为−269 ℃。

8 螺柱（含螺栓）和螺母用钢棒

8.1 非合金钢、低合金钢和耐热钢钢棒

8.1.1 钢棒的使用状态、螺柱规格、使用温度上限及许用应力应符合表 B.7 的规定。

8.1.2 非合金钢 20 钢、35 钢螺柱用钢棒应符合 GB/T 699 的规定，螺柱用毛坯应进行正火热处理。

8.1.3 低合金钢螺柱用钢棒应符合 GB/T 3077 的规定，选用 40MnB、40MnVB、40Cr、30CrMo、35CrMo、35CrMoV、25Cr2MoV 和 40CrNiMo 时，应选用高级优质钢（牌号后加"A"）或特级优质钢（牌号后加"E"），螺柱用毛坯应按表 6 的规定进行调质热处理。

GB/T 4732.2—2024

表 6 非合金钢、低合金钢和耐热钢螺柱用钢棒的力学性能

牌号	热处理状态/调质状态的回火温度 ℃	规格 mm	材料标准抗拉强度 (R_m) MPa	材料标准屈服强度 [R_{eL}($R_{p0.2}$)] MPa	断后伸长率(A) %	0 ℃冲击吸收能量平均值($\overline{KV_2}$) J
20	正火	≤M22	≥410	≥245	≥25	≥41
		M24~M48	≥410	≥245		
35	正火	≤M22	≥530	≥315	≥20	≥47
		M24~M48	≥530	≥315		
40MnB	≥550	≤M22	≥805	≥685	≥14	≥54
		M24~M48	≥765	≥635		
40MnVB	≥550	≤M22	≥835	≥735	≥13	≥54
		M24~M48	≥805	≥685		
40Cr	≥550	≤M22	≥805	≥685	≥14	≥54
		M24~M48	≥765	≥635		
30CrMo	≥600	≤M22	≥700	≥550	≥16	≥60
		M24~M80	≥660	≥500		
35CrMo	≥560	≤M22	≥835	≥735	≥14	≥54
		M24~M80	≥805	≥685		
		M85~M105	≥735	≥590		
35CrMoV	≥630	M52~M105	≥835	≥735	≥13	≥54
		M110~M180	≥785	≥665		
25Cr2MoV	≥640	≤M48	≥835	≥735	≥14	≥54
		M52~M105	≥805	≥685		
		M110~M180	≥735	≥590		
40CrNiMo	≥600	M52~M180	≥930	≥825	≥13	≥60
12Cr5Mo (S45110)	≥650	≤M48	≥590	≥390	≥18	≥54
括号中的统一数字代号应按 GB/T 20878 的规定						

8.1.4 螺柱用耐热(合金)钢 12Cr5Mo(S45110)钢棒应符合 GB/T 1221 的规定,螺柱用毛坯应按表 6 的规定进行调质热处理。

8.1.5 正火热处理后的非合金钢、调质热处理后的低合金钢和耐热合金钢钢棒应进行拉伸试验和冲击试验。拉伸试验方法按 GB/T 228.1 的规定,拉伸试样采用 $d=10$ mm,$L_0=50$ mm 的试样。拉伸试验和冲击试验结果应符合表 6 的规定,冲击试验 1 个标准试样的最低值以及小尺寸试样的冲击吸收能量应符合 4.11b)的规定。

8.1.6 非合金钢、低合金钢螺柱的使用温度下限及化学成分符合下列规定。

  a) 20 钢螺柱的使用温度下限为−20 ℃,35、40MnB、40MnVB 和 40Cr 钢螺柱的使用温度下限为 0 ℃,其他牌号螺柱的使用温度下限为−20 ℃。

b)　当使用温度为−20 ℃～−70 ℃时,30CrMo 和 35CrMo 钢棒用钢,其化学成分(熔炼分析)中,磷含量应不大于 0.020%,硫含量应不大于 0.010%;当使用温度为−20 ℃～−50 ℃时,40CrNiMo 钢棒用钢,以及当使用温度为−70 ℃～−100 ℃时,30CrMo 钢棒用钢,其化学成分(熔炼分析)中,磷含量应不大于 0.015%,硫含量应不大于 0.008%。

c)　30CrMo、35CrMo 和 40CrNiMo 钢螺柱使用温度低于−20 ℃时,应进行使用温度下的低温冲击试验,此时表 6 中的冲击试验温度由 0 ℃改为使用温度,低温冲击吸收能量应符合表 7 的规定。

表 7　低温螺柱用钢棒的冲击吸收能量

牌号	螺柱规格 mm	最低冲击试验温度 ℃	冲击吸收能量平均值($\overline{KV_2}$) J
30CrMo	≤M80	−100	≥54
35CrMo	≤M80	−70	≥54
40CrNiMo	M52～M80	−50	≥54

8.1.7　与螺柱用钢组合使用的螺母用钢可按表 8 选取,也可选用有使用经验的其他螺母用钢。调质状态使用的螺母用钢其回火温度应高于组合使用的螺柱用钢的回火温度。

表 8　螺母用非合金钢、低合金钢和耐热钢

螺柱用钢 牌号	螺母用钢			使用温度范围 ℃
	牌号	钢材标准	使用状态	
20	10、15	GB/T 699	正火	−20～350
35	20、25	GB/T 699	正火	0～350
40MnB	40Mn、45	GB/T 699	正火	0～400
40MnVB	40Mn、45	GB/T 699	正火	0～400
40Cr	40Mn、45	GB/T 699	正火	0～400
30CrMo	40Mn、45	GB/T 699	正火	0～400
	30CrMo	GB/T 3077	调质	−100～500
35CrMo	40Mn、45	GB/T 699	正火	0～400
	30CrMo、35CrMo	GB/T 3077	调质	−70～500
35CrMoV	35CrMo、35CrMoV	GB/T 3077	调质	−20～425
25Cr2MoV	30CrMo、35CrMo	GB/T 3077	调质	−20～500
	25Cr2MoV	GB/T 3077	调质	−20～550
40CrNiMo	35CrMo、40CrNiMo	GB/T 3077	调质	−50～350
12Cr5Mo (S45110)	12Cr5Mo (S45110)	GB/T 1221	调质	−20～600
括号中的统一数字代号应按 GB/T 20878 的规定				

8.2 高合金钢钢棒

8.2.1 钢棒的使用状态、螺柱规格、使用温度上限及许用应力符合表 B.8 的规定。

8.2.2 各牌号螺柱用钢棒应按批进行拉伸试验,同一牌号、同一冶炼炉号、同一断面尺寸、同一热处理制度和同期制造的钢棒(螺柱用毛坯)组成一批,每批抽取一件进行试验。试验要求和结果应符合 GB/T 1220 的规定。

8.2.3 高合金钢螺柱的使用温度下限应符合下列规定:

    a) 马氏体型不锈钢 S42020 螺柱,使用温度下限为 0 ℃;

    b) 奥氏体型不锈钢钢螺柱,使用温度下限为 −269 ℃。

8.2.4 与螺柱用钢组合使用的螺母用钢可按表 9 选用,也可选用有使用经验的其他螺母用钢。调制状态使用的螺母用钢,其回火温度应高于组合使用的螺柱用钢的回火温度。

表 9 螺母用高合金钢

螺柱用钢统一数字代号	螺母用钢			
	统一数字代号	钢材标准	使用状态	使用温度范围 ℃
S42020 (20Cr13)	S42020	GB/T 1220	调质	0～400
S30408	S30408	GB/T 1220	固溶	−269～700
S31008	S31008	GB/T 1220	固溶	−269～800
S31608	S31608	GB/T 1220	固溶	−269～700
S32168	S32168	GB/T 1220	固溶	−269～700
括号中的 20Cr13 为牌号				

8.2.5 固溶处理后经应变强化处理的 S30408 螺柱用钢棒应符合 GB/T 4226 的规定。同一冶炼炉号、同一断面尺寸、同一固溶处理制度和同一应变强化工艺的钢棒(螺柱用毛坯)组成一批,每批抽取一件进行试验。每件毛坯上取 1 个拉伸试样,3 个冲击试样(当需要时)。试样取样方向为纵向,试样的纵轴应靠近螺柱毛坯半径的 1/2 处。螺柱毛坯的力学性能符合下列规定:

    a) 螺柱毛坯的拉伸性能和螺柱的许用应力符合表 10 的规定;

表 10 应变强化处理的螺柱用钢拉伸性能和许用应力

牌号	螺柱规格 mm	材料标准抗拉强度下限值(R_m) MPa	规定塑性延伸强度($R_{p0.2}$) MPa	断后伸长率(A) %	≤100 ℃的许用应力 MPa
S30408	≤M22	≥800	≥600	≥13	171
	M24～M80	≥750	≥510	≥15	170

    b) 使用温度低于 −100 ℃时,螺柱用钢棒应进行使用温度下的低温冲击试验,3 个标准试样冲击吸收能量平均值($\overline{KV_2}$)不小于 54 J,1 个标准试样的最低值以及小尺寸试样的冲击吸收能量指标符合 4.11b)的规定。

GB/T 4732.2—2024

8.3 螺柱无损检测要求

8.3.1 螺柱粗加工后(螺纹加工前),对规格不小于 M36 的螺柱应按 NB/T 47013.3 的规定进行 100%的超声检测,质量等级为Ⅰ级,同时应按 NB/T 47013.4 或 NB/T 47013.5 的规定进行表面检测,线性缺陷和圆形缺陷质量等级为Ⅰ级。

8.3.2 螺柱的螺纹宜采用滚制方法加工。螺纹加工后应按 NB/T 47013.4 或 NB/T 47013.5 的规定进行表面检测,不应有任何裂纹显示和任何横向缺陷显示。

9 焊接材料

9.1 压力容器受压元件的焊接材料应符合 NB/T 47018.1~NB/T 47018.5 的规定。

9.2 压力容器受压元件的焊接材料,其熔敷金属拉伸抗拉强度宜不低于钢材标准规定的下限值。

9.3 压力容器受压元件的焊接材料,其熔敷金属冲击吸收能量不宜低于钢材标准的规定。当冲击吸收能量低于钢材标准规定的下限值时,应按 NB/T 47014 规定的方法制作焊接试件,其焊缝金属冲击吸收能量应符合表 1 的规定。

9.4 用于焊后热处理压力容器受压元件的焊接材料,其熔敷金属的焊后热处理保温温度宜与压力容器焊后热处理的保温温度相同,保温时间不少于压力容器制造过程中累计保温时间的 80%。

9.5 用于标准抗拉强度下限值大于 540 MPa 合金钢钢材或用于使用温度低于−40 ℃钢材的焊接材料熔敷金属化学成分中,磷含量应不大于 0.020%,硫含量应不大于 0.010%。

9.6 厚度大于 36 mm 且标准抗拉强度下限值大于 540 MPa 合金钢钢材用焊接材料,其熔敷金属扩散氢含量不大于 5 mL/100 g,熔敷金属扩散氢含量的测量按照 GB/T 3965 的规定进行。

9.7 对设计温度低于−20 ℃且厚度大于 36 mm 的调质状态的钢材和设计温度低于−40 ℃且厚度大于 60 mm 的正火或正火加回火状态的钢材用焊接材料的熔敷金属可附加落锤试验。熔敷金属试板制取应符合 NB/T 47018.1~NB/T 47018.5 的规定,试验按 GB/T 6803 的规定进行,采用 P-2 型试样,无塑性转变温度(NDTT)的合格指标应在设计文件中规定。

9.8 对厚度大于 50 mm 调质状态、厚度大于 100 mm 正火或正火加回火状态的壳体用钢板,其产品焊接试件的焊接接头,应规定较严格的冲击试验要求,设计文件可选用下列方法之一:
    a) 焊接接头(包括焊缝和热影响区)冲击试验温度按设计温度,冲击性能指标高于表 1 规定的最低要求;
    b) 焊接接头(包括焊缝和热影响区)冲击试验温度低于设计温度,冲击性能指标符合表 1 的规定。

9.9 压力容器受压元件的焊接材料,其熔敷金属的高温拉伸性能、耐蚀(应力腐蚀)性能等不宜低于对钢材的相关规定。

9.10 焊接用气体应符合 GB/T 39255 的规定。

附　录　A
（规范性）
钢材的补充规定

A.1　总体要求

A.1.1　本附录对下列钢材提出了要求：
　　a)　已列入本文件但未列入压力容器(承压设备)专用钢板、专用锻件、钢管国家标准或者行业标准的钢材(5.1.11 中的钢材除外)；
　　b)　未列入本文件的钢材。

A.1.2　选用已列入本文件，但未列入压力容器(承压设备)专用钢板、专用锻件、钢管国家标准或者行业标准的钢材(符合 4.3 规定的钢材除外)，应符合本附录的规定。钢材研制单位应进行钢材的研制，提供必要的材料数据(包括化学成分、拉伸性能、疲劳试验数据、断裂韧性以及其他满足该材料使用范围要求的相应性能参数)。钢材应经压力容器用材料(钢板、锻件)型式试验机构的试验验证，证明其各项性能指标满足本文件要求的，可用于压力容器制造。

A.1.3　选用未列入本文件的钢材，应符合 4.17 和 4.18 的规定。

A.1.4　选用境外牌号的钢材，应符合 TSG 21 的规定。

A.2　低合金钢钢管

A.2.1　08Cr2AlMo 钢管的技术要求应符合下列规定：
　　a)　钢的化学成分(熔炼分析)符合表 A.1 的规定；

表 A.1　08Cr2AlMo 钢的化学成分

化学成分							
%							
C	Si	Mn	P	S	Cr	Al	Mo
0.05～0.10	0.15～0.40	0.20～0.50	≤0.025	≤0.015	2.00～2.50	0.30～0.70	0.30～0.40

　　b)　钢管以正火加回火热处理状态交货，回火温度不低于 680 ℃；
　　c)　钢管的力学性能符合表 A.2 的规定；

表 A.2　08Cr2AlMo 钢管的力学性能

公称壁厚	拉伸试验(纵向)		
mm	抗拉强度(R_m) MPa	下屈服强度(R_{eL}) MPa	断后伸长率(A) %
≤16	400～540	≥250	≥25

　　d)　钢管的分类、代号、尺寸、外形、重量、试验方法、检验规则、包装、标志和质量证明书符合 GB/T 9948 的规定。

A.2.2　09CrCuSb 钢管的技术要求应符合下列规定。

a) 钢的化学成分(熔炼分析)符合表 A.3 的规定。

表 A.3 09CrCuSb 钢的化学成分

化学成分 %							
C	Si	Mn	P	S	Cr	Cu	Sb
≤0.12	0.20～0.40	0.35～0.65	≤0.025	≤0.015	0.70～1.10	0.25～0.45	0.04～0.10

b) 钢管以正火热处理状态交货。

c) 钢管的力学性能符合表 A.4 的规定。

表 A.4 09CrCuSb 钢管的力学性能

公称壁厚 mm	拉伸试验(纵向)		
	抗拉强度(R_m) MPa	下屈服强度(R_{eL}) MPa	断后伸长率(A) %
≤16	390～550	≥245	≥25

d) 钢管进行耐腐蚀性能试验,每批在 2 根钢管上各取 1 个试样,每个试样为长 10 mm 的管段。在质量分数为 50% 的 H_2SO_4 溶液中,70 ℃±2 ℃的恒温条件下浸泡 24 h。2 个试样腐蚀速率的平均值不大于 60 g/(m²×h)或 100 g/(m²×h),具体指标在订货合同中注明。

e) 钢管的分类、代号、尺寸、外形、重量、试验方法、检验规则、包装、标志和质量证明书符合 GB/T 9948 的规定。

附 录 B

（规范性）

钢材的许用应力

表 B.1～表 B.8 规定了钢材的许用应力。

表 B.1 非合金钢和合金钢钢板的许用应力

牌号	钢板标准	使用状态	厚度 mm	室温强度指标下限值		在下列温度（℃）下的许用应力 MPa																	
				R_m MPa	R_{eL} MPa	≤20	100	150	200	250	300	350	400	425	450	475	500	525	550	575	600
Q245R	GB/T 713.2	正火	3～16	400	245	163	147	140	131	117	108	98	91	85	61	41					
			>16～36	400	235	157	140	133	124	111	102	93	86	83	61	41					
			>36～60	400	225	150	133	127	119	107	98	89	82	80	61	41					
			>60～100	390	205	137	123	117	109	98	90	82	75	73	61	41					
			>100～150	380	185	123	112	107	100	90	80	73	70	67	61	41					
			>150～250	370	175	117	107	100	97	87	77	70	67	64	60	41					
Q345R	GB/T 713.2	正火	3～16	510	345	213	210	197	183	167	153	143	125	93	66	43					
			>16～36	500	325	208	197	183	170	157	143	133	125	93	66	43					
			>36～60	490	315	204	190	173	160	147	133	123	117	93	66	43					
			>60～100	490	305	203	183	167	150	137	123	117	110	93	66	43					
			>100～150	480	285	190	173	160	147	133	120	113	107	93	66	43					
			>150～250	470	265	177	163	153	143	130	117	110	103	93	66	43					
GB/SA 516 Gr485	ASME BPVC. Ⅱ.A SA-516M	正火	3～200	485	260	173	163	153	143	130	117	110	103	93	66	43					

表 B.1 非合金钢和合金钢钢板的许用应力 (续)

牌号	钢板标准	使用状态	厚度 mm	室温强度指标下限值 R_m MPa	室温强度指标下限值 R_{eL} MPa	在下列温度(℃)下的许用应力 MPa ≤20	100	150	200	250	300	350	400	425	450	475	500	525	550	575	600
GB/SA 537 Cl.1	ASME BPVC. II.A SA-537M	正火	3~60	485	340	173	163	153	143	130	117	110									
			>60~100	450	310	158	150	140	131	119	107	101									
Q370R	GB/T 713.2	正火	10~16	530	370	221	221	213	200	190	180	170	160								
			>16~36	530	360	221	220	207	193	183	173	163	153								
			>36~60	520	340	217	207	193	183	173	167	157	147								
			>60~100	510	330	213	200	187	177	167	163	153	143								
Q420R	GB/T 713.2	正火	6~20	590	420	246	246	237	220	203	187	177	167								
			>20~30	570	400	238	238	227	210	193	180	170	160								
Q460R	GB/T 713.2	正火	6~20	630	460	263	263	260	237	217	200										
18MnMoNbR	GB/T 713.2	正火加回火	30~60	570	400	238	238	238	238	237	233	227	207	195	177	117					
			>60~100	570	390	238	238	238	237	233	230	223	203	192	177	117					
13MnNiMoR	GB/T 713.2	正火加回火	30~100	570	390	238	238	238	237	233	230	223	203								
			>100~150	570	380	238	238	233	230	227	223	217	200								
15CrMoR	GB/T 713.2	正火加回火	6~60	450	295	188	180	170	160	150	140	133	126	123	119	118	88	58	37		
			>60~100	450	275	183	167	157	147	140	131	124	117	115	111	110	88	58	37		
			>100~200	440	255	170	157	147	140	133	123	117	110	107	104	102	88	58	37		
GB/SA 387 Gr12 Cl.2	ASME BPVC. II.A SA-537M	正火加回火	6~150	450	275	170	157	147	140	133	123	117	110	107	104	102	88	58	37		
14Cr1MoR	GB/T 713.2	正火加回火	6~100	520	310	207	187	180	170	163	153	147	140	135	130	124	80	54	33		
			>100~200	510	300	200	180	173	163	157	147	140	133	130	127	121	80	54	33		

表 B.1 非合金和合金钢钢板的许用应力（续）

牌号	钢板标准	使用状态	厚度 mm	室温强度指标下限值 R_m MPa	R_{eL} MPa	在下列温度（℃）下的许用应力 MPa														
						≤20	100	150	200	250	300	350	400	425	450	475	500	525	550	575	600
12Cr2Mo1R	GB/T 713.2	正火加回火	6~200	520	310	207	187	180	173	170	167	163	160	157	153	128	89	64	45	30	
12Cr1MoVR	GB/T 713.2	正火加回火	6~60	440	245	163	150	140	133	127	117	111	105	103	100	98	95	82	59	41	
			>60~100	430	235	157	147	140	133	127	117	111	105	103	100	98	95	82	59	41	
12Cr2MolVR	GB/T 713.2	正火加回火	6~200	590	415	246	246	246	246	243	240	237	233	230	205	173	143	104	72		
16MnDR	GB/T 713.3	正火、正火加回火	6~16	490	315	204	193	180	167	153	140	130									
			>16~36	470	295	196	180	167	157	143	130	120									
			>36~60	460	285	190	173	160	150	137	123	117									
			>60~100	450	275	183	167	157	147	133	120	113									
			>100~120	440	265	177	163	153	143	130	117	110									
15MnNiNbDR	GB/T 713.3	正火、正火加回火	6~16	530	370	221	221	213	200	190	180										
			>16~36	530	360	221	220	207	193	183	173										
			>36~60	520	350	217	213	200	187	177	167										
Q420DR	GB/T 713.3	正火、正火加回火	6~20	590	420	246	246	237	220	203	187										
			>20~30	570	400	238	238	227	210	193	180										
Q460DR	GB/T 713.3	正火、正火加回火	6~20	630	460	263	263	260	237	217	200										
13MnNiDR	GB/T 713.3	正火、正火加回火	5~36	490	345	204	204	200	187	173	160										
			>36~60	490	335	204	204	193	180	167	153										
			>60~100	490	325	204	200	187	173	160	147										

表 B.1　非合金钢和合金钢钢板的许用应力（续）

牌号	钢板标准	使用状态	厚度 mm	室温强度指标下限值 R_m MPa	R_{eL} MPa	在下列温度（℃）下的许用应力 MPa ≤20	100	150	200	250	300	350	400	425	450	475	500	525	550	575	600
09MnNiDR	GB/T 713.3	正火、正火加回火	6~16	440	300	183	183	170	160	153	147	137									
			>16~36	430	280	179	170	157	150	143	137	127									
			>36~60	430	270	179	163	150	143	137	130	120									
			>60~120	420	260	173	160	147	140	133	127	117									
11MnNiMoDR	GB/T 713.3	调质	5~60	560	420	233	233	233	233	233	230										
			>60~80	560	400	233	233	233	233	227	217										
			>80~100	560	380	233	233	233	223	213	203										
08Ni3DR	GB/T 713.4	正火、正火加回火、调质	6~60	490	320	204	197	193	187	180	167										
			>60~100	480	300	200	183	180	173	167	157										
07Ni5DR	GB/T 713.4	正火、正火加回火、调质	5~30	530	370	221	221	213	200	187	173										
			>30~50	530	360	221	220	207	193	180	167										
06Ni7DR	GB/T 713.4	正火、正火加回火、调质	5~30	680	560	283	283	283	283												
			>30~50	680	550	283	283	283	283												
06Ni9DR	GB/T 713.4	正火、正火加回火、调质	5~30	680	560	283	283	283	283												
			>30~50	680	550	283	283	283	283												
Q490R	GB/T 713.6	调质	10~60	610	490	254	254	254	254	254	254										
Q490DRL1	GB/T 713.6	调质	10~60	610	490	254	254	254	254	254	254										
Q490DRL2	GB/T 713.6	调质	10~50	610	490	254	254	254	254	254	254										
Q490RW	GB/T 713.6	调质	10~60	610	490	254	254	254	254	254	254										
Q580R	GB/T 713.6	调质	10~60	690	580	288	288	288	288	288	288										

表 B.1 非合金钢和合金钢钢板的许用应力（续）

牌号	钢板标准	使用状态	厚度 mm	室温强度指标下限值		在下列温度（℃）下的许用应力 MPa															
				R_m MPa	R_{eL} MPa	≤20	100	150	200	250	300	350	400	425	450	475	500	525	550	575	600
Q580DR	GB/T 713.6	调质	10~50	690	580	288	288	288	288	288	288										

注：空白栏表示材料不适用于此温度。

表 B.2 高合金钢钢板许用应力

统一数字代号	钢板标准	厚度 mm	室温强度指标下限值		在下列温度（℃）下的许用应力 MPa																					其他
			R_m MPa	$R_{p0.2}$ MPa	≤20	100	150	200	250	300	350	400	450	500	525	550	575	600	625	650	675	700	725	750	775	800	
S11306	GB/T 713.7	1.5~30	415	205	137	126	123	120	119	117	112	109															
S11348	GB/T 713.7	1.5~30	415	170	113	104	101	100	99	97	95	90															
S11972	GB/T 713.7	1.5~12	415	275	173	159	149	142	136	131	125	119															
S21953	GB/T 713.7	1.5~100	630	440	263	237	223	217	210	203	197																
S22153	GB/T 713.7	1.5~100	655	450	273	257	238	211	207	203																	
S22253	GB/T 713.7	1.5~100	620	450	258	258	247	233	223	217	210																
S22053	GB/T 713.7	1.5~100	620	450	258	258	247	233	223	217	210																
S22294	GB/T 713.7	1.5~100	650	450	271	267	237	227	223	217	210																
S23043	GB/T 713.7	1.5~100	600	400	250	227	210	203	200	197	187																
S25554	GB/T 713.7	1.5~100	760	550	317	317	293	277	270	267	267																
S25073	GB/T 713.7	1.5~100	800	550	333	320	297	280	267	263	260																

表 B.2 高合金钢钢板许用应力（续）

统一数字代号	钢板标准	厚度 mm	室温强度指标下限值		在下列温度（℃）下的许用应力 MPa																						其他
			R_m MPa	$R_{p0.2}$ MPa	≤20	100	150	200	250	300	350	400	450	500	525	550	575	600	625	650	675	700	725	750	775	800	
S30408	GB/T 713.7	1.5~100	520	230	153	153	140	130	122	114	111	107	103	100	98	95	67	62	52	42	32	27					
					153	114	103	96	90	85	82	79	76	74	73	71	67	62	52	42	32	27					
S30403	GB/T 713.7	1.5~100	500	220	147	132	118	110	103	98	94	91	88														
					147	98	87	81	76	73	69	67	65														
S30409	GB/T 713.7	1.5~100	520	220	147	147	140	130	122	114	111	107	103	100	98	95	67	62	52	42	32	27					
					147	114	103	96	90	85	82	79	76	74	73	71	67	62	52	42	32	27					
S30450	GB/T 713.7	1.5~100	600	290	193	180	167	149	144	135	131	125	122	117	115	113	111	108									
					193	133	123	110	107	100	97	93	90	87	85	83	82	80									
S30458	GB/T 713.7	1.5~100	550	240	160	160	155	141	131	125	121	117	113	108	104	98	71	69	52	42							
					160	129	115	105	97	93	89	87	83	80	77	73	71	69	52	42							
S30453	GB/T 713.7	1.5~100	515	205	137	137	137	130	122	116	111	106	103	99													
					137	113	103	96	90	86	82	79	76	73													
S30478	GB/T 713.7	1.5~100	585	275	183	183	167	158	158	153	149	144	140	135	133	131	129	126									
					183	137	123	117	117	113	110	107	103	100	99	97	95	93									
S30859	GB/T 713.7	1.5~100	600	310	207	207	185	167	158	153	149	144	140	135	133	131	129	126									
					207	153	137	123	117	113	110	107	103	100	99	97	95	93									
S30908	GB/T 713.7	1.5~100	515	205	137	137	137	137	134	130	127	124	121	117	85	59	44	32									
					137	119	111	105	99	96	94	92	89	87	85	59	44	32									
S31008	GB/T 713.7	1.5~100	520	205	137	137	137	137	134	130	125	122	119	115	114	112	109	61	43	31	23	19	15	12	10	8	
					137	121	111	105	99	96	93	90	88	85	84	83	81	61	43	31	23	19	15	12	10	8	

表 B.2 高合金钢钢板许用应力（续）

统一数字代号	钢板标准	厚度 mm	室温强度指标下限值		在下列温度（℃）下的许用应力 MPa																						其他
			R_m MPa	$R_{p0.2}$ MPa	≤20	100	150	200	250	300	350	400	450	500	525	550	575	600	625	650	675	700	725	750	775	800	
S31252	GB/T 713.7	1.5~100	655	310	207	207	203	190	179	172	167	165	163														
S31608	GB/T 713.7	1.5~100	520	220	147	147	145	134	125	118	113	111	109	107	106	105	76	73	65	50	38	30					
S31603	GB/T 713.7	1.5~100	520	210	140	132	117	108	100	95	90	86	84	79	79	78	76	73	65	50	38	30					
S31609	GB/T 713.7	1.5~100	515	220	147	147	145	134	125	118	113	111	109	107	106	105	77	75	66	50	39	30					
S31653	GB/T 713.7	1.5~100	515	205	137	137	137	131	122	115	110	104	100	97	79	78	77	75	66	50	39	30					
S31658	GB/T 713.7	1.5~100	550	240	160	160	160	155	148	140	135	130	130	126	124	122	84	80	65	51	38	30					
S31668	GB/T 713.7	1.5~100	520	205	137	141	131	122	115	109	104	100	97	93	92	91	76	73	65	50	38	30					
S31708	GB/T 713.7	1.5~100	520	205	137	137	134	125	118	113	111	109	109	107	106	105	76	73	65	50	38	30					
S31703	GB/T 713.7	1.5~100	520	205	137	137	130	122	114	111	108	105	105	103	102	100	58	44	33	25	18	13					
S32168	GB/T 713.7	1.5~100	520	205	137	114	103	96	90	85	82	80	78	76	75	74	58	44	33	25	18	13					

表 B.2 高合金钢钢板许用应力（续）

统一数字代号	钢板标准	厚度 mm	室温强度指标下限值 R_m MPa	室温强度指标下限值 $R_{p0.2}$ MPa	在下列温度（℃）下的许用应力 MPa ≤20	100	150	200	250	300	350	400	450	500	525	550	575	600	625	650	675	700	725	750	775	800	其他
S32169	GB/T 713.7	1.5～100	515	205	137	137	137	137	135	128	122	119	115	113	112	111	78	59	46	37	29	23					
					137	123	114	107	100	95	91	88	85	84	83	82	78	59	46	37	29	23					
S34778	GB/T 713.7	1.5～100	515	205	137	137	137	137	137	135	131	127	125	125	123	120	77	58	40	30	23	16					
					137	126	118	111	105	100	97	94	93	93	91	89	77	58	40	30	23	16					
S34779	GB/T 713.7	1.5～100	515	205	137	137	137	137	137	135	131	127	125	125	123	120	119	77	70	54	42	32					
					137	126	118	111	105	100	97	94	93	93	91	89	88	77	70	54	42	32					
S35656	GB/T 713.7	1.5～100	650	355	237	237	234	207	198	185	167																
					237	197	173	153	147	137	123																
S39042	GB/T 713.7	1.5～100	490	220	147	147	147	147	144	131	122																
					147	137	127	117	107	97	90																
Q400GMDR	GB/T 713.5	6～50	800	400	267	240	220																				•

对于奥氏体型不锈钢钢板，同一统一数字代号钢板第一行的许用应力仅适用于允许产生微量永久变形的元件，不适用于法兰、平盖或其他有微量永久变形就引起泄漏或故障的场合。

注1："●"代表该行的 Q400GMDR 为牌号。

注2：空白栏表示材料不适用于此温度或无备注。

表 B.3 非合金钢和合金钢钢管许用应力

牌号	钢管标准	使用状态	壁厚 mm	室温强度指标下限值 R_m MPa	室温强度指标下限值 R_{eL} MPa	在下列温度(℃)下的许用应力 MPa ≤20	100	150	200	250	300	350	400	425	450	475	500	525	550	575	600
10	GB/T 8163	热轧	≤10	335	205	137	121	115	108	98	89	82	75	70	61	41					
20	GB/T 8163	热轧	≤10	410	245	163	147	140	131	117	108	98	88	83	61	41					
Q345D	GB/T 8163	正火	≤16	470	345	196	196	196	183	167	153	143	125	93	66	43					
10	GB/T 6479	正火	≤16	335	205	137	121	115	108	98	89	82	75	70	61	41					
10	GB/T 6479	正火	>16~40	335	195	130	117	111	105	95	85	79	73	67	61	41					
10	GB/T 9948	正火	≤60	335	205	137	121	115	108	98	89	82	75	70	61	41					
20	GB/T 6479	正火	≤16	410	245	163	147	140	131	117	108	98	88	83	61	41					
20	GB/T 6479	正火	>16~40	410	235	157	140	133	124	111	102	93	83	78	61	41					
20	GB/T 6479	正火	>40~80	410	225	150	133	127	117	105	97	88	79	74	61	41					
20	GB/T 9948	正火	≤80	410	245	163	147	140	131	117	108	98	88	83	61	41					
Q345D Q345E	GB/T 6479	正火	≤16	490	345	204	204	197	183	167	153	143	125	93	66	43					
Q345D Q345E	GB/T 6479	正火	>16~40	490	335	204	203	190	177	160	147	137	125	93	66	43					
Q345D Q345E	GB/T 6479	正火	>40~80	490	325	204	197	183	170	153	140	130	120	93	66	43					
12CrMo	GB/T 6479	正火加回火	≤16	410	205	137	121	115	108	101	95	88	82	80	79	77	74	50			
12CrMo	GB/T 6479	正火加回火	>16~40	410	195	130	117	111	105	98	91	85	79	77	75	74	72	50			
12CrMo	GB/T 9948	正火加回火	≤60	410	205	137	121	115	108	95	95	88	82	80	79	77	74	50			
15CrMo	GB/T 6479	正火加回火	≤16	440	235	157	140	131	124	117	108	101	95	93	91	90	88	58	37		
15CrMo	GB/T 6479	正火加回火	>16~40	440	225	150	133	124	117	111	103	97	91	89	87	86	85	58	37		
15CrMo	GB/T 6479	正火加回火	>40~60	440	215	143	127	117	111	105	97	92	87	85	84	83	81	58	37		
15CrMo	GB/T 9948	正火加回火	≤80	440	235	157	140	131	124	117	108	101	95	93	91	90	88	58	37		

表 B.3　非合金钢和合金钢钢管许用应力（续）

牌号	钢管标准	使用状态	壁厚 mm	室温强度指标下限值		在下列温度（℃）下的许用应力 MPa															
				R_m MPa	R_{eL} MPa	≤20	100	150	200	250	300	350	400	425	450	475	500	525	550	575	600
12Cr1MoV	GB/T 9948	正火加回火	≤80	470	255	170	153	143	133	127	117	111	105	102	100	97	95	82	59	41	
12Cr2Mo	GB/T 6479 / GB/T 9948	正火加回火	≤60 / ≤80	450	280	187	170	163	157	153	150	147	143	140	137	128	89	64	45	30	
12Cr5Mo	GB/T 6479	退火	≤16	390	195	130	117	111	108	105	101	98	95	93	91	83	62	46	35	26	18
			>16～40	390	185	123	111	105	101	98	95	91	88	86	85	82	62	46			
12Cr5MoI	GB/T 9948	退火	≤60	415	205	137	117	111	108	105	101	98	95	93	91	83	62	46	35	26	18
08Cr2AlMo	附录 A	正火	≤16	400	250	167	150	140	130	123	117										
09CrCuSb	附录 A	正火	≤16	390	245	163	147	137	127	120	113										
16MnD	NB/T 47019.4	正火	≤16	490	325	204	197	183	170	153	140	130									
09MnD	NB/T 47019.4	正火	≤16	420	270	175	160	150	143	130	120	110									
09MnNiD	NB/T 47019.4	正火	≤16	440	280	183	170	157	150	143	137	127									
08Ni3MoD	NB/T 47019.4	正火	≤16	450	260	173	157	153	147	140	130										

注：空白栏表示材料不适用于此温度。

表 B.4 高合金钢钢管许用应力

统一数字代号	钢管标准	壁厚 mm	室温强度指标下限值		在下列温度（℃）下的许用应力 MPa																						其他
			R_m MPa	$R_{p0.2}$ MPa	≤20	100	150	200	250	300	350	400	450	500	525	550	575	600	625	650	675	700	725	750	775	800	
S11348	GB/T 14976	≤30	415	205	137	104	101	100	99	97	95	90															
S11972	GB/T 14976	≤30	415	275	173	159	149	142	136	131	125	119															
S41008	GB/T 13296	≤30	410	210	140	126	123	120	119	117	112	109															
S30408	GB/T 13296	≤40	520	205	137	137	137	130	122	114	111	107	103	100	98	95	67	62	52	42	32	27					•
S30408	GB/T 14976	≤30	520	205	137	114	103	90	85	82	79	76	74	74	73	71	67	62	52	42	32	27					
S30403	GB/T 13296	≤40	480	175	117	117	117	103	103	98	94	91	88														•
S30403	GB/T 14976	≤30	480	175	117	98	87	81	76	73	69	67	65														
S30409	GB/T 13296	≤40	520	205	137	137	137	130	122	114	111	107	103	100	98	95	67	62	52	42	32	27					•
S30458	GB/T 13296	≤40	550	240	160	160	155	141	131	125	121	117	113	108	104	98	71	69	52	42	32	27					•
S30458	GB/T 14976	≤30	550	240	160	129	115	105	97	93	89	87	83	80	77	73	71	69	52	42	32	27					
S30453	GB/T 13296	≤40	515	205	137	137	137	130	121	116	111	106	103	99													•
S30453	GB/T 14976	≤30	515	205	137	113	103	96	90	86	82	79	76	73													
S30478	GB/T 14976	≤30	585	275	183	183	158	141	131	125	121	117	113	108													•
S30908	GB/T 13296	≤40	520	205	137	137	137	135	131	127	124	121	119	117	79	59	44	32									•
S30908	GB/T 14976	≤30	520	205	137	119	111	105	100	97	94	92	89	87	79	59	44	32									
S31008	GB/T 13296	≤40	520	205	137	137	137	134	130	125	122	119	115	115	114	112	109	61	43	31	23	19	15	12	10	8	•
S31008	GB/T 14976	≤30	520	205	137	121	111	105	99	96	93	90	88	85	84	83	81	61	43	31	23	19	15	12	10	8	

表 B.4 高合金钢钢管许用应力（续）

统一数字代号	钢管标准	壁厚 mm	室温强度指标下限值 Rm MPa	Rp0.2 MPa	在下列温度（℃）下的许用应力 MPa ≤20	100	150	200	250	300	350	400	450	500	525	550	575	600	625	650	675	700	725	750	775	800	其他
S31608	GB/T 13296	≤40	520	205	137	137	137	134	125	118	113	111	109	107	106	105	76	73	65	50	38	30					●
	GB/T 14976	≤30			137	117	107	99	93	87	84	82	81	79	79	78	76	73	65	50	38	30					
S31603	GB/T 13296	≤40	480	175	117	117	117	108	100	95	90	86	84														●
	GB/T 14976	≤30			117	98	87	80	74	70	67	64	62														
S31609	GB/T 13296	≤40	515	205	137	137	137	134	125	118	113	111	109	107	106	105	77	75	65	50	38	30					●
	GB/T 14976	≤30			137	117	107	99	93	87	84	82	81	79	78	78	77	75	65	50	38	30					
S31653	GB/T 13296	≤40	515	205	137	137	137	131	122	115	110	104	100	97													●
	GB/T 14976	≤30			137	116	105	97	91	85	81	77	74	72													
S31658	GB/T 13296	≤40	550	240	160	160	160	160	155	148	140	135	131	126	124	122	84	80	65	51							●
	GB/T 14976	≤30			160	141	131	122	115	109	104	100	97	93	92	91	84	80	65	51							
S31668	GB/T 13296	≤40	530	205	137	137	137	134	125	118	113	111	109	107													●
	GB/T 14976	≤30			137	117	107	99	93	87	84	82	81	79													
S39042	GB/T 13296	≤40	490	220	147	147	147	147	144	131	122																●
	GB/T 14976	≤30			147	137	127	117	107	97	90															
S31703	GB/T 13296	≤40	480	175	117	117	117	117	117	117	113	111	109														●
	GB/T 14976	≤30			117	117	107	99	93	87	84	82	81														
S31708	GB/T 13296	≤40	520	205	137	137	137	134	125	118	113	111	109	107	106	105	76	73	65	50	38	30					●
	GB/T 14976	≤30			137	117	107	99	93	87	84	82	81	79	79	78	76	73	65	50	38	30					
S32168	GB/T 13296	≤40	520	205	137	137	137	130	122	114	111	108	105	103	102	100	58	44	33	25	18	13					●
	GB/T 14976	≤30			137	114	103	96	90	85	82	80	78	76	75	74	58	44	33	25	18	13					

GB/T 4732.2—2024

表 B.4 高合金钢钢管许用应力（续）

统一数字代号	钢管标准	壁厚 mm	室温强度指标下限值 Rm MPa	Rp0.2 MPa	≤20	100	150	200	250	300	350	400	450	500	525	550	575	600	625	650	675	700	725	750	775	800	其他
S32169	GB/T 13296	≤40	520	205	137	137	137	137	135	128	122	119	115	113	112	111	78	59	46	37	29	23					●
	GB/T 14976	≤30	520	205	137	123	114	107	100	95	91	88	85	84	83	82	78	59	46	37	29	23					
S34778	GB/T 13296	≤40	520	205	137	137	137	137	137	135	131	127	125	125	123	120	77	58	40	30	23	16					●
	GB/T 14976	≤30	520	205	137	126	118	111	105	100	97	94	93	93	91	89	77	58	40	30	23	16					
S34779	GB/T 13296	≤40	520	205	137	137	137	137	137	135	131	127	125	125	123	120	119	77	70	54	42	32					●
	GB/T 14976	≤30	520	205	137	126	118	111	105	100	97	94	93	93	91	89	88	77	70	54	42	32					
S21953	GB/T 21833.1	≤30	630	440	263	237	223	217	210	203	197																
	GB/T 21833.2	≤30																									
S22253	GB/T 21833.1	≤30	620	450	258	258	247	233	223	217	210																
	GB/T 21833.2	≤30																									
S22053	GB/T 21833.1	≤30	620	450	258	258	247	233	223	217	210																
	GB/T 21833.2	≤30																									
S23043	GB/T 21833.1	≤30	600	400	250	227	210	203	200	197	187																
	GB/T 21833.2	≤30																									
S25554	GB/T 21833.1	≤30	760	550	317	317	293	277	270	267	267																
	GB/T 21833.2	≤30																									
S25073	GB/T 21833.1	≤30	800	550	333	320	297	280	267	263	260																
	GB/T 21833.2	≤30																									

注 1："●"代表该行许用应力仅适用于允许产生微量永久变形的钢管。
注 2：空白栏表示材料不适用于此温度或无备注。

59

表 B.5 非合金钢和合金钢锻件许用应力

牌号	钢锻件标准	使用状态	公称厚度 mm	R_m MPa	R_eL MPa	≤20	100	150	200	250	300	350	400	425	450	475	500	525	550	575	600	其他
						在下列温度(℃)下的许用应力 MPa																
20	NB/T 47008	正火、正火加回火	≤100	410	235	157	140	133	124	111	102	93	86	83	61	41						
			>100~200	400	225	150	133	127	119	107	98	89	82	80	61	41						
			>200~300	380	205	137	123	117	109	98	90	82	75	73	61	41						
35	NB/T 47008	正火、正火加回火	≤100	510	265	177	157	150	137	124	115	105	98	85	61	41						•
			>100~300	490	245	163	150	143	133	121	111	101	95	85	61	41						
16Mn	NB/T 47008	正火、正火加回火,调质	≤100	480	305	200	183	167	150	137	123	117	110	93	66	43						
			>100~200	470	295	196	177	163	147	133	120	113	107	93	66	43						
			>200~300	450	275	183	167	157	143	130	117	110	103	93	66	43						
08Cr2AlMo	NB/T 47008	正火加回火	≤200	400	250	167	150	140	130	123	117											
09CrCuSb	NB/T 47008	正火	≤200	390	245	163	147	137	127	120	113											
20MnMo	NB/T 47008	调质	≤300	530	370	221	221	213	203	197	190	183	173	167	131	84	49					
			>300~500	510	350	213	213	203	193	187	180	173	163	157	131	84	49					
			>500~850	490	330	204	204	197	187	180	173	167	157	150	131	84	49					
20MnMoNb	NB/T 47008	调质	≤300	620	470	258	258	258	258	258	257	247	237	230	177	117						
			>300~500	610	460	254	254	254	254	254	254	247	237	230	177	117						
20MnNiMo	NB/T 47008	调质	≤500	620	450	258	258	258	258	257	253	247	237	230	223							
15NiCuMoNb	NB/T 47008	正火加回火,调质	≤500	610	440	254	254	254	254	254	254	249	229	216	203							
12CrMo	NB/T 47008	正火加回火,调质	≤100	410	255	170	129	125	121	117	113	110	106	103	100	97	77					

表 B.5 非合金钢和合金钢锻件许用应力（续）

牌号	钢锻件标准	使用状态	公称厚度 mm	室温强度指标下限值 Rm MPa	ReL MPa	在下列温度（℃）下的许用应力 MPa																其他
						≤20	100	150	200	250	300	350	400	425	450	475	500	525	550	575	600	
15CrMo	NB/T 47008	正火加回火，调质	≤300	480	280	187	170	160	150	143	133	127	120	117	113	110	88	58	37			
			>300~500	470	270	180	163	153	143	137	127	120	113	110	107	103	88	58	37			
14Cr1Mo	NB/T 47008	正火加回火，调质	≤300	490	290	193	180	170	160	153	147	140	133	130	127	122	80	54	33			
			>300~500	480	280	187	173	163	153	147	140	133	127	123	120	117	80	54	33			
12Cr2Mo1	NB/T 47008	正火加回火，调质	≤300	510	310	207	187	180	173	170	167	163	160	157	153	128	89	64	45	30		
			>300~500	500	300	200	183	177	170	167	163	160	157	153	150	128	89	64	45	30		
12Cr1MoV	NB/T 47008	正火加回火，调质	≤300	470	280	187	170	160	153	147	140	133	127	123	120	117	113	82	59	41		
			>300~500	460	270	180	163	153	147	140	133	127	120	117	113	110	107	82	59	41		
12Cr2Mo1V	NB/T 47008	正火加回火，调质	≤300	590	420	246	246	246	246	243	240	237	233	230	205	173	143	104	72			
			>300~500	580	410	242	242	242	242	240	237	233	230	227	205	173	143	104	72			
12Cr3Mo1V	NB/T 47008	正火加回火，调质	≤300	590	420	246	246	246	246	243	240	237	233	230	205	205						
			>300~500	580	410	242	242	242	242	240	237	233	230	227	205	205						
12Cr5Mo	NB/T 47008	正火加回火，调质	≤500	590	390	246	237	227	220	217	213	210	190	136	107	83	62	46	35	26	18	
10Cr9Mo1VNbN	NB/T 47008	正火加回火，调质	≤300	620	440	258	244	244	244	244	244	244	239	232	225	215	204	153	102	81	62	
10Cr9MoW2VNbBN	NB/T 47008	正火加回火，调质	≤300	620	440	258	258	258	258	258	258	255	248	244	240	234	227	177	127	107	88	
30CrMo	NB/T 47008	正火加回火，调质	≤300	620	440	258	258	253	247	240	233	223	213	205	197							●
35CrMo	NB/T 47008	调质	≤300	620	440	258	258	253	247	240	233	223	213	197	150	111	79	50				●
			>300~500	610	430	254	254	253	247	240	233	223	213	197	150	111	79	50				

表 B.5　非合金钢和合金钢锻件许用应力（续）

牌号	钢锻件标准	使用状态	公称厚度 mm	室温强度指标下限值 Rm MPa	ReL MPa	在下列温度（℃）下的许用应力 MPa ≤20	100	150	200	250	300	350	400	425	450	475	500	525	550	575	600	其他
35CrNi3MoV	NB/T 47008	正火加回火，调质	≤300	1 070	960	446	446	446	446	446	446	446	446									●
36CrNi3MoV	NB/T 47008	正火加回火，调质	≤300	1 000	895	417	417	417	417	417	417	417	417									●
16MnD	NB/T 47009	调质	≤100	480	305	200	183	167	150	137	123	117										
			>100~200	470	295	196	177	163	147	133	120	113										
			>200~300	450	275	183	167	157	143	130	117	110										
20MnMoD	NB/T 47009	调质	≤300	530	370	221	221	213	203	197	190	183										
			>300~500	510	350	213	213	203	193	187	180	173										
			>500~700	490	330	204	204	197	187	180	173	167										
08MnNiMoVD	NB/T 47009	调质	≤300	600	480	250	250	250	250	250	250											
10Ni3MoVD	NB/T 47009	调质	≤300	600	480	250	250	250	250	250	250											
09MnNiD	NB/T 47009	调质	≤200	440	280	183	170	157	150	143	137	127										
			>200~300	430	270	179	163	150	143	137	130	120										
08Ni3D	NB/T 47009	调质	≤300	460	260	173	157	153	147	140	130	120										
06Ni9D	NB/T 47009	调质	≤125	680	550	283	283	283	283	283	267											

注 1："●"代表该类锻件不用于焊接结构。
注 2：空白栏表示材料不适用于此温度或无备注。

表 B.6 高合金钢锻件许用应力

说明：R_m、$R_{p0.2}$ 为室温强度指标下限值（MPa）；≤20～800 各列为在下列温度（℃）下的许用应力（MPa）。

统一数字代号	钢锻件标准	公称厚度 mm	R_m MPa	$R_{p0.2}$ MPa	≤20	100	150	200	250	300	350	400	450	500	525	550	575	600	625	650	675	700	725	750	775	800
S11306	NB/T 47010	≤150	410	205	137	126	123	120	119	117	112	109														
S11348	NB/T 47010	≤150	415	170	113	105	102	100	99	97	95	90														
S30408	NB/T 47010	≤150	520	220	147	147	140	130	122	114	111	107	103	100	98	95	67	62	52	42	32	27				
S30408		>150~300	500		147	114	103	96	90	85	82	79	76	74	73	71	67	62	52	42	32	27				
S30403	NB/T 47010	≤150	480	210	140	132	118	110	103	98	94	91	88													
S30403		>150~300	460		140	98	87	81	76	73	69	67	65													
S30409	NB/T 47010	≤150	520	220	147	147	140	130	122	114	111	107	103	100	98	95	67	62	52	42	32	27				
S30409		>150~300	500		147	114	103	96	90	85	82	79	76	74	73	71	67	62	52	42	32	27				
S30453	NB/T 47010	≤150	520	205	137	137	137	130	122	116	111	106	103	99												
S30453		>150~300			137	113	103	96	90	86	82	79	76	73												
S30458	NB/T 47010	≤150	550	240	160	160	155	141	131	125	121	117	113	108	104	98	71	69	52	42	32					
S30458		>150~300			160	129	115	105	97	93	89	87	83	80	76	73	71	69	52	42	32					
S31008	NB/T 47010	≤150	520	205	137	137	137	137	134	130	125	122	119	115	114	112	109	61	43	31	23	19	15	12	10	8
S31008		>150~300	500		137	121	111	105	99	96	93	90	88	85	84	83	81	61	43	31	23	19	15	12	10	8
S31252	NB/T 47010	≤300	650	300	200	200	199	185	176	168	164	161	159													
S31252					200	163	147	137	130	125	121	119	118													
S31608	NB/T 47010	≤150	520	220	147	147	145	134	125	118	113	111	109	107	106	105	76	73	65	50	38	30				
S31608		>150~300	500		147	117	107	99	93	87	84	82	81	79	79	78	76	73	65	50	38	30				
S31603	NB/T 47010	≤150	480	210	140	132	117	108	100	95	90	86	84													
S31603		>150~300	460		140	98	87	80	74	70	67	64	62													

表 B.6 高合金钢锻件用应力（续）

统一数字代号	钢锻件标准	公称厚度 mm	室温强度指标下限值		在下列温度(℃)下的许用应力 MPa																						
			Rm MPa	Rp0.2 MPa	≤20	100	150	200	250	300	350	400	450	500	525	550	575	600	625	650	675	700	725	750	775	800
S31609	NB/T 47010	≤150	520	220	147	147	145	134	125	118	113	111	109	107	106	105	77	75	66	50	39	30				
	NB/T 47010	>150~300	500		147	117	107	99	93	87	84	82	81	79	79	78	77	75	66	50	39	30				
S31653	NB/T 47010	≤150	520	210	140	140	140	131	122	115	110	104	100	97												
		>150~300	500		140	116	105	97	91	85	81	77	74	72												
S31658	NB/T 47010	≤150	550	240	160	160	160	160	155	148	140	135	131	126	124	122	84	80	65	51	38	32				
		>150~300	520		160	141	131	122	115	109	104	100	97	93	92	91	84	80	65	51	38	32				
S31668	NB/T 47010	≤150	520	210	140	140	140	134	125	118	113	111	109	107	106	105	76	73	65	50	38	32				
		>150~300	500		140	117	107	99	93	87	84	82	81	79	79	78	76	73	65	50	38	32				
S31703	NB/T 47010	≤150	480	195	130	130	130	130	125	118	113	111	109													
		>150~300	460		130	117	107	99	93	87	84	82	81													
S32168	NB/T 47010	≤150	520	205	137	137	137	130	122	114	111	108	105	103	102	100	58	44	33	25	18	13				
		>150~300	500		137	114	103	96	90	85	82	80	78	76	75	74	58	44	33	25	18	13				
S32169	NB/T 47010	≤150	520	205	137	137	137	137	135	128	122	119	115	113	112	111	78	59	46	37	29	23				
		>150~300	500		137	123	114	107	100	95	91	88	85	84	83	82	78	59	46	37	29	23				
S34778	NB/T 47010	≤150	520	205	137	137	137	137	137	135	131	127	125	125	123	120	77	58	40	30	23	16				
		>150~300	500		137	126	118	111	105	100	97	94	93	93	91	89	77	58	40	30	23	16				
S34779	NB/T 47010	≤150	520	205	137	137	137	137	137	135	131	127	125	125	123	120	119	77	70	54	42	32				
		>150~300	500		137	126	118	111	105	100	97	94	93	93	91	89	88	77	70	54	42	32				
S39042	NB/T 47010	≤300	490	220	147	147	147	147	144	131	122															
					147	137	127	117	107	97	90															

表 B.6 高合金钢锻件许用应力（续）

统一数字代号	钢锻件标准	公称厚度 mm	室温强度指标下限值 Rm MPa	室温强度指标下限值 Rp0.2 MPa	在下列温度（℃）下的许用应力 MPa ≤20	100	150	200	250	300	350	400	450	500	525	550	575	600	625	650	675	700	725	750	775	800
S21953	NB/T 47010	≤150	590	390	246	210	200	193	187	180																
S22253	NB/T 47010	≤150	620	450	258	258	247	233	223	217	210															
S22053	NB/T 47010	≤150	620	450	258	258	247	233	223	217	210															
S25554	NB/T 47010	≤150	760	550	317	317	293	277	270	267	267															
S23043	NB/T 47010	≤150	600	400	250	227	210	203	200	197	187															
S25073	NB/T 47010	≤150	800	550	333	320	297	280	267	263	260															
S51740	NB/T 47010	≤100	930	725	388	388	388	388	388	388	388															

对于奥氏体型不锈钢锻件，同一统一数字代号钢锻件第一行许用应力仅适用于法兰、平盖或其他有微量永久变形就引起泄漏或故障的场合。

注：空白栏表示材料不适用于此温度。

表 B.7 非合金钢、低合金钢和耐热钢螺柱许用应力

牌号	钢棒标准	使用状态	螺柱规格 mm	室温强度指标下限值 Rm MPa	室温强度指标下限值 ReL MPa	在下列温度（℃）下的许用应力 MPa ≤20	100	150	200	250	300	350	400	425	450	475	500	525	550	575	600
20	GB/T 699	正火	≤M22	410	245	91	81	78	73	65	60	54									
20	GB/T 699	正火	M24～M36	410	245	98	88	84	78	70	65	58									
35	GB/T 699	正火	≤M22	530	315	117	105	98	91	81	74	69									
35	GB/T 699	正火	M24～M36	530	315	126	114	106	98	88	80	75									

表 B.7 非合金钢、低合金钢和耐热钢螺柱许用应力（续）

牌号	钢棒标准	使用状态	螺柱规格 mm	室温强度指标下限值		在下列温度（℃）下的许用应力 MPa															
				R_m MPa	R_{eL} MPa	≤20	100	150	200	250	300	350	400	425	450	475	500	525	550	575	600
40MnB	GB/T 3077	调质	≤M22	805	685	196	176	171	165	163	154	143	126								
			M24~M36	765	635	212	189	183	180	177	167	154	137								
40MnVB	GB/T 3077	调质	≤M22	835	735	210	190	185	179	176	168	157	140								
			M24~M36	805	685	228	206	199	196	193	183	170	154								
40Cr	GB/T 3077	调质	≤M22	805	685	196	176	171	165	162	157	148	134								
			M24~M36	765	635	212	189	183	180	176	170	160	147								
30CrMo	GB/T 3077	调质	≤M22	700	550	157	141	137	134	131	129	124	116	111	107	103	79				
			M24~M48	660	500	167	150	145	142	140	137	132	123	118	113	108	79				
			M52~M80			185	167	161	157	156	152	146	137	131	126	111	79				
35CrMo	GB/T 3077	调质	≤M22	835	735	210	190	185	179	176	174	165	154	147	140	111	79				
			M24~M48	805	685	228	206	199	196	193	189	180	170	162	150	111	79				
			M52~M80			254	229	221	218	214	210	200	189	180	150	111	79				
			M85~M105	735	590	219	196	189	185	181	178	171	160	153	145	111	79				
35CrMoV	GB/T 3077	调质	M52~M105	835	735	272	247	240	232	229	225	218	207	201							
			M110~M180	785	665	246	221	214	210	207	203	196	189	183							
25Cr2MoV	GB/T 3077	调质	≤M22	835	735	210	190	185	179	176	174	168	160	156	151	141	131	72	39		
			M24~M48			245	222	216	209	206	203	196	186	181	176	168	131	72	39		
			M52~M105	805	685	254	229	221	218	214	210	203	196	191	185	176	131	72	39		
			M110~M180	735	590	219	196	189	185	181	178	174	167	164	160	153	131	72	39		
40CrNiMo	GB/T 3077	调质	M52~M180	930	825	306	291	281	274	267	257	244									

表 B.7 非合金钢、低合金钢和耐热钢螺柱许用应力（续）

牌号	钢棒标准	使用状态	螺柱规格 mm	室温强度指标下限值 R_m MPa	室温强度指标下限值 R_{eL} MPa	在下列温度（℃）下的许用应力 MPa																
						≤20	100	150	200	250	300	350	400	425	450	475	500	525	550	575	600
12Cr5Mo (S45110)	GB/T 1221	调质	≤M22	590	390	111	101	97	94	92	91	90	87	84	81	77	62	46	35	26	18
			M24~M48			130	118	113	109	108	106	105	101	98	95	83	62	46	35	26	18

注：空白栏表示材料不适用于此温度。

表 B.8 高合金钢螺柱许用应力

统一数字代号	钢棒标准	使用状态	螺柱规格 mm	室温强度指标下限值 R_m MPa	室温强度指标下限值 $R_{p0.2}$ MPa	在下列温度（℃）下的许用应力 MPa																
						≤20	100	150	200	250	300	350	400	450	500	550	600	650	700	750	800
S42020	GB/T 1220	调质	≤M22	640	440	126	117	111	106	103	100	97	91								
			M24~M48			147	137	130	123	120	117	113	107								
S30408	GB/T 1220	固溶	≤M22	520	205	128	107	97	90	84	79	77	74	71	69	66	62	42	27		
			M24~M48			137	114	103	96	90	85	82	79	76	74	71	62	42	27		
S31008	GB/T 1220	固溶	≤M22	520	205	128	113	104	98	93	90	87	84	80	78	78	61	31	19	12	8
			M24~M48			137	121	111	105	99	96	93	90	85	83	83	61	31	19	12	8
S31608	GB/T 1220	固溶	≤M22	520	205	128	109	101	93	87	82	79	77	76	75	73	68	50	30		
			M24~M48			137	117	107	99	93	87	84	82	81	79	78	73	50	30		
S32168	GB/T 1220	固溶	≤M22	520	205	128	107	97	90	84	79	77	75	73	71	69	44	25	13		
			M24~M48			137	114	103	96	90	85	82	80	78	76	74	44	25	13		

注：空白栏表示材料不适用于此温度。

附　录　C

（资料性）

钢材的高温屈服强度、高温持久强度极限平均值、弹性模量和平均线膨胀系数

表 C.1～表 C.8、表 C.9～表 C.12、表 C.13、表 C.14 分别给出了钢材的高温屈服强度、高温持久强度极限平均值、弹性模量和平均线膨胀系数。

表 C.1　非合金钢和合金钢钢板屈服强度

牌号	板厚 mm	在下列温度（℃）下的钢板屈服强度 R_{eL}($R_{p0.2}$)，不小于 MPa									
		20	100	150	200	250	300	350	400	450	500
Q245R	3～16	245	220	210	196	176	162	147	137	127	
	>16～36	235	210	200	186	167	153	139	129	121	
	>36～60	225	200	191	178	161	147	133	123	116	
	>60～100	205	184	176	164	147	135	123	113	106	
	>100～150	185	168	160	150	135	120	110	105	95	
	>150～250	175	160	150	145	130	115	105	100	90	
Q345R	3～16	345	315	295	275	250	230	215	200	190	
	>16～36	325	295	275	255	235	215	200	190	180	
	>36～60	315	285	260	240	220	200	185	175	165	
	>60～100	305	275	250	225	205	185	175	165	155	
	>100～150	285	260	240	220	200	180	170	160	150	
	>150～250	265	245	230	215	195	175	165	155	145	
Q370R	10～16	370	340	320	300	285	270	255	240		
	>16～36	360	330	310	290	275	260	245	230		
	>36～60	340	310	290	275	260	250	235	220		
	>60～100	330	300	280	265	250	245	230	215		
Q420R	6～20	420	380	355	330	305	280	265	250		
	>20～30	400	365	340	315	290	270	255	240		
Q460R	6～20	460	420	390	355	325	300				
18MnMoNbR	30～60	400	375	365	360	355	350	340	310	275	
	>60～100	390	370	360	355	350	345	335	305	270	
13MnNiMoR	30～100	390	370	360	355	350	345	335	305		
	>100～150	380	360	350	345	340	335	325	300		
15CrMoR	6～60	295	270	255	240	225	210	200	189	179	174
	>60～100	275	250	235	220	210	196	186	176	167	162
	>100～200	255	235	220	210	199	185	175	165	156	150

表 C.1 非合金钢和合金钢钢板屈服强度（续）

牌号	板厚 mm	在下列温度（℃）下的钢板屈服强度 R_{eL}（$R_{p0.2}$），不小于 MPa									
		20	100	150	200	250	300	350	400	450	500
14CrlMoR	6～100	310	280	270	255	245	230	220	210	195	176
	>100～200	300	270	260	245	235	220	210	200	190	172
12Cr2Mo1R	6～200	310	280	270	260	255	250	245	240	230	215
12Cr1MoVR	6～60	245	225	210	200	190	176	167	157	150	142
	>60～100	235	220	210	200	190	176	167	157	150	142
12Cr2Mo1VR	6～200	415	395	380	370	365	360	355	350	340	325
16MnDR	6～16	315	290	270	250	230	210	195			
	>16～36	295	270	250	235	215	195	180			
	>36～60	285	260	240	225	205	185	175			
	>60～100	275	250	235	220	200	180	170			
	>100～120	265	245	230	215	195	175	165			
15MnNiDR	6～16	325	300	280	260	240	220				
	>16～36	315	290	270	250	230	210				
	>36～60	305	280	260	240	220	200				
15MnNiNbDR	10～16	370	340	320	300	285	270				
	>16～36	360	330	310	290	275	260				
	>36～60	350	320	300	280	265	250				
Q420DR	6～20	420	380	355	330	305	280				
	>20～30	400	365	340	315	290	270				
Q460DR	6～20	460	420	390	355	325	300				
13MnNiDR	5～36	345	320	300	280	260	240				
	>36～60	335	310	290	270	250	230				
	>60～100	325	300	280	260	240	220				
09MnNiDR	6～16	300	275	255	240	230	220	205			
	>16～36	280	255	235	225	215	205	190			
	>36～60	270	245	225	215	205	195	180			
	>60～120	260	240	220	210	200	190	175			
11MnNiMoDR	5～60	420	405	390	375	360	345				
	>60～80	400	385	370	355	340	325				
	>80～100	380	365	350	335	320	305				
08Ni3DR	6～60	320	295	290	280	270	250				
	>60～100	300	275	270	260	250	235				

表 C.1　非合金钢和合金钢钢板屈服强度（续）

牌号	板厚 mm	在下列温度（℃）下的钢板屈服强度 $R_{eL}(R_{p0.2})$，不小于 MPa									
		20	100	150	200	250	300	350	400	450	500
07Ni5DR	5～30	370	340	320	300	280	260				
	>30～50	360	330	310	290	270	250				
06Ni7DR	5～30	560	530	500	470						
	>30～50	550	520	490	460						
06Ni9DR	5～30	560	530	500	470						
	>30～50	550	520	490	460						
Q490R	10～60	490	465	450	435	420	400				
Q490DRL1	10～60	490	465	450	435	420	400				
Q490DRL2	10～60	490	465	450	435	420	400				
Q490RE	10～60	490	465	450	435	420	400				
Q580R	10～60	580	550	530	510	490	470				
Q580DR	10～50	580	550	530	510	490	470				

注：空白栏表示材料不适用于此温度。

表 C.2　高合金钢钢板规定塑性延伸强度

统一数字代号	板厚 mm	在下列温度（℃）下的 $R_{p0.2}$，不小于 MPa											
		20	100	150	200	250	300	350	400	450	500	550	600
S11306	1.5～30	205	189	184	180	178	175	168	163				
S11348	1.5～30	170	156	152	150	149	146	142	135				
S11972	1.5～12	275	238	223	213	204	196	187	178				
S30408	1.5～100	230	171	155	144	135	127	123	119	114	111	106	
S30403	1.5～100	220	147	131	122	114	109	104	101	98			
S30409	1.5～100	220	171	155	144	135	127	123	119	114	111	106	101
S30450	1.5～100	290	200	185	170	160	150	145	140	135	130	125	120
S30458	1.5～100	240	194	172	157	146	139	134	130	125	120	109	
S30453	1.5～100	205	170	154	144	135	129	123	118	114	110		
S30478	1.5～100	275	205	175	157	146	139	134	130	125	120		
S30859	1.5～100	310	230	205	185	175	170	165	160	155	150	145	140
S30908	1.5～100	205	179	167	157	150	145	141	138	134	130		
S31008	1.5～100	205	181	167	157	149	144	139	135	132	128	124	118
S31252	1.5～100	310	250	226	211	199	191	186	183	181			

表 C.2　高合金钢钢板规定塑性延伸强度（续）

统一数字代号	板厚 mm	在下列温度（℃）下的 $R_{p0.2}$，不小于 MPa											
		20	100	150	200	250	300	350	400	450	500	550	600
S31608	1.5～100	220	175	161	149	139	131	126	123	121	119	117	
S31603	1.5～100	210	147	130	120	111	105	100	96	93			
S31609	1.5～100	220	175	161	149	139	131	126	123	121	119	117	
S31658	1.5～100	240	212	196	183	172	164	156	150	145	140	136	
S31668	1.5～100	205	175	161	149	139	131	126	123	121	119	117	
S31653	1.5～100	205	174	158	146	136	128	122	116	111	108		
S31708	1.5～100	205	175	161	149	139	131	126	123	121	119	117	
S31703	1.5～100	205	175	161	149	139	131	126	123	121			
S32168	1.5～100	205	171	155	144	135	127	123	120	117	114	111	
S32169	1.5～100	205	184	171	160	150	142	136	132	128	126	123	122
S34778	1.5～100	205	189	177	166	157	150	145	141	139	139	133	
S34779	1.5～100	205	189	177	166	158	150	145	141	139	139	133	130
S35656	1.5～100	355	295	260	230	220	205	185					
S39042	1.5～100	220	205	190	175	160	145	135					
S21953	1.5～100	440	355	335	325	315	305	295					
S22153	>5～100	450	385	357	316	310	305						
S22253	1.5～100	450	395	370	350	335	325	315					
S22053	1.5～100	450	395	370	350	335	325	315					
S22294	>5～100	450	400	355	340	335	325	315					
S23043	1.5～100	400	340	315	305	300	295	280					
S25554	1.5～100	550	475	440	415	405	400	400					
S25073	1.5～100	550	480	445	420	400	395	390					
Q400GMDR	5～50	400	360	330									
注：空白栏表示材料不适用于此温度。													

表 C.3　非合金钢和合金钢钢管屈服强度

牌号	壁厚 mm	在下列温度（℃）下的 $R_{eL}(R_{p0.2})$，不小于 MPa									
		20	100	150	200	250	300	350	400	450	500
10	≤16	205	181	172	162	147	133	123	113	98	
	>16～40	195	176	167	157	142	128	118	108	93	

表 C.3 非合金钢和合金钢钢管屈服强度（续）

牌号	壁厚 mm	在下列温度（℃）下的 $R_{eL}(R_{p0.2})$，不小于 MPa									
		20	100	150	200	250	300	350	400	450	500
20	≤16	245	220	210	196	176	162	147	132	117	
	>16～40	235	210	200	186	167	153	139	124	110	
	>40～80	225	200	190	176	158	145	132	118	105	
Q345D Q345E	≤16	345	315	295	275	250	230	215	200	190	
	>16～40	335	305	285	265	240	220	205	190	180	
	>40～80	325	295	275	255	230	210	195	180	170	
12CrMo	≤16	205	181	172	162	152	142	132	123	118	113
	>16～40	195	176	167	157	147	137	127	118	113	108
15CrMo	≤16	235	210	196	186	176	162	152	142	137	132
	>16～40	225	200	186	176	167	154	145	136	131	127
	>40～60	215	190	176	167	158	146	138	130	126	122
12Cr2Mo	≤40	280	255	245	235	230	225	220	215	205	194
12Cr5MoI	≤16	205	176	167	162	157	152	147	142	137	127
	>16～40	195	167	157	152	147	142	137	132	127	118
12Cr1MoV	≤40	255	230	215	200	190	176	167	157	150	142
08Cr2AlMo	≤16	250	225	210	195	185	175				
09CrCuSb	≤16	245	220	205	190	180	170				
16MnD	≤16	325	295	275	255	230	210	195	180	170	
09MnD	≤16	270	240	225	215	195	180	165			
09MnNiD	≤16	280	255	235	225	215	205	195			
08Ni3MoD	≤16	260	235	230	220	210	195				
注：空白栏表示材料不适用于此温度。											

表 C.4 高合金钢钢管规定塑性延伸强度

统一数字代号	在下列温度（℃）下的 $R_{p0.2}$，不小于 MPa											
	20	100	150	200	250	300	350	400	450	500	550	600
S11348	170	156	152	150	149	146	142	135				
S11972	275	238	223	213	204	196	187	178				
S41008	210	189	184	180	178	175	168	163				
S30408	220	171	155	144	135	127	123	119	114	111	106	
S30403	175	147	131	122	114	109	104	101	98			

表 C.4 高合金钢钢管规定塑性延伸强度（续）

统一数字代号	在下列温度（℃）下的 $R_{p0.2}$，不小于 MPa											
	20	100	150	200	250	300	350	400	450	500	550	600
S30409	220	171	155	144	135	127	123	119	114	111	106	101
S30458	240	194	172	157	146	139	134	130	125	120	109	
S30453	205	170	154	144	135	129	123	118	114	110		
S30478	275	205	175	157	146	139	134	130	125	120		
S30908	205	179	167	157	150	145	141	138	134	130		
S31008	205	181	167	157	149	144	139	135	132	128	124	118
S31608	220	175	161	149	139	131	126	123	121	119	117	
S31603	210	147	130	120	111	105	100	96	93			
S31609	220	175	161	149	139	131	126	123	121	119	117	
S31658	240	212	196	183	172	164	156	150	145	140	136	
S31668	210	175	161	149	139	131	126	123	121	119	117	
S31653	205	174	158	146	136	128	122	116	111	108		
S31708	205	175	161	149	139	131	126	123	121	119	117	
S31703	205	175	161	149	139	131	126	123	121			
S32168	205	171	155	144	135	127	123	120	117	114	111	
S32169	205	184	171	160	150	142	136	132	128	126	123	122
S34778	205	189	177	166	157	150	145	141	139	139	133	
S34779	205	189	177	166	158	150	145	141	139	139	133	130
S39042	220	205	190	175	160	145	135					
S21953	440	355	335	325	315	305	295					
S22253	450	395	370	350	335	325	315					
S22053	450	395	370	350	335	325	315					
S23043	400	340	315	305	300	295	280					
S25554	550	475	440	415	405	400	400					
S25073	550	480	445	420	400	395	390					

注：空白栏表示材料不适用于此温度。

表 C.5 非合金钢和合金钢锻件屈服强度

牌号	公称厚度 mm	在下列温度(℃)下的 $R_{eL}(R_{p0.2})$,不小于 MPa											
		20	100	150	200	250	300	350	400	450	500	550	600
20	≤100	235	210	200	186	167	153	139	129	121			
	>100~200	225	200	191	178	161	147	133	123	116			
	>200~300	205	184	176	164	147	135	123	113	106			
35	≤100	265	235	225	205	186	172	157	147	137			
	>100~300	245	225	215	200	181	167	152	142	132			
16Mn	≤100	305	275	250	225	205	185	175	165	155			
	>100~200	295	265	245	220	200	180	170	160	150			
	>200~300	275	250	235	215	195	175	165	155	145			
08Cr2AlMo	≤200	250	225	210	195	185	175						
09CrCuSb	≤200	245	220	205	190	180	170						
20MnMo	≤300	370	340	320	305	295	285	275	260	240			
	>300~500	350	325	305	290	280	270	260	245	225			
	>500~850	330	310	295	280	270	260	250	235	215			
20MnMoNb	≤300	470	435	420	405	395	385	370	355	335			
	>300~500	460	430	415	405	395	385	370	355	335			
20MnNiMo	≤500	450	420	405	395	385	380	370	355	335			
15NiCuMoNb	≤500	440	422	412	402	392	382	373	343	304			
12CrMo	≤100	255	193	187	181	175	170	165	159	150	140		
15CrMo	≤300	280	255	240	225	215	200	190	180	170	160		
	>300~500	270	245	230	215	205	190	180	170	160	150		
14Cr1Mo	≤300	290	270	255	240	230	220	210	200	190	175		
	>300~500	280	260	245	230	220	210	200	190	180	170		
12Cr2Mo1	≤300	310	280	270	260	255	250	245	240	230	215		
	>300~500	300	275	265	255	250	245	240	235	225	215		
12Cr1MoV	≤300	280	255	240	230	220	210	200	190	180	170		
	>300~500	270	245	230	220	210	200	190	180	170	160		
12Cr2Mo1V	≤300	420	395	380	370	365	360	355	350	340	325		
	>300~500	410	390	375	365	360	355	350	345	335	320		
12Cr3Mo1V	≤300	420	395	380	370	365	360	355	350	340	325		
	>300~500	410	390	375	365	360	355	350	345	335	320		
12Cr5Mo	≤500	390	355	340	330	325	320	315	305	285	255		
10Cr9MoVNbN	≤300	415	384	378	377	377	376	371	358	337	306	260	198

表 C.5　非合金钢和合金钢锻件屈服强度（续）

牌号	公称厚度 mm	在下列温度（℃）下的 $R_{eL}(R_{p0.2})$，不小于 MPa											
		20	100	150	200	250	300	350	400	450	500	550	600
10Cr9MoW2VNbBN	≤300	440	420	412	405	400	392	382	372	360	340	300	248
30CrMo	≤300	440	400	380	370	360	350	335	320	295			
35CrMo	≤300	440	400	380	370	360	350	335	320	295			
	>300~500	430	395	380	370	360	350	335	320	295			
35CrNi3MoV	≤300	960	876	857	843	799	777	758	720				
36CrNi3MoV	≤300	895	814	796	783	774	761	742	714				
16MnD	≤100	305	275	250	225	205	185	175					
	>100~200	295	265	245	220	200	180	170					
	>200~300	275	250	235	215	195	175	165					
20MnMoD	≤300	370	340	320	305	295	285	275					
	>300~500	350	325	305	290	280	270	260					
	>500~700	330	310	295	280	270	260	250					
08MnNiMoVD	≤300	480	455	440	425	410	390						
10Ni3MoVD	≤300	480	455	440	425	410	390						
09MnNiD	≤200	280	255	235	225	215	205	190					
	>200~300	270	245	225	215	205	195	180					
08Ni3D	≤300	260	235	230	220	210	195	180					
06Ni9D	≤300	580	525	490	460	430	400						

注：空白栏表示材料不适用于此温度。

表 C.6　高合金钢锻件规定塑性延伸强度

统一数字代号	公称厚度 mm	在下列温度（℃）下的 $R_{p0.2}$，不小于 MPa											
		20	100	150	200	250	300	350	400	450	500	550	600
S11306	≤150	205	189	184	180	178	175	168	163				
S11348	≤150	170	158	153	150	149	146	142	135				
S30408	≤300	220	171	155	144	135	127	123	119	114	111	106	
S30403	≤300	210	147	131	122	114	109	104	101	98			
S30409	≤300	220	171	155	144	135	127	123	119	114	111	106	101
S30453	≤150	205	170	154	144	135	129	123	118	114	110		

表 C.6 高合金钢锻件规定塑性延伸强度（续）

统一数字代号	公称厚度 mm	在下列温度(℃)下的 $R_{p0.2}$,不小于 MPa											
		20	100	150	200	250	300	350	400	450	500	550	600
S30458	≤150	240	194	172	157	146	139	132	130	125	120	109	
S31008	≤300	205	181	167	157	149	144	139	135	132	128	124	118
S31252	≤300	300	244	221	206	195	187	182	179	177			
S31609	≤300	220	175	161	149	139	131	126	123	121	119	117	
S31608	≤300	220	175	161	149	139	131	126	123	121	119	117	
S31603	≤300	210	147	130	120	111	105	100	96	93			
S31653	≤150	210	174	158	146	136	128	122	116	111	108		
S31658	≤150	240	212	196	183	172	164	156	150	145	140	136	
S31668	≤300	205	175	161	149	139	131	126	123	121	119	117	
S31703	≤300	195	175	161	149	139	131	126	123	121			
S32168	≤300	205	171	155	144	135	127	123	120	117	114	111	
S32169	≤150	205	184	171	160	150	142	136	132	128	126	123	122
S34778	≤150	205	189	177	166	157	150	145	141	139	139	133	
S34779	≤300	205	189	177	166	157	150	145	141	139	139	133	130
S39042	≤300	220	205	190	175	160	145	135					
S21953	≤150	390	315	300	290	280	270						
S22253	≤150	450	395	370	350	335	325	315					
S22053	≤150	450	395	370	350	335	325	315					
S25554	≤150	550	479	443	419	406	403	400					
S23043	≤150	400	340	319	308	301	293	283					
S25073	≤150	550	481	445	420	404	396	393					
S51740	≤100	725	666	641	620	603	588	575					

注：空白栏表示材料不适用于此温度。

表 C.7 非合金钢、低合金钢和耐热钢螺柱用钢棒屈服强度

牌号	螺栓规格 mm	在下列温度(℃)下的 R_{eL}($R_{p0.2}$),不小于 MPa									
		20	100	150	200	250	300	350	400	450	500
20	≤M22	245	220	210	196	176	162	147			
	M24~M36	245	220	210	196	176	162	147			
35	≤M22	315	285	265	245	220	200	186			
	M24~M36	315	285	265	245	220	200	186			

表 C.7 非合金钢、低合金钢和耐热钢螺柱用钢棒屈服强度（续）

牌号	螺栓规格 mm	在下列温度（℃）下的 $R_{eL}(R_{p0.2})$，不小于 MPa									
		20	100	150	200	250	300	350	400	450	500
40MnB	≤M22	685	620	600	580	570	540	500	440		
	M24～M36	635	570	550	540	530	500	460	410		
40MnVB	≤M22	735	665	645	625	615	590	550	490		
	M24～M36	685	615	600	585	575	550	510	460		
40Cr	≤M22	685	620	600	580	570	550	520	470		
	M24～M48	635	570	550	540	530	510	480	440		
30CrMo	≤M22	550	495	480	470	460	450	435	405	375	
	M24～M80	500	450	435	425	420	410	395	370	340	
35CrMo	≤M22	735	665	645	625	615	605	580	540	490	
	M24～M80	685	620	600	585	575	565	540	510	460	
	M85～M105	590	530	510	500	490	480	460	430	390	
35CrMoV	M52～M105	735	665	645	625	615	605	590	560	530	
	M110～M180	665	600	580	570	560	550	535	510	480	
25Cr2MoV	≤M48	735	665	645	625	615	605	590	560	530	480
	M52～M105	685	620	600	590	580	570	555	530	500	450
	M110～M180	590	530	510	500	490	480	470	450	430	390
40CrNiMo	M52～M180	825	785	760	740	720	695	660			
12Cr5Mo(S45110)	≤M48	390	355	340	330	325	320	315	305	285	255

注 1：括号中的数字代号是按照 GB/T 20878 的规定。

注 2：空白栏表示材料不适用于此温度。

表 C.8 高合金钢螺柱用钢棒规定塑性延伸强度

统一数字代号	螺柱规格 mm	在下列温度（℃）下的 $R_{p0.2}$，不小于 MPa										
		20	100	150	200	250	300	350	400	450	500	550
S42020	≤M48	400	410	390	370	360	350	340	320			
S30408	≤M48	205	171	155	144	135	127	123	119	114	111	106
S31008	≤M48	205	181	167	157	149	144	139	135	132	128	124
S31608	≤M48	205	175	161	149	139	131	126	123	121	119	117
S32168	≤M48	205	171	155	144	135	127	123	120	117	114	111

注：空白栏表示材料不适用于此温度。

表 C.9　非合金钢和低合金钢钢板高温持久强度极限平均值

牌号	在下列温度(℃)下的 10 万小时 R_D,不小于 MPa								
	400	425	450	475	500	525	550	575	600
Q245R	—	127	91	61					
Q345R	188	140	99	64					
18MnMoNbR	—	—	265	176					
15CrMoR	—	—	—	—	132	87	56		
14Cr1MoR	—	—	—	—	120	81	49		
12Cr2Mo1R	—	—	—	192	133	96	68	45	
12Cr1MoVR	—	—	—	—		123	88	62	
12Cr2Mo1VR	—	—	308	260	215	156	108		

注 1:"—"表示在此温度下材料的许用应力不受高温持久强度极限平均值控制。

注 2:空白栏表示材料不适用于此温度。

表 C.10　非合金钢和合金钢钢管高温持久强度极限平均值

牌号	在下列温度(℃)下的 10 万小时 R_D,不小于 MPa								
	400	425	450	475	500	525	550	575	600
10	—	—	91	61					
20	—	—	91	61					
Q345D、Q345E	188	140	99	64					
12CrMo	—	—	—	—	111	75			
15CrMo	—	—	—	—		87	56		
12Cr2Mo				192	133	96	68	45	
12Cr5Mo	—	—	—	125	93	69	53	39	27
12Cr1MoV						123	88	62	

注 1:"—"表示在此温度下材料的许用应力不受高温持久强度极限平均值控制。

注 2:空白栏表示材料不适用于此温度。

表 C.11　非合金钢和合金钢锻件高温持久强度极限平均值

牌号	在下列温度(℃)下的 10 万小时 R_D,不小于 MPa								
	400	425	450	475	500	525	550	575	600
20	—	—	91	61					
35	—	127	91	61					

表 C.11 非合金钢和合金钢锻件高温持久强度极限平均值（续）

牌号	在下列温度（℃）下的 10 万小时 R_D，不小于 MPa								
	400	425	450	475	500	525	550	575	600
16Mn	—	140	99	64					
20MnMo	—	—	196	126	74				
20MnMoNb	—	—	265	176					
35CrMo	—	295	225	167	118	75			
12CrMo	—	—	—	—	116				
14Cr1Mo	—	—	—	—	120	81	50		
15CrMo	—	—	—	—	132	87	56		
12Cr2Mo1	—	—	220	192	133	96	68	45	
12Cr1MoV	—	—	—	—	—	123	89	61	
12Cr2Mo1V	—	—	308	260	215	156	108		
12Cr3Mo1V	—	—	308						
12Cr5Mo	285	204	160	125	93	69	53	39	27
10Cr9Mo1VNbN	—	—	—	—	—	230	153	121	93
10Cr9MoW2VNbBN	—	—	—	—	—	266	191	160	132

注 1："—"表示在此温度下材料的许用应力不受高温持久强度极限平均值控制。

注 2：空白栏表示材料不适用于此温度。

表 C.12 低合金钢和耐热钢螺柱用钢棒高温持久强度极限平均值

牌号	在下列温度（℃）下的 10 万小时 R_D，不小于 MPa								
	400	425	450	475	500	525	550	575	600
30CrMo	—	—	—	167	118				
35CrMo	—	—	225	167	118				
25Cr2MoV	—	—	—	—	196	108	59		
12Cr5Mo(S45110)	—	—	—	125	93	69	53	39	27

注 1："—"表示在此温度下材料的许用应力不受高温持久强度极限平均值控制。

注 2：空白栏表示材料不适用于此温度。

GB/T 4732.2—2024

表 C.13　钢材弹性模量

在下列温度（℃）下的弹性模量（E）　10^3 MPa

钢类	−196	−100	−40	20	100	150	200	250	300	350	400	450	500	550	600	650	700
非合金钢，碳锰钢			205	201	197	194	191	188	183	178	170	160	149				
锰钼钢，镍钢		209	205	200	196	193	190	187	183	178	170	160	149				
铬（0.5%～2%）钼（0.2%～0.5%）钢	214		208	204	200	197	193	190	186	183	179	174	169	164			
铬（2.25%～3%）钼（1.0%）钢			215	210	206	202	199	196	192	188	184	180	175	169	162		
铬（5%～9%）钼（0.5%～1.0%）钢			218	213	208	205	201	198	195	191	187	183	179	174	168	161	
铬钢（12%～17%）			206	201	195	192	189	186	182	178	173	166	157	145	131		
奥氏体钢（Cr18Ni8～Cr25Ni20）	209	203	199	195	189	186	183	179	176	172	169	165	160	156	151	146	140
奥氏体-铁素体钢（Cr18Ni5～Cr25Ni7）（18Ni8～Cr25Ni20）（Cr18Ni5～Cr25Ni7）				200	194	190	186	183	180								

注：空白栏表示材料弹性模量在此温度下无数据资料。

80

表 C.14 钢材平均线膨胀系数

钢类	在下列温度与20 ℃之间的平均线膨胀系数(α) 10^{-6} mm/mm · ℃																	
	−196	−100	−50	0	50	100	150	200	250	300	350	400	450	500	550	600	650	700
非合金钢、碳锰钢、锰钼钢、低铬钼钢		9.89	10.39	10.76	11.12	11.53	11.88	12.25	12.56	12.90	13.24	13.58	13.93	14.22	14.42	14.62		
中铬钼钢(Cr5Mo~Cr9Mo)			9.77	10.16	10.52	10.91	11.15	11.39	11.66	11.90	12.15	12.38	12.63	12.86	13.05	13.18		
高铬钢(Cr12~Cr17)			8.95	9.29	9.59	9.94	10.20	10.45	10.67	10.96	11.19	11.41	11.61	11.81	11.97	12.11		
奥氏体钢(Cr18Ni8~Cr19Ni14)	14.67	15.45	15.97	16.28	16.54	16.84	17.06	17.25	17.42	17.61	17.79	17.99	18.19	18.34	18.58	18.71	18.87	18.97
奥氏体锰钢(Cr25Ni20)						15.84	15.98	16.05	16.06	16.07	16.11	16.13	16.17	16.33	16.56	16.66	16.91	17.14
奥氏体-铁素体钢 (Cr18Ni5~Cr25Ni7)						13.10	13.40	13.70	13.90	14.10								

注：空白栏表示材料平均线膨胀系数在此温度下无数据资料。

附　录　D

（资料性）

高合金钢牌号近似对照表

表 D.1 给出了高合金钢牌号近似对照。

表 D.1　高合金钢牌号近似对照表

序号	GB/T 713.7—2023		ASME BPVC.Ⅱ.A SA 240-2021		EN 10028-7：2017	
	统一数字代号	牌号	UNS 代号	型号	数字代号	牌号
1	S11306	06Cr13	S41008	410S	1.4000	X6Cr13
2	S11348	06Cr13Al	S40500	405	1.4002	X6CrAl13
3	S11972	019Cr19Mo2NbTi	S44400	444	1.4521	X2CrMoTi18-2
4	S30408	06Cr19Ni10	S30400	304	1.4301	X5CrNi18-10
5	S30403	022Cr19Ni10	S30403	304L	1.4306	X2CrNi19-11
6	S30409	07Cr19Ni10	S30409	304H	1.4948	X6CrNi18-10
7	S30450	05Cr19Ni10Si2CeN	S30415	—	1.4818	—
8	S30458	06Cr19Ni10N	S30451	304N	1.4315	X5CrNiN19-9
9	S30453	022Cr19Ni10N	S30453	304LN	1.4311	X2CrNi18-10
10	S30478	06Cr19Ni9NbN	S30452	XM-21	—	—
11	S30859	08Cr21Ni11Si2CeN	S30815	—	1.4835	—
12	S30908	06Cr23Ni13	S30908	309S	1.4950	X6CrNi23-13
13	S31008	06Cr25Ni20	S31008	310S	1.4951	X6CrNi25-20
14	S31252	015Cr20Ni18Mo6CuN	S31254	—	1.4547	X1CrNiMoCuN20-18-7
15	S31608	06Cr17Ni12Mo2	S31600	316	1.4401	X5CrNiMo17-12-2
16	S31603	022Cr17Ni12Mo2	S31603	316L	1.4404	X2CrNiMo17-12-2
17	S31609	07Cr17Ni12Mo2	S31609	316H	—	—
18	S31658	06Cr17Ni12Mo2N	S31651	316N	—	—
19	S31668	06Cr17Ni12Mo2Ti	S31635	316Ti	1.4571	X6CrNiMoTi17-12-2
20	S31653	022Cr17Ni12Mo2N	S31653	316LN	1.4429	X2CrNiMo17-13-3
21	S31708	06Cr19Ni13Mo3	S31700	317	—	—
22	S31703	022Cr19Ni13Mo3	S31703	317L	1.4438	X2CrNiMo18-15-4
23	S32168	06Cr18Ni11Ti	S32100	321	1.4541	X6CrNiTi18-10
24	S32169	07Cr19Ni11Ti	S32109	321H	1.4541	X6CrNiTi18-10
25	S34778	06Cr18Ni11Nb	S34700	347	1.4550	X6CrNiNb18-10
26	S34779	07Cr18Ni11Nb	S34709	347H	1.4912	X7CrNiNb18-10

表 D.1 高合金钢牌号近似对照表（续）

序号	GB/T 713.7—2023		ASME BPVC.Ⅱ.A SA 240-2021		EN 10028-7:2017	
	统一数字代号	牌号	UNS代号	型号	数字代号	牌号
27	S35656	05Cr19Mn6Ni5Cu2N	—	—	1.4372	X12CrMnNiN17-7-5
28	S39042	015Cr21Ni26Mo5Cu2	N08904	904L	1.4539	X1NiCrMoCu25-20-5
29	S21953	022Cr19Ni5Mo3Si2N	S31500	—	—	—
30	S22153	022Cr21Ni3Mo2N	S32003	—	—	—
31	S22253	022Cr22Ni5Mo3N	S31803	—	1.4462	X2CrNiMoN22-5-3
32	S22053	022Cr23Ni5Mo3N	S32205	2205	—	—
33	S22294	03Cr22Mn5Ni2MoCuN	S32101	—	1.4162	X2CrMnNiN21-5-1
34	S23043	022Cr23Ni4MoCuN	S32301	2304	1.4362	X2CrNiN23-4
35	S25554	03Cr25Ni6Mo3Cu2N	S32550	255	1.4507	X3CrNiMoCuN26-6-3-2
36	S25073	022Cr25Ni7Mo4N	S32750	2507	1.4410	X2CrNiMoN25-7-4

注：空白栏表示无对应的 UNS 代号、型号、数字代号及牌号。

参 考 文 献

[1] GB/T 713.1 承压设备用钢板和钢带 第1部分:一般要求

[2] GB/T 4157 金属在硫化氢环境中抗硫化物应力开裂和应力腐蚀开裂的实验室试验方法

[3] GB/T 5310 高压锅炉用无缝钢管

[4] GB/T 8163 输送流体用无缝钢管

[5] GB/T 13296 锅炉、热交换器用不锈钢无缝钢管

[6] GB/T 14976 流体输送用不锈钢无缝钢管

[7] GB/T 15970.1 金属和合金的腐蚀 应力腐蚀试验 第1部分:试验方法总则

[8] GB/T 15970.2 金属和合金的腐蚀 应力腐蚀试验 第2部分:弯梁试样的制备和应用

[9] GB/T 15970.3 金属和合金的腐蚀 应力腐蚀试验 第3部分:U型弯曲试样的制备和应用

[10] GB/T 15970.4 金属和合金的腐蚀 应力腐蚀试验 第4部分:单轴加载拉伸试样的制备和应用

[11] GB/T 15970.5 金属和合金的腐蚀 应力腐蚀试验 第5部分:C型环试样的制备和应用

[12] GB/T 15970.6 金属和合金的腐蚀 应力腐蚀试验 第6部分:恒载荷或恒位移下的预裂纹试样的制备和应用

[13] GB/T 15970.7 金属和合金的腐蚀 应力腐蚀试验 第7部分:慢应变速率试验

[14] GB/T 15970.8 金属和合金的腐蚀 应力腐蚀试验 第8部分:焊接试样的制备和应用

[15] GB/T 15970.9 金属和合金的腐蚀 应力腐蚀试验 第9部分:渐增式载荷或渐增式位移下的预裂纹试样的制备和应用

[16] GB/T 17897 金属和合金的腐蚀 不锈钢三氯化铁点腐蚀试验方法

[17] GB/T 21833.1 奥氏体-铁素体型双相不锈钢无缝钢管 第1部分:热交换器用管

[18] GB/T 21833.2 奥氏体-铁素体型双相不锈钢无缝钢管 第2部分:流体输送用管

[19] ASME BPVC.Ⅱ.A-2021 SA-387/SA-387M Standard Specification for Pressure Vessel Plates, Alloy Steel, Chromium-Molybdenum

[20] ASME BPVC.Ⅱ.A-2021 SA-516/SA-516M Standard Specification for Pressure Vessel Plates, Carbon Steel, for Moderate-and Lower-Temperature Service

[21] ASME BPVC.Ⅱ.A-2021 SA-537/SA-537M Standard Specification for Pressure Vessel Plates, Heat-Treated, Carbon-Manganese-Silicon Steel

[22] ASME BPVC.Ⅱ.A-2021 SA-240/SA-240M Standard Specification for Chromium and Chromium-Nickel Stainless Steel Plate, sheet, and Strip for Pressure Vessels and for General Applications

[23] EN 10028-7:2017 Flat products made of steels for pressure purposes—Part 7:Stainless steels

ICS 23.020.30
CCS J 74

中华人民共和国国家标准

GB/T 4732.3—2024

压力容器分析设计
第 3 部分：公式法

Pressure vessels design by analysis—
Part 3：Formulae method

2024-07-24 发布

2024-07-24 实施

国家市场监督管理总局
国家标准化管理委员会
发 布

前　言

本文件按照 GB/T 1.1—2020《标准化工作导则　第 1 部分：标准化文件的结构和起草规则》的规定起草。

本文件是 GB/T 4732《压力容器分析设计》的第 3 部分。GB/T 4732 已经发布了以下部分：

——第 1 部分：通用要求；

——第 2 部分：材料；

——第 3 部分：公式法；

——第 4 部分：应力分类方法；

——第 5 部分：弹塑性分析方法；

——第 6 部分：制造、检验和验收。

请注意本文件的某些内容可能涉及专利。本文件的发布机构不承担识别专利的责任。

本文件由全国锅炉压力容器标准化技术委员会(SAC/TC 262)提出并归口。

本文件起草单位：中国石化工程建设有限公司、清华大学、浙江大学、浙江工业大学、中国特种设备检测研究院、中国寰球工程有限公司北京分公司、合肥通用机械研究院有限公司。

本文件主要起草人：元少昀、薛明德、郑津洋、冯清晓、陈冰冰、向志海、陈志伟、朱国栋、杨洁、段瑞、张迎恺、吴坚、李克明、高增梁、姚佐权。

引　言

GB/T 4732《压力容器分析设计》给出了压力容器按分析设计方法进行建造的要求,GB/T 150 基于规则设计理念提出了压力容器建造的要求。压力容器设计制造单位可依据设计具体条件选择两种建造标准之一实现压力容器的建造。

GB/T 4732 由 6 个部分构成。

——第 1 部分:通用要求。目的在于给出按分析设计建造的压力容器的通用要求,包括相关管理要求、通用的术语和定义以及 GB/T 4732 其他部分共用的基础要求等。

——第 2 部分:材料。目的在于给出按分析设计建造的压力容器中的钢制材料相关要求及材料性能数据等。

——第 3 部分:公式法。目的在于给出按分析设计建造的压力容器的典型受压元件及结构设计要求。具体给出了常用容器部件按公式法设计的厚度计算公式。GB/T 4732.3 可作为 GB/T 4732.4、GB/T 4732.5 的设计基础,也可依据 GB/T 4732.3 自行完成简化的、完整的分析设计。

——第 4 部分:应力分类方法。目的在于给出按分析设计建造的压力容器中采用应力分类法进行设计的相关规定。

——第 5 部分:弹塑性分析方法。目的在于给出按分析设计建造的压力容器中采用弹塑性分析方法进行设计的相关规定。

——第 6 部分:制造、检验和验收。目的在于给出按分析设计建造的压力容器中所涵盖结构形式容器的制造、检验和验收要求。

GB/T 4732 包括了基于分析设计方法的压力容器建造过程(即指材料、设计、制造、检验、试验和验收工作)中需要遵循的技术要求、特殊禁用规定。由于 GB/T 4732 没有必要,也不可能囊括适用范围内压力容器建造中的所有技术细节,因此,在满足安全技术规范所规定的基本安全要求的前提下,不限制 GB/T 4732 中没有特别提及的技术内容。GB/T 4732 不能作为具体压力容器建造的技术手册,也不能替代培训、工程经验和工程评价。工程评价是指由知识渊博、娴于规范应用的技术人员所作出针对具体产品的技术评价。工程评价需要符合 GB/T 4732 的相关技术要求。

GB/T 4732 不限制实际工程建造中采用其他先进的技术方法,但工程技术人员采用先进的技术方法时需要作出可靠的判断,确保其满足 GB/T 4732 的规定。

GB/T 4732 既不要求也不限制设计人员使用计算机程序实现压力容器的分析设计,但采用计算机程序进行分析设计时,除需要满足 GB/T 4732 的要求外,还要确认:

——所采用程序中技术假定的合理性;

——所采用程序对设计内容的适用性;

——所采用程序输入参数及输出结果用于工程设计的正确性。

进行应力分析设计计算时可以选择或不选择以 GB/T 4732.3 作为设计基础,进而采用 GB/T 4732.4 或 GB/T 4732.5 进行具体设计计算以确定满足设计计算要求中防止结构失效所要求的元件厚度或局部结构尺寸。当独立采用 GB/T 4732.4 或 GB/T 4732.5 作为设计基础时,无需相互满足。

压力容器分析设计
第3部分:公式法

1 范围

本文件规定了在压力载荷(内压或外压)作用下,典型受压元件及结构的公式法设计方法,以及在所规定的范围内对轴向力、弯矩等其他载荷和热应力的处理规则。

本文件适用于承受压力、轴向力、弯矩等静载荷作用,以及承受交变载荷但满足 GB/T 4732.4—2024 中免除疲劳分析条款的典型受压元件及结构。

本文件适用于 GB/T 4732.1—2024 所涵盖的压力容器。

2 规范性引用文件

下列文件中的内容通过文中的规范性引用而构成本文件必不可少的条款。其中,注日期的引用文件,仅该日期对应的版本适用于本文件;不注日期的引用文件,其最新版本(包括所有的修改单)适用于本文件。

GB/T 150.2 压力容器 第2部分:材料
GB/T 150.3—2024 压力容器 第3部分:设计
GB/T 151—2014 热交换器
GB/T 4732.1—2024 压力容器分析设计 第1部分:通用要求
GB/T 4732.2—2024 压力容器分析设计 第2部分:材料
GB/T 4732.4—2024 压力容器分析设计 第4部分:应力分类方法
GB/T 4732.5—2024 压力容器分析设计 第5部分:弹塑性分析方法
GB/T 4732.6—2024 压力容器分析设计 第6部分:制造、检验和验收
GB/T 16749 压力容器波形膨胀节
HG/T 20592 钢制管法兰(PN系列)
HG/T 20615 钢制管法兰(Class系列)
HG/T 20623 大直径钢制管法兰(Class系列)
NB/T 47013.2 承压设备无损检测 第2部分:射线检测
NB/T 47013.3 承压设备无损检测 第3部分:超声检测
NB/T 47020 压力容器法兰分类与技术条件
NB/T 47021 甲型平焊法兰
NB/T 47022 乙型平焊法兰
NB/T 47023 长颈对焊法兰

3 术语和定义

GB/T 4732.1—2024 界定的术语和定义适用于本文件。

4 基本要求

4.1 应力分析

容器应按本文件设计,对本文件正文没有给出设计方法的元件或结构不连续部位,例如需考虑热应力的元件,应按附录 A 进行应力分析。

除另有说明外,当元件的许用应力在 GB/T 4732.2—2024 中表 B.1～表 B.8 的粗实线左侧选取时,本文件的计算公式均适用;当元件的许用应力在 GB/T 4732.2—2024 中表 B.1～表 B.8 的粗实线右侧选取时,对确定厚度需计入局部应力影响的元件及结构,如锥壳大端与圆筒体的连接、圆柱壳径向开孔等,以及需要考虑屈曲失效的元件或结构,其设计准则应另行考虑。

对本文件没有给出设计准则的元件、结构或载荷,可采用 GB/T 4732.4—2024、GB/T 4732.5—2024 的设计方法或实验方法进行应力分析。

4.2 应力分析的免除

4.2.1 当元件及结构的形状、材料以及承受的载荷等符合本文件的规定,且满足 4.2.2 或 4.2.3 之一以及 4.2.4 和 4.2.5 的要求时,可免除 4.1 要求的按附录 A 做应力分析。

4.2.2 元件满足第 5 章、第 6 章、第 7 章(表 7-2 中序号 6 除外)、第 8 章、第 9 章、第 10 章的规定。

4.2.3 具有相同的形状、载荷条件的容器或元件及结构,根据分析结果和实际应用情况,证明该容器或元件及结构可以满足分析设计要求者。

4.2.4 由异种材料组合的元件,其焊接接头分别满足下列所有要求。

    a) 环向焊接接头应满足下列要求:

        1) 厚度不相等的元件连接时,在厚度较薄的材料一端进行堆焊;

        2) 除壁厚、弹性模量不同之外,没有其他不连续(如结构)处;

        3) 满足 $\dfrac{S_{m2}}{E_2}\leqslant 1.2\dfrac{S_{m1}}{E_1}$。其中 S_m 为材料许用应力,E 为弹性模量,角标 1、2 分别表示两种材料。

    b) 对补强件与容器材料的组合,补强金属与容器壳体金属宜具有相同或相近的许用应力,任何情况下,设计温度下补强金属的许用应力不应小于容器壳体金属许用应力的 80%。

    c) 除 a)、b)以外的焊接接头应满足下列要求:

        1) 厚度不相等的元件连接时,在厚度较薄的材料一端进行堆焊;

        2) 满足 $\dfrac{S_{m2}}{E_2}\leqslant 1.1\dfrac{S_{m1}}{E_1}$。其中 S_m 为材料的许用应力,E 为弹性模量,角标 1、2 分别表示两种材料。

4.2.5 由相同材料、不同厚度的元件组合的部件,其对接焊接接头应满足下列所有条件:

    a) 元件的母线方向相同时,在壁厚较厚的一端加工斜坡或者在壁厚较薄的一侧堆焊斜坡;

    b) 元件的母线方向不同时,在壁厚较薄的一侧堆焊斜坡。

4.3 共用元件的设计

4.3.1 对由一个以上在相同或不同压力和温度下操作的独立或非独立受压室组成的容器,包括共用元件在内的每一元件,应按预期正常操作时压力和同时共存的温度作用下最苛刻的条件设计。

4.3.2 当共用元件两侧的工作压力或工作温度在任何工况条件下均同步变化时,可对共用元件用压力差或平均金属温度设计。

4.4 载荷

设计应计入各种相关的载荷,载荷应包括但不限于 GB/T 4732.1—2024 中 5.3.2 所列的内容,并应分别考虑各工况下载荷的组合作用。

4.5 许用应力

除另有要求外,受压元件用材料的性能参数(力学性能和物理性能)及许用应力按 GB/T 4732.2—2024 选取。

4.6 焊接结构

容器的 A 类、B 类焊接接头(焊接接头的划分按照 GB/T 4732.1—2024 的规定)应采用全截面焊透形式,C 类、D 类焊接接头以及夹套压力容器的焊接接头,应采用全焊透结构。焊接接头还应符合 GB/T 4732.6—2024 的规定。常见的焊接结构基本要求见附录 B。

5 内压壳体

5.1 总则

5.1.1 本章规定了典型受压元件,包括圆筒、锥壳、球壳、半球形封头、碟形封头、椭圆形封头和球冠形封头等,在承受内压时所需厚度的计算方法。内压定义为压力作用在壳体的内凹侧。

5.1.2 圆筒、球壳或锥壳若承受除内压外的其他载荷,可按 5.7 的方法进行应力评定。

5.2 符号

下列符号适用于第 5 章。

D_i——筒体或封头(或球壳)的内直径,mm。

D_o——筒体或封头(或球壳)的外直径,mm。

e——自然对数的底,$e=2.718\ 28$。

E^t——材料在设计温度下的弹性模量,MPa。

F——作用在壳体截面上的轴向力,壳体受拉时取正号,受压时取负号,N。

h_i——凸形封头内曲面深度,mm。

M——作用在壳体截面上的弯矩,N·mm。

p_c——计算压力,以内压为正,MPa。

$R_{eL}^t(R_{p0.2}^t)$——材料在设计温度下的标准屈服强度(0.2%非比例延伸强度),按 GB/T 4732.2—2024 取值,MPa。

R_i——球壳或碟形封头球面部分的内半径,mm。

r_L——锥壳大端折边过渡区的内半径,mm。

r_m——壳体的平均半径,mm。

r_s——锥壳小端折边过渡区的外半径,mm。

S_m^t——设计温度下壳体材料的许用应力,对单层壳体,按 GB/T 4732.2—2024 取值,MPa。

S_{mi}^t——设计温度下多层包扎圆筒或套合圆筒或钢带错绕圆筒的内筒材料的许用应力,MPa。

S_{mo}^t——设计温度下多层包扎圆筒层板层或套合圆筒套合层或钢带错绕圆筒钢带层材料的许用应力,MPa。

α——锥壳半顶角,(°)。

δ——壳体计算厚度，mm。

δ_e——壳体有效厚度，mm。

δ_i——多层包扎圆筒或套合圆筒或钢带错绕圆筒的内筒名义厚度，mm。

δ_n——壳体名义厚度，mm。

δ_o——多层包扎圆筒层板层或套合圆筒套合层或钢带错绕圆筒钢带层的总厚度，mm。

δ_r——锥壳大端或小端、球冠形封头与圆筒连接处加强段的厚度，mm。

ϕ——系数。

5.3 圆筒

内压圆筒防止塑性垮塌失效所需的计算厚度应按公式(5-1)确定：

$$\delta = \frac{D_i}{2}(e^{\frac{p_c}{S_m^t}} - 1) \qquad\qquad (5\text{-}1)$$

当 $p_c \leqslant 0.4 S_m^t$ 时，也可按公式(5-2)计算：

$$\delta = \frac{p_c D_i}{2S_m^t - p_c} \qquad\qquad (5\text{-}2)$$

对于多层包扎圆筒、套合圆筒或钢带错绕圆筒，许用应力可按公式(5-3)计算：

$$S_m^t = \frac{\delta_i}{\delta_n}S_{mi}^t + \phi\,\frac{\delta_o}{\delta_n}S_{mo}^t \qquad\qquad (5\text{-}3)$$

式中，对多层包扎圆筒和套合圆筒，取 $\phi = 0.95$；对于钢带错绕圆筒，取 $\phi = 0.98$。

5.4 锥壳

5.4.1 符号

下列符号适用于5.4。

D_{ic}——计算点处的内直径，mm。

D_{iL}——锥壳大端与圆筒连接处，锥壳大端的内直径，mm。

D_{is}——锥壳小端与圆筒连接处，锥壳小端的内直径，mm。

f_L——锥壳大端轴向力系数。

f_s——锥壳小端轴向力系数。

Q_L——锥壳大端与圆筒连接处加强系数。

Q_s——锥壳小端与圆筒连接处加强系数。

r_1、r_2——锥壳与圆筒连接焊缝内、外表面过渡圆角半径，mm。

S_{II}——一次局部薄膜当量应力，MPa。

S_{IV}——一次加二次应力范围的当量应力，MPa。

δ_e——锥壳与圆筒连接处加强段的有效厚度，mm。

δ_n——锥壳与圆筒连接处加强段的名义厚度，mm。

δ_r——锥壳与圆筒连接处所需的加强段计算厚度，mm。

ν——材料泊松比。

5.4.2 锥壳厚度

内压锥壳防止塑性垮塌失效所需的计算厚度应按公式(5-4)确定：

$$\delta = \frac{p_c D_{ic}}{2S_m^t - p_c}\,\frac{1}{\cos\alpha} \qquad\qquad (5\text{-}4)$$

5.4.3 锥壳大端与圆筒的连接

5.4.3.1 通则

受内压、锥壳和圆筒具有同一回转轴、$\alpha \leqslant 60°$的锥壳大端与圆筒连接的结构,应按5.4.3.2、5.4.3.3的规定设计,可防止元件出现塑性垮塌失效且处于安定状态。

锥壳与圆筒连接处应采用全截面焊透焊接接头,对无折边锥壳大端与圆筒连接处,其焊缝内外表面应打磨成半径为r_1、r_2的圆角,r_1、r_2均不应小于δ_n,如图5-1所示。

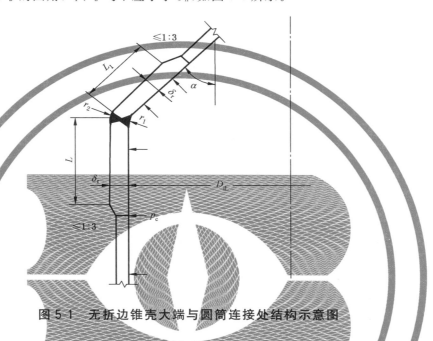

图 5-1 无折边锥壳大端与圆筒连接处结构示意图

5.4.3.2 无折边锥壳大端与圆筒连接

5.4.3.2.1 锥壳无需加强时应满足以下条件:

查图5-2,若p_c/S_m^t值与α值的交点位于图5-2曲线的上方,连接处圆筒和锥壳无需加强,其厚度分别按5.3和5.4.2计算,对于$\alpha \geqslant 30°$者,取其较大者作为锥壳以及圆筒与锥壳相连接处的计算厚度。

5.4.3.2.2 锥壳需要加强时应满足以下条件:

若p_c/S_m^t值与α值的交点位于图5-2曲线的下方,或α值超出图5-2曲线范围时,在连接处圆筒和锥壳设置加强段。圆筒加强段的长度不小于$L = 2\sqrt{0.5D_{iL}\delta_n}$,锥壳加强段的长度不小于$L_1 = 2\sqrt{0.5D_{iL}\delta_n/\cos\alpha}$。加强段所需的计算厚度$\delta_r$按公式(5-5)计算:

$$\delta_r = \frac{Q_L p_c D_{iL}}{2S_m^t - p_c} \qquad\qquad (5\text{-}5)$$

式中,Q_L为锥壳大端加强系数,根据p_c/S_m^t值与α值查图5-3确定。

5.4.3.2.3 与圆筒连接处锥壳大端中的薄膜应力分量为:

a) 环向薄膜应力应按公式(5-6)计算:

$$\sigma_\theta^{cm} = \frac{p_c R_L}{\delta_e}\left[\frac{1}{\cos\alpha} - \left(1 - \frac{\nu}{2}\right)\frac{1 - \sqrt{\cos\alpha}}{\sqrt{\cos\alpha}} - \frac{\sqrt[4]{3(1-\nu^2)}}{2}\sqrt{\frac{R_L}{\delta_e}}\frac{\tan\alpha\sqrt{\cos\alpha}}{1 + \sqrt{\cos\alpha}}\right] \qquad (5\text{-}6)$$

b) 经向薄膜应力应按公式(5-7)计算:

$$\sigma_x^{cm} = \frac{p_c R_L}{2\delta_e\cos\alpha}\left(1 - \frac{\sin^2\alpha}{1 + \sqrt{\cos\alpha}}\right) - \frac{p_c R_L}{2\sqrt[4]{3(1-\nu^2)}\delta_e}\sqrt{\frac{\delta_e}{R_L}}\left(1 - \frac{\nu}{2}\right)\frac{1 - \sqrt{\cos\alpha}}{\cos\alpha}\sin\alpha \qquad (5\text{-}7)$$

c) 最大一次应力加二次应力范围的当量应力按公式(5-8)计算：

$$S_{IV} = \frac{p_c R_L}{\delta_e}\left\{-0.5 - \left(1 - \frac{\nu}{2}\right)\frac{1-\sqrt{\cos\alpha}}{\cos\alpha} + \left[\frac{\sqrt[4]{3(1-\nu^2)}}{2} + \frac{3(1-\nu)}{2\sqrt[4]{3(1-\nu^2)}}\right]\sqrt{\frac{R_L}{\delta_e}}\frac{\sqrt{\cos\alpha}\,\tan\alpha}{1+\sqrt{\cos\alpha}}\right\}$$

$$\cdots\cdots\cdots\cdots\cdots\cdots\cdots\cdots\cdots(5\text{-}8)$$

当泊松比 $\nu = 0.3$ 时，公式(5-8)简化为公式(5-9)：

$$S_{IV} = \frac{p_c R_L}{\delta_e}\left[-0.5 - 0.85\frac{1-\sqrt{\cos\alpha}}{\cos\alpha} + 1.46\sqrt{\frac{R_L}{\delta_e}}\frac{\sqrt{\cos\alpha}\,\tan\alpha}{1+\sqrt{\cos\alpha}}\right] \cdots\cdots\cdots(5\text{-}9)$$

式中，R_L 应按公式(5-10)计算：

$$R_L = 0.5(D_{iL} + \delta_e) \qquad\cdots\cdots\cdots\cdots\cdots\cdots\cdots(5\text{-}10)$$

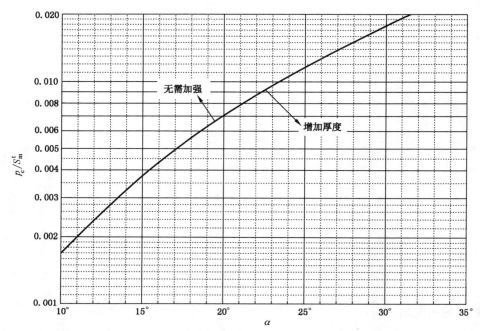

注：曲线系按最大一次应力加二次应力范围的当量应力(S_{IV})绘制，控制值为 $3S_m^t$。

图 5-2　无折边锥壳大端与圆筒连接处是否需要加强的判定曲线

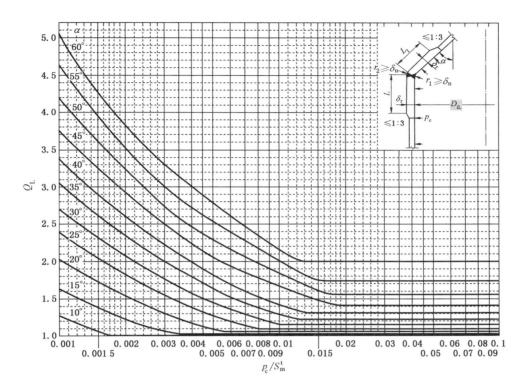

图 5-3　无折边锥壳大端与圆筒连接处的加强系数 Q_L 值图

5.4.3.3　折边锥壳大端与圆筒连接

若锥壳大端与圆筒连接采用折边过渡，过渡区的半径（r_L）应满足 $r_L \geqslant 0.05D_{iL}$，且不小于锥壳过渡区厚度的 3 倍。折边过渡段和锥壳、圆筒加强段采用相同厚度，其值按 5.4.3.2.2 计算。

5.4.4　锥壳小端与圆筒的连接

5.4.4.1　通则

受内压、锥壳与圆筒具有同一回转轴、$\alpha \leqslant 60°$ 的锥壳小端与圆筒连接的结构，应按 5.4.4.2、5.4.4.3 的规定设计，可防止元件出现塑性垮塌失效且处于安定状态。

锥壳与圆筒连接处应采用全截面焊透焊接接头，对无折边锥壳小端与圆筒连接处，其焊缝内外表面应打磨成半径为 r_1、r_2 的圆角，r_1、r_2 不应小于 δ_n，如图 5-4 所示。

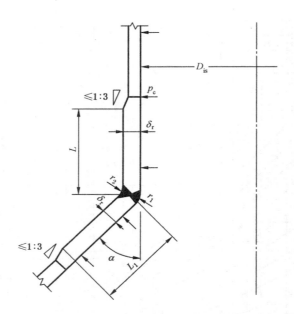

图 5-4　无折边锥壳小端与圆筒连接处结构示意图

5.4.4.2　无折边锥壳小端与圆筒连接

无折边锥壳小端与圆筒连接符合下列要求。

a)　锥壳无需加强应满足的条件：

查图 5-5，若 p_c/S_m^t 值与 α 值的交点位于图 5-5 曲线的左上方，连接处圆筒和锥壳无需加强，其厚度分别按 5.3 和 5.4.2 计算，取其较大者作为锥壳以及圆筒与锥壳相连接处的计算厚度。

b)　锥壳需要加强应满足的条件：

若 p_c/S_m^t 值与 α 值的交点位于图 5-5 曲线的下方，或 α 值超出图 5-5 曲线范围时，在连接处圆筒和锥壳设置加强段。圆筒加强段的长度不小于 $L=2\sqrt{0.5D_{is}\delta_n}$，锥壳加强段的长度不小于 $L_1=2\sqrt{0.5D_{is}\delta_n/\cos\alpha}$。

加强段所需的计算厚度（δ_r）按公式（5-11）计算：

$$\delta_r=\frac{Q_s p_c D_{is}}{2S_m^t-p_c}\qquad\qquad\qquad(5\text{-}11)$$

式中，锥壳小端加强系数（Q_s），根据 p_c/S_m^t 值与 α 值查图 5-6 确定。

c)　与圆筒连接处锥壳小端中的薄膜应力分量为：

1)　环向薄膜应力应按公式（5-12）计算：

$$\sigma_\theta^{cm}=\frac{p_c R_s}{\delta_e}\left[\frac{1}{\cos\alpha}-\left(1-\frac{\nu}{2}\right)\frac{1-\sqrt{\cos\alpha}}{\sqrt{\cos\alpha}}+\frac{\sqrt[4]{3(1-\nu^2)}}{2}\sqrt{\frac{R_s}{\delta_e}}\frac{\tan\alpha\sqrt{\cos\alpha}}{1+\sqrt{\cos\alpha}}\right]\quad(5\text{-}12)$$

2)　经向薄膜应力应按公式（5-13）计算：

$$\sigma_x^{cm}=\frac{p_c R_s}{2\delta_e\cos\alpha}\left(1-\frac{\sin^2\alpha}{1+\sqrt{\cos\alpha}}\right)+\frac{p_c R_s}{2\sqrt[4]{3(1-\nu^2)}\delta_e}\sqrt{\frac{\delta_e}{R_s}}\left(1-\frac{\nu}{2}\right)\frac{1-\sqrt{\cos\alpha}}{\cos\alpha}\sin\alpha\quad(5\text{-}13)$$

公式（5-12）也是锥壳小端与圆筒连接处的最大总体加局部薄膜应力的当量应力（S_{II}）。当泊松比 $\nu=0.3$ 时，公式（5-12）简化为公式（5-14）：

$$\sigma_\theta^{cm}=S_{II}=\frac{p_c R_s}{\delta_e}\left(\frac{1}{\cos\alpha}-0.85\frac{1-\sqrt{\cos\alpha}}{\sqrt{\cos\alpha}}+0.643\sqrt{\frac{R_s}{\delta_e}}\frac{\tan\alpha\sqrt{\cos\alpha}}{1+\sqrt{\cos\alpha}}\right)\quad(5\text{-}14)$$

式中,R_s 应按公式(5-15)计算:

$$R_s = 0.5(D_{is} + \delta_c) \quad\cdots\cdots\cdots\cdots\cdots\cdots\cdots\cdots\cdots (5\text{-}15)$$

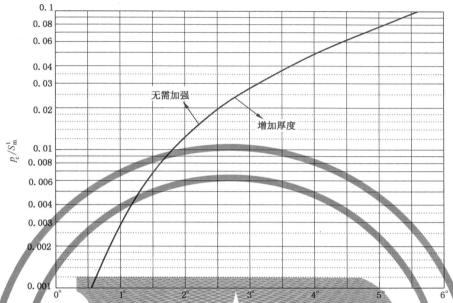

注:曲线系按照最大局部薄膜当量应力(S_{ii})绘制,控制值为 $1.1S_m^t$。

图 5-5 无折边锥壳小端与圆筒连接处是否需要加强的判定曲线

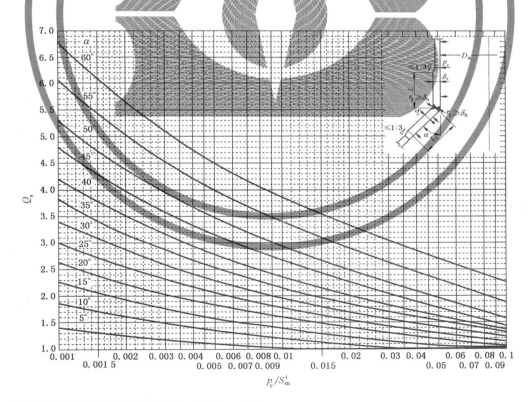

注:曲线系按照结构的塑性极限压力 $p_s \geqslant 1.5p_c$ 绘制。

图 5-6 无折边锥壳小端与圆筒连接处的加强系数 Q_s 值图

5.4.4.3 折边锥壳小端与圆筒连接

当锥壳小端与圆筒连接采用折边过渡时,过渡区的半径(r_s)应满足 $r_s \geqslant 0.05D_{is}$,且不小于锥壳过渡区厚度的 3 倍。折边过渡段和锥壳、圆筒加强段采用相同厚度,其值按 5.4.4.2 b)计算。

5.4.5 无折边锥壳受轴力时的计算方法

5.4.5.1 通则

对于按 5.4.3.2、5.4.4.2 设计的与圆筒连接的无折边锥壳,按 5.4.5.2、5.4.5.3 的规定设计可防止元件在轴向拉力作用下出现塑性垮塌失效且处于安定状态。

5.4.5.2 锥壳大端与圆筒连接时受轴向力的计算方法

锥壳大端受轴向力(F)(总力以拉为正),大端轴力系数(f_L)应按公式(5-16)计算:

$$f_L = \frac{F}{\pi R_L^2 p_c} \quad\cdots\cdots\cdots\cdots(5\text{-}16)$$

系数 k_L=大端轴向力引起的一次应力加二次应力范围的当量应力/内压引起的薄膜当量应力,应按公式(5-17)计算:

$$k_L = \frac{f_L}{1 - c_L(\alpha)\sqrt{\delta_e/R_L}} \quad\cdots\cdots\cdots\cdots(5\text{-}17)$$

式中:

$$c_L(\alpha) = \frac{0.5 + \left(1 - \dfrac{\nu}{2}\right)\dfrac{1 - \sqrt{\cos\alpha}}{\cos\alpha}}{\left[\dfrac{\sqrt[4]{3(1-\nu^2)}}{2} + \dfrac{3(1-\nu)}{2\sqrt[4]{3(1-\nu^2)}}\right]\dfrac{\tan\alpha\sqrt{\cos\alpha}}{1+\sqrt{\cos\alpha}}} \quad\cdots\cdots(5\text{-}18)$$

当泊松比 $\nu = 0.3$ 时,公式(5-18)可简化为公式(5-19):

$$c_L(\alpha) = \frac{0.5 + 0.85\dfrac{1 - \sqrt{\cos\alpha}}{\cos\alpha}}{1.46\dfrac{\tan\alpha\sqrt{\cos\alpha}}{1+\sqrt{\cos\alpha}}} \quad\cdots\cdots\cdots(5\text{-}19)$$

一次应力加二次应力范围的当量应力应满足公式(5-20):

$$(1+k_L)S_{IV} \leqslant 3S_m^t \quad\cdots\cdots\cdots\cdots(5\text{-}20)$$

S_{IV} 由公式(5-8)、公式(5-9)得到。若公式(5-20)不能满足,应增加 δ_e 直至满足公式(5-20)。

5.4.5.3 锥壳小端与圆筒连接时受轴向力的计算方法

锥壳小端受轴向力(F),小端轴力系数(f_s)应按公式(5-21)计算:

$$f_s = \frac{F}{\pi R_s^2 p_c} \quad\cdots\cdots\cdots\cdots(5\text{-}21)$$

系数 k_s=小端轴向力引起的薄膜应力/内压引起的薄膜应力,应按公式(5-22)计算:

$$k_s = \frac{f_s}{1 + c_s(\alpha)\sqrt{\delta_e/R_s}} \quad\cdots\cdots\cdots\cdots(5\text{-}22)$$

式中:

$$c_s(\alpha) = \frac{\dfrac{1}{\cos\alpha} - \left(1 - \dfrac{\nu}{2}\right)\dfrac{1 - \sqrt{\cos\alpha}}{\sqrt{\cos\alpha}}}{\dfrac{\sqrt[4]{3(1-\nu^2)}}{2}\dfrac{\tan\alpha\sqrt{\cos\alpha}}{1+\sqrt{\cos\alpha}}} \quad\cdots\cdots(5\text{-}23)$$

当泊松比 $\nu=0.3$ 时,公式(5-23)可简化为公式(5-24):

$$c_{s}(\alpha)=\frac{\dfrac{1}{\cos\alpha}-0.85\dfrac{1-\sqrt{\cos\alpha}}{\sqrt{\cos\alpha}}}{0.643\dfrac{\tan\alpha\sqrt{\cos\alpha}}{1+\sqrt{\cos\alpha}}} \qquad\qquad (5\text{-}24)$$

薄膜应力应满足公式(5-25):

$$(1+k_{s})S_{\mathrm{II}}\leqslant 1.1S_{\mathrm{m}}^{\mathrm{t}} \qquad\qquad\qquad (5\text{-}25)$$

S_{II} 由公式(5-12)或公式(5-14)式得到。若公式(5-25)不能满足,应增加 δ_{e} 直至满足公式(5-25)。当外载荷考虑风载荷或地震载荷时,公式(5-25)中的许用应力 $S_{\mathrm{m}}^{\mathrm{t}}$ 可乘以1.2。

5.4.6 变径段

5.4.6.1 变径段的类型

受内压的轴对称变径段按5.4.6设计可防止元件出现塑性垮塌失效且处于安定状态。变径段包括锥壳或反向曲线形式的变径段,锥壳分为折边锥壳和无折边锥壳,可以由半顶角相同的几部分锥壳组成,每一段锥壳均应满足相应的设计要求。

无折边锥壳分为短锥壳和长锥壳。短锥壳变径段指锥壳经线较短,锥壳大、小端的边缘效应耦合直接影响锥壳的设计厚度,即符合表5-1判定范围的锥壳变径段。长锥壳变径段指锥壳经线足够长,锥壳大、小端的边缘效应耦合对设计厚度的影响可以忽略,即表5-1判定范围以外的锥壳变径段。

折边锥壳大端的过渡部分可以是半球形、椭圆形或碟形封头的一部分。折边锥壳应按5.3、5.4.3和5.4.4的规定进行设计。

对折边锥壳过渡段,当 $p_{\mathrm{c}}/S_{\mathrm{m}}^{\mathrm{t}}<0.002$,半顶角 $\alpha>45°$,应采用有限元进行分析设计。

当变径段采用反向曲线结构形式时,应按5.4的相应规定分别确定各部分厚度,取较大值作为变径段的厚度。

表 5-1 锥壳两端边缘效应耦合的判定

锥壳半顶角	$<45°$	$45°$	$50°$	$55°$	$60°$
$D_{\mathrm{iL}}/D_{\mathrm{is}}$	—	$\leqslant 1.2$	$\leqslant 1.25$	$\leqslant 1.3$	$\leqslant 1.35$
读出 Q_{s} 值图号	图 5-6	图 5-7	图 5-8	图 5-9	图 5-10
边缘效应耦合影响	不考虑	考虑耦合影响,按5.4.6.3 b)计算			
注:表中"—"表示锥壳两端边缘效应不会耦合。					

5.4.6.2 长锥壳变径段

长锥壳变径段按下列规定设计:

a) 当锥壳变径段的经线长度不小于 $5\sqrt{D_{\mathrm{iL}}\delta_{\mathrm{n}}}$ 时,锥壳厚度按5.4.2计算,锥壳大端与小端可分别按5.4.3、5.4.4设置加强段,加强段与锥壳间以全截面焊透的焊接接头连接;

b) 当锥壳变径段的经线长度小于 $5\sqrt{D_{\mathrm{iL}}\delta_{\mathrm{n}}}$ 且半顶角 $\alpha<45°$ 时,变径段应设计为同一厚度的锥壳,其厚度仍按5.4.3、5.4.4计算,取其大者作为锥壳变径段所需的厚度 δ_{n};

c) 若存在轴向外力,可按5.4.5的方法计算轴向力在变径段加强段中引起的应力。

5.4.6.3 短锥壳变径段

半顶角 (α) 满足 $45°\leqslant\alpha\leqslant 60°$ 的短锥壳变径段按下列要求设计。

GBT 4732.3—2024

a) 对某一具体半顶角,变径段大、小端圆筒直径之比 D_{iL}/D_{is} 应符合表 5-1 的规定。

b) 变径段厚度应取同一厚度,由锥壳大、小端加强段所需厚度之大者确定。锥壳大端加强段所需计算厚度按公式(5-5)计算,锥壳小端加强段所需计算厚度 δ_r 按公式(5-11)计算,但式中 Q_s 值依不同角度应分别由图 5-7、图 5-8、图 5-9 和图 5-10 根据 D_{iL}/D_{is} 值和 p_c/S_m^t 值读取。

c) 对于作用有轴向外力的短锥壳变径段,应另行进行应力分析计算。

注1:图 5-7～图 5-10 均系按结构塑性极限压力 $p_s \geq 1.5p_c$ 绘制。

注2:计算锥壳两端边缘效应耦合时,只考虑了锥壳变径段受内压作用,未考虑锥壳变径段受轴向力的情况,即不适用 5.4.5 有关轴向力的计算公式。

5.4.6.4 变径段结构要求

变径段的结构设计满足下列要求:

a) 大、小端圆筒加强段与变径段(或变径段两端加强段)应取相同厚度 δ_n;

b) 与变径段连接的大、小端圆筒加强段长度应分别不小于 $2.5\sqrt{0.5D_{iL}\delta_n}$ 和 $2.5\sqrt{0.5D_{is}\delta_n}$;

c) 锥壳经线长度不应小于由结构设计、制造工艺要求的最小长度;

d) 锥壳与大、小端圆筒的连接结构应分别按图 5-1 与图 5-4 的要求。

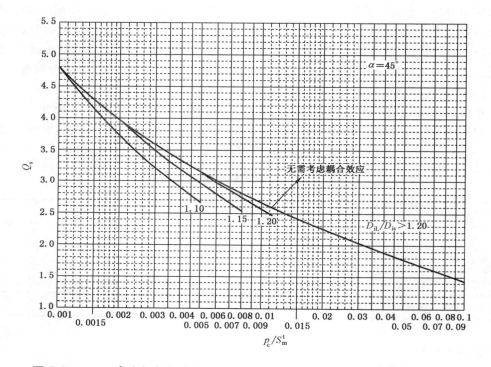

图 5-7 $\alpha=45°$时考虑锥壳变径段大、小端边缘效应耦合作用时的 Q_s 值

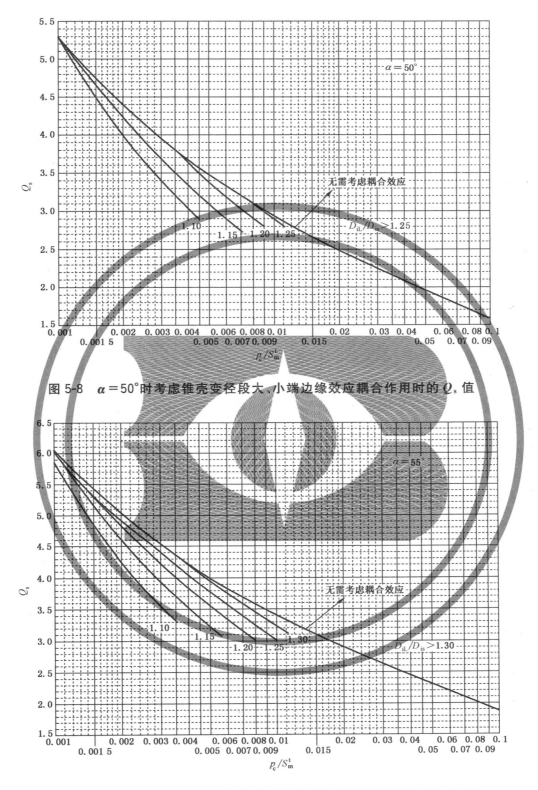

图 5-8　α＝50°时考虑锥壳变径段大、小端边缘效应耦合作用时的 Q_s 值

图 5-9　α＝55°时考虑锥壳变径段大、小端边缘效应耦合作用时的 Q_s 值

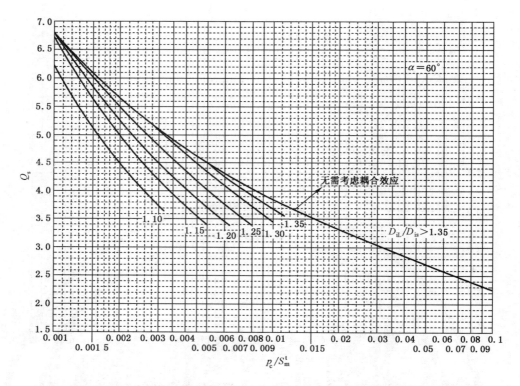

图 5-10 $\alpha = 60°$ 时考虑锥壳变径段大、小端边缘效应耦合作用时的 Q_s 值

5.4.7   偏心锥壳

5.4.7.1   通则

符合 5.4.7.1 规定的非轴对称偏心锥壳按 5.4.7.2 设计可防止元件出现塑性垮塌失效且处于安定状态。

非轴对称偏心锥壳所连接的 2 个圆筒应具有平行轴线(见图 5-11),并同时满足以下要求。

a)   通过两圆筒轴线的平面内,两圆筒轴线间距不应大于两圆筒内直径差值之 1/2,即 $L_d \leqslant (D_{iL} - D_{is})/2$;偏心锥壳母线与两圆筒母线的夹角分别为 α_1、α_2,且 $\alpha_1 > \alpha_2$。最大夹角 $\alpha_1 \leqslant 45°$;见图 5-11。

b)   偏心锥壳的所有母线长度均应满足 $\geqslant 5\sqrt{D_{iL}\delta_n}$,$\delta_n$ 是偏心锥壳与圆筒连接处名义厚度;当 $\alpha_1 = 45°$ 时,应满足 $D_{iL}/D_{is} \geqslant 1.2$。

c)   偏心锥壳与大、小端圆筒的连接应为全截面焊透焊接接头。对无折边锥壳大、小端与圆筒连接处,其焊缝内外表面应打磨成半径为 r_1、r_2(r_1、$r_2 \geqslant \delta_n$)的圆角,如图 5-1 和图 5-4 所示。

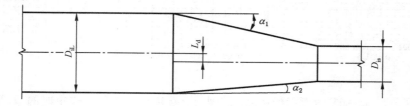

图 5-11   偏心锥壳示意图

5.4.7.2   以 α_1 作为正锥壳的半顶角,先以 D_{iL} 作为正锥壳大端内直径,按 5.4.3 计算得到偏心锥壳大端

和圆筒的加强段厚度;再以 D_{is} 为正锥壳小端内直径,按 5.4.4 计算得到偏心锥壳小端和圆筒的加强段厚度;取二者之较大者作为偏心锥壳厚度。根据 5.4.6.2 和 5.4.6.3 的规定,确定偏心锥壳整体是否取同一厚度。

5.5 球壳

球壳防止塑性垮塌失效所需的计算厚度应按公式(5-26)确定:

$$\delta = R_i(e^{\frac{p_c}{2S_m^t}} - 1) \quad \cdots\cdots\cdots\cdots (5\text{-}26)$$

当 $p_c \leqslant 0.6 S_m^t$ 时,也可按公式(5-27)计算:

$$\delta = \frac{0.5 p_c R_i}{S_m^t - 0.25 p_c} \quad \cdots\cdots\cdots\cdots (5\text{-}27)$$

5.6 凸形封头

5.6.1 符号

下列符号适用于 5.6。

r——碟形封头过渡环壳内半径,mm。

S_y——材料在设计温度下的屈服强度,$S_y = R_{eL}^t (R_{p0.2}^t)$,MPa。

α_h——碟形封头和椭圆形封头的计算系数。

δ_b——防止碟形封头和椭圆形封头屈曲所需的计算厚度,mm。

δ_c——防止碟形封头和椭圆形封头塑性垮塌所需的计算厚度,mm。

5.6.2 半球形封头

半球形封头防止塑性垮塌失效所需的计算厚度应按公式(5-26)或公式(5-27)确定。

5.6.3 碟形封头

5.6.3.1 同时满足以下条件 a)～c) 的碟形封头,应按 5.6.3.2～5.6.3.4 设计。当不满足以下条件时,应按 GB/T 4732.4—2024 或 GB/T 4732.5—2024 设计:

a) $20 \leqslant D_i/\delta \leqslant 2\,000$;

b) $0.7 \leqslant R_i/D_i \leqslant 1.0$;

c) $0.06 \leqslant r/D_i \leqslant 0.2$。

5.6.3.2 防止碟形封头发生塑性垮塌所需的计算厚度应按公式(5-28)确定:

$$\delta_c = \frac{\alpha_h p_c D_i}{S_m^t} \quad \cdots\cdots\cdots\cdots (5\text{-}28)$$

封头上有开孔时,取 $\alpha_h = 0.45$;无开孔时,可取 $\alpha_h = 0.42$。

5.6.3.3 根据 R_i/r 和 D_i/δ_c,按下列 a)和 b)及图 5-12 判断碟形封头是否可能发生屈曲:

a) 若 R_i/r 值和 D_i/δ_c 值落在图 5-12 曲线上或右上方,则封头可能发生屈曲;

b) 若 R_i/r 值和 D_i/δ_c 值落在图 5-12 曲线左下方,则封头不可能发生屈曲。

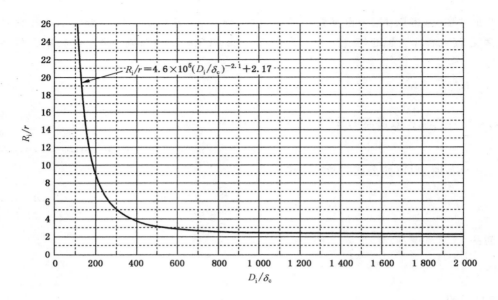

图 5-12　内压碟形封头屈曲判据图

5.6.3.4 不可能发生屈曲时,碟形封头的计算厚度为按 5.6.3.2 确定的 δ_c。可能发生屈曲时,防止屈曲所需的计算厚度应按公式(5-29)确定,碟形封头的计算厚度取 δ_c 和 δ_b 中的较大值。

$$\delta_b = D_i \left[\frac{p_c}{120 S_y} \frac{(R_i/D_i)^{1.32}}{(r/D_i)^{0.47}} \right]^{0.6} \quad \cdots\cdots\cdots\cdots\cdots\cdots\cdots\cdots\cdots\cdots\cdots (\,5\text{-}29\,)$$

5.6.4　椭圆形封头

5.6.4.1 同时满足以下条件 a)和 b)的椭圆形封头,应按 5.6.4.2～5.6.4.4 设计。若不满足以下条件 a)和 b),应按 GB/T 4732.4—2024 或 GB/T 4732.5—2024 设计:

    a)　$20 \leqslant D_i/\delta \leqslant 2\,000$;

    b)　$1.5 \leqslant D_i/2h_i \leqslant 2.5$。

5.6.4.2 防止椭圆形封头发生塑性垮塌所需的计算厚度应按公式(5-28)确定。

5.6.4.3 根据 $D_i/2h_i$ 和 D_i/δ_c,按下列 a)、b)和图 5-13 判断椭圆形封头是否可能发生屈曲。

    a)　若 $D_i/2h_i$ 值和 D_i/δ_c 值落在图 5-13 曲线上或右上方,则封头可能发生屈曲;

    b)　若 $D_i/2h_i$ 值和 D_i/δ_c 值落在图 5-13 曲线左下方,则封头不可能发生屈曲。

5.6.4.4 不可能发生屈曲时,椭圆形封头的计算厚度为按 5.6.4.2 确定的 δ_c。可能发生屈曲时,防止屈曲所需的计算厚度应按公式(5-30)确定,椭圆形封头的计算厚度取 δ_c 和 δ_b 中的较大值。

$$\delta_b = D_i \left[\frac{p_c}{23 S_y} \left(\frac{D_i}{2h_i} \right)^{1.93} \right]^{0.77} \quad \cdots\cdots\cdots\cdots\cdots\cdots\cdots\cdots\cdots (\,5\text{-}30\,)$$

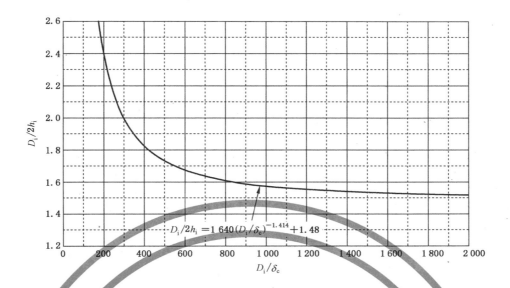

图 5-13　内压椭圆形封头屈曲判据图

$D_i/2h_i = 1\,640(D_i/\delta_c)^{-1.414} + 1.48$

5.6.5　球冠形封头

5.6.5.1　总则

按 5.6.5 设计可防止元件出现塑性垮塌失效且处于安定状态。

5.6.5.2　球冠形封头的结构

球冠形封头的结构满足下列规定：

a)　球冠形封头可用作端封头,也可用作容器中两独立受压室的中间封头,其结构形式如图 5-14 所示;

b)　球冠形封头在与圆筒连接处应设置加强段,其厚度为 δ_r,弧长不应小于 $2\sqrt{0.5D_i\delta_r}$。

5.6.5.3　球冠形封头的计算厚度

受内压的球冠形封头的计算厚度 δ_h(见图 5-14)按 5.5(凹面受压)确定,受外压的球冠形封头的计算厚度 δ_h 按第 6 章(凸面受压)确定。对球冠形中间封头,应计入封头两侧最苛刻的压力组合工况。

5.6.5.4　球冠形端封头

球冠形端封头加强段的计算厚度按公式(5-31)确定:

$$\delta_r = Q\delta = \frac{Qp_cD_i}{2S_m^t - p_c} \qquad\qquad (5\text{-}31)$$

式中,Q 是加强系数,由图 5-15 查取,δ 是与封头连接的圆筒计算厚度。

5.6.5.5　球冠形中间封头

球冠形中间封头加强段的计算厚度按公式(5-31)确定,若封头凹面受压,公式(5-31)中 p_c 取值和加强系数 Q 值由图 5-16 查取;如果封头凸面受压,公式(5-31)中 p_c 取值和加强系数 Q 值由图 5-17 查取。

5.6.5.6　封头与圆筒的连接

与球冠形封头连接的圆筒厚度不应小于封头加强段厚度,否则,应在封头与圆筒间设置加强段过渡连接。圆筒加强段的厚度 δ_r 应与封头加强段等厚；端封头凹面一侧或中间封头两侧的圆筒加强段长度均不小于 $2\sqrt{0.5D_i\delta_r}$，端封头凸面一侧筒体的长度不应小于 $2\delta_r$，与圆筒连接的封头加强段弧长不应小于其两侧圆筒加强段长度的较大值，封头与圆筒连接的 T 形接头应采用全熔透焊接接头，其两侧的对接焊缝和角焊缝表面应形成凹形的圆滑过渡，如图 5-14 所示。

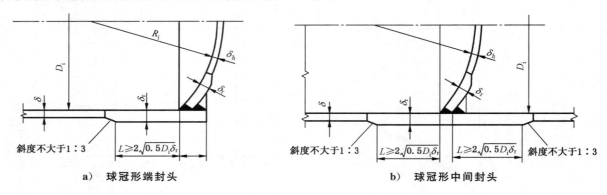

a) 球冠形端封头　　　　　　　　b) 球冠形中间封头

图 5-14　球冠形端封头和中间封头连接示意图

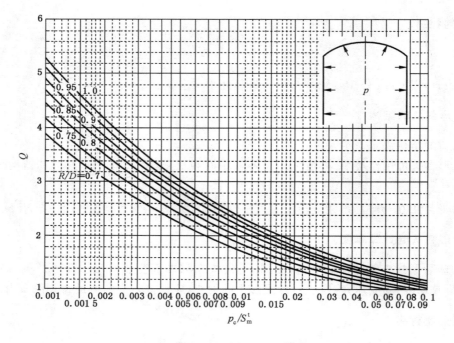

图 5-15　球冠形端封头的加强系数 Q

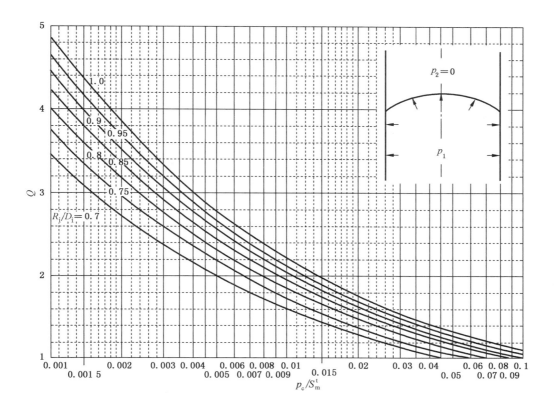

图 5-16　球冠形中间封头凹面受压的加强系数 Q

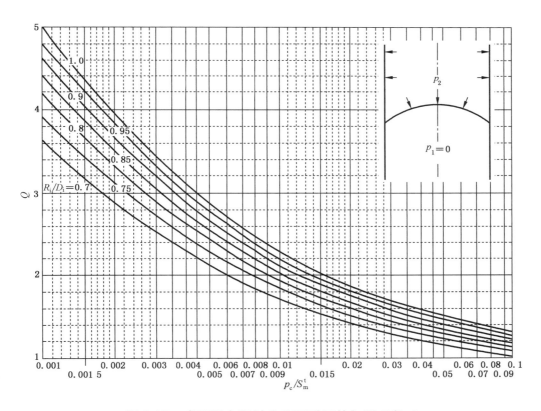

图 5-17　球冠形中间封头凸面受压的加强系数 Q

5.7 承受组合载荷的元件应力评定

5.7.1 通则

当满足下列全部条件时,承受内压、轴向力、弯矩等附加载荷(见图 5-18)的圆筒、球壳和锥壳,按 5.7.3～5.7.6 进行应力评定可防止出现塑性垮塌并处于安定状态:

    a)   壳体的内半径与厚度之比大于 5.0;

    b)   所考虑截面距离任何总体结构不连续区不小于 $2.5\sqrt{r_m\delta_n}$;

    c)   所考虑截面上没有作用横剪力和扭矩或横剪力和扭矩可以忽略;

    d)   圆筒、锥壳、球壳的厚度分别按 5.3、5.4、5.5 确定。

5.7.2 符号

下列符号适用于 5.7。

K——系数。

τ——壳体中的切应力,MPa。

θ——截面上定位计算点的角度,(°)。

ϕ——在球壳上定位周向截面的角度,(°)。

σ_{xm}——壳体中轴向薄膜应力,MPa。

$\sigma_{\theta m}$——壳体中周向(环向)薄膜应力,MPa。

σ_{rm}——壳体外表面处径向应力,MPa。

$[\sigma_{xa}]$——许用压缩应力,MPa。

π——圆周率,取 3.14。

5.7.3 圆筒的薄膜应力

在内压和附加载荷作用下,圆筒的薄膜应力应按公式(5-32)～公式(5-34)确定:

$$\sigma_{\theta m}=\frac{p_c D_i}{D_o-D_i} \quad\quad\quad\quad\quad\quad (5\text{-}32)$$

$$\sigma_{xm}=\frac{p_c D_i^2}{D_o^2-D_i^2}+\frac{4F}{\pi(D_o^2-D_i^2)}\pm\frac{32MD_o\cos\theta}{\pi(D_o^4-D_i^4)} \quad\quad\quad\quad (5\text{-}33)$$

$$\tau=0 \quad\quad\quad\quad\quad\quad\quad\quad (5\text{-}34)$$

计算轴向拉应力或压应力时,公式(5-33)中"±"应分别取"+"或"−"。

5.7.4 球壳的薄膜应力

在内压和附加载荷作用下,对 $0<\phi<180°$ 的球壳,薄膜应力按公式(5-35)～公式(5-37)确定:

$$\sigma_{\theta m}=\frac{p_c D_i^2}{D_o^2-D_i^2} \quad\quad\quad\quad\quad\quad (5\text{-}35)$$

$$\sigma_{xm}=\frac{p_c D_i^2}{D_o^2-D_i^2}+\frac{4F}{\pi(D_o^2-D_i^2)\sin^2\phi}\pm\frac{32MD_o\cos\theta}{\pi(D_o^4-D_i^4)\sin^3\phi} \quad\quad (5\text{-}36)$$

$$\tau=\frac{32MD_o\cos\phi\sin\theta}{\pi(D_o^4-D_i^4)\sin^3\phi} \quad\quad\quad\quad\quad (5\text{-}37)$$

计算轴向拉应力或压应力时,公式(5-36)中"±"应分别取"+"或"−"。

5.7.5 锥壳的薄膜应力

在内压和附加载荷作用下,$\alpha\leqslant60°$ 的锥壳的薄膜应力按公式(5-38)～公式(5-40)确定:

$$\sigma_{\theta m} = \frac{p_c D_i}{(D_o - D_i)\cos\alpha} \quad\cdots\cdots\cdots\cdots\cdots(5\text{-}38)$$

$$\sigma_{xm} = \frac{p_c D_i^2}{(D_o^2 - D_i^2)\cos\alpha} + \frac{4F}{\pi(D_o^2 - D_i^2)\cos\alpha} \pm \frac{32MD_o\cos\theta}{\pi(D_o^4 - D_i^4)\cos\alpha} \quad\cdots\cdots(5\text{-}39)$$

$$\tau = \frac{32MD_o\tan\alpha\sin\theta}{\pi(D_o^4 - D_i^4)} \quad\cdots\cdots\cdots\cdots\cdots(5\text{-}40)$$

计算轴向拉应力或压应力时,公式(5-39)中"±"应分别取"+"或"−"。

5.7.6 元件应力评定

5.7.6.1 计算主应力

3 个主应力应按公式(5-41)~公式(5-43)计算:

$$\sigma_1 = 0.5(\sigma_{\theta m} + \sigma_{xm} + \sqrt{(\sigma_{\theta m} - \sigma_{xm})^2 + 4\tau^2}) \quad\cdots\cdots(5\text{-}41)$$

$$\sigma_2 = 0.5(\sigma_{\theta m} + \sigma_{xm} - \sqrt{(\sigma_{\theta m} - \sigma_{xm})^2 + 4\tau^2}) \quad\cdots\cdots(5\text{-}42)$$

$$\sigma_3 = \sigma_{rm} = 0 \quad\cdots\cdots\cdots\cdots\cdots(5\text{-}43)$$

5.7.6.2 应力评定

在壳体上的任意点,都应满足公式(5-44)强度限制条件。

$$\frac{1}{\sqrt{2}}\sqrt{(\sigma_1 - \sigma_2)^2 + (\sigma_2 - \sigma_3)^2 + (\sigma_3 - \sigma_1)^2} \leqslant kS_m^t \quad\cdots\cdots(5\text{-}44)$$

式中,$k=1.0$,当附加载荷包括风载荷或地震载荷时,可取 $k=1.2$。

如果圆筒和锥壳中轴向应力 $\sigma_{xm} < 0$,则 σ_{xm} 还应满足公式(5-45)。

$$|\sigma_{xm}| \leqslant [\sigma_{xa}] \quad\cdots\cdots\cdots\cdots\cdots(5\text{-}45)$$

式中,$[\sigma_{xa}]$ 分别为按 6.11.3b)、6.11.4,$\lambda_c = 0.15$ 时计算所得的圆筒或锥壳许用轴向压缩应力。

如果球壳中轴向应力 $\sigma_{xm} < 0$,则应满足公式(5-45),其中 $[\sigma_{xa}]$ 取 6.11.5 确定的 $[\sigma_{1a}]$。

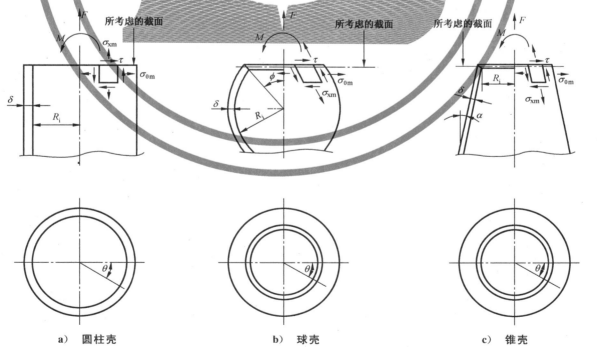

a) 圆柱壳　　　　b) 球壳　　　　c) 锥壳

图 5-18　承受附加载荷的壳体示意图

6 外压壳体和许用压缩应力

6.1 通则

6.1.1 6.4～6.10 规定了仅受外压的圆筒、锥壳(包括筒-锥结构)、球壳和凸形封头等壳体的设计方法。6.11 规定了周向受压、轴向受压和弯矩组合载荷下的壳体许用压缩应力。

6.1.2 本章仅考虑了壳体的屈曲失效。

6.1.3 径厚比 $D_o/\delta_e \leqslant 2\,000$ 的壳体、半顶角不大于 $60°$ 的锥壳可按本章设计。轴向受压或弯矩载荷作用下,结构的细长比系数 (KL_u/r) 不应大于 200。

6.1.4 壳体应为厚度均匀的回转壳。对于带补强圈或局部加厚的壁厚不均匀的壳体,应按保守原则简化为均匀壁厚的回转壳进行计算。

6.1.5 当局部应力作用范围超过 $1.2\sqrt{D_o\delta_e}$ 时,应按保守原则将局部应力计入设计计算中。

6.1.6 壳体圆度等要求应符合 GB/T 4732.6—2024 的相关规定。

6.1.7 本章未计入蠕变的影响。

6.1.8 外压指作用在壳体外凸侧的压力。

6.2 符号

下列符号适用于第 6 章。

A——外压或轴压应变系数。

A_C——圆筒截面积,mm^2。

$A_{c,ij}$——锥壳上小加强圈连接处组合截面中锥壳部分的截面积,mm^2。

$A_{s,ij}$——锥壳上小加强圈截面积,mm^2。

A_S——小加强圈的截面积,mm^2。

A_L——大加强圈的截面积,mm^2。

B——外压应力系数,MPa。

C——厚度附加量(按 GB/T 4732.1—2024),mm。

c_x——参数。

c_m——参数。

$c_1\sim c_5$——参数。

$\bar{c}$——参数。

D_{ec}——锥壳当量圆筒的直径,见公式(6-24),mm。

D_{coij}——锥壳段(i)与(j)间小加强圈连接处锥壳外表面的径向直径,mm。

D_{eci},D_{ecj}——被加强圈分割后,各锥壳当量圆筒的直径,mm。

D_i——圆筒计算内直径($D_i = D_o - 2\delta_e$),mm。

D_L——锥壳大端外直径,mm。

D_{ni}——圆筒内直径,mm。

D_o——圆筒外直径($D_o = D_{ni} + 2\delta_n$),mm。

D_S——锥壳小端外直径,mm。

$D_{s,ij}$——带小加强圈外压锥壳当量为带小加强圈的外压圆筒时的当量直径,mm。

$E_t^{t,A}$——设计温度下材料的切线模量,MPa。

E_y^t——设计温度下材料的杨氏弹性模量,MPa。

F——轴向外载荷,N。

FS——设计系数。

h,h_1,h_2——封头内表面曲面深度,mm。

h_o——封头外表面曲面高度,$h_o=h+\delta_{nh}$,mm。

h_{s1},h_{s2}——加强圈参数,见图6-6,mm。

$I_{c,ij}$——小加强圈与锥壳连接处的锥壳部分有效截面对平行于锥壳轴线的中性轴的惯性矩,mm^4。

I_L——大加强圈截面对平行于壳体轴线的中性轴的惯性矩,mm^4。

I_L^A——大加强圈与圆筒连接处的实际有效组合截面对平行于壳体轴线的中性轴的惯性矩,mm^4。

I_L^C——作为大加强圈支撑线所需惯性矩,mm^4。

I_s——小加强圈截面对平行于壳体轴线的中性轴的惯性矩,mm^4。

I_s^A——小加强圈与圆筒连接处的实际有效组合截面对平行于壳体轴线的中性轴的惯性矩,mm^4。

I_s^C——作为小加强圈支撑线所需惯性矩,mm^4。

$I_{s,ij}$——小加强圈与锥壳连接处的小加强圈截面对平行于锥壳轴线的中性轴的惯性矩,mm^4。

$I_{s,ij}^A$——小加强圈与锥壳连接处的实际有效组合截面对平行于锥壳轴线的中性轴的惯性矩,mm^4。

$I_{s,ij}^C$——锥壳上作为小加强圈支撑线所需的惯性矩,mm^4。

k——参数。

K_1——由椭圆长短轴比值决定的系数,见表6-1。

K_s——参数。

K_u——轴压系数,当一端为自由端、另一端为固支时,取2.10;当两端简支时,取1.0;当一端为简支、另一端为固支时,取0.80;当两端固支时,取0.65。

$L,L_1,L_2\cdots L_k\cdots$——圆筒计算长度,取圆筒上两相邻支撑线之间的距离,见图6-1和图6-2,mm。

L_e——组合截面的有效长度,mm。

$L_{e,k}$——设有加强圈筒-锥结构处的筒体侧有效长度,mm。

$L_{e,ck}$——设有加强圈筒-锥结构处的锥壳侧有效轴向长度,mm。

$L_{e,ij}$——带小加强圈外压锥壳连接处组合截面的有效轴向长度,mm。

L_{ec}——当量圆筒长度,mm。

L_{eci},L_{ecj}——锥壳被加强圈分割后的各当量圆筒长度,mm。

$L_B,L_{B1},L_{B2}\cdots$——大加强圈间的间距或大加强圈到相邻的凸形封头曲面深度1/3处的间距,见图6-2,mm。

L_F——从大加强圈中心线到相邻两侧大加强圈中心线或相邻的凸形封头曲面深度1/3处距离之和的一半,mm。

L_s——从小加强圈中心线到相邻两侧加强圈中心线或相邻的凸形封头曲面深度的1/3处距离之和的一半,mm。

$L_{s,ij}$——带小加强圈外压锥壳当量为带小加强圈的外压圆筒的当量长度,mm。

L_u——圆筒体在经受压杆失稳时的横向无支撑的长度,当计算仅受外压作用时,取0。

L_x——锥壳的轴向长度,mm。

L_{xi},L_{xj}——被加强圈分割后的各锥壳轴向长度,mm。

$L(i)$——L_F范围内预期弹性失稳周向应力为$\sigma_{he}(i)$的筒节长度,mm。

M——弯矩,N·mm。

M_s——用于计算加强圈的参数。

M_x——参数。

p_c——计算外压力(按GB/T 4732.1—2024),MPa。

$[p]$——许用外压力,MPa。

r——锥壳大端折边过渡段圆角半径,见图6-9,mm。

R_c——有效组合截面形心所在的半径,mm。

R_{eL}^t——设计温度下材料的屈服强度,MPa。

r_g——参数,mm。

R_o——球壳外半径,mm。

$R_{p0.2}^t$——设计温度下材料的 0.2% 规定塑性延伸强度,MPa。

r_S——锥壳小端折边过渡段圆角半径,见图 6-9,mm。

t——间断焊最大间隙,见图 6-5,mm。

W——壳体抗弯截面模量,mm³。

Z_c——加强圈有效截面形心至筒体厚度中心的距离,mm。

$Z_{c,ij}$——锥壳上小加强圈连接处实际有效组合截面形心至连接点处锥壳厚度中心的径向距离,mm。

Z_k——某一加强圈截面形心至连接处壳体外表面的径向距离(形心在外侧的,距离取正值,反之取 0),mm。

Z_L——大加强圈截面形心至筒体厚度中心的距离,mm。

Z_S——小加强圈截面形心至筒体厚度中心的距离,mm。

$Z_{s,ij}$——锥壳上,小加强圈截面形心至连接点处锥壳厚度中心的径向距离,mm。

α——锥壳半顶角,见图 6-9,(°)。

Δ——参数,见公式(6-72)。

δ_c——锥壳厚度,mm。

$\delta_1,\delta_2,\delta_k$——筒-锥结构连接处圆筒的厚度,mm。

δ_n——圆筒或球壳的名义厚度,mm。

δ_e——圆筒或球壳的有效厚度,mm。

δ_{ec}——锥壳的有效厚度,mm。

δ_{ck}——筒-锥结构连接处锥壳的厚度,mm。

δ_r——锥壳的折边过渡段的厚度,mm。

δ_{s1}——加强圈参数,见图 6-6,mm。

δ_{s2}——加强圈参数,见图 6-6,mm。

λ_c——系数。

σ_1——球壳在承受双向不相等压缩应力时,其中的一个主应力,MPa。

σ_2——球壳在承受双向不相等压缩应力时,另一个主应力,MPa。

σ_a——轴向外载荷 F 产生的轴向应力,MPa。

σ_b——弯曲应力,MPa。

σ_e——应力,MPa。

σ_h——周向应力,MPa。

σ_q——压力产生的轴向应力,MPa。

σ_t——材料应力-应变关系中的应力,MPa。

σ_x——轴向应力,MPa。

σ_{he}——预期弹性失稳周向应力,MPa。

$\sigma_{he}(i)$——L_F 范围内第 i 段中预期弹性失稳周向应力,MPa。

σ_{heF}——大加强圈计算时的预期弹性失稳周向应力,MPa。

σ_{ic}——预测得的失稳应力,MPa。

σ_{xe}——预期弹性失稳轴向应力,MPa。

σ_{xm}——筒-锥结构连接处最大轴向压缩薄膜应力,MPa。

$\sigma_{\theta m}$——筒-锥结构连接处最大周向压缩薄膜应力,MPa。

S_y——取设计温度下的标准屈服强度 R_{eL}^t 或 $R_{p0.2}^t$,MPa。

$[\sigma_{ija}]$——许用压缩应力,MPa;其中,末位下标 a 表示许用值,前两位下标 i、j 表示各种组合载荷情况。当 i 或 j 为 h、x 和 b 时,分别表示存在周向受压、轴向受压、弯矩组合载荷情况,当只有单一载荷,则只用一个下标表示,另一个下标缺省。

$[\sigma_{ca}]$——轴向受压下,$\lambda_c > 0.15$ 时圆筒的许用压缩应力,MPa。

η——材料的非线弹性修正系数。

6.3 设计系数

设计系数(FS)应按公式(6-1)、公式(6-2)和公式(6-3)求取,其中 σ_{ic} 为预测得的失稳应力。

$$当 \sigma_{ic} \leqslant 0.55 \cdot S_y 时, FS = 2.0 \qquad\qquad (6-1)$$

$$当 0.55 \cdot S_y < \sigma_{ic} < S_y 时, FS = 2.407 - 0.741\left(\frac{\sigma_{ic}}{S_y}\right) \qquad (6-2)$$

$$当 \sigma_{ic} = S_y 时, FS = 1.667 \qquad\qquad (6-3)$$

6.4 中间不带加强圈的外压圆筒

6.4.1 计算长度的确定

对于中间不带加强圈的外压圆筒,典型结构的计算长度取值见图 6-1,并满足下列规定。

a) 如图 6-1 a-1)、图 6-1 a-2)所示,计算长度取圆筒的总长度加上每个凸形封头曲面深度的 1/3。图 6-1 a-2),设计时,应采用所示长度 L,连接处各圆筒外径和对应的厚度进行设计计算,无折边锥壳或带折边锥壳和过渡段所需厚度不能小于相连圆筒所需的厚度。此外,当锥壳与圆筒连接未设置折边时,还应满足强度校核要求(见 6.6.4.1 或 6.6.5.1)。

b) 如图 6-1 b-1)所示,圆筒与锥壳相连接处不作为支撑线[见 f)]考虑时,计算长度取设备的总长度。图 6-1 b-1),设计时,应采用所示长度 L、圆筒外径和圆筒厚度进行设计计算,锥壳所需厚度不能小于相连圆筒所需厚度。此外,当锥壳与圆筒连接未设置折边时,还应满足强度校核要求(见 6.6.4.1 或 6.6.5.1)。

如图 6-1 b-2)所示,圆筒与锥壳相连接处可作为支撑线考虑时,计算长度取圆筒的总长度,圆筒与锥壳相连接处应满足 6.6.4 或 6.6.5 的要求。

c) 如图 6-1 c)所示,法兰处作为支撑线,计算长度取两法兰密封面间的距离。

d) 如图 6-1 d-1)和图 6-1 d-2)所示,对带夹套的圆筒,计算长度取承受外压的圆筒长度;若带有凸形封头,还应加上封头曲面深度的 1/3。

e) 如图 6-1 e)所示,圆筒与锥壳相连接处可作为支撑线考虑时,则分成 2 个圆筒和 1 个锥壳。每一圆筒按图示,取各自圆筒的长度加上与其连接的凸形封头曲面深度的 1/3,独立确定各自的计算长度。此时,圆筒与锥壳相连接处应满足 6.6.4 或 6.6.5 的要求。

f) 支撑线指该处的截面有足够的刚度,以确保在设计范围内的外压作用下,该处依旧保持圆形,不出现失稳现象。

注 1:小加强圈支撑线两侧所考虑设计范围为从小加强圈中心线到相邻两侧加强圈中心线距离之和的一半。

注 2:大加强圈支撑线两侧所考虑设计范围为从大加强圈中心线到相邻两侧大加强圈中心线距离之和的一半。

注 3:壳体与隔板、法兰等具有足够刚度的元件相连处和凸形封头曲面深度的 1/3 处均可视为支撑线。

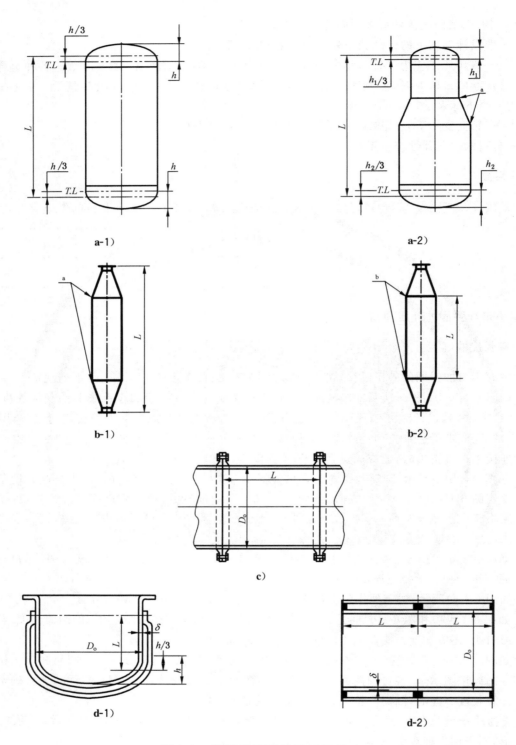

图 6-1 典型外压圆筒的计算长度

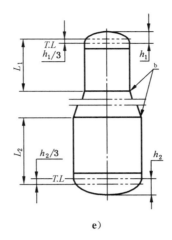

e)

注：图中 $T.L$ 表示封头切线位置。

ᵃ 图中此处不作为支撑线考虑。

ᵇ 图中此处作为支撑线考虑。

图 6-1　典型外压圆筒的计算长度（续）

6.4.2　外压应变系数 A 值的确定

根据 L、D_o 和 δ_e，按公式（6-4）计算外压应变系数 A 值：

$$A=\begin{cases}0.88 \cdot \left(\dfrac{\delta_e}{D_o}\right)^2, \text{当}\ M_x \geqslant 2\left(\dfrac{D_o}{\delta_e}\right)^{0.94}\ \text{时}\\[2mm]1.792 \cdot \left(\dfrac{\delta_e}{D_o}\right)M_x^{-1.058}, \text{当}\ 13 < M_x < 2\left(\dfrac{D_o}{\delta_e}\right)^{0.94}\ \text{时}\\[2mm]1.472 \cdot \left(\dfrac{\delta_e}{D_o}\right)\left(\dfrac{1}{M_x-0.579}\right), \text{当}\ 1.5 < M_x \leqslant 13\ \text{时}\\[2mm]1.6 \cdot \left(\dfrac{\delta_e}{D_o}\right), \text{当}\ M_x \leqslant 1.5\ \text{时}\end{cases} \quad\cdots\cdots\cdots\cdots\cdots（6\text{-}4）$$

式中：

$$M_x = L / \sqrt{D_o \delta_e / 2}$$

6.4.3　预期弹性失稳周向应力计算

预期弹性失稳周向应力（σ_{he}）按公式（6-5）计算：

$$\sigma_{he} = E_y^t \cdot A \qquad\cdots\cdots\cdots\cdots\cdots\cdots\cdots\cdots\cdots（6\text{-}5）$$

6.4.4　材料非线弹性修正系数

按 6.12 求取材料的非线弹性修正系数（η）。

6.4.5　预测得的失稳应力

预测得的失稳应力（σ_{ic}）按公式（6-6）求取：

$$\sigma_{ic} = \eta\sigma_{he} \qquad\cdots\cdots\cdots\cdots\cdots\cdots\cdots\cdots\cdots（6\text{-}6）$$

6.4.6　设计系数

由预测得的失稳应力（σ_{ic}），按 6.3 求取设计系数（FS）。

6.4.7 许用周向压缩应力

许用周向压缩应力（$[\sigma_{ha}]$）按公式（6-7）计算：

$$[\sigma_{ha}] = \sigma_{ic}/FS \quad\quad\quad\quad\quad\quad\quad\quad\quad\quad (6\text{-}7)$$

6.4.8 许用外压力

按公式（6-8）计算许用外压力（$[p]$）：

$$[p] = 2[\sigma_{ha}] \cdot \left(\frac{\delta_e}{D_o}\right) \quad\quad\quad\quad\quad\quad\quad\quad (6\text{-}8)$$

计算得到的（$[p]$）应大于或等于 p_c，否则应调整设计参数，重复上述计算，直到满足设计要求。

6.4.9 组合载荷

组合载荷作用下的许用压缩应力应按 6.11 确定。

6.5 带加强圈外压圆筒

6.5.1 加强圈的形式与轴向布置

加强圈的形式与轴向布置应符合下列规定：

a) 采用单一尺寸结构的加强圈的设计按 6.5.4 进行；

b) 大、小加强圈组合时的设计按 6.5.5 和 6.5.4 进行；

c) 大、小加强圈轴向布置示意见图 6-2。

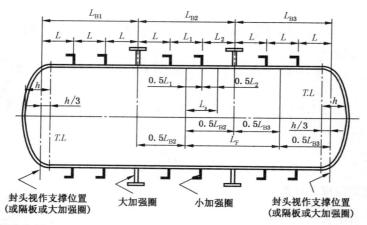

注：$T.L$ 表示封头切线位置。

图 6-2 加强圈布置示意图

6.5.2 加强圈设置

6.5.2.1 加强圈可设置在容器的内部或外部，应整圈围绕在圆筒的圆周上。加强圈两端的接合形式应按图 6-3 所示。

6.5.2.2 容器内部的加强圈，若布置成图 6-3 中 C、D、E 或 F 所示的结构时，则应取惯性矩最小的截面进行计算。

6.5.2.3 如在加强圈上需要留出如图 6-3 中 D、E 及 F 所示的间隙，则不应超过图 6-4 规定的弧长，否则应将容器内部和外部的加强圈相邻两部分之间接合起来，采用如图 6-3 中 C 所示的结构，当能同时满足以下 4 个条件时除外。

   a) 每圈壳体无支撑的弧长不超过 1 处。

   b) 无支撑的壳体弧长不超过 90°。

   c) 相邻两加强圈的无支撑的圆筒弧长相互交错 180°。

   d) 圆筒计算长度 L 应取下列数值中的较大者：

      1) 相间隔加强圈之间的最大距离；

      2) 从封头切线至第二个加强圈中心的距离再加上 1/3 封头曲面深度。

6.5.2.4 容器内部的构件如塔盘等，当设计为起加强作用时，也可作加强圈用。

6.5.2.5 加强圈与圆筒之间可采用连续或间断的焊接。当加强圈设置在容器外面时，加强圈每侧间断焊接的总长不应少于圆筒外圆周长的 1/2；当加强圈设置在容器里面时，加强圈每侧间断焊接的总长不应少于圆筒内圆周长的 1/3。

间断焊缝的布置与间距可参照图 6-5 所示的型式，间断焊缝可以相互错开或并排布置。最大间隙 t，对外加强圈为 $8\delta_n$，对内加强圈为 $12\delta_n$。基于疲劳设计的容器，加强圈与圆筒应采用连续焊。

焊脚尺寸不应小于相焊件中较薄件的厚度。

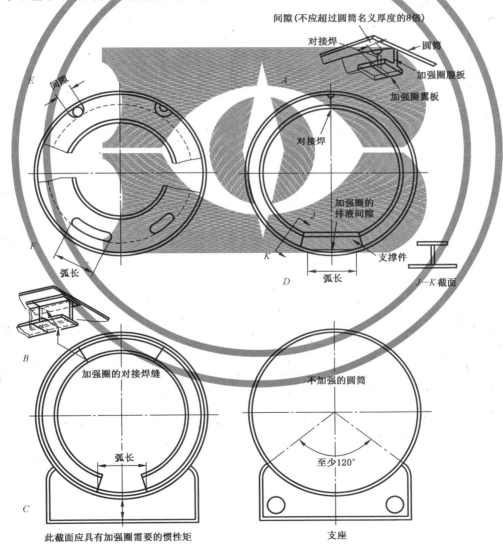

图 6-3　外压容器加强圈的各种设置图

GBT 4732.3—2024

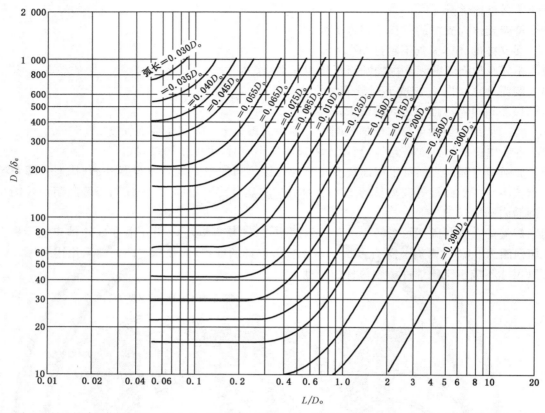

对于图 6-9 所示锥壳,应以 $0.5L_{ec}(1+D_S/D_L)(D_S/D_L)\cos\alpha$ 代替 L,以 $0.5(D_L+D_S)/\cos\alpha$ 代替 D_o,再按图 6-4查取。

图 6-4　圆筒上加强圈允许的间断弧长值

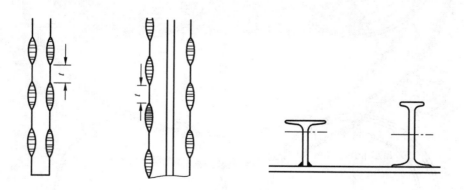

图 6-5　加强圈与圆筒的连接

6.5.2.6　扁钢、角钢和 T 形型钢的加强圈结构的截面尺寸(见图 6-6)应符合公式(6-9)和公式(6-10)要求。

118

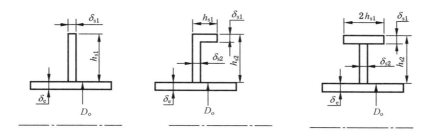

图 6-6　扁钢、角钢和 T 形型钢的加强圈结构的截面尺寸示意图

$$\frac{h_{s1}}{\delta_{s1}} \leqslant 0.375\left(\frac{E_y^t}{S_y}\right)^{0.5} \quad \cdots\cdots\cdots\cdots（6\text{-}9）$$

$$\frac{h_{s2}}{\delta_{s2}} \leqslant \left(\frac{E_y^t}{S_y}\right)^{0.5} \quad \cdots\cdots\cdots\cdots（6\text{-}10）$$

6.5.3　圆筒厚度的确定

圆筒厚度按 6.4 确定，其中计算长度 L 按图 6-2 取值。

6.5.4　小加强圈的设计

6.5.4.1　计算长度 L_s 的确定

对于设置小加强圈的外压圆筒，计算长度 L_s 取值见图 6-2，等于该小加强圈中心线到相邻两侧加强圈中心线（或支撑线）距离之和的一半。

6.5.4.2　预期弹性失稳周向应力 σ_{he} 的计算

将计算长度 L_s 代入公式(6-11)求得 M_x，再按 6.4.3 求得预期弹性失稳周向应力 σ_{he}。

$$M_x = L_s / \sqrt{D_o\delta_e/2} \quad \cdots\cdots\cdots\cdots（6\text{-}11）$$

6.5.4.3　小加强圈支撑线所需惯性矩的计算

作为小加强圈支撑线所需的惯性矩应按公式(6-12)计算。

$$I_s^c = \frac{1.5\sigma_{he}L_s R_c^2 \delta_e}{E_y^t \cdot (n^2-1)} \quad \cdots\cdots\cdots\cdots（6\text{-}12）$$

式中，n 值由公式(6-13)计算，取舍去小数部分的整数值。当 $n<2$ 时，取 $n=2$ 进行计算。当 $n>10$ 时，取 $n=10$ 进行计算。

$$n = \sqrt{\frac{2D_o^{1.5}}{3L_B \delta_e^{0.5}}} \quad \cdots\cdots\cdots\cdots（6\text{-}13）$$

6.5.4.4　实际有效组合截面惯性矩的计算

实际有效组合截面惯性矩的计算应符合下列要求：
a)　按图 6-7，确定计算小加强圈的实际有效组合截面惯性矩所需的尺寸参数；

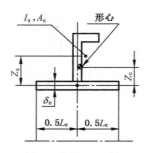

图 6-7　小加强圈尺寸参数图

b)　按公式(6-14),计算小加强圈实际有效组合截面惯性矩 I_s^A。

$$I_s^A = I_s + A_s Z_s^2 \left(\frac{L_e \delta_e}{A_s + L_e \delta_e} \right) + \frac{L_e \delta_e^3}{12} \quad\cdots\cdots\cdots\cdots\cdots\cdots\cdots\cdots(6\text{-}14)$$

式中,L_e 按公式(6-15)计算:

$$L_e = 1.1 \sqrt{D_o \delta_e} \quad\cdots\cdots\cdots\cdots\cdots\cdots\cdots\cdots\cdots\cdots\cdots(6\text{-}15)$$

6.5.4.5　惯性矩的校核

I_s^A 应大于或等于 I_s^C,否则另选一具有较大惯性矩的小加强圈,重复 6.5.4.4 的步骤,直到 I_s^A 大于且接近于 I_s^C 为止。

6.5.5　大加强圈的设计

6.5.5.1　计算长度 L_F 的确定

对于设置大加强圈的外压圆筒,计算长度 L_F 取值见图 6-2,等于该大加强圈与相邻两侧大加强圈(或相邻的凸形封头曲面深度 1/3 处)间距之和的一半。

6.5.5.2　预期弹性失稳周向应力 σ_{heF} 的计算

按 6.5.3 得出的 L_F 范围内第 i 段筒节长度 $L_s(i)$ 和预期弹性失稳周向应力 $\sigma_{he}(i)$,代入公式(6-16)求得 σ_{heF}。其中,各段 $L(i)$ 之和等于 L_F。

$$\sigma_{heF} = \frac{\sum_i [\sigma_{he}(i) \cdot L_s(i)]}{L_F} \quad\cdots\cdots\cdots\cdots\cdots\cdots\cdots(6\text{-}16)$$

6.5.5.3　大加强圈支撑线所需惯性矩的计算

作为大加强圈支撑线所需惯性矩按公式(6-17)计算:

$$I_L^C = \frac{\sigma_{heF} L_F R_c^2 \delta_e}{2 E_y^t} \quad\cdots\cdots\cdots\cdots\cdots\cdots\cdots(6\text{-}17)$$

6.5.5.4　实际有效组合截面惯性矩的计算

实际有效组合截面惯性矩的计算应符合下列要求:

a)　按图 6-8,确定计算大加强圈的实际有效组合截面惯性矩所需的尺寸参数;

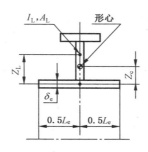

图6-8 大加强圈尺寸参数图

b) 按公式(6-18),计算大加强圈实际有效组合截面惯性矩 I_L^A。

$$I_L^A = I_L + A_L Z_L^2 \left(\frac{L_e \delta_e}{A_L + L_e \delta_e} \right) + \frac{L_e \delta_e^3}{12} \quad\cdots\cdots(6\text{-}18)$$

式中,L_e 按公式(6-19)计算:

$$L_e = 1.1 \sqrt{D_o \delta_e} \left(\frac{A_s + L_s \delta_e}{A_L + L_s \delta_e} \right) \quad\cdots\cdots(6\text{-}19)$$

6.5.5.5 惯性矩的校核

I_L^A 应大于或等于 I_L^C,否则另选惯性矩更大的大加强圈,重复6.5.5.4 步骤,直到 I_L^A 大于且接近 I_L^C 为止。

6.5.6 用于提高许用轴向压缩应力的加强圈

对轴向均匀受压或弯矩引起不均匀轴向受压的圆筒,均可采用加强圈来提高许用轴向压缩应力。此时,加强圈所需尺寸还应满足公式(6-20)～公式(6-22)的要求,其中 M_s 按公式(6-23)求得,且应满足 $M_s \leqslant 15$。

$$A_s \geqslant \left(\frac{0.334}{M_s^{0.6}} - 0.063 \right) L_s \delta_e \quad\cdots\cdots(6\text{-}20)$$

$$A_s \geqslant 0.06 L_s \delta_e \quad\cdots\cdots(6\text{-}21)$$

$$I_s^A \geqslant \frac{5.33 L_s \delta_e^3}{M_s^{1.8}} \quad\cdots\cdots(6\text{-}22)$$

$$M_s = L_s / \sqrt{D_o \delta_e / 2} \quad\cdots\cdots(6\text{-}23)$$

6.5.7 组合载荷

组合载荷作用下的许用压缩应力应按6.11确定。

6.6 外压锥壳(包括筒-锥结构)

6.6.1 通则

包括筒-锥结构的外压壳体,如计算长度 L 按图6-1 a-2)或图6-1 b-1)取值,同时符合6.4.1 a)或6.4.1 b)要求,则按6.4 的规定进行外压校核计算。

筒-锥结构指圆筒与锥壳相连接的结构形式。

6.6.2 两端按支撑线考虑且中间不设置加强圈的外压锥壳

6.6.2.1 当锥壳的两端(包括筒-锥连接处)按支撑线考虑,且锥壳中间不设置加强圈时,外压锥壳按当量圆筒进行设计计算。此时,筒-锥连接处应符合6.6.4 或6.6.5 的规定。

6.6.2.2 当量圆筒的当量直径（D_{ec}）按公式（6-24）求得。当量圆筒的计算长度为当量长度 L_{ec}，按下述 a)、b)、c)或 d)求取。当量圆筒的厚度取锥壳的有效厚度 δ_{ec}。

$$D_{ec} = 0.5(D_L + D_S)/\cos\alpha \quad\cdots\cdots\cdots\cdots\cdots\cdots\cdots\cdots (6\text{-}24)$$

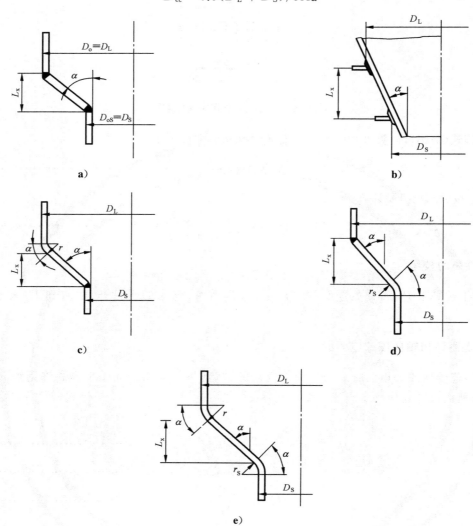

图 6-9　锥壳的尺寸示意图

a)　无折边锥壳或锥壳上相邻两加强圈之间锥壳段［见图 6-9 a)和图 6-9 b)］的当量长度按公式（6-25）计算：

$$L_{ec} = \frac{L_x}{\cos\alpha} \quad\cdots\cdots\cdots\cdots\cdots\cdots\cdots\cdots (6\text{-}25)$$

b)　大端折边锥壳［见图 6-9 c)］的当量长度按公式（6-26）计算：

$$L_{ec} = r\tan\alpha + \frac{L_x}{\cos\alpha} \quad\cdots\cdots\cdots\cdots\cdots\cdots\cdots\cdots (6\text{-}26)$$

c)　小端折边锥壳［见图 6-9 d)］的当量长度按公式（6-27）计算：

$$L_{ec} = r_S\tan\alpha + \frac{L_x}{\cos\alpha} \quad\cdots\cdots\cdots\cdots\cdots\cdots\cdots\cdots (6\text{-}27)$$

d)　折边锥壳［见图 6-9 e)］的当量长度按公式（6-28）计算：

$$L_{ec} = (r + r_S)\tan\alpha + \frac{L_x}{\cos\alpha} \quad\cdots\cdots\cdots\cdots\cdots\cdots\cdots\cdots (6\text{-}28)$$

6.6.2.3 以 L_{ec} 代替 L，D_{ec} 代替 D_o，δ_{ec} 代替 δ_e，按 6.4 的规定进行锥壳当量圆筒的外压校核计算。

6.6.3 两端筒-锥连接处按支撑线考虑且中间设置加强圈的外压锥壳

6.6.3.1 两端筒-锥连接处和中间设置的加强圈按小加强圈支撑线考虑。此时，筒-锥连接处应符合 6.6.4 或 6.6.5 的规定。

6.6.3.2 如图 6-10 所示，将图 6-10 a)中的中间设置小加强圈的外压锥壳当量成图 6-10 b-1)和图 6-10 b-2)所示的若干个当量圆筒…(i)、(j)…以及图 6-10 c-1)和图 6-10 c-2)所示大端和小端的圆筒。

6.6.3.3 当量圆筒的相关尺寸按 6.6.2.2 确定，分别将分割成的各段锥壳的大、小端直径代入公式 (6-24)，求得当量圆筒…(i)、(j)…的当量直径…D_{eci}、D_{eci}…；各当量长度…L_{eci}、L_{eci}…取各锥壳段母线长度，计算规则按 6.6.2.2 的规定；各当量圆筒的厚度统一取锥壳的较薄处的有效厚度，记为 δ_{ce}。

6.6.3.4 以 L_{eci}…代替 L，D_{eci}…代替 D_o，δ_{ec}…代替 δ_e，按 6.4 的规定进行外压校核计算。

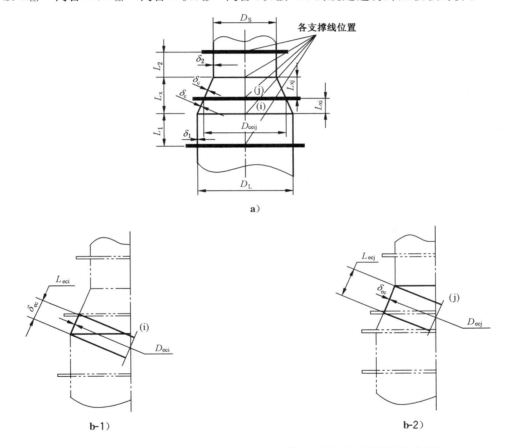

a)

b-1)   b-2)

图 6-10 中间设置小加强圈的外压锥壳及其当量圆筒示意图

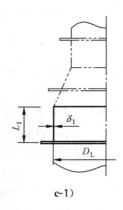 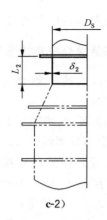

c-1)   c-2)

图 6-10   中间设置小加强圈的外压锥壳及其当量圆筒示意图（续）

6.6.3.5   外压锥壳上加强圈的设计应符合下列规定。

  a)   带加强圈锥壳当量圆筒的确定：

　　　按图 6-11 所示，锥壳段（i）与（j）间小加强圈所在位置的外径为 D_{coij}，将此带小加强圈外压锥壳当量成图 6-11 所示的带加强圈的当量外压圆筒，其当量长度 $L_{s,ij}$ 取相邻两锥壳的当量圆筒长度 L_{eci} 和 L_{ecj} 之和的一半，当量圆筒的直径 $D_{s,ij}$ 等于 $D_{coij}/\cos\alpha$，当量圆筒的厚度为 δ_{ec}，此加强圈实际有效组合截面惯性矩 $I^A_{s,ij}$ 按 c）确定。

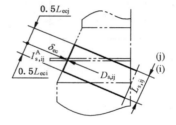

图 6-11   带小加强圈锥壳及当量圆筒示意图

  b)   作为小加强圈支撑线考虑时所需的惯性矩：

　　　取 $L_s=L_{s,ij}$、$D_o=D_{s,ij}$ 和 $\delta_e=\delta_{ec}$，按公式（6-11）求得 M_x，再根据 6.4.3 求得预期弹性失稳周向应力 σ_{he}。然后，取 R_c 等于 $0.5D_{s,ij}$ 与加强圈形心到锥壳外表面的垂直距离（形心在外侧的，距离为正值；反之为 0）之和，并取 $n=2$，由公式（6-12）求得所需的惯性矩 $I^C_{s,ij}$。

  c)   实际有效组合截面惯性矩 $I^A_{s,ij}$ 的计算：

　　1）   按图 6-12 所示，确定计算加强圈的实际有效组合截面惯性矩所需的尺寸参数。

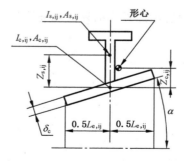

图 6-12   锥壳上的小加强圈尺寸参数图

2) 取 $L_{e,ij} = 1.1\sqrt{D_{s,ij}\delta_e} \cdot \cos\alpha$，确定图 6-12 中各参数，再由公式(6-29)求得 $I_{s,ij}^A$。

$$I_{s,ij}^A = I_{s,ij} + A_{s,ij}Z_{s,ij}^2\left(\frac{A_{c,ij}}{A_{s,ij}+A_{c,ij}}\right) + I_{c,ij} \quad\cdots\cdots\cdots\cdots\cdots\cdots\cdots\cdots（6-29）$$

d) 惯性矩的校核：

$I_{s,ij}^A$ 不应小于 $I_{s,ij}^C$ 值，否则另选一个惯性矩更大的加强圈，重复上述步骤 c)，直到 $I_{s,ij}^A$ 大于且接近 $I_{s,ij}^C$ 为止。

e) 加强圈的设置：

加强圈的设置应符合 6.5.2 的要求。

6.6.4 筒-锥结构连接处的强度校核

6.6.4.1 锥壳和筒体的连接应满足 5.4 的有关要求。强度校核计算时，相关的公式中的压力值采用计算压力代入。筒-锥连接处的周向薄膜应力 $\sigma_{\theta m}$ 或轴向薄膜应力 σ_{xm} 为压缩应力时，要求压缩应力 $\sigma_{\theta m}$ 或 σ_{xm} 分别满足公式(6-30)或公式(6-31)。

$$|\sigma_{\theta m}| \leqslant [\sigma_{ha}] \quad\cdots\cdots\cdots\cdots\cdots\cdots\cdots\cdots（6-30）$$

式中，$[\sigma_{ha}]$ 由公式(6-7)求得，计算时，$\sigma_{he} = 0.4E_y^t\left(\frac{\delta_e}{D_o}\right)$，$D_o$ 为连接处的外径 D_k，δ_e 取圆筒和锥壳未被加强部分的有效厚度的较小值，此时，外压应变系数 $A = \frac{\sigma_{he}}{E_y^t} = 0.4\left(\frac{\delta_e}{D_o}\right)$。

$$|\sigma_{xm}| \leqslant [\sigma_{xa}] \quad\cdots\cdots\cdots\cdots\cdots\cdots\cdots\cdots（6-31）$$

式中，$[\sigma_{xa}]$ 由公式(6-54)求取，计算时，取 $\lambda_c = 0.15$。

6.6.4.2 当满足 6.6.4.1 的规定且同时满足下列 a)、b)条件时，筒-锥连接处可按支撑线考虑：

a) 仅受外压作用；

b) 筒-锥连接处不另设加强圈，且锥壳半顶角 α 为 $30° \leqslant \alpha \leqslant 60°$。

6.6.5 筒-锥结构连接处的强度校核另一方法

6.6.5.1 按 GB/T 4732.4—2024 或 GB/T 4732.5—2024 进行应力分析，应满足强度要求。筒-锥连接处的局部周向薄膜应力 $\sigma_{\theta m}$ 或局部轴向薄膜应力 σ_{xm} 为压缩应力时，要求压缩应力 $\sigma_{\theta m}$ 或 σ_{xm} 分别满足公式(6-30)或公式(6-31)。

6.6.5.2 在满足 6.6.5.1 且同时满足 GB/T 4732.5—2024 屈曲分析的要求时，该筒-锥连接处可按支撑线考虑。

6.6.6 组合载荷

组合载荷作用下许用压缩应力应满足 6.11 的要求。

6.6.7 圆度允差

沿锥壳长度方向的所有横截面，圆度允差要求应按 GB/T 4732.6—2024 中相同直径圆筒的相关规定执行。

6.7 外压球壳和半球形封头

6.7.1 外压应变系数 A 值根据 R_o/δ_e，按公式(6-32)计算：

$$A = \frac{0.075}{R_o/\delta_e} \quad\cdots\cdots\cdots\cdots\cdots\cdots\cdots\cdots（6-32）$$

6.7.2 预期弹性失稳周向应力(σ_{he})按公式(6-33)计算：

$$\sigma_{he} = E_y^t \cdot A \qquad\qquad\qquad (6-33)$$

6.7.3 按 6.12 求取材料的非线弹性修正系数(η)。

6.7.4 预测得的失稳应力(σ_{ic})按公式(6-34)计算：

$$\sigma_{ic} = \eta \sigma_{he} \qquad\qquad\qquad (6-34)$$

6.7.5 根据预测得的失稳应力(σ_{ic}),按 6.3 求得设计系数(FS)。

6.7.6 许用的周向压缩应力($[\sigma_{ha}]$)按公式(6-35)求取：

$$[\sigma_{ha}] = \sigma_{ic}/FS \qquad\qquad\qquad (6-35)$$

6.7.7 根据许用的周向压缩应力($[\sigma_{ha}]$),按公式(6-36)计算许用外压力($[p]$)：

$$[p] = 2[\sigma_{ha}] \cdot \left(\frac{\delta_e}{R_o}\right) \qquad\qquad\qquad (6-36)$$

$[p]$ 应大于或等于 p_c,否则应调整设计参数,重复 6.7.1～6.7.7 计算,直到满足设计要求。

6.7.8 组合载荷作用下的许用压缩应力应按 6.11 确定。

6.8 外压(凸面受压)椭圆形封头

凸面受压椭圆形封头的厚度计算按 6.7 进行,其中 R_o 为椭圆形封头的当量球壳外半径,$R_o = K_1 D_o$,其中 K_1 是由椭圆形长短轴比值决定的系数,见表 6-1。

表 6-1 系数 K_1 值

$\frac{D_o}{2h_o}$	2.6	2.4	2.2	2.0	1.8	1.6	1.4	1.2	1.0
K_1	1.18	1.08	0.99	0.90	0.81	0.73	0.65	0.57	0.50

注 1：中间值用内插法求得。

注 2：$K_1 = 0.9$ 为标准椭圆形封头。

注 3：$h_o = h + \delta_{nh}$。

注 4：表达式为：$K_1 = 0.253\,46 + 0.139\,95\left(\frac{D_o}{2h_o}\right) + 0.122\,38\left(\frac{D_o}{2h_o}\right)^2 - 0.015\,297\left(\frac{D_o}{2h_o}\right)^3$。

6.9 外压(凸面受压)碟形封头

凸面受压碟形封头的厚度计算应按 6.7 进行,其中 R_o 为碟形封头球面部分外半径。

6.10 外压(凸面受压)球冠形端封头

封头的计算厚度按下列两种方法确定,取其较大值：

a) 按 6.7 确定的外压球壳厚度；

b) 按 5.6.5 计算得到的厚度。

6.11 组合载荷作用下的许用压缩应力

6.11.1 通则

组合载荷作用下的许用压缩应力应满足 6.11.2～6.11.5 的要求。

6.11.2 截面性质、应力、失稳参数的计算

计算中所用的截面性质、应力、失稳参数按公式(6-37)～公式(6-45)求取。

$$A_{\mathrm{C}} = \frac{\pi(D_{\mathrm{o}}^2 - D_{\mathrm{i}}^2)}{4} \quad\cdots\cdots\cdots\cdots\cdots\cdots\cdots\cdots\cdots (6\text{-}37)$$

$$W = \frac{\pi(D_{\mathrm{o}}^4 - D_{\mathrm{i}}^4)}{32 D_{\mathrm{o}}} \quad\cdots\cdots\cdots\cdots\cdots\cdots\cdots\cdots\cdots (6\text{-}38)$$

$$\sigma_{\mathrm{h}} = \frac{p_{\mathrm{c}} D_{\mathrm{o}}}{2\delta_{\mathrm{e}}} \quad\cdots\cdots\cdots\cdots\cdots\cdots\cdots\cdots\cdots (6\text{-}39)$$

$$\sigma_{\mathrm{b}} = \frac{M}{W} \quad\cdots\cdots\cdots\cdots\cdots\cdots\cdots\cdots\cdots (6\text{-}40)$$

$$\sigma_{\mathrm{a}} = \frac{F}{A_{\mathrm{C}}} \quad\cdots\cdots\cdots\cdots\cdots\cdots\cdots\cdots\cdots (6\text{-}41)$$

$$\sigma_{\mathrm{q}} = \frac{p_{\mathrm{c}} \pi D_{\mathrm{i}}^2}{4 A_{\mathrm{C}}} \quad\cdots\cdots\cdots\cdots\cdots\cdots\cdots\cdots\cdots (6\text{-}42)$$

$$r_{\mathrm{g}} = 0.25\sqrt{D_{\mathrm{o}}^2 + D_{\mathrm{i}}^2} \quad\cdots\cdots\cdots\cdots\cdots\cdots\cdots\cdots\cdots (6\text{-}43)$$

$$M_{\mathrm{x}} = \frac{L}{\sqrt{D_{\mathrm{o}}\delta_{\mathrm{e}}/2}} \quad\cdots\cdots\cdots\cdots\cdots\cdots\cdots\cdots\cdots (6\text{-}44)$$

$$\lambda_{\mathrm{c}} = \frac{K_{\mathrm{u}} L_{\mathrm{u}}}{\pi r_{\mathrm{g}}} \left(\frac{[\sigma_{\mathrm{xa}}] \cdot FS}{E_{\mathrm{y}}^{\mathrm{t}}} \right)^{0.5} \quad\cdots\cdots\cdots\cdots\cdots\cdots\cdots\cdots\cdots (6\text{-}45)$$

6.11.3 圆筒的许用压缩应力

圆筒的许用压缩应力计算应符合下列要求。

a) 仅受外压时,圆筒的许用周向压缩应力($[\sigma_{\mathrm{ha}}]$)按公式(6-7)计算。

b) 仅轴向受压时,圆筒的许用轴向压缩应力($[\sigma_{\mathrm{xa}}]$或$[\sigma_{\mathrm{ca}}]$)的计算如下:

1) 按公式(6-46)计算 A 值:

$$A = \frac{c_{\mathrm{x}}\delta_{\mathrm{e}}}{D_{\mathrm{o}}} \quad\cdots\cdots\cdots\cdots\cdots\cdots\cdots\cdots\cdots (6\text{-}46)$$

式中,系数 c_{x} 由公式(6-47)～公式(6-51)确定。

$$\text{当}\frac{D_{\mathrm{o}}}{\delta_{\mathrm{e}}} < 1\,247\ \text{时,} c_{\mathrm{x}} = \min\left[\frac{490\overline{c}}{\left(389 + \dfrac{D_{\mathrm{o}}}{\delta_{\mathrm{e}}}\right)}, 0.9 \right] \quad\cdots\cdots\cdots (6\text{-}47)$$

$$\text{当}\ 1\,247 \leqslant \frac{D_{\mathrm{o}}}{\delta_{\mathrm{e}}} \leqslant 2\,000\ \text{时,} c_{\mathrm{x}} = 0.25\overline{c} \quad\cdots\cdots\cdots\cdots (6\text{-}48)$$

$$\text{当}\ M_{\mathrm{x}} \leqslant 1.5\ \text{时,}\overline{c} = 2.64 \quad\cdots\cdots\cdots\cdots\cdots\cdots\cdots\cdots (6\text{-}49)$$

$$\text{当}\ 1.5 < M_{\mathrm{x}} < 15\ \text{时,}\overline{c} = \frac{3.13}{M_{\mathrm{x}}^{0.42}} \quad\cdots\cdots\cdots\cdots\cdots\cdots (6\text{-}50)$$

$$\text{当}\ M_{\mathrm{x}} \geqslant 15\ \text{时,}\overline{c} = 1.0 \quad\cdots\cdots\cdots\cdots\cdots\cdots\cdots\cdots (6\text{-}51)$$

2) 按公式(6-52)计算预期弹性失稳轴向应力(σ_{xe}):

$$\sigma_{\mathrm{xe}} = E_{\mathrm{y}}^{\mathrm{t}} \cdot A \quad\cdots\cdots\cdots\cdots\cdots\cdots\cdots\cdots\cdots (6\text{-}52)$$

3) 按 6.12 求取材料的非线弹性修正系数(η);

4) 预测得的失稳应力(σ_{ic})按公式(6-53)求取;

$$\sigma_{\mathrm{ic}} = \eta \sigma_{\mathrm{xe}} \quad\cdots\cdots\cdots\cdots\cdots\cdots\cdots\cdots\cdots (6\text{-}53)$$

5) 按 6.3 求取设计系数(FS);

6) 取公式(6-45)中$[\sigma_{\mathrm{xa}}] \cdot FS$等于$\sigma_{\mathrm{ic}}$,按公式(6-45)计算$\lambda_{\mathrm{c}}$。再由$\lambda_{\mathrm{c}}$值的大小,选择步骤7)或步骤8)计算许用轴向压缩应力($[\sigma_{\mathrm{xa}}]$或$[\sigma_{\mathrm{ca}}]$);

7) 当$\lambda_{\mathrm{c}} \leqslant 0.15$时(局部失稳):

将按步骤 4)求得的预测得的失稳应力(σ_{ic})和按步骤 5)求得的 FS 代入公式(6-54)求得 $[\sigma_{xa}]$;

$$[\sigma_{xa}] = \frac{\sigma_{ic}}{FS} \qquad \cdots\cdots\cdots\cdots\cdots\cdots\cdots(6\text{-}54)$$

8) 当 $\lambda_c > 0.15$ 且 $K_u L_u / r_g < 200$(压杆失稳)时:

当 $0.15 < \lambda_c < 1.2$ 时,$[\sigma_{ca}] = [\sigma_{xa}] \cdot [1 - 0.74(\lambda_c - 0.15)]^{0.3}$ $\cdots\cdots\cdots$(6-55)

当 $\lambda_c \geqslant 1.2$ 时,$[\sigma_{ca}] = \dfrac{0.88[\sigma_{xa}]}{\lambda_c^2}$ $\qquad \cdots\cdots\cdots\cdots\cdots\cdots$(6-56)

式中,$[\sigma_{xa}]$按步骤 7)求得。

c) 整个截面上承受弯矩作用时,圆筒的许用轴向压缩应力($[\sigma_{ba}]$)同样按 b)中的方法计算。

d) 均匀轴向受压和周向受压组合时,圆筒的许用轴向压缩应力($[\sigma_{xha}]$)和许用周向压缩应力($[\sigma_{hxa}]$)的计算如下。

1) 由 b)中步骤 1)~步骤 6)计算得出 λ_c。

2) 当 $\lambda_c \leqslant 0.15$ 时,$[\sigma_{xha}]$采用公式(6-57)计算:

$$[\sigma_{xha}] = \left[\left(\frac{1}{[\sigma_{xa}]^2} \right) - \left(\frac{c_1}{c_2[\sigma_{xa}][\sigma_{ha}]} \right) + \left(\frac{1}{c_2^2[\sigma_{ha}]^2} \right) \right]^{-0.5} \cdots\cdots\cdots(6\text{-}57)$$

式中,$[\sigma_{ha}]$按 a)计算,$[\sigma_{xa}]$按 b)中步骤 7)计算。c_1 按公式(6-58)求取,c_2 按公式(6-59)求取:

$$c_1 = \frac{[\sigma_{xa}] \cdot FS_x + [\sigma_{ha}] \cdot FS_h}{S_y} - 1.0 \qquad \cdots\cdots\cdots\cdots\cdots(6\text{-}58)$$

式中,FS_x 和 FS_h 分别表示$[\sigma_{xa}]$和$[\sigma_{ha}]$求得时的设计系数(FS):

$$c_2 = \frac{\sigma_x}{\sigma_h} \qquad \cdots\cdots\cdots\cdots\cdots\cdots\cdots\cdots(6\text{-}59)$$

$$\sigma_x = \sigma_a + \sigma_q \qquad \cdots\cdots\cdots\cdots\cdots\cdots\cdots\cdots(6\text{-}60)$$

公式(6-60)的计算结果,应满足 $\sigma_x \leqslant [\sigma_{xha}]$。

公式(6-59)和公式(6-60)中 σ_a、σ_q 和 σ_h 的计算公式见 6.11.2。

3) 当 $0.15 < \lambda_c < 1.2$ 时,$[\sigma_{xha}]$采用公式(6-61)计算:

$$[\sigma_{xha}] = \min\{[\sigma_{ah1}], [\sigma_{ah2}]\} \qquad \cdots\cdots\cdots\cdots\cdots(6\text{-}61)$$

式中,$[\sigma_{ah1}]$按以下步骤求得:

i) 取 $\sigma_x = \sigma_a + \sigma_q$,代入 d)中步骤 2)的计算公式,求得初始的$[\sigma_{xha}]$;

ii) 取$[\sigma_{ah1}] = [\sigma_{xha}]$。

应满足 $\sigma_a \leqslant [\sigma_{ah1}]$。

公式(6-61)中,$[\sigma_{ah2}]$按以下步骤求得:

i) 由 b)中步骤 8)的公式求出$[\sigma_{ca}]$,计算中$[\sigma_{xa}]$取按上述步骤 ii)求得的$[\sigma_{ah1}]$;

ii) 由公式(6-62)计算得出$[\sigma_{ah2}]$。

$$[\sigma_{ah2}] = [\sigma_{ca}]\left(1 - \frac{\sigma_q}{S_y}\right) \qquad \cdots\cdots\cdots\cdots\cdots(6\text{-}62)$$

4) 当 $\lambda_c \leqslant 0.15$ 时,许用周向压缩应力($[\sigma_{hxa}]$)由公式(6-63)确定:

$$[\sigma_{hxa}] = \frac{[\sigma_{xha}]}{c_2} \qquad \cdots\cdots\cdots\cdots\cdots\cdots(6\text{-}63)$$

式中,c_2 的值由公式(6-59)计算得出。

5) 当 $\lambda_c \geqslant 1.2$ 时,d)不适用。

e) 弯矩引起的轴向受压和周向受压组合时,圆筒的许用轴向压缩应力和许用周向压缩应力计算如下。

1) 按 a)和 c)求得$[\sigma_{ha}]$和$[\sigma_{ha}]$,再对公式(6-64)~公式(6-67)进行求解,求得圆筒的许用轴

向压缩应力（$[\sigma_{bha}]$）：

$$[\sigma_{bha}] = c_3 c_4 [\sigma_{ba}] \quad\cdots\cdots\cdots\cdots\cdots\cdots\cdots\cdots\cdots\cdots\quad (6\text{-}64)$$

$$c_4 = \left(\frac{\sigma_b}{\sigma_h}\right)\left(\frac{[\sigma_{ha}]}{[\sigma_{ba}]}\right) \quad\cdots\cdots\cdots\cdots\cdots\cdots\cdots\quad (6\text{-}65)$$

$$c_3^2(c_4^2 + 0.6c_4) + c_3^{2m} - 1 = 0 \quad\cdots\cdots\cdots\cdots\cdots\quad (6\text{-}66)$$

$$m = 5 - \frac{4[\sigma_{ha}] \cdot FS_h}{S_y} \quad\cdots\cdots\cdots\cdots\cdots\cdots\cdots\quad (6\text{-}67)$$

式中，FS_h 表示求 $[\sigma_{ha}]$ 时的设计系数（FS）。

2) 许用周向压缩应力（$[\sigma_{hba}]$）由公式(6-68)给出：

$$[\sigma_{hba}] = [\sigma_{bha}]\left(\frac{\sigma_h}{\sigma_b}\right) \quad\cdots\cdots\cdots\cdots\cdots\cdots\cdots\quad (6\text{-}68)$$

f) 轴向受压、弯矩和周向受压组合时，圆筒的许用压缩应力按下述规则校核。

1) 由 b)中步骤 1)～步骤 6)计算得出 λ_c。

2) 当 $\lambda_c \leqslant 0.15$ 时，圆筒上的轴向压缩应力（σ_a）和弯矩产生的压缩应力（σ_b）应满足公式(6-69)的要求，其中 $[\sigma_{xha}]$ 和 $[\sigma_{bha}]$ 分别由 d)中步骤 2)和 e)中步骤 1)的公式求得。

$$\left(\frac{\sigma_a}{[\sigma_{xha}]}\right)^{1.7} + \left(\frac{\sigma_b}{[\sigma_{bha}]}\right) \leqslant 1.0 \quad\cdots\cdots\cdots\cdots\cdots\quad (6\text{-}69)$$

3) 当 $0.15 < \lambda_c < 1.2$ 时，圆筒上的轴向压缩应力（σ_a）和弯矩产生的压缩应力（σ_b）应满足公式(6-70)或公式(6-71)的要求，其中 $[\sigma_{xha}]$ 和 $[\sigma_{bha}]$ 分别由 d)中步骤 3)和 e)中步骤 1)的公式求得。

$$\text{当} \frac{\sigma_a}{[\sigma_{xha}]} \geqslant 0.2 \text{ 时，} \left(\frac{\sigma_a}{[\sigma_{xha}]}\right) + \left(\frac{8}{9}\frac{\Delta \cdot \sigma_b}{[\sigma_{bha}]}\right) \leqslant 1.0 \quad\cdots\cdots\quad (6\text{-}70)$$

$$\text{当} \frac{\sigma_a}{[\sigma_{xha}]} < 0.2 \text{ 时，} \left(\frac{\sigma_a}{2[\sigma_{xha}]}\right) + \left(\frac{\Delta \cdot \sigma_b}{[\sigma_{bha}]}\right) \leqslant 1.0 \quad\cdots\cdots\quad (6\text{-}71)$$

$$\Delta = \frac{c_m}{1 - \left(\frac{\sigma_a \cdot FS_x}{\sigma_e}\right)} \quad\cdots\cdots\cdots\cdots\cdots\cdots\quad (6\text{-}72)$$

式中，FS_x 表示 $[\sigma_{xa}]$ 求得时的设计系数（FS）。

c_m 按下列规定取值。

i) 仅裙座（或其他可按固支形式考虑的支座）支承的容器，其计算模型按一端为固支约束、另一端为自由端的压杆考虑时，取 1.0。

ii) 安装在框架中的容器，如支撑点的位移受框架支撑限制、转角不受限制，其计算模型按两端无弯矩简支约束的压杆考虑时，取 1.0。

iii) 安装在框架中的容器，支撑点的位移受框架支撑限制且转角经框架支撑而受一定限制，计算模型按两端带弯矩简支约束的压杆考虑时，取 $0.6\sim0.4(M_1/M_2)$。式中，M_1 和 M_2 为两端的弯矩，M_1 为两者中较小值。当 M_1 和 M_2 使压杆的弯曲变形方向为同向时，M_1/M_2 为负值，反之，M_1/M_2 为正值。

iv) 安装在框架中的容器，支撑点的位移受框架支撑限制、转角也完全限制，其计算模型按两端固支约束的压杆考虑时，取 0.85。

v) 安装在框架中的容器，一端为裙座（或其他可按固支形式考虑的支座）支承，另一端支撑点的位移受框架支撑限制而转角不受限制，计算模型按一端为固支约束、另一端为简支约束的压杆考虑时，取 0.85。

σ_e 按公式(6-73)计算：

$$\sigma_e = \frac{\pi^2 E_y^t}{\left(\frac{K_u L_u}{r_g}\right)^2} \quad\cdots\cdots\cdots\cdots\cdots\cdots\quad (6\text{-}73)$$

4) 当 $\lambda_c \geqslant 1.2$ 时,f)不适用。

g) 轴向受压、弯矩组合时(不存周向受压),圆筒的许用压缩应力按下述规则校核。

1) 由 b)中步骤 1)~步骤 6)计算得出 λ_c。

2) 当 $\lambda_c \leqslant 0.15$ 时,轴向压缩应力(σ_a)和弯矩产生的压缩应力(σ_b)应满足公式(6-74),其中 $[\sigma_{xa}]$ 和 $[\sigma_{ba}]$ 根据 b)中步骤 7)和 c)确定。

$$\left(\frac{\sigma_a}{[\sigma_{xa}]}\right)^{1.7} + \left(\frac{\sigma_b}{[\sigma_{ba}]}\right) \leqslant 1.0 \quad \cdots\cdots\cdots\cdots\cdots\cdots (6\text{-}74)$$

3) 当 $0.15 < \lambda_c < 1.2$ 时,轴向压缩应力(σ_a)和弯矩产生的压缩应力(σ_b)应满足公式(6-75)或公式(6-76),其中 $[\sigma_{ca}]$ 和 $[\sigma_{ba}]$ 根据 b)中步骤 8)和 c)确定。系数 Δ 按公式(6-72)计算。

$$\text{当} \frac{\sigma_a}{[\sigma_{ca}]} \geqslant 0.2 \text{ 时,} \left(\frac{\sigma_a}{[\sigma_{ca}]}\right) + \left(\frac{8}{9} \frac{\Delta \cdot \sigma_b}{[\sigma_{ba}]}\right) \leqslant 1.0 \quad \cdots\cdots\cdots\cdots (6\text{-}75)$$

$$\text{当} \frac{\sigma_a}{[\sigma_{ca}]} < 0.2 \text{ 时,} \left(\frac{\sigma_a}{2[\sigma_{ca}]}\right) + \left(\frac{\Delta \cdot \sigma_b}{[\sigma_{ba}]}\right) \leqslant 1.0 \quad \cdots\cdots\cdots\cdots (6\text{-}76)$$

4) 当 $\lambda_c \geqslant 1.2$ 时,g)不适用。

h) 考虑地震载荷或风载荷,按公式(6-69)、公式(6-70)、公式(6-71)、公式(6-74)、公式(6-75)和公式(6-76)进行计算时,许用应力($[\sigma_{bha}]$ 或 $[\sigma_{ba}]$)可乘以系数 1.2。

6.11.4 锥壳的许用压缩应力

在组合载荷作用下,半顶角不大于 60°的锥壳同样可当量成圆筒考虑,并按 6.11.3 计算许用压缩应力。此时,当量圆筒几何参数按下列要求确定:

a) 当量圆筒的厚度取锥壳的有效厚度 δ_{ec};

b) 当量圆筒的直径取 $D_{ec} = D_{co}/\cos\alpha$,其中 D_{co} 为所计算位置处锥壳的外径;

c) 当量圆筒的长度取值按 6.6.2.2。

要求锥壳上各计算位置的压缩应力都不应超过该处的许用压缩应力。

6.11.5 球壳和成形封头(双向应力状态)的许用压缩应力

球壳和成形封头(双向应力状态)的许用压缩应力计算应符合下列要求。

a) 双向应力相等时,外压球壳的许用压缩应力($[\sigma_{ha}]$)由 6.7 求得。

b) 双向应力不相等且双向应力均为压缩应力[球壳承受双向不相等压缩应力(σ_1 和 σ_2)]时,其许用压缩应力由公式(6-77)~公式(6-79)求得。$[\sigma_{1a}]$ 是 σ_1 方向的许用压缩应力,$[\sigma_{2a}]$ 是 σ_2 方向的许用压缩应力,其中 $[\sigma_{ha}]$ 由 6.7 确定。

$$[\sigma_{1a}] = \frac{[\sigma_{ha}]}{0.6 + 0.4k} \quad \cdots\cdots\cdots\cdots\cdots\cdots (6\text{-}77)$$

$$[\sigma_{2a}] = k[\sigma_{1a}] \quad \cdots\cdots\cdots\cdots\cdots\cdots\cdots\cdots (6\text{-}78)$$

$$k = \frac{\sigma_2}{\sigma_1}, \text{其中} |\sigma_1| > |\sigma_2| \quad \cdots\cdots\cdots\cdots\cdots (6\text{-}79)$$

c) 双向应力不相等且其中一向为受压另一向为拉伸(σ_1 为压缩应力,σ_2 为拉伸应力)时,σ_1 方向的许用压缩应力($[\sigma_{1a}]$)按下述步骤确定:

1) 由公式(6-80)~公式(6-83)计算 σ_{he}:

$$\sigma_{he} = \frac{(c_o + c_p)E_y^t \cdot \delta_e}{R_o} \quad \cdots\cdots\cdots\cdots\cdots (6\text{-}80)$$

$$\text{当} \frac{R_o}{\delta_e} < 622 \text{ 时,} c_0 = \frac{102.2}{195 + \frac{R_o}{\delta_e}} \quad \cdots\cdots\cdots\cdots (6\text{-}81)$$

当 $622 \leqslant \dfrac{R_o}{\delta_e} \leqslant 1\ 000$ 时,$c_o = 0.125$ ·······················（6-82）

$$c_p = \dfrac{1.06}{3.24 + \dfrac{E_y^t \delta_e}{\sigma_2 R_o}}$$ ·······················（6-83）

2) 根据 σ_{he},按 6.7 确定 $[\sigma_{ha}]$ 值,取 $[\sigma_{1a}]$ 等于 $[\sigma_{ha}]$。

6.12 失稳应力的非线弹性修正

6.12.1 失稳应力的非线弹性修正及压缩应力许用值按下列规定计算:

a) 以轴向压缩应力(σ_{xe})为基准的,在轴向受压或弯矩产生压缩应力时,预测得的失稳应力(σ_{ic})由公式(6-84)求取:

$$\sigma_{ic} = \eta\, \sigma_{xe}$$ ·······················（6-84）

按 6.3,求取设计系数(FS),由公式(6-85)求得轴向受压或弯矩产生的压缩应力许用值:

$$[\sigma_{xa}] = [\sigma_{ba}] = \dfrac{\sigma_{ic}}{FS} = \dfrac{\eta\, \sigma_{xe}}{FS}$$ ·······················（6-85）

b) 以周向压缩应力(σ_{he})为基准的,受外压时,预测得的失稳应力(σ_{ic})由公式(6-86)求取:

$$\sigma_{ic} = \eta\, \sigma_{he}$$ ·······················（6-86）

按 6.3,求取设计系数(FS),由公式(6-87)求得周向压缩应力许用值:

$$[\sigma_{ha}] = \dfrac{\sigma_{ic}}{FS} = \dfrac{\eta\, \sigma_{he}}{FS}$$ ·······················（6-87）

6.12.2 材料的非线弹性修正系数按公式(6-88)计算:

$$\eta = \dfrac{E_t^{t,A}}{E_y^t}$$ ·······················（6-88）

6.12.3 设计温度下材料的杨氏弹性模量(E_y^t)按下列规定查取。

a) 表 6-2 或表 6-3 中材料的杨氏弹性模量按下列要求确定:

1) 由材料的钢号,按表 6-2 或表 6-3,确定该材料的外压应力系数 B 曲线图;

2) 查该外压应力系数 B 曲线图得设计温度下材料的杨氏弹性模量(E),即得 E_y^t。

b) 表 6-2 或表 6-3 之外的材料由材料的牌号和设计温度,按相应的材料标准选取。

6.12.4 按下列规定求取设计温度下材料的切线模量($E_t^{t,A}$)。

a) 设计温度下,钢材的切线模量($E_t^{t,A}$)可基于外压应力系数 B 曲线图法确定:

1) 根据材料的钢号,按表 6-2 或表 6-3,确定该材料的外压应力系数 B 曲线图;

2) 由算得的 A 值,查设计温度下该材料的外压应力系数 B 曲线,得到 B 值;

3) 按公式(6-89)求取 $E_t^{t,A}$。

$$E_t^{t,A} = 1.5 \cdot B/A$$ ·······················（6-89）

b) 未列入表 6-2 和表 6-3 的,可参照附录 C 求材料的切线模量。

表 6-2 非合金钢、合金钢和部分铁素体不锈钢外压应力系数 B 曲线图索引

序号	牌号或统一数字代号	材料标准号	$R_{eL}(R_{p0.2})$ MPa	设计温度范围 ℃	B 曲线图按 GB/T 150.3—2024
1	Q245R	GB/T 713.2	245	≤475[a]	图 6-5
2	Q345R	GB/T 713.2	345	≤450[a]	图 6-4

表 6-2　非合金钢、合金钢和部分铁素体不锈钢外压应力系数 *B* 曲线图索引（续）

序号	牌号 或统一数字代号	材料标准号	$R_{eL}(R_{p0.2})$ MPa	设计温度范围 ℃	*B* 曲线图按 GB/T 150.3—2024
3	GB/SA 516 Cr70	ASME BPVC. Ⅱ.A SA-516M	260	≤475[a]	图 6-5
4	GB/SA 537 Cl.1	ASME BPVC. Ⅱ.A SA-537M	340	≤150	图 6-6
				150～350	图 6-5
5	Q370R	GB/T 713.2	370	≤150	图 6-6
				150～400	图 6-4
6	Q420R	GB/T 713.2	420	≤150	图 6-6
				150～400	图 6-4
7	Q460R	GB/T 713.2	460	≤150	图 6-7
				150～300	图 6-4
8	18MnMoNbR	GB/T 713.2	400	≤150	图 6-6
				150～450[a]	图 6-4
9	13MnNiMoR	GB/T 713.2	390	≤150	图 6-6
				150～400	图 6-4
10	15CrMoR	GB/T 713.2	295	≤150	图 6-6
				150～475	图 6-5
11	GB/SA 387 Gr12 Cl.2	ASME BPVC. Ⅱ.A SA-387M	275	≤475	图 6-5
12	14Cr1MoR	GB/T 713.2	310	≤150	图 6-6
				150～475	图 6-5
13	12Cr2Mo1R	GB/T 713.2	310	≤150	图 6-6
				150～475[a]	图 6-5
14	12Cr1MoVR	GB/T 713.2	245	≤475	图 6-5
15	12Cr2Mo1VR	GB/T 713.2	415	≤150	图 6-6
				150～475[a]	图 6-5
16	16MnDR	GB/T 713.3	315	≤150	图 6-6
				150～350	图 6-5
17	15MnNiNbDR	GB/T 713.3	370	≤150	图 6-6
				150～300	图 6-4
18	Q420DR	GB/T 713.3	420	≤150	图 6-6
				150～300	图 6-4
19	Q460DR	GB/T 713.3	460	≤150	图 6-6
				150～300	图 6-4

表 6-2　非合金钢、合金钢和部分铁素体不锈钢外压应力系数 *B* 曲线图索引（续）

序号	牌号 或统一数字代号	材料标准号	$R_{eL}(R_{p0.2})$ MPa	设计温度范围 ℃	*B* 曲线图按 GB/T 150.3—2024
20	13MnNiDR	GB/T 713.3	345	≤150	图 6-6
				150～300	图 6-4
21	09MnNiDR	GB/T 713.3	300	≤150	图 6-6
				150～350	图 6-5
22	11MnNiMoDR	GB/T 713.3	440	≤150	图 6-7
				150～300	图 6-4
23	08Ni3DR	GB/T 713.4	320	≤150	图 6-6
				150～300	图 6-5
24	07Ni5DR	GB/T 713.4	370	≤150	图 6-6
				150～300	图 6-4
25	06Ni7DR 06Ni9DR	GB/T 713.4	560[b]	≤150	图 6-7
26	Q400GMDR	GB/T 713.5	400	≤150	图 6-6
27	Q490R Q490DRL1 Q490DRL2 Q490RW	GB/T 713.6	490	≤150	图 6-7
				150～300	图 6-4
28	Q580R Q580DR	GB/T 713.6	580[b]	≤150	图 6-7
				150～300	图 6-4
29	Q690R Q690DR	GB/T 713.6	690[b]	≤150	图 6-7
				150～300	图 6-4
30	10	GB/T 8163 GB/T 6479 GB/T 9948	205	≤475[a]	图 6-3
31	20	GB/T 8163 GB/T 6479 GB/T 9948	245	≤475[a]	图 6-5
32	Q345D/Q345E	GB/T 8163 GB/T 6479	345	≤150	图 6-6
				150～475[a]	图 6-5
33	12CrMo	GB/T 6479 GB/T 9948	205	≤475	图 6-3
34	15CrMo	GB/T 6479 GB/T 9948	235	≤475	图 6-5
35	12Cr1MoV	GB/T 9948	255	≤475	图 6-5

表 6-2 非合金钢、合金钢和部分铁素体不锈钢外压应力系数 B 曲线图索引（续）

序号	牌号 或统一数字代号	材料标准号	$R_{eL}(R_{p0.2})$ MPa	设计温度范围 ℃	B 曲线图按 GB/T 150.3—2024
36	12Cr2Mo	GB/T 6479 GB/T 9948	280	≤150	图 6-6
				150～475[a]	图 6-5
37	12Cr5Mo	GB/T 6479	195（退火）	≤475[a]	图 6-3
38	12Cr5Mo1	GB/T 9948	205（退火）	≤475[a]	图 6-3
39	08Cr2AlMo	GB/T 4732.2—2024 附录 A	250	≤300	图 6-5
40	09CrCuSb	GB/T 4732.2—2024 附录 A	245	≤300	图 6-5
41	16MnD	NB/T 47019.4	325	≤350	图 6-5
42	09MnD 09MnNiD	NB/T 47019.4	270	≤350	图 6-5
43	08Ni3MoD	NB/T 47019.4	260	≤250	图 6-5
44	20	NB/T 47008	235	≤475[a]	图 6-5
45	16Mn	NB/T 47008	305	≤150	图 6-6
				150～475[a]	图 6-5
46	08Cr2AlMo	NB/T 47008	250	≤300	图 6-5
47	09CrCuSb	NB/T 47008	245	≤300	图 6-5
48	20MnMo	NB/T 47008	370	≤150	图 6-6
				150～475[a]	图 6-5
49	20MnMoNb	NB/T 47008	470	≤150	图 6-7
				150～475[a]	图 6-5
50	20MnNiMo	NB/T 47008	450	≤150	图 6-7
				150～450	图 6-5
51	15NiCuMoNb	NB/T 47008	440	≤150	图 6-7
				150～450	图 6-5
52	12CrMo	NB/T 47008	255	≤475	图 6-5
53	15CrMo	NB/T 47008	280	≤150	图 6-6
				150～475	图 6-5
54	14Cr1Mo	NB/T 47008	290	≤150	图 6-6
				150～475	图 6-5
55	12Cr2Mo1	NB/T 47008	310	≤150	图 6-6
				150～475[a]	图 6-5

表 6-2　非合金钢、合金钢和部分铁素体不锈钢外压应力系数 *B* 曲线图索引（续）

序号	牌号 或统一数字代号	材料标准号	$R_{eL}(R_{p0.2})$ MPa	设计温度范围 ℃	*B* 曲线图按 GB/T 150.3—2024
56	12Cr1MoV	NB/T 47008	280	≤150	图 6-6
				150～475	图 6-5
57	12Cr2MoIV	NB/T 47008	420	≤150	图 6-6
				150～475[a]	图 6-5
58	12Cr3MoIV	NB/T 47008	420	≤150	图 6-6
				150～475[a]	图 6-5
59	12Cr5Mo	NB/T 47008	390	≤150	图 6-6
				150～475[a]	图 6-5
60	10Cr9Mo1VNbN	NB/T 47008	415	≤150	图 6-6
				150～475	图 6-5
61	10Cr9MoW2VNbBN	NB/T 47008	440[b]	≤150	图 6-6
				150～475	图 6-5
62	16MnD	NB/T 47009	305	≤150	图 6-6
				150～350	图 6-5
63	20MnMoD	NB/T 47009	370	≤150	图 6-6
				150～350	图 6-5
64	08MnNiMoVD	NB/T 47009	480	≤150	图 6-7
				150～300	图 6-5
65	10Ni3MoVD	NB/T 47009	480	≤150	图 6-7
				150～300	图 6-5
66	09MnNiD	NB/T 47009	280	≤150	图 6-6
				150～350	图 6-5
67	08Ni3D	NB/T 47009	260	≤150	图 6-6
				150～350	图 6-5
68	06Ni9D	NB/T 47009	550[b]	≤150	图 6-7
				150～300	图 6-5
69	S11306	注	205	≤400	图 6-5
70	S11348		170	≤400	图 6-3
71	S11972		275	≤400	图 6-5

注：指所选定统一数字代号的钢板、管材或锻件在 GB/T 4732.2—2024 的表 B.2、表 B.4、表 B.6 中所列出的标准号。

[a] 本表中指定的外压 *B* 曲线仅适用于不考虑蠕变屈曲失效模式的屈曲计算。若设备长时间在高温使用时，外压 *B* 曲线最高设计温度不应超过 GB/T 4732.2—2024 的表 B.1～表 B.6 中"粗实线"所对应的温度。

[b] 若材料的屈服强度超过外压 *B* 曲线图中标记的最高值，则按图中屈服强度标记最高值的外压 *B* 曲线查取。

表 6-3　高合钢外压应力系数 *B* 曲线图索引

序号	牌号 或统一数字代号	材料标准号	$R_{\mathrm{eL}}(R_{\mathrm{p0.2}})$ MPa	设计温度范围 ℃	*B* 曲线图按 GB/T 150.3—2024
1	S21953		440	≤345	图 6-12
2	S22153		450	≤300	图 6-12
3	S22253		450	≤345	图 6-12
4	S22053		450	≤345	图 6-12
5	S22294		450	≤345	图 6-12
6	S23043		400	≤350	图 6-13
7	S25554		550	≤345	图 6-12
8	S25073		550	≤345	图 6-12
9	S27603		550	≤250	图 6-14
10	S30408		205	≤650[a]	图 6-8
11	S30403		175	≤425	图 6-10
12	S30409	注	205	≤650[a]	图 6-8
13	S30450		290	≤600	图 6-13
14	S30458		240	≤650[a]	图 6-8
15	S30453		205	≤500	图 6-8
16	S30478		275	≤500	图 6-8
17	S30859		310	≤600	图 6-13
18	S30908		205	≤650[a]	图 6-8
19	S31008		205	≤650[a]	图 6-9
20	S31252		310	≤450	图 6-9
21	S31608		205	≤650[a]	图 6-9
22	S31603		175	≤425	图 6-11
23	S31609		205	≤650[a]	图 6-9
24	S31653		205	≤650[a]	图 6-9
25	S31658		240	≤650[a]	图 6-9
26	S31668		205	≤650[a]	图 6-9
27	S31708		205	≤650[a]	图 6-9
28	S31703		205	≤425	图 6-11

表 6-3 高合钢外压应力系数 *B* 曲线图索引（续）

序号	牌号 或统一数字代号	材料标准号	$R_{eL}(R_{p0.2})$ MPa	设计温度范围 ℃	*B* 曲线图按 GB/T 150.3—2024
29	S31782		220	≤350[a]	图 6-9
30	S32168		205	≤650[a]	图 6-9
31	S32169		205	≤650[a]	图 6-9
32	S34778	注	205	≤650[a]	图 6-9
33	S34779		205	≤650[a]	图 6-9
34	S35656		220	≤350	图 6-9
35	S39042		220	≤350	图 6-9
36	S41008		210	≤400	图 6-5

注：指所选定统一数字代号的钢板、管材或锻件在 GB/T 4732.2—2024 的表 B.2、表 B.4、表 B.6 中所列出的标准号。

[a] 本表中指定的外压 *B* 曲线仅适用于不考虑蠕变屈曲失效模式的屈曲计算。若设备长时间在高温使用时，外压 *B* 曲线最高设计温度不应超过 GB/T 4732.2—2024 的表 B.1～表 B.6 中"粗实线"所对应的温度。

7 平盖

7.1 通则

受内压或外压的无孔或有孔但已被加强的平盖应按本章的计算公式设计。平盖的几何形状包括圆形、椭圆形、长圆形、矩形及正方形。平盖与筒体连接型式及其结构见表 7-1 和表 7-2。

7.2 符号

下列符号适用于第 7 章。

a——非圆形平盖的短轴长度，mm。

b——非圆形平盖的长轴长度，mm。

D_c——平盖计算直径，mm。

K_s——结构特征系数。

L——非圆形平盖螺栓中心连线周长，mm。

L_G——螺栓中心至垫片压紧力作用中心线的径向距离（见表 7-1 中简图），mm。

n——平盖上的筋板数。

R_i——圆筒内半径，mm。

r——平盖过渡区圆弧半径，mm。

W——预紧状态时或操作状态时的螺栓设计载荷（按第 8 章），N。

$\overline{W}$——筋板与平盖组合截面的抗弯模量，mm³。

Z——非圆形平盖的形状系数，$Z=\min\left(2.5,3.4-2.4\dfrac{a}{b}\right)$。

δ——圆筒计算厚度，mm。

137

GBT 4732.3—2024

δ_e——圆筒有效厚度,mm。

δ_{ep}——平盖有效厚度,mm。

δ_p——平盖计算厚度,mm。

S_m^t——设计温度下平盖材料的许用应力(见 GB/T 4732.2),MPa。

S_{mr}^t——设计温度下筋板材料的许用应力,MPa。

7.3 圆形平盖厚度计算

7.3.1 按 7.3.2、7.3.3 设计的平盖可以避免出现塑性垮塌失效。表 7-2 中序号 7～13 的结构可保证处于安定状态。

7.3.2 表 7-1 和表 7-2 中平盖的厚度按公式(7-1)计算:

$$\delta_p = D_c \sqrt{\frac{K_s p_c}{S_m^t}} \quad\cdots\cdots\cdots\cdots\cdots\cdots(7\text{-}1)$$

7.3.3 表 7-2 中平盖与圆筒的连接均应采用全截面熔透焊接接头。表 7-2 中序号 7～10 所示平盖宜采用锻件加工制造。如采用轧制板材直接加工制造,则应提出抗层状撕裂性能的附加要求。

7.4 非圆形平盖厚度计算

7.4.1 按 7.4.2 设计的平盖可以避免出现塑性垮塌失效。

7.4.2 表 7-1 中序号 1、序号 2 所示平盖的厚度按公式(7-2)计算:

$$\delta_p = a \sqrt{\frac{K_s p_c}{S_m^t}} \quad\cdots\cdots\cdots\cdots\cdots(7\text{-}2)$$

当预紧时,S_m^t 取室温的许用应力。

表 7-1 螺栓连接和自紧式平盖结构特征系数 K_s 选择表

序号	简图	结构特征系数 K_s
1		圆形平盖: 操作时,$0.3 + \dfrac{1.78 W L_G}{p_c D_c^3}$ 预紧时,$\dfrac{1.78 W L_G}{p_c D_c^3}$
2		非圆形平盖: 操作时,$0.3Z + \dfrac{6 W L_G}{p_c L a^2}$ 预紧时,$\dfrac{6 W L_G}{p_c L a^2}$

表 7-1　螺栓连接和自紧式平盖结构特征系数 K_s 选择表（续）

序号	简图	结构特征系数 K_s
3		
4		0.3
5		

表 7-2　焊接圆形平盖结构特征系数 K_s 选择表

序号	简图	结构参数要求		结构特征系数 K_s
6		$p_c \leqslant 0.6$ MPa $r \geqslant 3\delta_{ep}$	对折边长度 L 和斜度无特殊要求	0.17
			$L \geqslant [1.1-0.8(\delta_e/\delta_{ep})^2]\sqrt{D_c\delta_{ep}}$ 对斜度无特殊要求	0.10
			$2\sqrt{D_c\delta_e} \leqslant L < [1.1-0.8(\delta_e/\delta_{ep})^2]\sqrt{D_c\delta_{ep}}$ $\delta \geqslant 1.12\delta_e\sqrt{1.1-L/\sqrt{D_c\delta_{ep}}}$ 斜度不小于 1:3	0.10
7		$\delta_e \leqslant 38$ mm 时, $r \geqslant 10$ mm; $\delta_e > 38$ mm 时, $r \geqslant 0.25\delta_e$, 且不超过 20 mm		查图 7-1 a)

表 7-2 焊接圆形平盖结构特征系数 K_s 选择表（续）

序号	简图	结构参数要求	结构特征系数 K_s
8		$\delta_e \leq 38$ mm 时，$r \geq 10$ mm； $\delta_e > 38$ mm 时，$r \geq 0.25\delta_e$，且不超过 20 mm	
9		$r \geq 3\delta_f$ $L \geq 2\sqrt{D_c \delta_e}$ 注：查图 7-1 a)时，以 δ_f 作为与平盖相连接的圆筒有效厚度 δ_e	查图 7-1 a)
10		$\delta_f \geq 2\delta_e$ $r \geq 3\delta_f$	
11			
12		要求全截面熔透接头 $f \geq \delta_e$	查图 7-1 b)
13			

140

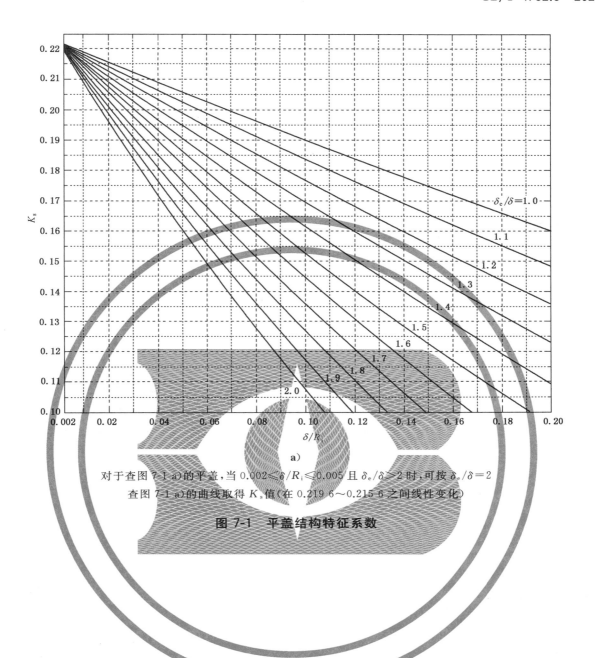

a)

对于查图 7-1 a)的平盖,当 0.002≤δ/R_i≤0.005 且 δ_e/δ≥2 时,可按 δ_e/δ=2
查图 7-1 a)的曲线取得 K_s 值(在 0.219 6~0.215 6 之间线性变化)

图 7-1 平盖结构特征系数

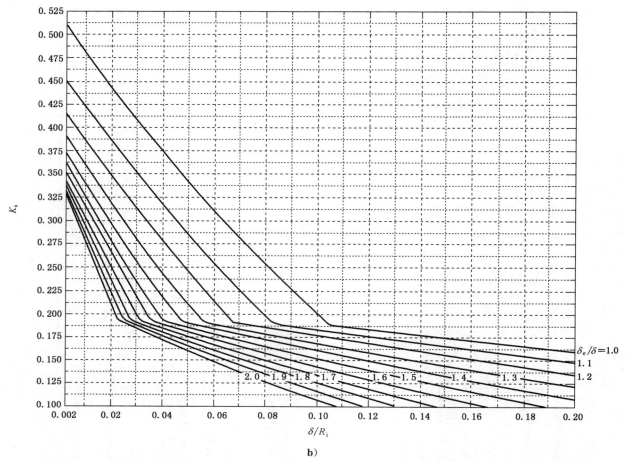

b)

对于查图 7-1 b)的平盖,当 $0.002 \leqslant \delta / R_i \leqslant 0.005$ 且 $\delta_e / \delta > 2$ 时,可按 $\delta_e / \delta = 2$ 查图 7-1 b)的曲线取得 K_s 值

图 7-1　平盖结构特征系数（续）

7.5　加筋的圆形平盖厚度计算

7.5.1　加筋的圆形平盖可采用表 7-1 和表 7-2 的连接形式和筒体连接,并按 7.5.2~7.5.5 设计,可避免出现塑性垮塌失效。

7.5.2　对如图 7-2 所示加筋平盖厚度按公式(7-3)计算,且平盖厚度值不小于 6 mm。

$$\delta_p = 0.55 d \sqrt{\frac{p_c}{S_m^t}} \quad\cdots\cdots\cdots\cdots\cdots\cdots (7\text{-}3)$$

式中,当量直径(d)取图 7-2 所示 d_1 和 d_2 中较大者。

$$d_1 = \frac{D_c \sin \frac{\pi}{n}}{1 + \sin \frac{\pi}{n}} \quad\cdots\cdots\cdots\cdots\cdots\cdots (7\text{-}4)$$

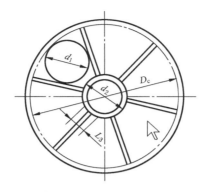

筋板数 $n \geqslant 6$；L_3 取相邻径向筋板间的最小间距

图 7-2　加筋平盖结构示意图

7.5.3　筋板与平盖之间应采用双面连续焊。

7.5.4　如采用矩形截面筋板，其高厚比一般为 5～8，且筋板与平盖组合截面（组合中平盖的有效宽度见图 7-2 中的 L_3）的抗弯模量 $\overline{W}$ 应满足公式(7-5)：

$$\overline{W} \geqslant 0.08 \frac{p_c D_c^3}{n S_{mr}^t} \quad\quad\quad\quad\quad\quad\quad\quad\quad\quad\quad\quad (7\text{-}5)$$

7.5.5　平盖中心加强圆环截面的抗弯模量不小于加强筋板的抗弯截面模量。

8　法兰

8.1　通则

8.1.1　承受流体静压力、采用螺栓连接且垫片位于螺栓孔包围的圆周范围以内的窄面法兰连接结构应按本章的方法设计。按本章要求设计的法兰可避免塑性垮塌，同时不会出现过量变形引起的接头泄漏。

8.1.2　当选用符合 NB/T 47020、NB/T 47021、NB/T 47022、NB/T 47023、HG/T 20592、HG/T 20615、HG/T 20623 要求的法兰时，可免除本章计算。

8.1.3　螺栓、法兰的选材应符合 GB/T 4732.2—2024 的规定。

8.1.4　带颈法兰应采用热轧钢棒或锻件经机加工制成，加工后的法兰轴线应与原热轧件或锻件的轴线平行。

8.1.5　采用厚度大于 50 mm 的 Q245R 钢板制造法兰，应经正火热处理；采用厚度大于 50 mm 的 Q345R 及 GB/SA516 Gr70 钢板制造法兰，应经正火或正火加回火热处理。

8.1.6　用非合金钢或低合金钢板材或型材制造的法兰环对接接头、焊制整体法兰[见图 8-1 g)]，应经焊后热处理。

8.1.7　螺栓的公称直径不应小于 M12，当公称直径大于 M48 时，应采用细牙螺纹。

8.2　法兰设计基本要求

8.2.1　螺栓连接法兰设计包括以下内容：

    a)　确定法兰类型及密封面形式；

    b)　确定垫片材料、型式及尺寸；

    c)　确定螺栓材料、规格及数量；

    d)　确定法兰材料及结构尺寸；

e) 进行应力校核；

f) 进行刚度校核。

8.2.2 常用的窄面法兰结构型式见图 8-1，焊接结构见图 8-2，计算方法按 8.5 进行。

8.2.3 反向法兰计算方法按 8.6 进行。

8.3 符号

下列符号适用于第 8 章。

A_a——预紧状态下需要的螺栓总截面积，mm^2。

A_b——实际使用的螺栓总截面积，mm^2。

A_m——需要的螺栓总截面积，mm^2。

A_p——操作状态下需要的螺栓总截面积，mm^2。

b——垫片有效密封宽度，mm。

b_0——垫片基本密封宽度（见表 8-1），mm。

D_b——螺栓中心圆直径，mm。

d_B——螺栓公称直径，mm。

d_b——螺栓孔直径，mm。

D_G——垫片压紧力作用中心圆直径（见图 8-1），mm。

D_i——法兰内直径（应扣除腐蚀裕量），mm。

D_{i1}——法兰计算直径，mm。

D_o——法兰外直径，对使用活节螺栓槽形螺栓孔的法兰，则为槽孔底部圆直径，mm。

d_1——参数，见公式（8-16）或表 8-5，mm^3。

E——法兰材料的弹性模量（见 GB/T 4732.2），MPa。

e——参数，见公式（8-16）或表 8-5，mm^{-1}。

F——内压作用在 D_G 范围内产生的总轴向力，N。

f——整体法兰颈部应力校正系数（法兰颈部小端应力与大端应力的比值）。

F_a——预紧状态下，需要的垫片压紧力，N。

F_D——作用于法兰内径截面上的内压引起的轴向力，N。

F_G——垫片压紧力，包括预紧和操作两种情况，N。

F_I——整体法兰系数，由图 8-3 查得或按表 8-7 计算。

F_L——带颈松式法兰系数，由图 8-5 查得或按表 8-7 计算。

F_p——操作状态下，需要的垫片压紧力，N。

F_T——F 与 F_D 之差，N。

F_z——外部附加轴向拉力，N。

h——法兰颈部高度，mm。

h_0——参数，见公式（8-16）或表 8-5，mm。

I——法兰横截面弯曲惯性矩，mm^4。

I_P——法兰横截面极惯性矩，mm^4。

J——法兰刚度指数。

K——法兰外径与内径的比值。

L_A——螺栓中心至法兰颈部（或焊缝）与法兰背面交点的径向距离（见表 8-3），mm。

L_D——螺栓中心至 F_D 作用位置处的径向距离（见图 8-1），mm。

L_e——螺栓中心至法兰外径处的径向距离（见表 8-3），mm。

L_G——螺栓中心至 F_G 作用位置处的径向距离（见图 8-1），mm。

L_T——螺栓中心至 F_T 作用位置处的径向距离(见图 8-1),mm。

$\hat{L}$——相邻螺栓间距(见表 8-3),mm。

M ——外部附加弯矩,N·mm。

m——垫片系数(见表 8-2)。

M_a——预紧状态的法兰力矩,N·mm。

M_o ——法兰设计力矩,N·mm。

M_p ——操作状态的法兰力矩,N·mm。

N——垫片接触宽度(见表 8-1),mm。

n——螺栓数量。

p_c ——计算压力,MPa。

T ——与 K 相关系数,由图 8-8 查得。

U——与 K 相关系数,由图 8-8 查得。

V_I ——整体法兰系数,由图 8-4 查得或按表 8-7 计算。

V_L ——带颈松式法兰系数,由图 8-6 查得或按表 8-7 计算。

W——螺栓设计载荷,N。

W_a ——预紧状态下,需要的螺栓载荷(即预紧状态下,需要的垫片压紧力 F_a),N。

W_p ——操作状态下,需要的螺栓载荷,N。

Y——与 K 相关系数,由图 8-8 查得。

y——垫片比压力,由表 8-2 查得,MPa。

Z——与 K 相关系数,由图 8-8 查得。

β——系数,按表 8-5 计算。

γ——系数,按表 8-5 计算。

δ_f ——法兰有效厚度,mm。

δ_0 ——法兰颈部小端有效厚度,mm。

δ_1 ——法兰颈部大端有效厚度,mm。

η——系数,按表 8-5 计算。

λ——系数,见公式(8-16)或表 8-5。

σ_H ——法兰颈部轴向应力,MPa。

σ_T ——法兰环的环向应力,MPa。

σ_R ——法兰环的径向应力,MPa。

$[\sigma]_b$ ——室温下螺栓材料的许用应力(按 GB/T 150.2),MPa。

$[\sigma]_b^t$ ——设计温度下螺栓材料的许用应力(按 GB/T 150.2),MPa。

$[\sigma]_f$ ——室温下法兰材料的许用应力(按 GB/T 150.2),MPa。

$[\sigma]_f^t$ ——设计温度下法兰材料的许用应力(按 GB/T 150.2),MPa。

$[\sigma]_n$ ——室温下圆筒材料的许用应力(按 GB/T 150.2),MPa。

$[\sigma]_n^t$ ——设计温度下圆筒材料的许用应力(按 GB/T 150.2),MPa。

τ——切应力,MPa。

ψ——系数,按表 8-5 计算。

8.4 法兰型式

8.4.1 法兰按其整体性程度,分为松式法兰、整体法兰和任意式法兰 3 种型式(见图 8-1 所示)。

8.4.2 松式法兰:法兰未能有效地与容器或接管连接成一整体,不具有整体式连接的同等结构强度。
松式法兰及其载荷作用位置见图 8-1 a)、图 8-1 b),典型的松式法兰——活套法兰结构如图 8-1 a)

中不带颈的型式(即实线部分),其计算按表 8-6 进行。对带颈的松式法兰[图 8-1 a)中带虚线部分]可按整体法兰(见表 8-5)计算,但其中系数 V_1、F_1 应以 V_L、F_L 代替,f 取 1.0。

8.4.3 整体法兰:法兰、法兰颈部及容器或接管三者能有效地连接成一整体结构。各种型式的整体法兰及载荷作用位置见图 8-1 c)～图 8-1 g),其计算按表 8-5 进行。

8.4.4 任意式法兰:如图 8-1 h)的焊接法兰,其计算按整体法兰(见表 8-5),但为了简便,当满足下列条件时也可按活套法兰(见表 8-6)计算:

    a) $\delta_0 \leqslant 15$ mm,$D_i/\delta_0 \leqslant 300$;

    b) $p \leqslant 2$ MPa;

    c)   设计温度小于或等于 370 ℃。

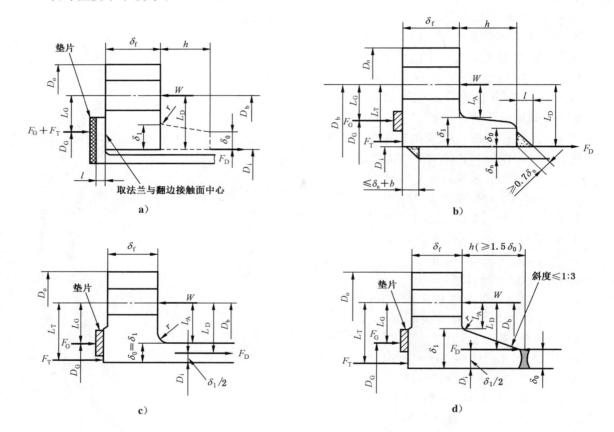

图 8-1　法兰型式

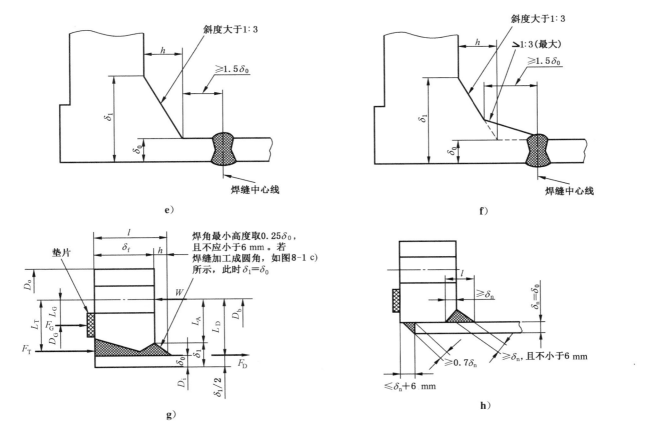

图 8-1　法兰型式（续）

8.4.5　图 8-1 的法兰结构还应满足如下要求：

　　a)　图 8-1 b)带颈松式法兰,当颈部斜度不大于 6°时,计算中取 $\delta_1 = \delta_0$；

　　b)　带颈整体法兰,当颈部斜度大于 1：3 时,采用图 8-1 e)、图 8-1 f)所示结构；

　　c)　图 8-1 c)、图 8-1 d)中,圆角半径 $r \geqslant 0.25\delta_1$,且不小于 5 mm；

　　d)　榫槽、凹凸面及平面密封面的台肩高度不包括在法兰有效厚度内。

8.4.6　图 8-2 a)、图 8-2 b)法兰内径与圆筒外径间的间隙不应大于 3 mm,且两侧径向间隙之和不应大于 4.5 mm。

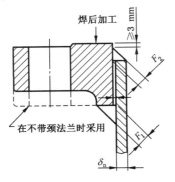

$F_2 \geqslant 0.7\delta_n$
$F_1 = 1.0\delta_n$,但不大于 16 mm

a)　带颈平焊法兰

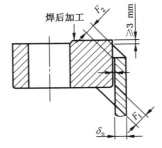

$F_2 \geqslant 0.7\delta_n$
$F_1 = 1.0\delta_n$,但不大于 10 mm

b)　平焊法兰

图 8-2　法兰焊接结构

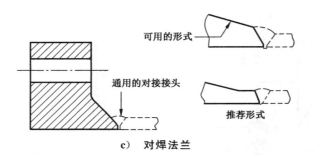

c) 对焊法兰

图 8-2　法兰焊接结构（续）

表 8-1　垫片基本密封宽度

序号	压紧面形状（简图）		垫片基本密封宽度(b_0)	
			I	II
1a			$\dfrac{N}{2}$	$\dfrac{N}{2}$
1b[a]				
1c	$\omega < N$		$\left(\dfrac{\omega+\delta_{\mathrm{g}}}{2},\dfrac{\omega+N}{4}\right)$ 取小值	$\left(\dfrac{\omega+\delta_{\mathrm{g}}}{2},\dfrac{\omega+N}{4}\right)$ 取小值
1d[a]				
2	$\omega \leqslant N/2$		$\dfrac{\omega+N}{4}$	$\dfrac{\omega+3N}{8}$

表 8-1 垫片基本密封宽度（续）

序号	压紧面形状（简图）	垫片基本密封宽度(b_0)	
		I	II
3	$\omega \leq N/2$ (0.4 mm, ω, N)	$\dfrac{N}{4}$	$\dfrac{3N}{8}$
4	(δ_g, N)	$\dfrac{3N}{8}$	$\dfrac{7N}{16}$
5	(δ_g, N)	$\dfrac{N}{4}$	$\dfrac{3N}{8}$
6	(ω)	$\dfrac{\omega}{8}$	—

ª 当锯齿深度不超过 0.4 mm,齿距不超过 0.8 mm 时,应按 1b 或 1d 的压紧面形状选用。

表 8-2 常用垫片特性参数

垫片材料	垫片系数 (m)	垫片比压力(y) MPa	简图	压紧面形状（见表 8-1）	类别（见表 8-1）
自紧式（O 形环及其他有自紧密封作用的垫片）	0	0	—	—	—
无织物或含少量矿物纤维的合成橡胶:				1(a、b、c、d) 4、5	II
肖氏硬度低于 75	0.50	0			
肖氏硬度大于或等于 75	1.00	1.4			
具有适当加固物的矿物纤维橡胶板:					
厚度 3 mm	2.00	11			
厚度 1.5 mm	2.75	26			
厚度 0.75 mm	3.50	45			

表 8-2 常用垫片特性参数（续）

垫片材料		垫片系数（m）	垫片比压力（y）MPa	简图	压紧面形状（见表 8-1）	类别（见表 8-1）
内有棉纤维的橡胶		1.25	2.8			
内有矿物纤维的橡胶,具有金属加强丝或不具有金属加强丝: 3 层 2 层 1 层		2.25 2.50 2.75	15 20 26		1(a、b、c、d) 4、5	
植物纤维		1.75	7.6			
内填矿物纤维或石墨缠绕式金属	非合金钢	2.50	69		1(a、b)	
	不锈钢、镍基合金及蒙乃尔	3.00	69			
波纹金属板类壳内包矿物纤维或波纹金属板内包矿物纤维	软铝	2.50	20		1(a、b)	
	软铜或黄铜	2.75	26			
	铁或软钢	3.00	31			
	蒙乃尔或 4%～6%铬钢	3.25	38			
	不锈钢或镍基合金	3.50	45			
波纹金属板	软铝	2.75	26		1(a、b、c、d)	II
	软铜或黄铜	3.00	31			
	铁或软钢	3.25	38			
	蒙乃尔或 4%～6%铬钢	3.50	45			
	不锈钢或镍基合金	3.75	52			
平金属板内包矿物纤维[a]	软铝	3.25	38		1a、1b、1c[a]、1d[a]、2[a]	
	软铜或黄铜	3.50	45			
	铁或软钢	3.75	52			
	蒙乃尔	3.50	55			
	4%～6%铬钢	3.75	62			
	不锈钢或镍基合金	3.75	62			
槽形金属	软铝	3.25	38		1(a、b、c、d)、2、3	
	软铜或黄铜	3.50	45			
	铁或软钢	3.75	52			
	蒙乃尔或 4%～6%铬钢	3.75	62			
	不锈钢或镍基合金	4.25	70			

表 8-2　常用垫片特性参数（续）

垫片材料		垫片系数（m）	垫片比压力（y）MPa	简图	压紧面形状（见表 8-1）	类别（见表 8-1）
复合柔性石墨波齿金属板	碳钢 不锈钢或镍基合金	3.0	50		1（a、b）	Ⅱ
金属平板	软铝	4.00	61		1（a、b、c、d）2、3、4、5	Ⅰ
	软铜或黄铜	4.75	90			
	铁或软钢	5.50	124			
	蒙乃尔或 4%～6%铬钢	6.00	150			
	不锈钢或镍基合金	6.50	180			
金属环	铁或软钢	5.50	124		6	
	蒙乃尔或 4%～6%铬钢	6.00	150			
	不锈钢或镍基合金	6.50	180			

注：本表所列各种垫片的 m、y 值及适用的压紧面形状，均属推荐性资料。采用本表推荐的垫片参数（m、y）并按本章规定设计的法兰，在一般使用条件下，通常能得到比较满意的使用效果。但在使用条件特别苛刻的场合，如在氰化物等高度或极度毒性危害程度介质中使用的垫片，其参数 m、y 根据成熟的使用经验谨慎确定。

ᵃ 垫片表面的搭接接头不应位于凸台侧。

8.5　法兰连接

8.5.1　垫片

8.5.1.1　各种常用垫片的特性参数（m、y）按表 8-2 查取。

8.5.1.2　垫片有效密封宽度（b）按下列要求确定。

a)　选定垫片尺寸，按表 8-1 确定垫片接触宽度（N）和垫片基本密封宽度（b_o）。

b)　按以下规定计算垫片有效密封宽度（b）：

　　1)　当 $b_o \leqslant 6.4$ mm 时，$b = b_o$；

　　2)　当 $b_o > 6.4$ mm 时，$b = 2.53\sqrt{b_o}$。

8.5.1.3　垫片压紧力作用中心圆直径（D_G）按下列要求确定。

a)　对于图 8-1 a)所示活套法兰，D_G 等于法兰与翻边接触面的平均直径。

b)　对于其他型式法兰，则按下述规定计算 D_G：

　　1)　当 $b_o \leqslant 6.4$ mm 时，D_G 等于垫片接触的平均直径；

　　2)　当 $b_o > 6.4$ mm 时，D_G 等于垫片接触的外径减去 $2b$。

8.5.1.4　垫片压紧力（F_G）分为预紧时的压紧力（F_a）和操作时的压紧力（F_p），分别按下列要求确定：

a)　预紧状态下需要的垫片压紧力按公式（8-1）计算：

$$F_a = \pi D_G b y \qquad\qquad\qquad (8\text{-}1)$$

b)　操作状态下需要的垫片压紧力按公式（8-2）计算：

$$F_p = 2b\pi D_G m p_c \qquad\qquad\qquad (8\text{-}2)$$

8.5.1.5　垫片在预紧状态下受到最大螺栓载荷的作用，压紧过度将失去密封性能。垫片应有足够的宽度，其值可按经验确定。

8.5.2 螺栓

8.5.2.1 螺栓的布置一般按下列规定确定：

a) 法兰径向尺寸(L_A、L_e)及螺栓间距($\widehat{L}$)的最小值可按表 8-3 选取；

b) 通常螺栓最大间距($\widehat{L}_{max}$)不宜超过公式(8-3)的计算值：

$$\widehat{L}_{max} = 2d_b + \frac{6\delta_f}{(m+0.5)} \quad \cdots\cdots\cdots\cdots\cdots\cdots\cdots (8\text{-}3)$$

表 8-3　L_A、L_e、$\widehat{L}$ 的最小值

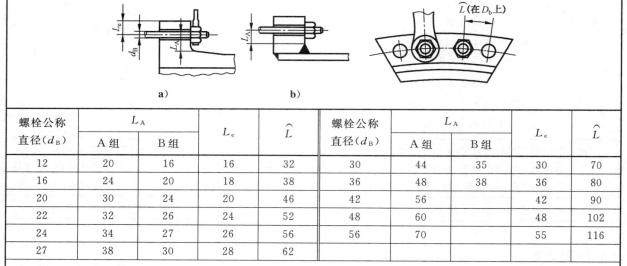

螺栓公称直径(d_B)	L_A		L_e	$\widehat{L}$	螺栓公称直径(d_B)	L_A		L_e	$\widehat{L}$
	A 组	B 组				A 组	B 组		
12	20	16	16	32	30	44	35	30	70
16	24	20	18	38	36	48	38	36	80
20	30	24	20	46	42	56		42	90
22	32	26	24	52	48	60		48	102
24	34	27	26	56	56	70		55	116
27	38	30	28	62					

表中 A 组数据适用于 a)图所示的带颈法兰结构。表中 B 组数据适用于 b)图所示的焊制法兰结构。

对图 8-1 a)所示的活套法兰,其径向尺寸 L_D 也应满足 A 组 L_A 最小尺寸的要求

8.5.2.2 需要的螺栓载荷

为满足法兰密封要求需要的螺栓载荷按下列规定计算：

a) 预紧状态下压紧垫片需要的螺栓载荷按公式(8-4)计算：

$$W_a = F_a \quad \cdots\cdots\cdots\cdots\cdots\cdots\cdots\cdots\cdots (8\text{-}4)$$

对于自紧式垫片,当安装时需要较大的轴向力来压缩垫片时,W_a 需要按该轴向力取值。一些自紧式垫片由于楔入作用而产生轴向载荷,此载荷也应计入 W_a。

b) 操作状态下承受内压力作用并使垫片密封面保持有最小压紧力需要的螺栓载荷按下列规定计算：

1) 内压作用在 D_G 范围产生的总轴向力(F)按公式(8-5)计算：

$$F = \frac{\pi}{4}D_G^2 p_c \quad \cdots\cdots\cdots\cdots\cdots\cdots\cdots (8\text{-}5)$$

2) 需要的螺栓载荷按公式(8-6)计算：

$$W_p = F + F_p + F_z + 4M/D_G \quad \cdots\cdots\cdots\cdots\cdots\cdots (8\text{-}6)$$

3) 对于类似 U 形管式热交换器管板两侧成对法兰的设计中,由于两侧的压力和温度及所用垫片可能不同,因此在螺栓的设计中应兼顾两侧的条件,要求以较大的螺栓载荷和较高的设计温度进行设计,且对法兰设计力矩应以此为基础进行计算。

8.5.2.3 螺栓面积按下列规定确定：

a) 预紧状态下需要的螺栓总截面积按公式(8-7)计算：

$$A_a = \frac{W_a}{[\sigma]_b} \quad\quad\quad\quad\quad\quad\quad\quad\quad\quad\quad\quad\quad\quad\quad\quad\quad\quad(8\text{-}7)$$

b) 操作状态下需要的螺栓总截面积按公式(8-8)计算：

$$A_p = \frac{W_p}{[\sigma]_b^t} \quad\quad\quad\quad\quad\quad\quad\quad\quad\quad\quad\quad\quad\quad\quad\quad\quad\quad(8\text{-}8)$$

c) 需要的螺栓总截面积(A_m)取 A_a 与 A_p 中的大值；

d) 实际使用的螺栓总截面积 A_b 不应小于需要的螺栓面积(A_m)；

e) 实际使用的螺栓总截面积以螺纹小径及无螺纹部分的最小直径分别计算,取小值。

8.5.2.4 螺栓设计载荷

法兰设计时采用的螺栓载荷按下列规定确定：

a) 预紧状态螺栓设计载荷按公式(8-9)计算：

$$W = \frac{A_m + A_b}{2}[\sigma]_b \quad\quad\quad\quad\quad\quad\quad\quad\quad\quad\quad\quad\quad\quad(8\text{-}9)$$

b) 操作状态螺栓设计载荷按公式(8-10)计算：

$$W = W_p \quad\quad\quad\quad\quad\quad\quad\quad\quad\quad\quad\quad\quad\quad\quad\quad\quad\quad(8\text{-}10)$$

8.5.3 法兰

8.5.3.1 法兰力矩计算

法兰力矩按下列规定计算：

a) 预紧状态的法兰力矩按公式(8-11)计算：

$$M_a = \frac{A_m + A_b}{2}[\sigma]_b L_G \quad\quad\quad\quad\quad\quad\quad\quad\quad\quad\quad\quad\quad(8\text{-}11)$$

b) 操作状态的法兰力矩计算：

作用于法兰内径截面上的内压引起的轴向力(F_D)按公式(8-12)计算：

$$F_D = \frac{\pi}{4}D_i^2 p_c \quad\quad\quad\quad\quad\quad\quad\quad\quad\quad\quad\quad\quad\quad\quad(8\text{-}12)$$

F_T 取内压引起的总轴向力(F)与 F_D 之差按公式(8-13)计算：

$$F_T = F - F_D \quad\quad\quad\quad\quad\quad\quad\quad\quad\quad\quad\quad\quad\quad\quad\quad(8\text{-}13)$$

操作状态的法兰力矩按公式(8-14)计算：

$$M_P = F_D L_D + F_T L_T + F_P L_G + F_z L_D + 4M\left(\frac{I}{0.384\,6I_P + I}\right)\left(\frac{L_D}{D_b - 2L_D}\right) \quad\quad(8\text{-}14)$$

式中：

L_D、L_T、L_G 按表8-4计算。

$$L_f = (D_o - D_i)/2$$
$$\delta_h = (\delta_0 + \delta_1)/2$$
$$L_h = L_f - \delta_h$$
$$\delta_{hf} = h_P + \delta_f$$

当 $\delta_0 = \delta_1$ 时, $h_P = \max[0.35\delta_0, \min(3\delta_0, h, 0.78\sqrt{0.5D_i\delta_0})]$,否则 $h_P = h$。

整体式法兰：

$$I = \frac{0.087\,4\lambda\delta_0^2 h_0 D_i}{V_I}$$

对带颈松式法兰则用 V_L 代替 V_I 计算 I 值。

$$I_P = K_{AB} + K_{CD}$$

当 $\delta_f \geqslant \delta_h$ 时：

$$K_{AB} = L_f \delta_f^3 \left\{ \frac{1}{3} - \frac{0.21\delta_f}{L_f} \left[1 - \frac{1}{12} \left(\frac{\delta_f}{L_f} \right)^4 \right] \right\}$$

$$K_{CD} = h \delta_h^3 \left\{ \frac{1}{3} - \frac{0.105\delta_h}{h} \left[1 - \frac{1}{192} \left(\frac{\delta_h}{h} \right)^4 \right] \right\}$$

$$K_{EF} = L_f \delta_f^3 \left\{ \frac{1}{3} - \frac{0.21\delta_f}{L_f} \left[1 - \frac{1}{12} \left(\frac{\delta_f}{L_f} \right)^4 \right] \right\}$$

当 $\delta_f < \delta_h$ 时：

$$K_{AB} = \delta_{hf} \delta_h^3 \left\{ \frac{1}{3} - \frac{0.21\delta_h}{\delta_{hf}} \left[1 - \frac{1}{12} \left(\frac{\delta_h}{\delta_{hf}} \right)^4 \right] \right\}$$

$$K_{CD} = L_h \delta_f^3 \left\{ \frac{1}{3} - \frac{0.105\delta_f}{L_h} \left[1 - \frac{1}{192} \left(\frac{\delta_f}{L_h} \right)^4 \right] \right\}$$

$$K_{EF} = L_f \delta_f^3 \left\{ \frac{1}{3} - \frac{0.21\delta_f}{L_f} \left[1 - \frac{1}{12} \left(\frac{\delta_f}{L_f} \right)^4 \right] \right\}$$

活套法兰：

$$I = \frac{D_i \delta_f^3 \ln(K)}{24}$$

$$I_P = L_f \delta_f^3 \left\{ \frac{1}{3} - \frac{0.21\delta_f}{L_f} \left[1 - \frac{1}{12} \left(\frac{\delta_f}{L_f} \right)^4 \right] \right\}$$

表 8-4　法兰力矩的力臂

单位为毫米

法兰型式	L_D	L_T	L_G
整体法兰:图 8-1 c)～图 8-1 g) 任意式法兰(按整体法兰计算时):图 8-1 h)	$L_A + 0.5\delta_1$	$\dfrac{L_A + \delta_1 + L_G}{2}$	$\dfrac{D_b - D_G}{2}$
松式法兰:图 8-1 b) 任意式法兰(按活套法兰计算时):图 8-1 h)	$\dfrac{D_b - D_i}{2}$	$\dfrac{L_D + L_G}{2}$	$\dfrac{D_b - D_G}{2}$
活套法兰:图 8-1 a)	$\dfrac{D_b - D_i}{2}$	$\dfrac{D_b - D_G}{2}$	$\dfrac{D_b - D_G}{2}$

8.5.3.2 法兰设计力矩

法兰设计力矩取公式(8-15)之大值：

$$M_o = \begin{cases} M_a \dfrac{[\sigma]_f^t}{[\sigma]_f} \\ M_p \end{cases} \quad \cdots\cdots\cdots\cdots\cdots\cdots\cdots\cdots\cdots\cdots\cdots (8\text{-}15)$$

8.5.3.3 法兰应力

8.5.3.3.1 整体法兰、带颈松式法兰以及按整体法兰计算的任意式法兰应力按下列规定计算。

a) 轴向应力按公式(8-16)计算。

$$\sigma_H = \frac{fM_o}{\lambda \delta_i^2 D_i} \quad \cdots\cdots\cdots\cdots\cdots\cdots\cdots\cdots\cdots\cdots\cdots (8\text{-}16)$$

式中：

$$\lambda = \frac{\delta_f e + 1}{T} + \frac{\delta_f^3}{d_1}$$

$$e = \frac{F_1}{h_o}$$

$$h_o = \sqrt{D_i \delta_0}$$

$$d_1 = \frac{U}{V_1} h_o \delta_0^2$$

当 $D_i < 20\delta_1$ 时,以 D_{i1} 代替 D_i,此时:对带颈松式法兰及 $f < 1$ 的整体法兰,$D_{i1} = D_i + \delta_1$;对 $f \geqslant 1$ 的整体法兰,$D_{i1} = D_i + \delta_0$。

系数 T、U 根据参数 K 由图 8-8 查得,或按图 8-8 所给公式计算。

整体法兰系数 F_1 由图 8-3 查得,或按表 8-7 计算。对带颈松式法兰则用 F_L 代替 F_1。

整体法兰系数 V_1 由图 8-4 查得,或按表 8-7 计算。对带颈松式法兰则用 V_L 代替 V_1。

整体法兰颈部应力校正系数 f 由图 8-7 查得,或按表 8-7 计算,当 $f < 1$ 时,取 $f = 1$。

b) 径向应力按公式(8-17)计算:

$$\sigma_R = \frac{(1.33\delta_f e + 1)M_o}{\lambda \delta_f^2 D_i} \quad\quad\quad\quad\quad\quad (8\text{-}17)$$

c) 环向应力按公式(8-18)计算:

$$\sigma_T = \frac{YM_o}{\delta_f^2 D_i} - Z\sigma_R \quad\quad\quad\quad\quad\quad (8\text{-}18)$$

式中:系数 Y、Z 根据参数 K 由图 8-8 查得,或按图 8-8 所给公式计算。

8.5.3.3.2 活套法兰以及按活套法兰计算的任意式法兰应力按下列规定计算:

a) 轴向应力:$\sigma_H = 0$;

b) 径向应力:$\sigma_R = 0$;

c) 环向应力按公式(8-19)计算:

$$\sigma_T = \frac{YM_o}{\delta_f^2 D_i} \quad\quad\quad\quad\quad\quad (8\text{-}19)$$

式中:系数 Y 同 8.5.3.3.1。

8.5.3.3.3 对如图 8-1 a)所示的活套法兰,其翻边部分的切应力及图 8-1 b)、图 8-1 g)、图 8-1 h)的焊接法兰焊缝的切应力应按下列规定进行计算。

a) 剪切载荷 W

1) 预紧状态的剪切载荷(W)按公式(8-9)计算;

2) 操作状态的剪切载荷(W)按公式(8-10)计算。

b) 剪切面积

1) 对图 8-1 a)所示的法兰,按公式(8-20)计算:

$$A_\tau = \pi D_i l; \quad\quad\quad\quad\quad\quad (8\text{-}20)$$

2) 对其他法兰,按公式(8-21)计算:

$$A_\tau = \pi D_\tau l; \quad\quad\quad\quad\quad\quad (8\text{-}21)$$

式中:

A_τ——剪切面积,单位为平方毫米(mm²);

D_τ——剪切面计算直径,取圆筒外径,单位为毫米(mm);

l ——剪切面计算高度,见图 8-1,单位为毫米(mm)。

c) 切应力

以预紧和操作两种状态分别按公式(8-22)计算切应力:

$$\tau = \frac{W}{A_\tau} \quad\quad\quad\quad\quad\quad (8\text{-}22)$$

式中:

τ——切应力,单位为兆帕(MPa)。

8.5.3.4 应力校核

应力校核应符合下列规定。

a) 法兰颈部轴向应力

  1) 对图 8-1 d)、图 8-1 e)、图 8-1 f)所示的整体法兰:

$$\sigma_H \leqslant \min(1.5[\sigma]_f^t, 2.5[\sigma]_n^t)$$

  2) 对按整体法兰计算的任意法兰及图 8-1 g)所示的整体法兰:

$$\sigma_H \leqslant \min(1.5[\sigma]_f^t, 1.5[\sigma]_n^t)$$

  3) 对图 8-1 c)所示的整体法兰及图 8-1 b)所示的带颈松式法兰:

$$\sigma_H \leqslant 1.5[\sigma]_f^t$$

b) 法兰环的径向应力

$$\sigma_R \leqslant [\sigma]_f^t$$

c) 法兰环的环向应力

$$\sigma_T \leqslant [\sigma]_f^t$$

d) 组合应力

$$(\sigma_H + \sigma_R)/2 \leqslant [\sigma]_f^t$$
$$(\sigma_H + \sigma_T)/2 \leqslant [\sigma]_f^t$$

e) 切应力

预紧和操作两种状态下的切应力应分别小于或等于翻边法兰(或圆筒)材料在常温和设计温度下的许用应力的 0.8 倍。

8.5.3.5 法兰刚度校核

法兰刚度校核应符合下列规定。

a) 当法兰在相同的操作条件下有成功的使用经验时,可以免除刚度校核。

b) 对整体法兰、按整体法兰计算的任意法兰以及带颈松式法兰,刚度指数按公式(8-23)计算:

$$J = \frac{52.14 V_I M_o}{\lambda E \delta_0^2 K_I h_o} \quad\quad\quad\quad\quad\quad\quad\quad\quad\quad (8\text{-}23)$$

式中:

M_o 分别取预紧状态的 M_a 和操作状态的 M_p 代入;

K_I——刚度系数,可取 0.3,对带颈松式法兰,用 K_L 代替 K_I,取 $K_L = 0.2$;

E——法兰材料的弹性模量,MPa。当计算预紧状态的刚度指数时,E 取室温下的弹性模量;
      当计算操作状态的刚度指数时,E 取设计温度下的弹性模量。

对带颈松式法兰则用 V_L 代替 V_I;其他系数同 8.5.3.3.1。

c) 对松式法兰,刚度指数按公式(8-24)计算:

$$J = \frac{109.4 M_o}{E \delta_f^3 K_L \ln K} \quad\quad\quad\quad\quad\quad\quad\quad\quad\quad (8\text{-}24)$$

式中:

K_L——刚度系数,可取 0.2;

M_o 和 E 的取值同 b);

其他系数同 8.5.3.3.1。

d) 刚度校核通过条件:刚度指数满足 $J \leqslant 1$。

8.5.4 外压法兰

8.5.4.1 外压法兰可按内压法兰计算,但螺栓面积仅需按预紧状态考虑,按公式(8-7)计算。此外,操作

状态下的法兰力矩应按公式(8-25)确定:

$$M_p = F_D(L_D - L_G) + F_T(L_T - L_G) \quad\cdots\cdots\cdots\cdots\cdots\cdots\cdots\cdots(8\text{-}25)$$

计算时,计算外压力取正值,单位为兆帕(MPa)。

8.5.4.2 法兰在操作过程中,若分别承受内压和外压的作用,则法兰应按两种压力工况单独进行设计,且应同时满足要求。

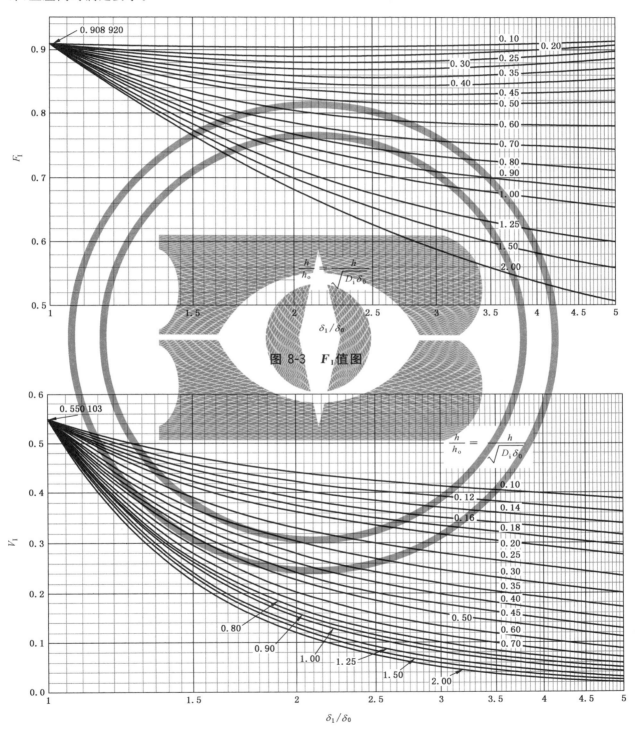

图 8-3　F_I 值图

图 8-4　V_I 值图

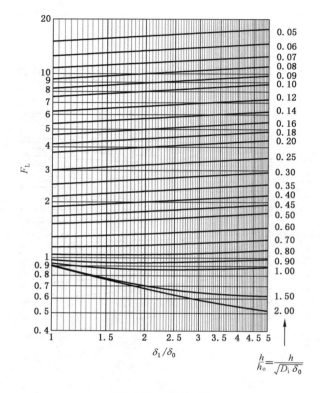

图 8-5　F_L 值图

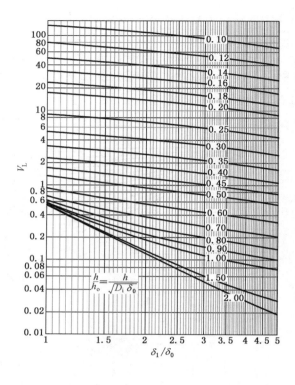

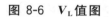

图 8-6　V_L 值图

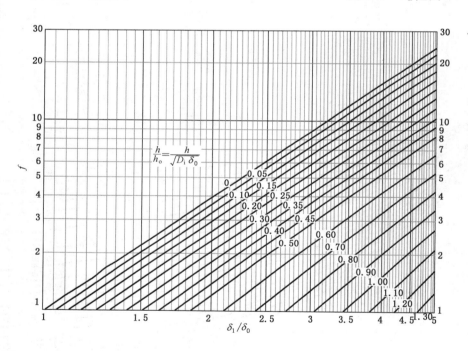

图 8-7　f 值图

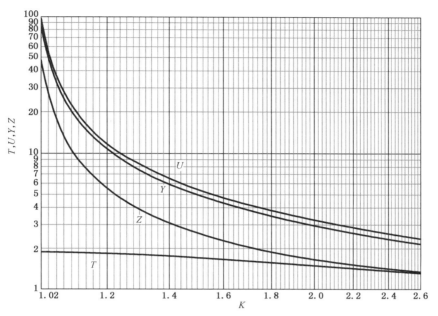

$$T = \frac{K^2(1 + 8.552\ 46\lg K) - 1}{(1.047\ 2 + 1.944\ 8K^2)(K-1)}$$

$$U = \frac{K^2(1 + 8.552\ 46\lg K) - 1}{1.361\ 36(K^2 - 1)(K-1)}$$

$$Y = \frac{1}{K-1}\left[\left(0.668\ 45 + 5.716\ 9\ \frac{K^2\lg K}{K^2 - 1}\right)\right]$$

$$Z = \frac{K^2 + 1}{K^2 - 1}$$

$$K = D_o / D_i$$

图 8-8　T、U、Y、Z 值图

8.6　反向法兰

8.6.1　通则

$K_r \leq 2$ 的反向法兰应按 8.6.2～8.6.6 设计。垫片设计按 8.5.1 的规定,螺栓设计按 8.5.2 规定,法兰力矩、法兰应力计算按 8.6.3 和 8.6.4 进行。采用符号除 8.6.2 规定外,其余同 8.3。

8.6.2　符号

下列符号适用于 8.6。

D_f——反向法兰环内径(应扣除腐蚀裕量),mm。

D_i——反向法兰连接的筒体内径(应扣除腐蚀裕量),mm。

D_o——反向法兰连接的筒体外直径,mm。

d_r——参数,mm³。

e_r——参数,mm⁻¹。

F_D——作用于法兰颈部小端内径截面上的内压引起的轴向力,N。

F_r——系数。

f_r——系数。

F_T——F_D 与内压作用于 D_G 范围内产生的轴向力之差,N。

h_{or}——参数,mm。

K_r——反向整体法兰为 D_o 与 D_f 之比;反向松式法兰为 D_i 与 D_f 之比。

L_D——螺栓中心至 F_D 作用位置处的径向距离(见图8-9),mm。

L_G——螺栓中心至 F_G 作用位置处的径向距离(见图8-9),mm。

L_T——螺栓中心至 F_T 作用位置处的径向距离(见图8-9),mm。

T_r——系数。

U_r——系数。

V_r——系数。

Y_r——系数。

λ_r——参数。

ψ_r——系数。

σ_{Hr}——法兰颈部轴向应力,MPa。

σ_{Tr}——法兰外径处环向应力,MPa。

σ_{Rr}——法兰外径处径向应力,MPa。

$\sigma_{Tr'}$——法兰内径处环向应力,MPa。

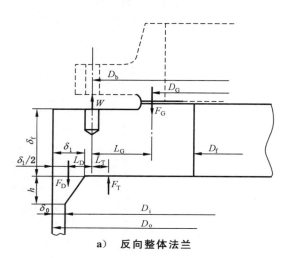

a) 反向整体法兰

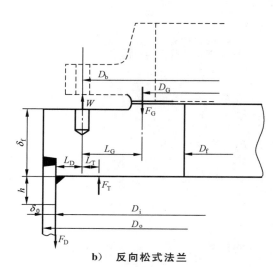

b) 反向松式法兰

图 8-9 反向法兰

8.6.3 法兰力矩

8.6.3.1 法兰预紧力矩按公式(8-11)计算,其中,螺栓中心至 F_G 作用位置处的径向距离(L_G)(见图8-9)按公式(8-26)计算:

$$L_G = (D_b - D_G)/2 \qquad\qquad \text{(8-26)}$$

8.6.3.2 法兰操作力矩按公式(8-27)计算:

$$M_P = | F_D L_D + F_T L_T - F_p L_G | \qquad\qquad \text{(8-27)}$$

式中:

F_p 和 F_D 分别按公式(8-2)和公式(8-12)计算。

$$F_T = \frac{\pi}{4}(D_i^2 - D_G^2)p_c$$

对反向整体法兰:

$$L_D = (D_o - D_b - \delta_1)/2$$

对反向松式法兰:

$$L_D = (D_i - D_b)/2$$

$$L_T = \left(D_b - \frac{D_i + D_G}{2}\right)/2$$

当需要计入管线附加外载荷的影响时,可参照公式(8-14)的方法,也可采用其他方法。当L_T为负值时,表示F_T作用圆直径大于螺栓中心圆直径(D_b),此时力矩$F_T L_T$也为负值。

8.6.3.3 法兰设计力矩取公式(8-28)计算结果的大值:

$$M_o = \begin{cases} M_p \\ M_a \dfrac{[\sigma]_f^t}{[\sigma]_f} \end{cases} \quad\quad\quad (8\text{-}28)$$

8.6.4 法兰应力

8.6.4.1 反向整体法兰的应力按下列规定计算。

a) 法兰颈部轴向应力按公式(8-29)计算:

$$\sigma_{Hr} = \frac{f_r M_o}{\lambda_r \delta_1^2 D_f} \quad\quad\quad (8\text{-}29)$$

式中:

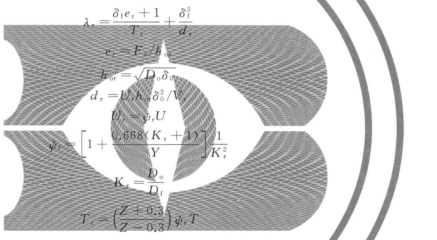

$$\lambda_r = \frac{\delta_f e_r + 1}{T_r} + \frac{\delta_f^3}{d_r}$$

$$e_r = F_r / h_{or}$$

$$h_{or} = \sqrt{D_o \delta_0}$$

$$d_r = U_r h_{or} \delta_0^2 / V_r$$

$$U_r = \psi_r U$$

$$\psi_r = \left[1 + \frac{0.668(K_r + 1)}{Y}\right]\frac{1}{K_r^2}$$

$$K_r = \frac{D_o}{D_f}$$

$$T_r = \left(\frac{Z + 0.3}{Z - 0.3}\right)\psi_r T$$

系数F_r是以h_{or}代替h_o,由图8-3查得或按表8-7计算的F_1值。

系数V_r是以h_{or}代替h_o,由图8-4查得或按表8-7计算的V_1值。

系数f_r是以h_{or}代替h_o,由图8-7查得或按表8-7计算的f值,当$f_r < 1$时,取$f_r = 1$。

系数T、U、Y、Z以K_r代替K,由图8-8查取,或按图8-8中公式计算。

b) 法兰外径处径向应力按公式(8-30)计算:

$$\sigma_{Rr} = \frac{(1.33\delta_f e_r + 1)M_o}{\lambda_r \delta_f^2 D_f} \quad\quad\quad (8\text{-}30)$$

c) 法兰外径处环向应力按公式(8-31)计算:

$$\sigma_{Tr} = \frac{Y_r M_o}{\delta_f^2 D_f} - Z\sigma_{Rr}\frac{0.67\delta_f e_r + 1}{1.33\delta_f e_r + 1} \quad\quad\quad (8\text{-}31)$$

式中:$Y_r = \psi_r Y$。

d) 法兰内径处环向应力按公式(8-32)计算:

$$\sigma'_{Tr} = \frac{M_o}{\delta_f^2 D_f}\left[Y - \frac{2K_r^2\left(\frac{2\delta_f e_r}{3} + 1\right)}{(K_r^2 - 1)\lambda_r}\right] \quad\quad\quad (8\text{-}32)$$

8.6.4.2 反向松式法兰的应力按下列规定计算:

a) 轴向应力:$\sigma_{Hr} = 0$;

b) 径向应力:$\sigma_{Rr}=0$;

c) 环向应力按公式(8-33)计算:

$$\sigma_{Tr}=YM_o/\delta_f^2 D_f \quad\quad\cdots\cdots\cdots\cdots\cdots\cdots\cdots\cdots\cdots(8\text{-}33)$$

8.6.5 应力校核

σ_{Hr}、σ_{Rr}、σ_{Tr}应分别符合8.5.3.4中σ_H、σ_R、σ_T的相应规定,且$\sigma'_{Tr}\leqslant[\sigma]_f^t$。

8.6.6 刚度校核

反向法兰的刚度校核按8.5.3.5的要求进行,用h_{or}和λ_r代替公式(8-23)中的h_o和λ,用K_r代替公式(8-24)的K。

表 8-5 整体法兰计算表

计算压力 p_c		MPa	(垫片简图)	当 $b_o\leqslant6.4$ mm 时, $b=b_o$		N	mm
设计温度 t		℃				b_o	mm
法兰材料			(法兰压紧面形状)	当 $b_o>6.4$ mm 时, $b=2.53\sqrt{b_o}$		b	mm
螺栓材料			垫片内、外径 mm			y	MPa
腐蚀裕量		mm	$W_a=F_a=\pi bD_G y=$		N	m	
螺栓许用应力	设计温度$[\sigma]_b^t$	MPa	$F_p=2\pi bD_G m p_c=$				N
	室温$[\sigma]_b$	MPa	$F=\dfrac{\pi}{4}D_G^2 p_c=$		N	$F_p+F=$	N
法兰许用应力	设计温度$[\sigma]_f^t$	MPa	$A_m=\max\{W_a/[\sigma]_b,(F_p+F)/[\sigma]_b^t\}=$				mm^2
	室温$[\sigma]_f$	MPa	$A_b=$				mm^2
法兰材料室温弹性模量 E		MPa	法兰材料设计温度弹性模量 E^t				MPa
所有尺寸均不包括腐蚀裕量			$W=0.5(A_m+A_b)[\sigma]_b=$				N
预紧螺栓情况							
$W=$		N	$L_G=0.5(D_b-D_G)=$		mm	$M_a=WL_G=$	N·mm
操作情况							
$F_D=\pi D_i^2 p_c/4=$		N	$L_D=L_A+0.5\delta_1=$		mm	$F_D L_D=$	N·mm
$F_p=$		N	$L_G=0.5(D_b-D_G)=$		mm	$F_p L_G=$	N·mm
$F_T=F-F_D=$		N	$L_T=0.5(L_A+\delta_1+L_G)=$		mm	$F_T L_T=$	N·mm
$M_P=F_D L_D+F_T L_T+F_P L_G+F_Z L_D+4M\left(\dfrac{I}{0.384\,6 I_P+I}\right)\left(\dfrac{L_D}{D_b-2L_D}\right)$							N·mm
$M_o=\max\{M_p,M_a[\sigma]_f^t/[\sigma]_f\}=$							N·mm
	形状常数						

$h_o=\sqrt{D_i\delta_o}=$		$h/h_o=$	
$K=D_o/D_i=$		$\delta_1/\delta_0=$	
查图 8-8	$T=$	查图 8-3	$F_I=$
	$Z=$	查图 8-4	$V_I=$
	$Y=$	查图 8-7	$f=$
	$U=$	$e=F_I/h_o=$	
$d_1=(U/V_I)h_o\delta_0^2=$			
δ_f(假设)		(mm)	

表 8-5　整体法兰计算表（续）

		$\Psi=\delta_f e+1$			
		$\beta=1.33\delta_f e+1$			
		$\gamma=\Psi/T$			
许用值	应力计算	$\eta=\delta_f^3/d_1$			
		$\lambda=\gamma+\eta$			
$1.5[\sigma]_f^t$ 或 $2.5[\sigma]_n^t$	轴向应力 $\sigma_H=fM_o/(\lambda\delta_1^2 D_i)$　MPa				
$[\sigma]_f^t=$	径向应力 $\sigma_R=\beta M_o/(\lambda\delta_1^2 D_i)$　MPa				
$[\sigma]_f^t=$	切向应力 $\sigma_T=YM_o/(\delta_1^2 D_i)-Z\sigma_R$　MPa				
$[\sigma]_f^t=$	$\max\{0.5(\sigma_H+\sigma_T),0.5(\sigma_H+\sigma_R)\}$　MPa				
刚度指数 $J\leqslant1$	$J=52.14V_1M_a/(\lambda E\delta_0^2 K_1 h_o)=$			$J=52.14V_1M_p/(\lambda E^t\delta_0^2 K_1 h_o)$	
对于带颈松式法兰，表中系数 V_1、F_1、K_1 应以 V_L、F_L、K_L 代替，f 取 1.0，力臂 $L_D=L_A+\delta_1$					

表 8-6　活套法兰计算表

计算压力 p_c		MPa	（垫片简图）	当 $b_o\leqslant6.4$ mm 时，$b=b_o$		N	mm
设计温度 t		℃				b_o	mm
法兰材料			（法兰压紧面形状）	当 $b_o>6.4$ mm 时，$b=2.53\sqrt{b_o}$		b	mm
螺栓材料			（垫片内、外径）　mm			y	MPa
腐蚀裕量		mm	$W_a=F_a=\pi bD_G y=$		N	m	
螺栓许用应力	设计温度 $[\sigma]_b^t$	MPa	$F_p=2\pi bD_G mp_c=$				N
	室温 $[\sigma]_b$	MPa	$F=\dfrac{\pi}{4}D_G^2 p_c=$	N	$F_p+F=$		N
法兰许用应力	设计温度 $[\sigma]_f^t$	MPa	$A_m=\max\{W_a/[\sigma]_b,(F_p+F)/[\sigma]_b^t\}=$				mm²
	室温 $[\sigma]_f$	MPa	$A_b=$				mm²
法兰材料室温弹性模量 E			MPa	法兰材料设计温度弹性模量 E^t			MPa
所有尺寸均不包括腐蚀裕量			$W=0.5(A_m+A_b)[\sigma]_b=$				N
预紧螺栓情况							
$W=$		N	$L_G=0.5(D_b-D_G)=$		mm	$M_a=WL_G=$	N·mm
操作情况							
$F_D=\dfrac{\pi}{4}D_i^2 p_c=$		N	$L_D=0.5(D_b-D_i)=$		mm	$F_DL_D=$	N·mm

表 8-6 活套法兰计算表（续）

$F_p =$	N	$L_G = 0.5(D_b - D_G) =$	mm	$F_p L_G =$	N·mm
$F_T = F - F_D =$	N	$L_T = 0.5(L_D + L_G) =$	mm	$F_T L_T =$	N·mm

$M_P = F_D L_D + F_T L_T + F_p L_G + F_Z L_D + 4M\left(\dfrac{I}{0.384\,6I_P + I}\right)\left(\dfrac{L_D}{D_b - 2L_D}\right)$	N·mm

$M_o = \max\{M_p, M_a[\sigma]_f^t / [\sigma]_f\} =$	N·mm

形状常数

$K = D_o / D_i =$

$Y =$

$\delta_f = \sqrt{YM_o / ([\sigma]_f^t D_i)} =$ mm

取法兰与翻边接触面的中心，与垫片位置无关

a)   b)

刚度指数 $J \leqslant 1$	$J = \dfrac{109.4M_p}{E^t \delta_f^3 K_L \ln K} =$	$J = \dfrac{109.4M_a}{E\delta_f^3 K_L \ln K} =$

注：本表中 a) 图所示法兰，$L_G = L_T = (D_b - D_G)/2$。

表 8-7 法兰系数 F_I、V_I、f、F_L、V_L 计算式

整体法兰	带颈松式法兰
$F_I = -\dfrac{E_6}{\left(\dfrac{C}{2.73}\right)^{1/4} \dfrac{(1+A)^3}{C}}$ $V_I = \dfrac{E_4}{\left(\dfrac{2.73}{C}\right)^{1/4} (1+A)^3}$ $f = C_{36}/(1+A)$ 当 $\delta_1 = \delta_0$ 时， $F_I = 0.908\,920, V_I = 0.550\,103, f = 1$	$F_L = -\dfrac{C_{18}\left(\dfrac{1}{2}+\dfrac{A}{6}\right) + C_{21}\left(\dfrac{1}{4}+\dfrac{11A}{84}\right) + C_{24}\left(\dfrac{1}{70}+\dfrac{A}{105}\right) - \left(\dfrac{1}{40}+\dfrac{A}{72}\right)}{\left(\dfrac{C}{2.73}\right)^{1/4} \dfrac{(1+A)^3}{C}}$ $V_L = \dfrac{\dfrac{1}{4} - \dfrac{C_{24}}{5} - \dfrac{3C_{21}}{2} - C_{18}}{\left(\dfrac{2.73}{C}\right)^{1/4} (1+A)^3}$ $f = 1$

以上公式中系数为：
1) $A = (\delta_1/\delta_0) - 1$
2) $C = 43.68(h/h_o)^4$
3) $C_1 = 1/3 + A/12$
4) $C_2 = 5/42 + 17A/336$
5) $C_3 = 1/210 + A/360$
6) $C_4 = 11/360 + 59A/5\,040 + (1+3A)/C$
7) $C_5 = 1/90 + 5A/1\,008 - (1+A)3/C$
8) $C_6 = 1/120 + 17A/5\,040 + 1/C$
9) $C_7 = 215/2\,772 + 51A/1\,232 + (60/7 + 225A/14 + 75A^2/7 + 5A^3/2)/C$
10) $C_8 = 31/6\,930 + 128A/45\,045 + (6/7 + 15A/7 + 12A^2/7 + 5A^3/11)/C$
11) $C_9 = 533/30\,240 + 653A/73\,920 + (1/2 + 33A/14 + 39A^2/28 + 25A^3/84)/C$
12) $C_{10} = 29/3\,780 + 3A/704 - (1/2 + 33A/14 + 81A^2/28 + 13A^3/12)/C$
13) $C_{11} = 31/6\,048 + 1\,763A/665\,280 + (1/2 + 6A/7 + 15A^2/28 + 5A^3/42)/C$
14) $C_{12} = 1/2\,925 + 71A/300\,300 + (8/35 + 18A/35 + 156A^2/385 + 6A^3/55)/C$

表 8-7　法兰系数 F_1、V_1、f、F_L、V_L 计算式（续）

15）	$C_{13}=761/831\,600+937A/1\,663\,200+(1/35+6A/35+11A^2/70+3A^3/70)/C$
16）	$C_{14}=197/415\,800+103A/332\,640-(1/35+6A/35+17A^2/70+A^3/10)/C$
17）	$C_{15}=233/831\,600+97A/554\,400+(1/35+3A/35+A^2/14+2A^3/105)/C$
18）	$C_{16}=C_1C_7C_{12}+C_2C_8C_3+C_3C_8C_2-(C_3^2C_7+C_8^2C_1+C_2^2C_{12})$
19）	$C_{17}=[C_4C_7C_{12}+C_2C_8C_{13}+C_3C_8C_9-(C_{13}C_7C_3+C_8^2C_4+C_{12}C_2C_9)]/C_{16}$
20）	$C_{18}=[C_5C_7C_{12}+C_2C_8C_{14}+C_3C_8C_{10}-(C_{14}C_7C_3+C_8^2C_5+C_{12}C_2C_{10})]/C_{16}$
21）	$C_{19}=[C_6C_7C_{12}+C_2C_8C_{15}+C_3C_8C_{11}-(C_{15}C_7C_3+C_8^2C_6+C_{12}C_2C_{11})]/C_{16}$
22）	$C_{20}=[C_1C_9C_{12}+C_4C_8C_3+C_3C_{13}C_2-(C_3^2C_9+C_{13}C_8C_1+C_{12}C_4C_2)]/C_{16}$
23）	$C_{21}=[C_1C_{10}C_{12}+C_5C_8C_3+C_3C_{14}C_2-(C_3^2C_{10}+C_{14}C_8C_1+C_{12}C_5C_2)]/C_{16}$
24）	$C_{22}=[C_1C_{11}C_{12}+C_6C_8C_3+C_3C_{15}C_2-(C_3^2C_{11}+C_{15}C_8C_1+C_{12}C_6C_2)]/C_{16}$
25）	$C_{23}=[C_1C_7C_{13}+C_2C_9C_3+C_4C_8C_2-(C_3C_7C_4+C_8C_9C_1+C_2^2C_{13})]/C_{16}$
26）	$C_{24}=[C_1C_7C_{14}+C_2C_{10}C_3+C_5C_8C_2-(C_3C_7C_5+C_8C_{10}C_1+C_2^2C_{14})]/C_{16}$
27）	$C_{25}=[C_1C_7C_{15}+C_2C_{11}C_3+C_6C_8C_2-(C_3C_7C_6+C_8C_{11}C_1+C_2^2C_{15})]/C_{16}$
28）	$C_{26}=-(C/4)^{1/4}$
29）	$C_{27}=C_{20}-C_{17}-5/12+C_{17}C_{26}$
30）	$C_{28}=C_{22}-C_{19}-1/12+C_{19}C_{26}$
31）	$C_{29}=-(C/4)^{1/2}$
32）	$C_{30}=-(C/4)^{3/4}$
33）	$C_{31}=3A/2-C_{17}C_{30}$
34）	$C_{32}=1/2-C_{19}C_{30}$
35）	$C_{33}=0.5C_{26}C_{32}+C_{28}C_{31}C_{29}-(0.5C_{30}C_{28}+C_{32}C_{27}C_{29})$
36）	$C_{34}=1/12+C_{18}-C_{21}-C_{18}C_{26}$
37）	$C_{35}=C_{18}C_{30}$
38）	$C_{36}=(C_{28}C_{35}C_{29}-C_{32}C_{34}C_{29})/C_{33}$
39）	$C_{37}=[0.5C_{26}C_{35}+C_{34}C_{31}C_{29}-(0.5C_{30}C_{34}+C_{35}C_{27}C_{29})]/C_{33}$
40）	$E_1=C_{17}C_{36}+C_{18}+C_{19}C_{37}$
41）	$E_2=C_{20}C_{36}+C_{21}+C_{22}C_{37}$
42）	$E_3=C_{23}C_{36}+C_{24}+C_{25}C_{37}$
43）	$E_4=1/4+C_{37}/12+C_{36}/4-E_3/5-3E_2/2-E_1$
44）	$E_5=E_1(1/2+A/6)+E_2(1/4+11A/84)+E_3(1/70+A/105)$
45）	$E_6=E_5-C_{36}(7/120+A/36+3A/C)-1/40-A/72-C_{37}(1/60+A/120+1/C)$

9　管壳式热交换器管板

9.1　通则

9.1.1　U 形管式、浮头式、填函式、固定管板式热交换器应按本章进行管板及其相关元件的弹性计算，对管板进行塑性失效准则评定，并提出基本结构要求。管板及其相关元件包括管板、管箱法兰或筒体、壳侧法兰或筒体和换热管等，应满足下列 a)～c)的要求：

　　a)　管板为圆形；

　　b)　除分程隔板处局部外，开孔区布管均匀；

　　c)　换热管规格相同。

本章中热交换器管板及相关结构元件未涉及的其他要求，均应遵照 GB/T 151—2014 的规定。

9.1.2 对 U 形管式、浮头式和填函式热交换器，计算时除换热管取名义厚度外，各元件一般采用有效厚度进行校核计算。

对固定管板式热交换器，除换热管取名义厚度外，各元件应按名义厚度和有效厚度分别进行管板及其相关元件校核计算。

各种型式热交换器均应满足本文件中相关制造要求。

9.1.3 本章提供管板强度和安定性评定、换热管强度和轴向稳定性校核，并可保证管板不发生整体塑性垮塌失效。

9.2 符号

下列符号适用于第 9 章。

A——壳体内径横截面积，$A = \pi D_i^2/4$，mm^2。

a——一根换热管壁金属横截面积，$a = \pi(d-\delta_t)\delta_t$，$mm^2$。

A_b——法兰螺栓的总截面积（按螺纹小径或无螺纹部分最小直径计算，取小者），mm^2。

A_d——在布管区范围内，因设置分程隔板和拉杆结构的需要，而未能被换热管支承的面积，见 GB/T 151—2014 中 7.4.8.1，mm^2。

A_G——垫片有效受压面积，$A_G = 2\pi D_G b$，mm^2。

A_l——管板布管区开孔后的总横截面积，$A_l = A_t - n\pi d^2/4$，mm^2。

A_s——壳程圆筒壳壁金属横截面积，$A_s = \pi\delta_s(D_i+\delta_s)$，$mm^2$。

A_t——管板布管区的面积，按 GB/T 151—2014 中 7.4.8.2 计算，mm^2。

b——垫片有效密封宽度（见 8.5.1.2），mm。

b_f——与管板连成一体的壳体法兰或管箱法兰宽度，或图 9-3 中(c)型、(d)型结构凸缘的宽度，$b_f = (D_f - D_i)/2$，mm。

$\text{ber}(x)$，$\text{bei}(x)$——以 x 为自变量的汤姆逊函数。

$\text{ber}'(x)$，$\text{bei}'(x)$——汤姆逊函数对 x 的一阶导数。

$\text{ber}(K)$，$\text{bei}(K)$，$\text{ber}'(K)$，$\text{bei}'(K)$——当 $x = K$ 时，$\text{ber}(x)$，$\text{bei}(x)$，$\text{ber}'(x)$，$\text{bei}'(x)$的值。

D——管板开孔前的抗弯刚度，$D = E_p\delta_p^3/\lceil 12(1-\nu_p^2)\rceil$，$N \cdot mm$。

d——换热管外直径，mm。

D_{ex}——膨胀节波峰处内直径，mm。

D_f——与管板连成一体的壳体法兰或管箱法兰外直径，mm。

D_G——垫片压紧力作用中心圆直径（按第 8 章计算），mm。

D_h——管箱圆筒抗弯刚度，$D_h = E_h\delta_h^3/\lceil 12(1-\nu_h^2)\rceil$，$N \cdot mm$。

D_i——壳程圆筒和管箱圆筒内直径，mm。

D_s——壳程圆筒抗弯刚度，$D_s = E_s\delta_s^3\lceil 12(1-\nu_s^2)\rceil$，$N \cdot mm$。

D_t——管板布管区的当量直径，$D_t = \sqrt{4A_t/\pi}$，mm。

e——管板中面与壳体法兰中面之间的垂直距离，mm。

E_b——设计温度下螺栓弹性模量，MPa。

E_f'——设计温度下壳体法兰材料弹性模量，MPa。

E_f''——设计温度下管箱法兰材料弹性模量，MPa。

E_G——设计温度下垫片回弹模量，MPa。

E_h——设计温度下管箱圆筒材料弹性模量，当管箱法兰采用长颈对焊法兰时，取管箱法兰的材料弹性模量；当管箱法兰采用带短节乙型平焊法兰时，取法兰短节材料的弹性模量，MPa。

E_p——设计温度下管板材料弹性模量，MPa。

E_s——设计温度下壳程圆筒材料弹性模量,MPa。

E_t——设计温度下换热管材料弹性模量,MPa。

E_{tm}——换热管材料在平均金属温度下的弹性模量,MPa。

e''——平盖中面与管箱法兰中面之间的垂直距离,mm。

$F_1(K),F_2(K),F_3(K)$——K 的函数,见公式(9-71)~公式(9-73)。

$f_1(x),f_2(x),f_3(x)f_4(x)$——$x$ 的函数,见公式(9-57)~公式(9-60)。

H'——管板外缘径向拉力,N・m。

H''——管板布管区和环板间的径向拉力,N・m。

H_h——管箱圆筒(或封头)与管箱法兰连接处横剪力,N・m。

H_s——壳体和壳体法兰连接处横剪力,N・m。

K——固定式、浮头式、填函式热交换器管板的管子加强系数,见公式(9-50)。

K_{bG}——螺栓垫片旋转刚度参数,见公式(9-69),MPa。

K_{ex}——波形膨胀节刚度,应符合 GB/T 16749 的相关规定,N・m。

K_f——管板边缘旋转刚度参数,N・mm²。

K_f'——壳体法兰旋转刚度参数,见公式(9-10),N・mm²。

K_f''——管箱法兰旋转刚度参数,见公式(9-11),N・mm²。

$K_{RR},K_{tt},K_{VV},K_{Rt}=K_{tR},K_{tV}=K_{Vt},K_{RV}=K_{VR},K_{Rp},K_{tp},K_{Vp}$——环形板旋转刚度无量纲参数,按附录 A 中公式(A.3-122)、公式(A.3-123)计算。

k_h——管箱圆筒壳体常数,$k_h=\sqrt[4]{3(1-\nu_h^2)}/\sqrt{R\delta_h}$,1/mm。

k_s——壳程圆筒壳体常数,$k_s=\sqrt[4]{3(1-\nu_s^2)}/\sqrt{R\delta_s}$,1/mm。

L——换热管有效长度(两管板内侧间距),mm。

l——换热管与管板胀接或焊接长度或焊脚高度,按 GB/T 151—2014 中 6.6 的规定。

l_b——两法兰背面间的螺栓长度(包括两法兰厚度加垫片厚度),mm。

L_D,L_G,L_T——力臂,按第 8 章选取,mm。

L_{ex}——膨胀节不包括直边部分的长度,mm。

L_s——壳体长度(不包括膨胀节曲线部分长度),$L_s=L-L_{ex}$,mm。

M_f——固定管板式热交换器在载荷(压力 p_s、p_t,热膨胀差 γ,外力矩 M_m、M_p 等)作用下引起的作用于壳程法兰的内力素(以单位内圆周长度计),$M_f=M_{fo}+M_{fp}$,见表 9-2,N・mm/mm。

M_f'——固定管板式热交换器壳体法兰设计力矩,N・mm/mm。

M_{fp}——固定管板式热交换器在压力 p_s、p_t,热膨胀差 γ 载荷作用下引起的作用于壳程法兰的内力素,即操作条件下法兰力矩变化值(以单位内圆周长度计),见表 9-2,N・mm/mm。

M_{f0}——U 形管式或固定管板式热交换器在各计算工况中的预紧法兰力矩(以单位内圆周长度计),U 形管式热交换器见公式(9-21)或公式(9-22),固定管板式热交换器见表 9-2,N・mm/mm。

M_h——管箱圆筒(或封头)与管箱法兰连接处的边缘弯矩,N・mm/mm。

M_m——基本法兰力矩,N・mm;$M_m=A_mL_G[\sigma]_b$,其中 A_m、L_G、$[\sigma]_b$ 按第 8 章规定。

M_p——在设计压力 p 下的法兰力矩,N・mm;按第 8 章规定计算,对于图 9-3 中(e1)型 U 形管式热交换器及图 9-3 中(e1)型、(e2)型、(e3)型固定管板式热交换器,取压力 $p=p_t$;对于图 9-3中(f)型 U 形管式热交换器,取压力 $p=p_s$。

M_R——环形板与壳体法兰连接处的边缘弯矩,N・mm/mm。

M_{r1}——管板布管区径向弯矩,N・mm/mm。

M_{r2}——环形板径向弯矩,N・mm/mm。

M_s——壳体与壳体法兰连接处的边缘弯矩,N・mm/mm。

M_t——管板布管区与非布管区连结处的边缘弯矩，N·mm/mm。

M_{ws}——U 形管式热交换器和浮头、填函式热交换器固定端与管板连成一体的壳体（或管箱）法兰设计力矩，N·mm/mm。

$M_{\theta1}$——管板布管区环向弯矩，N·mm/mm。

$M_{\theta2}$——环形板环向弯矩，N·mm/mm。

N——弹性基础系数，$N=2E_t na/(LA_t)$，N/mm³。

n——换热管数量。

P_a——有效压力组合，见公式（9-75），MPa。

P_c——当量压力组合，$P_c=p_s-p_t(1+\beta)$，MPa。

p_s——壳程设计压力，MPa。

p_t——管程设计压力，MPa。

Q——换热管束与壳体圆筒部分的刚度比，当壳体不带波形膨胀节时，$L_s=L$，见公式（9-65）。

q——换热管与管板连结拉脱力，MPa。

Q_{ex}——换热管束与带有膨胀节的壳体刚度比，当壳体不带波形膨胀节时，$Q_{ex}=Q$，见公式（9-66）。

$[q]$——许用拉脱力，按 GB/T 151—2014 中 7.4.7 选取，MPa。

R——管板计算半径，见公式（9-7），mm。

r——管板上计算点离管板中心点距离，mm。

R^F——浮头、填函式热交换器浮动管板计算半径，浮头式热交换器为浮动管板外半径，填函式热交换器为浮动管箱圆筒内半径，mm。

R''——管箱圆筒在与法兰连接处的经线曲率半径，mm。

R_f——法兰环平均半径，$R_f=R+b_f/2$，mm。

R_t——管板布管区的当量半径，mm。

S——换热管中心距，mm。

$[S_m^t]_c$——设计温度下壳程筒体材料的许用应力，MPa。

$[S_m^t]_p$——设计温度下管板材料的许用应力，MPa。

$[S_m^t]_t$——设计温度下换热管材料的许用应力，MPa。

t_s——沿长度平均的壳程圆筒金属温度，℃。

t_t——沿长度平均的换热管金属温度，℃。

t_0——热交换器装配温度，℃。

V_h——管箱封头轴向力（以壳体单位内圆周长度计），$V_h=p_tR/2$，N/mm。

V_R——环形板外边缘剪力，$V_R=V_t\rho_t+(p_s-p_t)(1-\rho_t^2)R/2$，N/mm。

V_s——壳程圆筒轴向力，$V_s=V_R+p_tR/2$，N/mm。

V_t——管板布管区边缘剪力，N/mm。

x——无量纲径向坐标，见公式（9-56）。

Y——法兰计算参数，按第 8 章法兰部分计算。

α_s——壳程圆筒材料在 $t_0 \sim t_s$ 之间的平均线膨胀系数，℃$^{-1}$。

α_t——换热管材料在 $t_0 \sim t_t$ 之间的平均线膨胀系数，℃$^{-1}$。

β——系数，$\beta=na/A_1$。

δ_f'——壳体法兰厚度，mm。

δ_f''——管箱法兰厚度，mm。

δ_G——垫片厚度，mm。

δ_h——管箱圆筒厚度。当管箱法兰按 NB/T 47023 采用长颈对焊法兰时，取颈部大小端厚度平均值；当管箱法兰按 NB/T 47022 采用乙型平焊法兰时，取法兰短节厚度。mm。

δ_p——管板厚度,mm。

δ_s——壳程圆筒厚度,mm。

δ_t——换热管厚度,mm。

γ—— 换热管与壳程圆筒的热膨胀变形差,$\gamma=\alpha_t(t-t_0)-\alpha_s(t_s-t_0)$。

η—— 管板刚度削弱系数(若无可靠依据,可取 μ 规定值)。

φ_R—— 管板外边缘的转角。

φ_t—— 布管区与非布管区交界处管板管板的转角。

φ_{uu}——管板的径向柔度系数,见公式(9-70),MPa^{-1}。

λ——系数,$\lambda=A_1/A_t$。

μ——强度削弱系数,除非另有规定,一般取 $\mu=0.4$。

ρ——比值,$\rho=r/R$。

ρ_t——比值,$\rho_t=R_t/R$。

ρ^F——浮头、填函式热交换器浮动管板上计算点半径与该浮动管板的计算半径之比,$\rho^F=r/R^F$。

ν_h——管箱圆筒材料泊松比。当管箱法兰按 NB/T 47023 采用长颈对焊法兰时,取管箱法兰材料泊松比;当管箱法兰按 NB/T 47022 采用乙型平焊法兰时,取法兰短节材料的泊松比。

ν_p——管板材料泊松比。

ν_s——壳程圆筒材料泊松比。

ν_t——换热管材料泊松比。

σ_c——壳程圆筒轴向薄膜应力,MPa。

σ_f'——对于(e)型连接结构的 U 形管式热交换器和固定管板式热交换器壳体(管板)法兰应力,MPa。

σ_f''——对于(f)型连接结构的 U 形管式热交换器管箱(管板)法兰应力,MPa。

$\sigma_{r1},\sigma_{\theta 1}$——管板布管区径向、环向应力,MPa。

$\sigma_{r2},\sigma_{\theta 2}$——环形板径向、环向应力,MPa。

σ_t——换热管轴向应力,MPa。

$[\sigma]_{cr}^t$——换热管稳定许用压应力,按 GB/T 151—2014 中 7.3.2.2 计算,MPa。

$[\sigma]_f^t$——壳体法兰材料在设计温度下的许用应力,按 GB/T 150.2 选取,MPa。

注:(e1)型、(e3)型固定管板式热交换器壳体法兰材料同管板材料,许用应力为 $[S_m^t]_p$。

ϕ_c——壳程筒体环向焊接接头系数,按 GB/T 151—2014 的规定。

ϕ_t——换热管与管板内孔焊时,焊接接头系数,要求进行 100% 射线检测,取 $\phi_t=1.0$。

$\chi(K)$——K 的函数,见公式(9-74)。

9.3 管板最小厚度

9.3.1 管板与换热管采用胀接连接时,管板的最小厚度 δ_{min}(不包括腐蚀裕量)应符合下列规定。

    a) 易爆及毒性程度为极度危害或高度危害的介质场合,管板最小厚度不应小于换热管的外径 d。

    b) 其他场合的管板最小厚度,应符合下列要求:

        1) $d \leqslant 25$ 时,$\delta_{min} \geqslant 0.75d$;

        2) $25 < d < 50$ 时,$\delta_{min} \geqslant 0.70d$;

        3) $d \geqslant 50$ 时,$\delta_{min} \geqslant 0.65d$。

9.3.2 管板与换热管采用焊接连接时,管板的最小厚度应满足结构设计和制造要求,且不小于 12 mm。

9.3.3 复合管板覆层最小厚度满足下列要求。

    a) 与换热管焊接连接的复合管板,其覆层的厚度不应小于 3 mm。对有耐腐蚀要求的覆层,还应保证距覆层表面深度不小于 2 mm 的覆层化学成分和金相组织符合覆层材料标准的要求。

   b) 与换热管强度胀接连接的复合管板,其覆层最小厚度宜不小于 10 mm。对有耐腐蚀要求的
       覆层,还应保证距覆层表面深度不小于 8 mm 的覆层化学成分和金相组织符合覆层材料标
       准的要求。

9.4 管板连接结构形式

9.4.1 管板与换热管的连接

管板与换热管的连接方式可为焊接、胀接或胀焊结合的结构。管板与换热管的对接焊缝或与角焊
缝的组合焊缝应保证全焊透。具体结构形式见图 9-1 或 GB/T 151—2014 中 6.6。对 GB/T 151—2014
附录 H 中的结构,需保证焊接接头拉脱力要求,必要时,应进行拉脱试验评估焊接接头拉脱力。

9.4.2 管板与壳体连接

管板与壳体(包括圆筒与管箱)的焊接结构型式见图 9-2(a),其他适用的连接结构或有关接头、焊缝
坡口形式的具体要求,应符合 GB/T 151—2014 中 I.1 和 I.2,也可参照附录 B 的要求。

9.4.3 管板与壳体法兰连接

管板与壳体法兰的搭接连接见图 9-2(b)。其间的连接焊缝应采用确保焊透的坡口形式和尺寸。
在制造过程中,应注意防止焊接变形。焊后应对焊缝表面进行磁粉或渗透检测,I 级合格。

对使用条件苛刻的热交换器,在其法兰(或壳体)内表面与管板间的内角焊缝成形过程中,应对每层
焊道表面进行磁粉或渗透检测,I 级合格,并将焊缝表面打磨成 $R \geqslant 20$ mm 的圆角(如图 9-2 所示)。

9.4.4 管板与壳体、管箱的连接结构

各类型的热交换器分可分别采用下列结构。

a) U 形管热交换器(图 9-4 中连接结构符号 A)可采用图 9-3 中(a)型、(b)型、(c)型、(d)型、(e1)
    型、(f)型的结构。

b) 浮头式热交换器、填函式热交换器的固定端(图 9-6、图 9-7 中连接结构符号 A)可采用图 9-3
    中(a)型～(d)型的结构。

    浮头式热交换器浮动端(图 9-6 中连接结构符号 B)可采用图 9-3 中(S)型的结构,填函式热交
    换器的浮动端(图 9-7 中 B 端)可采用图 9-3 中(P)型、(W)型的结构;

c) 固定管板式热交换器连接结构可采用图 9-3 中(b)型、(e1)型、(e2)型、(e3)型的结构。

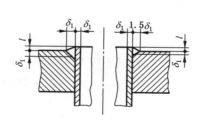
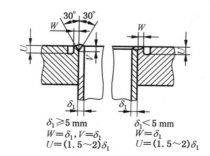
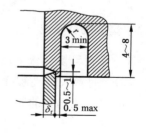

a) 适用于管壁较薄的情况,
    l 按 GB/T 151—2014 的规定

b) 适用于需限制管板
    焊接变形的场合

c) 适用疲劳要求
    的场合

图 9-1 管板与换热管的连接

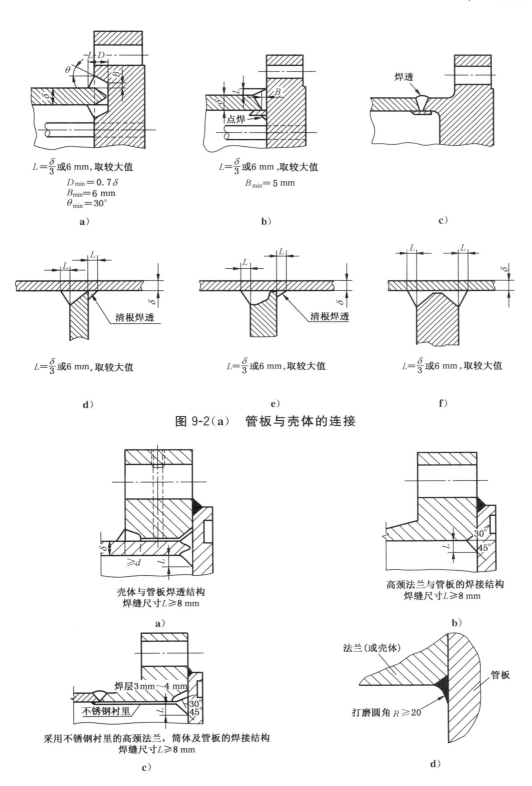

L=$\frac{\delta}{3}$或6 mm,取较大值

D_{min}=0.7δ
B_{min}=6 mm
θ_{min}=30°

a)

L=$\frac{\delta}{3}$或6 mm,取较大值

B_{min}=5 mm

b)

焊透

c)

清根焊透

L=$\frac{\delta}{3}$或6 mm,取较大值

d)

清根焊透

L=$\frac{\delta}{3}$或6 mm,取较大值

e)

L=$\frac{\delta}{3}$或6 mm,取较大值

f)

图 9-2（a） 管板与壳体的连接

壳体与管板焊透结构
焊缝尺寸L≥8 mm

a)

高颈法兰与管板的焊接结构
焊缝尺寸L≥8 mm

b)

焊层3 mm～4 mm
不锈钢衬里

采用不锈钢衬里的高颈法兰，筒体及管板的焊接结构
焊缝尺寸L≥8 mm

c)

法兰（或壳体）
管板
打磨圆角 R≥20

d)

图 9-2（b） 管板与壳体法兰的搭接连接

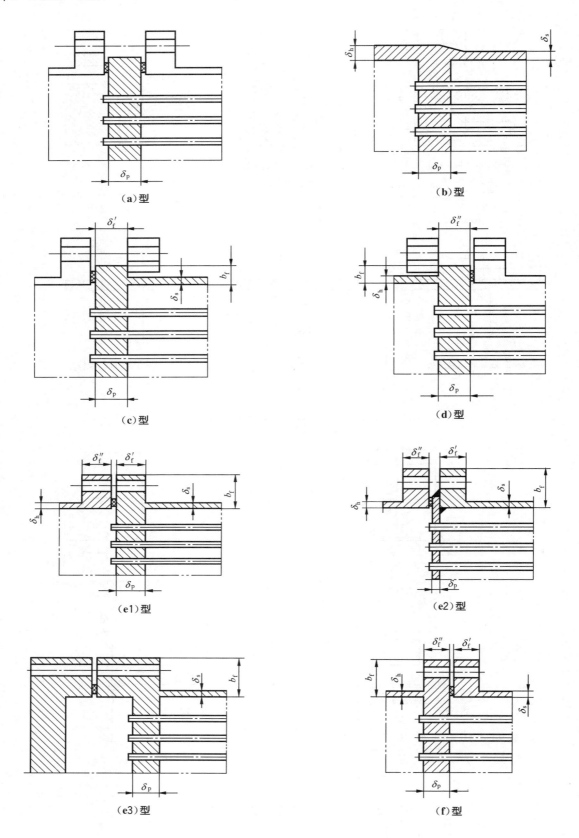

图 9-3　管板与壳体、管箱或尾端结构的连接

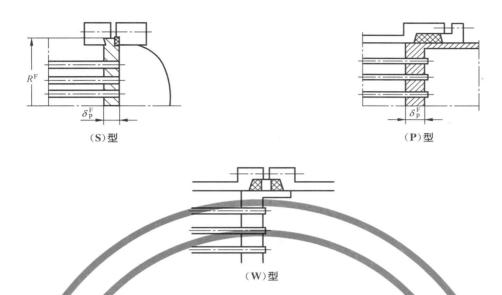

（S）型　　　　　　　　　　　　　　　（P）型

（W）型

注：图中无剖面线的圆筒和法兰元件表示该元件不参与管板应力计算。

图 9-3　管板与壳体、管箱或尾端结构的连接（续）

9.5　计算工况和管板应力校核

9.5.1　计算工况

根据设计条件，确定计算工况，逐一对其进行校核计算，并符合下列规定。

a)　对于 U 形管热交换器、浮头热交换器、填函式热交换器，若不能保证壳程压力 p_s 与管程压力 p_t 在任何情况下同时作用，则应分别对 p_s 与 p_t 单独作用的两种工况进行校核。如 p_s 和 p_t 之一为负压时，则应计入压差的危险组合。

b)　固定管板式热交换器的计算工况见表 9-1，工况①～工况④为应核算的工况。当壳体带膨胀节时或 p_s 与 p_t 之一为负压时，应附加计算工况⑤、工况⑥。

c)　上述 a)、b)各种型式热交换器，如壳程压力与管程压力同为正压，且能保证在任何情况下同时作用，则其承受两侧压力作用的公用元件可以按压差进行设计，即仅对壳程与管程压力同时作用的"计算工况"做校核计算。必要时还应相应提出相关制造、检验、试压等方面的技术要求以确保压差计算元件的安全运行。

9.5.2　与法兰连接的管板的应力计算

对于与法兰连接的管板，即图 9-3 中(e1)型、(e2)型、(e3)型和(f)型的管板，应按"预紧条件"和"操作条件"两种状态分别计算管板应力，再予以叠加。

9.5.3　管板应力校核

将每种计算工况所得管板应力分量进行分类，区别一次应力与二次应力，逐一对各工况下管板中各校核点的应力分量计算其当量应力 S_{III} 和 S_{IV}，进行强度校核。一次薄膜加一次弯曲应力的当量应力 S_{III} 和一次应力加二次应力的当量应力 S_{IV} 满足公式(9-1)：

$$S_{\mathrm{III}} \leqslant 1.5[S_m^t]_p$$
$$S_{\mathrm{IV}} \leqslant 3.0[S_m^t]_p \qquad\qquad\qquad (9\text{-}1)$$

管板作为轴对称圆板，其每个校核点处只有非零的径向应力分量 σ_r 和环向应力分量 σ_θ，当量应力按照公式(9-2)计算：

$$S_{\mathrm{III}}(\text{或} S_{\mathrm{IV}}) = \begin{cases} \max(\mid \sigma_{\mathrm{r}} \mid, \mid \sigma_{\theta} \mid) & \text{对于} \ \sigma_{\mathrm{r}}\sigma_{\theta} \geqslant 0 \\ \mid (\sigma_{\mathrm{r}} - \sigma_{\theta}) \mid & \text{对于} \ \sigma_{\mathrm{r}}\sigma_{\theta} < 0 \end{cases} \quad \cdots\cdots\cdots\cdots\cdots (9\text{-}2)$$

9.6 U 形管式热交换器管板应力分析

9.6.1 力学模型与计算步骤

9.6.1.1 力学模型

对图 9-4 所示 U 形管热交换器,应按 9.6 进行管板连接结构在壳程压力 p_s、管程压力 p_t 及法兰力矩作用下的应力分析。

管板分解为规则排列多孔板(简化为均匀削弱的普通圆板)与边缘区的不布管环形实心板两个基本元件。力学模型及内力素、位移正方向,相互间的连接内力素正方向见图 9-5。

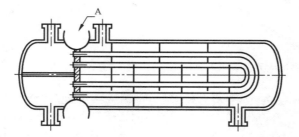

注:结构 A 见图 9-3 中(a)型、(b)型、(c)型、(d)型、(e1)型、(f)型。

图 9-4 U 形管式热交换器

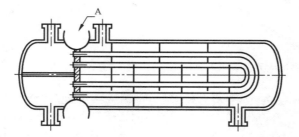

| (e)型 | (f)型 |

注:图中 M_{f0} 正方向的规定仅适用于 U 形管式热交换器。

图 9-5 U 形管式热交换器管板力学模型

9.6.1.2 计算步骤

管板计算应按 9.5 规定的计算工况进行校核。每种工况下管板应力校核点包括 $r=0$，$r=R_t$，$r=R$ 三处管程侧和壳程侧两个表面，共计 6 个校核点。校核步骤如下。

a) 根据图 9-3 给出的管板与壳体、管箱的不同连接方式，给出壳体、管箱、法兰、换热管等元件结构尺寸。

b) 对于图 9-3 中(e1)型和(f)型结构，M_p、M_m 的规定见 9.2 中符号说明，并按第 8 章计算 M_p 值。

c) 假定管板厚度 δ_p，进而确定与管板连成一体的法兰厚度。

d) 按 9.6.2 计算由压力引起的管板上校核点应力。对于图 9-3 中(a)型、(b)型、(c)型、(d)型结构，计算所得即为 p_s 或 p_t 作用下管板的应力。对于图 9-3 中(e1)型、(f)型管板延长部分兼作法兰的结构，计算过程中内压引起的管板转角、内力素、应力等均只是部分数值，需附加下标"p"以示区别。

e) 图 9-3 中(e1)型或(f)型结构，按 9.6.3 分别计算 p_s 和 p_t 单独作用时对应的法兰预紧力矩 M_{fo}，并分别计算两种工况下 M_{fo} 引起的管板上各校核点应力，计算过程中法兰力矩引起的管板转角、内力素、应力等均附加下标"0"；对图 9-3 中(a)型、(b)型、(c)型、(d)型结构，法兰力矩不引起管板应力。

f) 图 9-3 中(e1)型或(f)型结构，按不同工况对不同校核点逐一叠加 d)、e)两项计算得到的应力，得到每种工况下 6 个校核点的应力，叠加后的内力素、应力分量都不再标注 d)、e)两项中附加的下标，表示为该计算工况下总的内力素与应力，如图 9-5 所示，见 9.6.3.3。

g) 按照公式(9-1)、公式(9-2)校核各计算工况管板中各校核点的一次薄膜加一次弯曲应力当量应力 S_{III} 和一次应力加二次应力的当量应力 S_{IV}。

h) 按 9.6.5 计算换热管轴向应力 σ_t，应满足公式(9-3)：

$$\sigma_t \leqslant [S_m^t]_t \quad (当 \sigma_t \geqslant 0)$$
$$|\sigma_t| \leqslant [\sigma]_{cr} \quad 当 (\sigma_t < 0) \quad \cdots\cdots\cdots\cdots\cdots\cdots (9\text{-}3)$$

对接连接的内孔焊结构，换热管轴向应力应满足公式(9-4)：

$$|\sigma_t| \leqslant \phi_t \cdot \min([S_m^t]_p, [S_m^t]_t) \quad \cdots\cdots\cdots\cdots (9\text{-}4)$$

i) 按 9.6.6 计算换热管和管板接拉脱力 q，应满足公式(9-5)：

$$|q| \leqslant [q] \quad \cdots\cdots\cdots\cdots\cdots\cdots (9\text{-}5)$$

对接连接的内孔焊结构，无需满足公式(9-5)。

j) 对图 9-3 中(e1)型或(f)型结构，应按 9.6.4 计算与管板相连接的壳体(或管箱)法兰的设计力矩，按第 8 章校核法兰强度。要求法兰应力满足公式(9-6)：

$$\sigma'_f(或 \sigma''_f) \leqslant 1.5[\sigma]_f^t \quad \cdots\cdots\cdots\cdots (9\text{-}6)$$

9.6.2 由内压引起的管板应力计算

由内压引起的管板应力应按下列规定计算。

a) 管板计算半径 R，按公式(9-7)计算：

$$R = \begin{cases} D_G/2 & 对于(a)型 \\ D_i/2 & 对于(b)型、(c)型、(d)型、(e1)型、(f)型 \end{cases} \quad \cdots\cdots\cdots (9\text{-}7)$$

b) 根据图 9-3 中不同结构型式计算管板边缘旋转刚度参数 K_f：

对于(a)型、(b)型、(c)型、(d)型，K_f 按公式(9-8)计算：

$$K_f = \begin{cases} 0 & 对于(a)型 \\ 2(k_s D_s + k_h D_h)/R^2 & 对于(b)型 \\ K'_f & 对于(c)型 \\ K''_f & 对于(d)型 \end{cases} \quad \cdots\cdots\cdots (9\text{-}8)$$

对于(e1)型、(f)型，K_f 按公式(9-9)计算：

$$K_f = K_f' + K_f'' \qquad\qquad \cdots\cdots\cdots(9\text{-}9)$$

式中：

$$K_f' = \frac{1}{12}\left[\frac{E_f' b_f \delta_f'^3}{R_f R^3} + E_s \omega'\right] \qquad\qquad \cdots\cdots\cdots(9\text{-}10)$$

$$K_f'' = \frac{1}{12}\left[\frac{E_f'' b_f \delta_f''^3}{R_f R^3} + E_h \omega''\right] \qquad\qquad \cdots\cdots\cdots(9\text{-}11)$$

$$\omega' = \frac{k_s R}{1-\nu_s^2}\left[1+(1+k_s\delta_f')^2\right]\left(\frac{\delta_s}{R}\right)^3 \qquad\qquad \cdots\cdots\cdots(9\text{-}12)$$

$$\omega'' = \frac{k_h R}{1-\nu_h^2}\left[1+(1+k_h\delta_f'')^2\right]\left(\frac{\delta_h}{R}\right)^3 \qquad\qquad \cdots\cdots\cdots(9\text{-}13)$$

对于(c)型、(d)型管板连接结构，公式(9-10)～公式(9-13)中的法兰尺寸参数 R_f，b_f，δ_f'，δ_f''系指管板延长部分所形成的被夹持凸缘的尺寸。

c) 求解下列以 M_{tp}，M_{Rp}，φ_{tp}，φ_{Rp} 为基本未知量的线性方程组公式(9-14)、公式(9-15)，对于(a)型、(b)型、(c)型、(d)型管板连接结构，公式(9-14)不加下标"p"，即基本未知量符号为 M_t，M_R，φ_t，φ_R。

$$\varphi_{tp} = \frac{(p_s-p_t)R_t^3}{8(1+\nu_p)\eta D} - \frac{M_{tp}R_t}{(1+\nu_p)\eta D}$$

$$\varphi_{tp} = \frac{R}{D}\left[-\frac{M_{Rp}}{K_{tR}} + \frac{\rho_t M_{tp}}{K_{tt}} + \frac{\rho_t V_t R}{K_{tV}} + \frac{(p_s-p_t)R^2}{K_{tp}}\right] \qquad \cdots\cdots\cdots(9\text{-}14)$$

$$\varphi_{Rp} = \frac{R}{D}\left[-\frac{M_{Rp}}{K_{RR}} + \frac{\rho_t M_{tp}}{K_{Rt}} + \frac{\rho_t V_t R}{K_{RV}} + \frac{(p_s-p_t)R^2}{K_{Rp}}\right]$$

$$K_f R^2 \varphi_{Rp} = M_{Rp}$$

$$V_t = \frac{1}{2}(p_s-p_t)\rho_t R \qquad\qquad \cdots\cdots\cdots(9\text{-}15)$$

K_{RR}，$K_{Rt}=K_{tR}$，K_{tt}，K_{RV}，K_{tV}，K_{Rp}，K_{tp} 的表达式见附录 A 中公式(A.3-122)、公式(A.3-123)。

d) 计算管板上各点应力[对于(a)型、(b)型、(c)型、(d)型连接结构管板，公式(9-16)～公式(9-20)中应力符号的下标中无"p"]。

管板中应力校核三处。管板中心($r=0$)处应力计算见公式(9-16)，管板布管区与非布管区接茬处($r=R_t$)应力计算见公式(9-17)和公式(9-18)，管板边缘($r=R$)处应力计算见公式(9-19)和公式(9-20)。公式中上标符号表示管板在管程侧的表面处应力，下标符号表示管板在壳程侧的表面处应力。

1) $r=0$：

$$\sigma_{r1p}^{(0)} = \sigma_{\theta 1p}^{(0)} = \mp\frac{6M_{tp}}{\mu\delta_p^2} \pm \frac{3(3+\nu_p)}{8\mu}(p_s-p_t)\left(\frac{R_t}{\delta_p}\right)^2 \qquad \cdots\cdots\cdots(9\text{-}16)$$

2) $r=R_t$：

$$\sigma_{r1p} = \mp\frac{6M_{tp}}{\mu\delta_p^2} \qquad\qquad \cdots\cdots\cdots(9\text{-}17)$$

$$\sigma_{\theta 1p} = \mp\frac{6M_{tp}}{\mu\delta_p^2} \pm \frac{3(1-\nu_p)}{4\mu}(p_s-p_t)\left(\frac{R_t}{\delta_p}\right)^2 \qquad \cdots\cdots\cdots(9\text{-}18)$$

3) $r=R$：

$$\sigma_{r2p} = \mp\frac{6M_{Rp}}{\delta_p^2} \qquad\qquad \cdots\cdots\cdots(9\text{-}19)$$

$$\sigma_{\theta 2p} = \pm\frac{6M_{tp}}{\delta_p^2}\cdot\frac{2\rho_t^2}{1-\rho_t^2} \mp \frac{1+\rho_t^2}{1-\rho_t^2}\cdot\frac{6M_{Rp}}{\delta_p^2} \pm \frac{3}{4}\left[(1-\nu_p)+(3+\nu_p)\rho_t^2\right](p_s-p_t)\left(\frac{R}{\delta_p}\right)^2$$

$$\cdots\cdots\cdots(9\text{-}20)$$

9.6.3 法兰力矩引起的管板应力

9.6.3.1 法兰预紧力矩 M_{f0} 的计算

M_{f0} 的计算方法因结构型式及 p_s 或 p_t 作用而异，应遵循法兰密封设计规则，区别情况予以计算：

a) 管板边缘为图 9-3 中（e1）型连接方式时，法兰预紧力矩按公式（9-21）计算：

$$M_{f0} = \begin{cases} \dfrac{M_m}{\pi D_i} & p_s \text{ 作用} \\[3mm] \dfrac{M_p}{\pi D_i} - M_{Rp}\dfrac{K''_f}{K_f} & p_t \text{ 作用} \end{cases} \quad\cdots\cdots(9\text{-}21)$$

式中，M_{Rp} 由作用压力 p_t 解方程式（9-14）求得。

b) 管板边缘为图 9-3 中（f）型连接方式时，法兰预紧力矩按公式（9-22）计算：

$$M_{f0} = \begin{cases} -\dfrac{M_p}{\pi D_i} - M_{Rp}\dfrac{K'_f}{K_f} & p_s \text{ 作用} \\[3mm] -\dfrac{M_m}{\pi D_i} & p_t \text{ 作用} \end{cases} \quad\cdots\cdots(9\text{-}22)$$

式中，M_{Rp} 由作用压力 p_s 解方程式（9-14）求得。

9.6.3.2 法兰预紧力矩 M_{f0} 作用下的管板应力计算

法兰预紧力矩 M_{f0} 作用下的管板应力按下列规定计算：

a) 按公式（9-23）求得 K_f°，按公式（9-24）求解 M_{t0}、M_{R0}、φ_{t0}、φ_{R0}：

$$K_f^\circ = \begin{cases} K'_f & \text{对于（e1）型} \\ K''_f & \text{对于（f）型} \end{cases} \quad\cdots\cdots(9\text{-}23)$$

$$\begin{cases} \varphi_{t0} = -\dfrac{M_{t0}R}{(1+\nu_p)\eta D} \\[3mm] \varphi_{t0} = \dfrac{R}{D}\left(\dfrac{M_{R0}}{K_{tR}} + \dfrac{\rho_t M_{t0}}{K_{tt}}\right) \\[3mm] \varphi_{R0} = \dfrac{R}{D}\left(-\dfrac{M_{R0}}{K_{RR}} + \dfrac{\rho_t M_{t0}}{K_{Rt}}\right) \\[3mm] K_f^0 R^2 \varphi_{R0} = M_{R0} - M_{f0} \end{cases} \quad\cdots\cdots(9\text{-}24)$$

b) 预紧情况下管板中各校核点的应力按公式（9-25）～公式（9-27）：

$r=0$，R_t：

$$\sigma_{r10}^{(0)} = \sigma_{\theta 10}^{(0)} = \sigma_{r10} = \sigma_{\theta 10} = \mp\dfrac{6M_{t0}}{\mu\delta_p^2} \quad\cdots\cdots(9\text{-}25)$$

$r=R$：

$$\sigma_{r20} = \mp\dfrac{6M_{R0}}{\delta_p^2} \quad\cdots\cdots(9\text{-}26)$$

$$\sigma_{\theta 20} = \pm\dfrac{6M_{t0}}{\delta_p^2}\cdot\dfrac{2\rho_t^2}{1-\rho_t^2} \mp \dfrac{1+\rho_t^2}{1-\rho_t^2}\cdot\dfrac{6M_{R0}}{\delta_p^2} \quad\cdots\cdots(9\text{-}27)$$

公式中上标符号表示管板在管程侧的表面应力，下标符号表示管板在壳程侧的表面应力。

9.6.3.3 设计条件下的管板应力

设计条件下的管板应力应按下列要求计算。

a) 图 9-3 中(a)型、(b)型、(c)型、(d)型连接结构管板。

设计条件下的管板应力如公式(9-16)~公式(9-20)所示,不需标注应力符号中的下标"p"。

b) 图 9-3 中(e1)型、(f)型连接结构管板。

设计条件下的管板应力应按逐个计算点叠加如下:

$r=0$:$\sigma_{r1}^{(0)}$ 按公式(9-28)计算,其中 $\sigma_{r10}^{(0)}$ 见公式(9-25),$\sigma_{r1p}^{(0)}$ 见公式(9-16):

$$\sigma_{r1}^{(0)}=\sigma_{r10}^{(0)}+\sigma_{r1p}^{(0)} \quad\cdots\cdots\cdots\cdots\cdots\cdots\cdots\cdots（9\text{-}28）$$

$r=R_t$:σ_{r1}、$\sigma_{\theta1}$ 分别按公式(9-29)、公式(9-30)计算,其中 σ_{r10}、$\sigma_{\theta10}$ 见公式(9-25),σ_{r1p}、$\sigma_{\theta1p}$ 分别见公式(9-17)、公式(9-18):

$$\sigma_{r1}=\sigma_{r10}+\sigma_{r1p} \quad\cdots\cdots\cdots\cdots\cdots\cdots\cdots\cdots（9\text{-}29）$$

$$\sigma_{\theta1}=\sigma_{\theta10}+\sigma_{\theta1p} \quad\cdots\cdots\cdots\cdots\cdots\cdots\cdots\cdots（9\text{-}30）$$

$r=R$:σ_{r2}、$\sigma_{\theta2}$ 分别按公式(9-31)、公式(9-32)计算,其中 σ_{r20}、$\sigma_{\theta20}$ 分别见公式(9-26)、公式(9-27)、σ_{r2p}、$\sigma_{\theta2p}$ 分别见公式(9-19)、公式(9-20):

$$\sigma_{r2}=\sigma_{r20}+\sigma_{r2p} \quad\cdots\cdots\cdots\cdots\cdots\cdots\cdots\cdots（9\text{-}31）$$

$$\sigma_{\theta2}=\sigma_{\theta20}+\sigma_{\theta2p} \quad\cdots\cdots\cdots\cdots\cdots\cdots\cdots\cdots（9\text{-}32）$$

9.6.4 法兰设计力矩

法兰设计力矩应按下列要求计算。

a) 由公式(9-24)解得 M_{R0}。分别按 p_s 作用或 p_t 作用由公式(9-14)解得 M_{Rp},代入公式(9-33)或公式(9-34)计算管板法兰设计力矩 M_{ws}。

1) 对于图 9-3 中(e1)型:

$$M_{ws}=\begin{cases} \dfrac{M_m}{\pi D_i}-M_{R0}-(M_{Rp})_{p_t=0}\dfrac{K'_f}{K_f} & p_s \text{ 作用}\\[3mm] \dfrac{M_p}{\pi D_i}-M_{R0}-(M_{Rp})_{p_s=0} & p_t \text{ 作用} \end{cases} \quad\cdots\cdots\cdots\cdots\cdots（9\text{-}33）$$

2) 对于图 9-3 中(f)型:

$$M_{ws}=\begin{cases} \dfrac{M_p}{\pi D_i}+M_{R0}+(M_{Rp})_{p_t=0} & p_s \text{ 作用}\\[3mm] \dfrac{M_m}{\pi D_i}+M_{R0}+(M_{Rp})_{p_s=0}\dfrac{K''_f}{K_f} & p_t \text{ 作用} \end{cases} \quad\cdots\cdots\cdots\cdots\cdots（9\text{-}34）$$

b) 由公式(9-33)或公式(9-34)算得 M_{ws} 后,按公式(9-35)、公式(9-36)进一步校核法兰强度:

$$\sigma'_f=\pi Y M_{ws}/\delta'^2_f \quad \text{对于(e1)型} \quad\cdots\cdots\cdots\cdots\cdots\cdots\cdots（9\text{-}35）$$

$$\sigma''_f=\pi Y M_{ws}/\delta''^2_f \quad \text{对于(f)型} \quad\cdots\cdots\cdots\cdots\cdots\cdots\cdots（9\text{-}36）$$

管板法兰的厚度可以不同于管板厚度,它与管板的厚度差应确保与设备法兰连接之间的结构密封要求。

9.6.5 换热管轴向应力

换热管轴向应力应按公式(9-37)计算:

$$\sigma_t=-(p_s-p_t)\dfrac{\pi d^2}{4a}-p_t \quad\cdots\cdots\cdots\cdots\cdots\cdots\cdots（9\text{-}37）$$

9.6.6 换热管与管板的拉脱力

换热管与管板连接拉脱力应按公式(9-38)计算:

$$q = \frac{\sigma_t a}{\pi d l} \qquad \cdots\cdots\cdots\cdots\cdots\cdots\cdots\cdots\cdots\cdots\cdots\cdots\cdots (9\text{-}38)$$

9.7 浮头式、填函式热交换器管板应力分析

9.7.1 力学模型与计算步骤

9.7.1.1 通则

承受壳程压力 p_s、管程压力 p_t 作用,且符合 9.4.4 要求的图 9-6 所示浮头式热交换器和图 9-7 所示填函式热交换器应按 9.7 的要求进行应力分析。

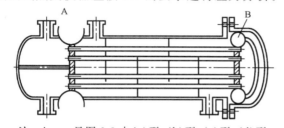

注:A——见图 9-3 中(a)型、(b)型、(c)型、(d)型;
　　B——见图 9-3 中(S)型。

图 9-6　浮头式热交换器

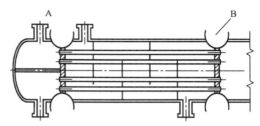

注:A——见图 9-3 中(a)型、(b)型、(c)型、(d)型;
　　B——见图 9-3 中(P)型、(W)型。

图 9-7　填函式热交换器

9.7.1.2 力学模型

浮头式、填函式热交换器力学模型见图 9-8,图中给出了三个元件间的连接内力素正方向及广义位移方向。固定管板和浮动管板应满足厚度相同、材料相同,均匀开孔,支撑半径分别为 R 和 R^F。

a) 两块半径均为 R_t 的规则排列等厚多孔圆板,通过换热管束连接成管板布管区-管束系统,其力学模型简化为两块参数相同,但变形可不相同的弹性基础上受均匀削弱的当量圆平板。换热管束对于管板的法向位移支承作用被简化为均布于管板布管区的弹性基础。

b) 内径均为 R_t、外径为 R 的固定管板非布管区与外径为 R^F 的浮动管板非布管区,简化为两块圆环形实心板。

c) W 后端结构型式的热交换器管板设计按 GB/T 151—2014 中 7.4.5,不必进行管板应力校核。

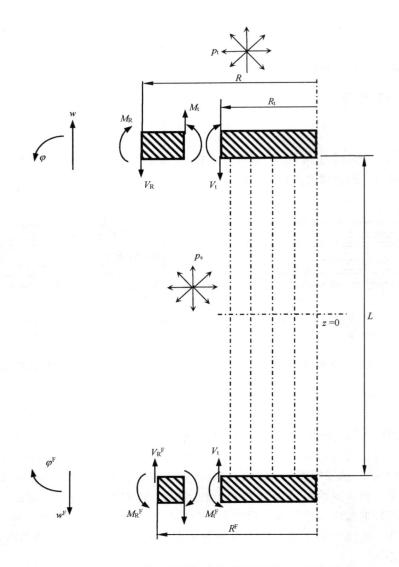

图 9-8　浮头式、填函式热交换器管板力学模型

9.7.1.3　计算步骤

下述各项计算应按 9.5 的规定分别进行每种计算工况下管板应力校核。

a)　确定固定端管板结构与浮动端管板结构,给出壳体、管箱、法兰、浮头法兰、换热管等元件结构尺寸。

b)　假定管板厚度 δ_p。

c)　按 9.7.2 计算固定端管板布管区应力 σ_{r1}、$\sigma_{\theta1}$,浮动端管板布管区应力 σ_{r1}^F、$\sigma_{\theta1}^F$,固定端管板和浮动端管板的非布管区应力 σ_{r2}、$\sigma_{\theta2}$ 和 σ_{r2}^F、$\sigma_{\theta2}^F$ 等。

按公式(9-2)计算一次弯曲应力的当量应力 S_{III},每点 S_{III} 应满足公式(9-39):

$$S_{\mathrm{III}} \leqslant 1.5[S_m^t]_p \qquad \cdots\cdots\cdots\cdots\cdots\cdots\cdots（\,9\text{-}39\,）$$

d)　按 9.7.3 计算换热管轴向应力 σ_t,应满足公式(9-40):

$$\sigma_t \geqslant 0 \text{ 时},\sigma_t \leqslant [S_m^t]_t$$
$$\sigma_t < 0 \text{ 时}, |\sigma_t| \leqslant [\sigma]_{cr}^t \qquad \cdots\cdots\cdots\cdots\cdots\cdots\cdots（\,9\text{-}40\,）$$

对接连接的内孔焊结构,换热管轴向应力应满足公式(9-41):

$$|\sigma_t| \leqslant \phi_t \cdot \min([S_m^t]_p, [S_m^t]_t)$$
$$\cdots\cdots\cdots\cdots\cdots (9\text{-}41)$$

e) 按 9.7.4 计算换热管与管板连接拉脱力 q,应满足公式(9-42):
$$|q| \leqslant [q] \qquad\cdots\cdots\cdots\cdots\cdots (9\text{-}42)$$

对接连接的内孔焊结构,无需满足公式(9-42)。

9.7.2 管板应力分析

以下各式中各种几何量与力学量不带上标者表示固定管板,上标带"F"者表示浮动管板,除特殊说明者外,其定义参照固定管板的对应符号。

a) 根据结构型式计算管板边缘旋转刚度参数 K_f、K_f^F。

固定端,K_f 按公式(9-43)计算:
$$K_f = \begin{cases} 0 & \text{对于(a)型} \\ 2(k_s D_s + k_h D_h)/R^2 & \text{对于(b)型} \\ K_f' & \text{对于(c)型} \\ K_f'' & \text{对于(d)型} \end{cases} \qquad\cdots\cdots (9\text{-}43)$$

上述各式中 K_f'、K_f'' 的计算公式见公式(9-10)～公式(9-13)。

浮动端:

对于浮头式热交换器,K_f^F 按公式(9-44)计算:
$$K_f^F = 0 \qquad\cdots\cdots\cdots\cdots\cdots (9\text{-}44)$$

对于填函式热交换器,K_f^F 按公式(9-45)计算:
$$K_f^F = \frac{E_h^F k_h^F R^F}{6(1-\nu_F^2)}\left(\frac{\delta_h^F}{R^F}\right)^3 \qquad\cdots\cdots (9\text{-}45)$$

式中,K_h^F 按公式(9-46)计算:
$$k_h^F = \frac{\sqrt{3[1-(\nu_h^F)^2]}}{\sqrt{R^F \delta_h^F}} \qquad\cdots\cdots (9\text{-}46)$$

式中,R^F、δ_h^F 为填函式热交换器浮动管箱圆筒的内半径和厚度。

b) 计算公式(9-47)～公式(9-50),解以 M_t,M_R,φ_t,φ_R,M_t^F,M_R^F,φ_t^F,φ_R^F,C_1,C_2,C_4 为基本未知量的线性方程组,见公式(9-51)。
$$V_t = \frac{pR_t}{2} \qquad\cdots\cdots\cdots\cdots\cdots (9\text{-}47)$$
$$p = \begin{cases} p_s - p_t & \text{对于浮头式热交换器} \\ -p_t & \text{对于填函式热交换器} \end{cases} \qquad\cdots\cdots (9\text{-}48)$$
$$\rho_t^F = \frac{R_t}{R^F} \qquad\cdots\cdots\cdots\cdots\cdots (9\text{-}49)$$

按公式(A.3-122)、公式(A.3-123)计算 K_{RR},$K_{Rt}=K_{tR}$,K_{tt},K_{RV},K_{tV},K_{Rp},K_{tp}。按公式(A.3-122)、公式(A.3-123)计算 K_{RR}^F,$K_{Rt}^F=K_{tR}^F$,K_{tt}^F,K_{RV}^F,K_{tV}^F,K_{Rp}^F,K_{tp}^F,但需将公式中所有 ρ_t 换为 ρ_t^F。

由公式(9-50)计算 K:
$$K^2 = \left[\frac{6(1-\nu_p^2)}{\pi}\right]^{1/2} \frac{D_t}{\delta_p}\sqrt{\frac{E_t na}{E_p \eta L \delta_p}} \qquad\cdots\cdots (9\text{-}50)$$

$$\begin{cases} V_t = -\dfrac{K^3 \eta D}{R_t^3}[C_1\,\mathrm{bei}'(K) - C_2\,\mathrm{ber}'(K)] \\[2mm] \varphi_t = -\dfrac{K}{R_t}[C_1\,\mathrm{ber}'(K) + C_2\,\mathrm{bei}'(K)] - \dfrac{C_4}{2}R_t \\[2mm] M_t = \dfrac{K^2 \eta D}{R_t^2}[-C_1 f_2(K) + C_2 f_1(K)] + \dfrac{1}{2}\eta D(1+\nu_p)C_4 \\[2mm] \varphi_R = \dfrac{R_t}{\rho_t D}\left[-\dfrac{M_R}{K_{RR}} + \dfrac{\rho_1 M_t}{K_{Rt}} + \dfrac{V_t R_t}{K_{RV}} + \dfrac{pR_t^2}{\rho_t^2 K_{Rp}}\right] \\[2mm] \varphi_t = \dfrac{R_t}{\rho_t D}\left[-\dfrac{M_R}{K_{tR}} + \dfrac{\rho_1 M_t}{K_{tt}} + \dfrac{V_t R_t}{K_{tV}} + \dfrac{pR_t^2}{\rho_t^2 K_{tp}}\right] \\[2mm] K_f \dfrac{R_t^2}{\rho_t^2}\varphi_R = M_R \\[2mm] \varphi_t^F = -\dfrac{K}{R_t}[C_1\,\mathrm{ber}'(K) + C_2\,\mathrm{bei}'(K)] + \dfrac{C_4}{2}R_t \\[2mm] M_t^F = \dfrac{K^2 \eta D}{R_t^2}[-C_1 f_2(K) + C_2 f_1(K)] - \dfrac{1}{2}\eta D(1+\nu_p)C_4 \\[2mm] \varphi_R^F = \dfrac{R_t}{\rho_t^F D}\left[-\dfrac{M_R^F}{K_{RR}^F} + \dfrac{\rho_t^F M_t^F}{K_{Rt}^F} + \dfrac{V_t R_t}{K_{RV}^F} + \dfrac{pR_t^2}{(\rho_t^F)^2 K_{Rp}^F}\right] \\[2mm] \varphi_f^F = \dfrac{R_t}{\rho_f^F D}\left[-\dfrac{M_{R0}^F}{K_{tR}^F} + \dfrac{\rho_t^F M_{t0}^F}{K_{tt}^F} + \dfrac{V_t R_t}{K_{tV}^F} + \dfrac{pR_t^2}{(\rho_t^F)^2 K_{tp}^F}\right] \\[2mm] K_f^F \left(\dfrac{R_t}{\rho_t^F}\right)^2 \varphi_R^F = M_R^F \end{cases} \quad\cdots\cdots(9\text{-}51)$$

c) 管板中各点的应力：

按公式（9-52）～公式（9-55）计算固定管板与浮动管板布管区中管板表面的应力 σ_r 与 σ_θ，公式中上、下符号分别表示管板在管程侧和壳程侧表面的应力：

$$\sigma_r = \mp \frac{6}{\mu\delta_p^2}\left\{\frac{K^2}{R_t^2}\eta D[-C_1 f_2(x) + C_2 f_1(x)] + \frac{1+\nu_p}{2}\eta DC_4\right\} \quad\cdots\cdots(9\text{-}52)$$

$$\sigma_\theta = \mp \frac{6}{\mu\delta_p^2}\left\{\frac{K^2}{R_t^2}\eta D[-C_1 f_4(x) + C_2 f_3(x)] + \frac{1+\nu_p}{2}\eta DC_4\right\} \quad\cdots\cdots(9\text{-}53)$$

$$\sigma_r^F = \mp \frac{6}{\mu\delta_p^2}\left\{\frac{K^2}{R_t^2}\eta D[-C_1 f_2(x) + C_2 f_1(x)] - \frac{1+\nu_p}{2}\eta DC_4\right\} \quad\cdots\cdots(9\text{-}54)$$

$$\sigma_\theta^f = \mp \frac{6}{\mu\delta_p^2}\left\{\frac{K^2}{R_t^2}\eta D[-C_1 f_4(x) + C_2 f_3(x)] - \frac{1+\nu_p}{2}\eta DC_4\right\} \quad\cdots\cdots(9\text{-}55)$$

式中，C_1、C_2、C_4 由解公式（9-51）得到。其中：

$$x = [N/(\eta D)]^{1/4} r \quad\cdots\cdots\cdots\cdots\cdots\cdots\cdots\cdots(9\text{-}56)$$

$$f_1(x) = \mathrm{ber}(x) - \frac{1-\nu_p}{x}\mathrm{bei}'(x) \quad\cdots\cdots\cdots\cdots(9\text{-}57)$$

$$f_2(x) = \mathrm{bei}(x) + \frac{1-\nu_p}{x}\mathrm{ber}'(x) \quad\cdots\cdots\cdots\cdots(9\text{-}58)$$

$$f_3(x) = \nu_p \mathrm{ber}(x) + \frac{1-\nu_p}{x}\mathrm{bei}'(x) \quad\cdots\cdots\cdots\cdots(9\text{-}59)$$

$$f_4(x) = \nu_p \mathrm{bei}(x) - \frac{1-\nu_p}{x}\mathrm{ber}'(x) \quad\cdots\cdots\cdots\cdots(9\text{-}60)$$

非布管区应力可按公式（A.3-124）～公式（A.3-127）计算，式中 $p = p_s - p_t$，V_t 按公式（9-47）计算，$T_r = T_\theta = 0$，M_R、M_t、M_R^F、M_t^F 值由公式（9-51）解得。用公式（A.3-124）计算浮动管板中弯矩时，还

应将公式中所有 ρ_t 改为 ρ_t^F。

9.7.3 换热管轴向应力

换热管轴向应力应按公式（9-61）计算：

$$\sigma_t = \frac{1}{\beta}(p_s - p_t) - p_t + \frac{2E_t}{L}[C_1 \mathrm{ber}(x) + C_2 \mathrm{bei}(x)] \quad\cdots\cdots\cdots\cdots\cdots（9\text{-}61）$$

9.7.4 换热管与管板的拉脱力

换热管与管板的拉脱力应按公式（9-62）计算：

$$q = \frac{\sigma_t a}{\pi d l} \quad\cdots\cdots\cdots\cdots\cdots\cdots\cdots\cdots\cdots\cdots\cdots（9\text{-}62）$$

9.8 固定管板式热交换器管板应力分析

9.8.1 通则

如图 9-9 所示并满足 9.4.4 连接结构的固定管板式热交换器应按 9.8 的要求进行管板及其相关元件的应力计算与校核。两块管板材料、结构、尺寸、载荷及其边界约束条件相同。

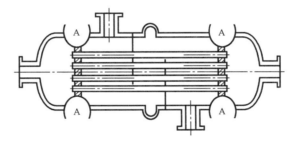

注：A 的结构见图 9-3 中（b）型、（e1）型、（e2）型、（e3）型。

图 9-9　固定管板式热交换器

9.8.2 计算步骤

根据表 9-1 所示不同计算工况，按下述步骤校核各类固定管板式热交换器管板及相关元件的强度。

表 9-1　计算工况下的外载荷

设计条件	计算工况					
	仅壳程压力作用		仅管程压力作用		壳程压力、管程压力同时作用	
	工况①	工况②	工况③	工况④	工况⑤	工况⑥
p_s	p_s		0		p_s	
p_t	0		p_t		p_t	
γ	0	$\gamma\beta E_{tm}$	0	$\gamma\beta E_{tm}$	0	$\gamma\beta E_{tm}$

a)　确定壳程圆筒、管箱圆筒、法兰、换热管等元件结构尺寸。

b)　根据结构参数计算 A、A_s、na、A_t、A_1、D_t、λ、ρ_t、β、ρ_{ex}、λ_{ex}、Q、Q_{ex}、Σ_s、Σ_t 等，计算公式如下：

$$\rho_{ex} = \frac{D_{ex}}{D_i} \quad\cdots\cdots\cdots\cdots\cdots\cdots\cdots\cdots（9\text{-}63）$$

$$\lambda_{ex} = \rho_{ex}^2 - 1 \qquad \cdots\cdots\cdots\cdots\cdots\cdots\cdots\cdots\cdots (9\text{-}64)$$

$$Q = \frac{E_t na}{E_s A_s}\frac{L_s}{L} \qquad \cdots\cdots\cdots\cdots\cdots\cdots\cdots\cdots\cdots (9\text{-}65)$$

$$Q_{ex} = Q + E_t na/(K_{ex}L) \qquad \cdots\cdots\cdots\cdots\cdots\cdots\cdots\cdots (9\text{-}66)$$

$$\Sigma_s = 1 + 2\nu_t\frac{1-\lambda}{\lambda} + \left[\frac{2\nu_s}{\lambda\rho_t^2}Q - \frac{1-\rho_t^2}{\lambda\rho_t^2}Q_{ex} - \frac{\lambda_{ex}}{2\lambda\rho_t^2}(Q_{ex}-Q)\right] \quad \cdots\cdots (9\text{-}67)$$

$$\Sigma_t = 1 + \beta + 2\nu_t\left(\frac{1-\lambda}{\lambda} - \beta\right) + \frac{Q_{ex}}{\lambda} \qquad \cdots\cdots\cdots\cdots (9\text{-}68)$$

$$K_{bG} = \frac{L_G^2}{2\pi R^3\left(\dfrac{l_b}{E_b A_b} + \dfrac{\delta_G}{E_G A_G}\right)} \qquad \cdots\cdots\cdots\cdots\cdots\cdots (9\text{-}69)$$

在工程设计中如对法兰紧固件近似地作为刚性元件计算,则 $1/K_{bG}=0$。

c) 对于图 9-3 中(e1)型、(e2)型、(e3)型带法兰的管板,计算 M_m 与 M_p 的值。

d) 设定管板厚度 δ_p,确定(e1)型、(e2)型、(e3)型管板的法兰厚度 δ_f',按公式(9-70)计算 φ_{uu}:

$$\varphi_{uu} = \frac{R}{(1-\rho_t^2)E_\rho\delta_\rho}\left[(1-\nu_p) + (1+\nu_p)\rho_t^2 - \frac{4\rho_t^2}{(1-\nu_p)(\rho_t^2 + (1-\rho_t^2)/\eta) + (1+\nu_p)}\right]$$

$$\cdots\cdots\cdots\cdots\cdots\cdots (9\text{-}70)$$

按公式(9-50)计算管子加强系数 K,并按照公式(9-71)～公式(9-74)计算 K 的函数:

$$F_1(K) = K[\text{bei}'(K)f_1(K) - \text{ber}'(K)f_2(K)] \qquad \cdots\cdots\cdots (9\text{-}71)$$

$$F_2(K) = K^2[\text{ber}(K)f_1(K) + \text{bei}(K)f_2(K)] \qquad \cdots\cdots\cdots (9\text{-}72)$$

$$F_3(K) = K[\text{ber}'^2(K) + \text{bei}'^2(K)] \qquad \cdots\cdots\cdots\cdots (9\text{-}73)$$

$$\chi(K) = \text{ber}(K)\text{ber}'(K) + \text{bei}(K)\text{bei}'(K) \qquad \cdots\cdots\cdots (9\text{-}74)$$

式中,$f_1(K)$、$f_2(K)$ 按公式(9-57)、公式(9-58)令 $x=K$ 计算得到。

e) 按 9.8.3 对固定管板式热交换器,计算表 9-1 中不同工况下管板及其相关元件之间的连接内力素。各计算工况的有效压力组合 P_a 按公式(9-75)计算:

$$P_a = \Sigma_s p_s - \Sigma_t p_t + \beta\gamma E_{tm} \qquad \cdots\cdots\cdots\cdots\cdots (9\text{-}75)$$

f) 按 9.8.4 计算各计算工况下相应的管板布管区各校核点的应力分量 σ_{r1}、$\sigma_{\theta1}$,环形板各校核点的应力分量 σ_{r2}、$\sigma_{\theta2}$;
按公式(9-2)计算各校核点的一次薄膜加弯曲应力的当量应力 $S_{\text{III}}^{(1)}$ 和 $S_{\text{III}}^{(2)}$,一次应力加二次应力的当量应力 $S_{\text{IV}}^{(1)}$ 和 $S_{\text{IV}}^{(2)}$。

g) 按 9.8.5 计算换热管轴向应力 σ_t,换热管与管板连接拉脱力 q。

h) 按 9.8.6 计算壳体法兰应力 σ_f',按 9.8.7 计算壳程圆筒轴向薄膜应力 σ_c。

i) 应力校核应同时满足如下条件:
对于表 9-1 所列工况①、工况③、工况⑤,不计膨胀变形差时,S_{III} 和 S_{IV} 应满足公式(9-76)的要求,σ_f' 应满足公式(9-77)的要求,σ_t 应满足公式(9-78)的要求,q 应满足公式(9-79)的要求,σ_c 应满足公式(9-80)的要求:

$$S_{\text{III}}^{(1)}、S_{\text{III}}^{(2)} \leqslant 1.5[S_m^t]_p \qquad \cdots\cdots\cdots\cdots\cdots\cdots (9\text{-}76)$$

$$|\sigma_f'| \leqslant 1.5[\sigma]_f^t \qquad \cdots\cdots\cdots\cdots\cdots\cdots\cdots (9\text{-}77)$$

$$\sigma_t \geqslant 0 \text{ 时},\sigma_t \leqslant [S_m^t]_t \qquad \cdots\cdots\cdots\cdots\cdots\cdots (9\text{-}78)$$

$$\sigma_t < 0 \text{ 时},|\sigma|_t \leqslant [\sigma]_{cr}^t$$

对接连接的内孔焊结构,应满足 $|\sigma_t| \leqslant \phi_t \cdot \min([S_m^t]_p,[S_m^t]_t)$。

$$|q| \leqslant [q] \qquad \cdots\cdots\cdots\cdots\cdots\cdots\cdots\cdots (9\text{-}79)$$

对接连接的内孔焊结构,无需满足式(9-79)。

$$\sigma_c \leqslant [S_m^t]_c \qquad \cdots\cdots\cdots\cdots\cdots\cdots\cdots\cdots (9\text{-}80)$$

对于表 9-1 所列工况②、工况④、工况⑥,计入膨胀变形差时,$S_{\text{IV}}^{(1)}$ 和 $S_{\text{IV}}^{(2)}$ 应满足公式(9-81)的要求,σ_f' 应满足公式(9-82)的要求,σ_t 应满足公式(9-83)的要求,q 应满足公式(9-84)的要求:

$$S_{N}^{(1)}、S_{N}^{(2)} \leqslant 3[S_{m}^{t}]_{p} \quad \cdots\cdots\cdots\cdots\cdots\cdots\cdots\cdots\cdots \text{(9-81)}$$

$$|\sigma_{t}'| \leqslant 3[\sigma]_{t}^{t} \quad \cdots\cdots\cdots\cdots\cdots\cdots\cdots\cdots\cdots \text{(9-82)}$$

$$\sigma_{t} \geqslant 0 \text{ 时}, \sigma_{t} \leqslant 3[S_{m}^{t}]_{t} \quad \cdots\cdots\cdots\cdots\cdots\cdots\cdots\cdots\cdots \text{(9-83)}$$

$$\sigma_{t} < 0 \text{ 时}, |\sigma_{t}| \leqslant [\sigma]_{cr}^{t}$$

对接连接的内孔焊结构，应满足 $|\sigma_{t}| \leqslant 3\phi_{t} \cdot \min([S_{m}^{t}]_{p}, [S_{m}^{t}]_{t})$。

$$|q| \leqslant 3[q]（焊接）或 |q| \leqslant [q]（胀接） \quad \cdots\cdots\cdots\cdots\cdots\cdots\cdots \text{(9-84)}$$

对接连接的内孔焊结构，无需满足公式(9-84)。

σ_{c} 应满足公式(9-85)的要求：

$$\sigma_{c} \leqslant 3[S_{m}^{t}]_{c} \quad \cdots\cdots\cdots\cdots\cdots\cdots\cdots\cdots\cdots \text{(9-85)}$$

9.8.3 求解各元件间的连接内力素

9.8.3.1 （b）型热交换器的力学模型与内力分析

图 9-3 中(b)型连接固定管板式热交换器的力学模型及各元件间连接内力素的正方向见图 9-10。

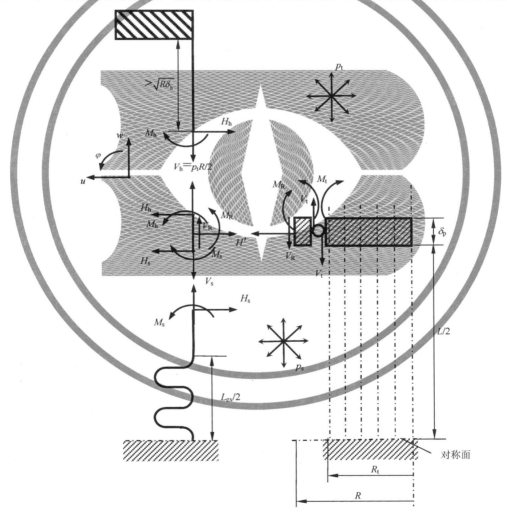

图 9-10　（b）型热交换器内力分析图

考虑到管箱圆筒、壳程圆筒、环形板所满足的轴向平衡条件，则 V_{h}、V_{R}、V_{s} 都可通过压力和 V_{t} 表示（见 9.2），只有 6 个独立的未知内力素，组成向量见公式(9-86)：

$$\{x_{j}\} = \{M_{h}, H_{h}, M_{s}, H_{s}, \rho_{t}M_{t}, \rho_{t}V_{t}\} \quad \cdots\cdots\cdots\cdots\cdots\cdots\cdots \text{(9-86)}$$

它们满足公式(9-87)所示线性方程组：

$$\sum_{j=1}^{6} F_{ij} x_j = F_{ip}, i = 1,2,3 \cdots 6 \quad\cdots\cdots\cdots\cdots\cdots\cdots(9\text{-}87)$$

式中：

F_{ij}——柔度系数阵；

F_{ip}——由压力和换热管与壳程圆筒的热膨胀变形差组合成的载荷向量。

其表达式见公式（9-88）～公式（9-109）：

$$F_{11} = \frac{4k_h^3 R^2}{E_h \delta_h} + \frac{R}{DK_{RR}} \quad\cdots\cdots\cdots\cdots\cdots\cdots(9\text{-}88)$$

$$F_{12} = F_{21} = -\frac{2k_h^2 R^2}{E_h \delta_h} + \frac{\delta_p R}{2DK_{RR}} \quad\cdots\cdots\cdots\cdots\cdots(9\text{-}89)$$

$$F_{13} = F_{31} = -\frac{R}{DK_{RR}} \quad\cdots\cdots\cdots\cdots\cdots\cdots(9\text{-}90)$$

$$F_{14} = F_{41} = F_{23} = F_{32} = -\frac{\delta_p R}{2DK_{RR}} \quad\cdots\cdots\cdots\cdots(9\text{-}91)$$

$$F_{15} = F_{51} = -F_{35} = -F_{53} = \frac{R}{DK_{Rt}} \quad\cdots\cdots\cdots\cdots(9\text{-}92)$$

$$F_{16} = F_{61} = -F_{36} = -F_{63} = \frac{R^2}{DK_{RV}} \quad\cdots\cdots\cdots\cdots(9\text{-}93)$$

$$F_{22} = \frac{2k_h R^2}{E_h \delta_h} + \frac{\delta_p^2 R}{4DK_{RR}} + \varphi_{uu} \quad\cdots\cdots\cdots\cdots(9\text{-}94)$$

$$F_{24} = F_{42} = -\frac{\delta_p^2 R}{4DK_{RR}} + \varphi_{uu} \quad\cdots\cdots\cdots\cdots(9\text{-}95)$$

$$F_{25} = F_{52} = -F_{45} = -F_{54} = \frac{\delta_p R}{2DK_{Rt}} \quad\cdots\cdots\cdots(9\text{-}96)$$

$$F_{26} = F_{62} = \frac{\delta_p R^2}{2DK_{RV}} \quad\cdots\cdots\cdots\cdots\cdots\cdots(9\text{-}97)$$

$$F_{33} = \frac{4k_s^3 R^2}{E_s \delta_s} + \frac{R}{DK_{RR}} \quad\cdots\cdots\cdots\cdots\cdots\cdots(9\text{-}98)$$

$$F_{34} = F_{43} = \frac{\delta_p R}{2DK_{RR}} - \frac{2k_s^2 R^2}{E_s \delta_s} \quad\cdots\cdots\cdots\cdots(9\text{-}99)$$

$$F_{44} = \frac{2k_s R^2}{E_s \delta_s} + \varphi_{uu} + \frac{\delta_p^2 R}{4DK_{RR}} \quad\cdots\cdots\cdots\cdots(9\text{-}100)$$

$$F_{46} = F_{64} = -\frac{\delta_p R^2}{2DK_{RV}} + \frac{\nu_s R}{E_s \delta_s} \quad\cdots\cdots\cdots\cdots(9\text{-}101)$$

$$F_{55} = \frac{R}{DK_{tt}} + \frac{K^3 F_3(K)}{N\rho_t^4 R^3 F_1(K)} \quad\cdots\cdots\cdots\cdots(9\text{-}102)$$

$$F_{56} = F_{65} = \frac{R^2}{DK_{tV}} - \frac{K^3 \chi(K)}{N\rho_t^3 R^2 F_1(K)} \quad\cdots\cdots\cdots(9\text{-}103)$$

$$F_{66} = \pi RL \frac{Q_{ex}}{E_t na} + \frac{F_2(K)}{NR\rho_t^2 F_1(K)} + \frac{R^3}{DK_{VV}} \quad\cdots\cdots(9\text{-}104)$$

应按表 9-2 所示 6 种计算工况，分别计算对应的 $F_{ip}(i=1,2,3\cdots6)$。

$$F_{1p} = -F_{3p} = -\frac{R^3}{DK_{Rp}}(p_s - p_t) \quad\cdots\cdots\cdots\cdots(9\text{-}105)$$

$$F_{2p} = \left(1 - \frac{\nu_h}{2}\right)\frac{R^2 p_t}{E_h \delta_h} - \frac{\delta_p R^3}{2DK_{Rp}}(p_s - p_t) \quad\cdots\cdots(9\text{-}106)$$

$$F_{4p} = \frac{R^2}{E_s \delta_s}\left\{\left[1 - \frac{\nu_s}{2}(1-\rho_t^2)\right]p_s - \frac{\nu_s}{2}\rho_t^2 p_t\right\} + \frac{\delta_p R^3}{2DK_{Rp}}(p_s - p_t) \cdots(9\text{-}107)$$

$$F_{5p} = -\frac{R^3}{DK_{tp}}(p_s - p_t) \quad\cdots\cdots\cdots\cdots\cdots(9\text{-}108)$$

$$F_{6p} = \frac{\lambda P_a}{N} - \frac{R^4}{DK_{Vp}}(p_s - p_t) \quad\cdots\cdots\cdots\cdots\cdots(9\text{-}109)$$

公式(9-88)～公式(9-109)中未列系数均为零。

解公式(9-87),便可得到公式(9-86)向量中各未知内力分量。还可进一步得到公式(9-110)～公式(9-112):

$$M_R = M_s - M_h + (H_s - H_h)\frac{\delta_p}{2} \quad\cdots\cdots\cdots\cdots\cdots(9\text{-}110)$$

$$H' = H_s + H_h \quad\cdots\cdots\cdots\cdots\cdots(9\text{-}111)$$

$$H'' = \frac{2H'}{(1-\nu_p)\left(\rho_t^2 + \frac{1-\rho_t^2}{\eta}\right) + (1+\nu_p)} \quad\cdots\cdots\cdots\cdots\cdots(9\text{-}112)$$

9.8.3.2 (e1)型、(e2)型热交换器的力学模型与内力分析

图 9-3 中(e1)型、(e2)型固定管板式热交换器的力学模型及各元件间连接内力素的正方向见图 9-11、图 9-12。(e1)型是延长部分兼作法兰的管板,(e2)型是与法兰搭焊连接的贴面薄管板。

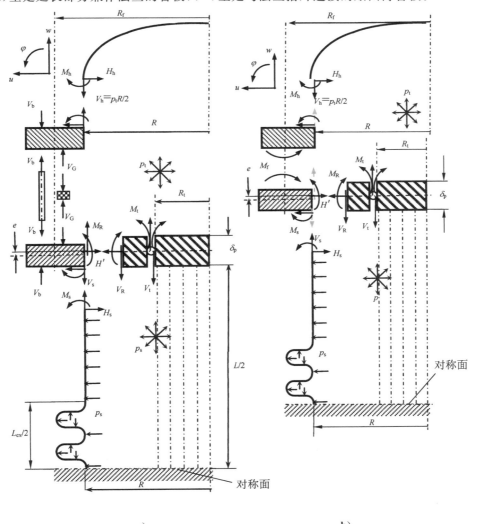

a)   b)

图 9-11 (e1)型固定管板与其相关元件的力学模型和内力分析图

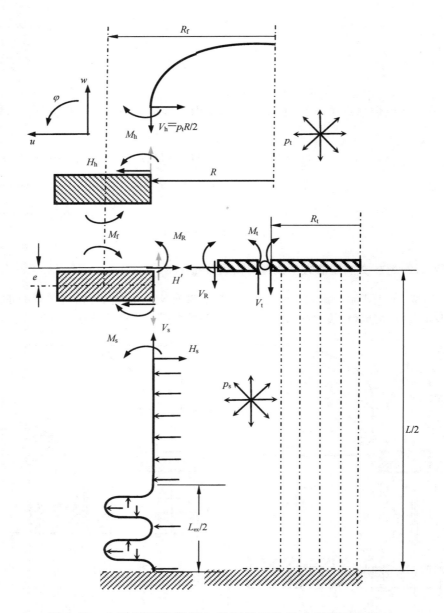

图 9-12　（e2）型固定管板与其相关元件的力学模型和内力

如以法兰力矩 M_f 表示管箱法兰和壳体法兰之间相互作用的力矩,该力矩是由螺栓内力 V_b 和垫片内力 V_G,以及分别作用在管箱法兰和壳体法兰上的轴向力构成的,图 9-11b)中以(e1)型固定管板式热交换器为例,表示了法兰力矩 M_f 作用的正方向[(e2)型、(e3)型中法兰力矩 M_f 正方向与图 9-11b)中相同]。由于管箱法兰、壳体法兰与环形板满足轴向力平衡条件,它们之间只有 9 个独立的未知内力素,组成向量见公式(9-113):

$$\{x_j\} = \{M_h, H_h, M_s, H_s, M_R, H', \rho_t M_t, \rho_t V_t, M_f\} \quad\cdots\cdots\cdots\cdots\cdots\cdots\cdots\quad (9\text{-}113)$$

向量$\{x_j\}$满足以下线性方程组,解此方程组,即可求得各未知内力:

$$\sum_{i=1}^{9} F_{ij} x_j = F_{ip}, i = 1, 2, 3 \cdots 9 \quad\cdots\cdots\cdots\cdots\cdots\cdots\cdots\quad (9\text{-}114)$$

式中:

F_{ij}——柔度系数矩阵;

F_{ip}——由压力和热膨胀差组合成的载荷向量。

其表达式见公式(9-115)～公式(9-143):

$$F_{11} = \frac{12RR_f}{E_f'' b_f \delta_f''^3} + \frac{4k_h^3 R^2}{E_h \delta_h} \qquad \cdots\cdots\cdots\cdots\cdots\cdots\cdots\cdots \quad (9\text{-}115)$$

$$F_{12} = F_{21} = \frac{6RR_f}{E_f'' b_f \delta_f''^2} - \frac{2k_h^2 R^2}{E_h \delta_h} \qquad \cdots\cdots\cdots\cdots\cdots\cdots\cdots \quad (9\text{-}116)$$

$$F_{19} = F_{91} = \frac{12RR_f}{E_f'' b_f \delta_f''^3} \qquad \cdots\cdots\cdots\cdots\cdots\cdots\cdots\cdots\cdots \quad (9\text{-}117)$$

$$F_{22} = \frac{4RR_f}{E_f'' b_f \delta_f''} + \frac{1}{2k_h^3 D_h} \qquad \cdots\cdots\cdots\cdots\cdots\cdots\cdots\cdots \quad (9\text{-}118)$$

$$F_{29} = F_{92} = \frac{6RR_f}{E_f'' b_f \delta_f''^2} \qquad \cdots\cdots\cdots\cdots\cdots\cdots\cdots\cdots\cdots \quad (9\text{-}119)$$

$$F_{33} = \frac{12RR_f}{E_f' b_f \delta_f'^3} + \frac{1}{k_s D_s} \qquad \cdots\cdots\cdots\cdots\cdots\cdots\cdots\cdots \quad (9\text{-}120)$$

$$F_{34} = F_{43} = \frac{6RR_f}{E_f' b_f \delta_f'^2} - \frac{1}{2k_s^2 D_s} \qquad \cdots\cdots\cdots\cdots\cdots\cdots \quad (9\text{-}121)$$

$$F_{35} = F_{53} = -F_{39} = -F_{93} = F_{59} = F_{95} = \frac{12RR_f}{E_f' b_f \delta_f'^3} \qquad \cdots\cdots \quad (9\text{-}122)$$

$$F_{36} = F_{63} = \frac{12RR_f e}{E_f' b_f \delta_f'^3} \qquad \cdots\cdots\cdots\cdots\cdots\cdots\cdots\cdots \quad (9\text{-}123)$$

$$F_{44} = \frac{4RR_f}{E_f' b_f \delta_f'} + \frac{1}{2k_s^3 D_s} \qquad \cdots\cdots\cdots\cdots\cdots\cdots\cdots\cdots \quad (9\text{-}124)$$

$$F_{45} = F_{54} = -F_{49} = -F_{94} = -\frac{6RR_f}{E_f' b_f \delta_f'^2} \qquad \cdots\cdots\cdots\cdots \quad (9\text{-}125)$$

$$F_{46} = F_{64} = \frac{RR_f}{E_f' b_f \delta_f'} \left(\frac{6e}{\delta_f'} - 1 \right) \qquad \cdots\cdots\cdots\cdots\cdots \quad (9\text{-}126)$$

$$F_{48} = F_{84} = \frac{\nu_s R}{E_s \delta_s} \qquad \cdots\cdots\cdots\cdots\cdots\cdots\cdots\cdots\cdots\cdots \quad (9\text{-}127)$$

$$F_{55} = \frac{12RR_f}{E_f' b_f \delta_f'^3} + \frac{R}{DK_{RR}} \qquad \cdots\cdots\cdots\cdots\cdots\cdots\cdots \quad (9\text{-}128)$$

$$F_{56} = F_{65} = -F_{69} = -F_{96} = -\frac{12RR_f e}{E_f' b_f \delta_f'^3} \qquad \cdots\cdots\cdots \quad (9\text{-}129)$$

$$F_{57} = F_{75} = -\frac{R}{DK_{Rt}} \qquad \cdots\cdots\cdots\cdots\cdots\cdots\cdots\cdots\cdots \quad (9\text{-}130)$$

$$F_{58} = F_{85} = -\frac{R^2}{DK_{RV}} \qquad \cdots\cdots\cdots\cdots\cdots\cdots\cdots\cdots\cdots \quad (9\text{-}131)$$

$$F_{66} = \frac{RR_f}{E_f' b_f \delta_f'} \left(1 + \frac{12e^2}{\delta_f'^2} \right) + \varphi_{uu} \qquad \cdots\cdots\cdots\cdots \quad (9\text{-}132)$$

$$F_{77} = \frac{K^3 F_3(K)}{N\rho_t^4 R^3 F_1(K)} + \frac{R}{DK_{tt}} \qquad \cdots\cdots\cdots\cdots\cdots \quad (9\text{-}133)$$

$$F_{78} = F_{87} = \frac{R^2}{DK_{tV}} - \frac{K^3 \chi(K)}{N\rho_t^3 R^2 F_1(K)} \qquad \cdots\cdots\cdots\cdots \quad (9\text{-}134)$$

$$F_{88} = \pi RL \frac{Q_{ex}}{E_t na} + \frac{F_2(K)}{N\rho_t^2 F_1(K)} + \frac{R^3}{DK_{VV}} \qquad \cdots\cdots \quad (9\text{-}135)$$

$$F_{99} = \frac{12RR_f}{E_f' b_f \delta_f'^3} + \frac{12RR_f}{E_f'' b_f \delta_f''^3} + \frac{1}{K_{bG} R^2} \qquad \cdots\cdots \quad (9\text{-}136)$$

$$F_{2p} = \left[\frac{R^2}{E_h \delta_h} \left(1 - \frac{\nu_h}{2} - \frac{R}{2R''} \right) - \frac{RR_f}{E_f'' b_f} \right] p_t \qquad \cdots \quad (9\text{-}137)$$

$$F_{4p} = \begin{cases} \dfrac{R^2}{E_s \delta_s}\left\{\left[1-\dfrac{\nu_s}{2}(1-\rho_t^2)\right]p_s - \dfrac{\nu_s}{2}\rho_t^2 p_t\right\} & \text{对于(e1)型} \\[4mm] \dfrac{R^2}{E_s \delta_s}\left\{\left[1-\dfrac{\nu_s}{2}(1-\rho_t^2)\right]p_s - \dfrac{\nu_s}{2}\rho_t^2 p_t\right\} - \dfrac{RR_f}{E_f' b_f}p_s & \text{对于(e2)型} \end{cases} \quad\cdots\cdots (9\text{-}138)$$

$$F_{5p} = \dfrac{R^3}{DK_{Rp}}(p_s - p_t) \quad\cdots\cdots\cdots\cdots\cdots\cdots\cdots\cdots (9\text{-}139)$$

$$F_{6p} = \begin{cases} 0 & \text{对于(e1)型} \\[3mm] \dfrac{RR_f}{E_f' b_f}p_s & \text{对于(e2)型} \end{cases} \quad\cdots\cdots\cdots\cdots\cdots\cdots\cdots (9\text{-}140)$$

$$F_{7p} = -\dfrac{R^3}{DK_{tP}}(p_s - p_t) \quad\cdots\cdots\cdots\cdots\cdots\cdots\cdots (9\text{-}141)$$

$$F_{8p} = \dfrac{\lambda P_a}{N} - \dfrac{R^4}{DK_{Vp}}(p_s - p_t) \quad\cdots\cdots\cdots\cdots\cdots (9\text{-}142)$$

$$F_{9p} = \dfrac{\pi D_i^2 p_t}{4L_G^2}\left[\dfrac{l_b(L_D - L_G)}{E_b A_b} + \dfrac{\delta_G L_D}{E_G A_G}\right] + \dfrac{\pi(D_G^2 - D_i^2)p_t}{4L_G^2}\left[\dfrac{l_b(L_T - L_G)}{E_b A_b} + \dfrac{\delta_G L_T}{E_G A_G}\right]\cdots(9\text{-}143)$$

工程设计中,如对法兰紧固件近似地作为刚性元件计算,则:

$$F_{9p} = 0$$

公式(9-114)的系数矩阵中,其余未列诸项均为零。

整个管板及其相关元件在预紧条件和操作条件下承受了不同形式的外载荷(见表9-1),其内力大小应按"预紧条件"和"操作条件"两种状态分别求解。求解顺序如下:

1) 操作条件下,解公式(9-114)得到操作条件下的内力变化值,见公式(9-144):

$$\{x_{jp}\} = \{M_{hp}, H_{hp}, M_{sp}, H_{sp}, M_{Rp}, H_p', \rho_t M_{tp}, \rho_t V_{tp}, M_{fp}\} \quad\cdots\cdots (9\text{-}144)$$

2) 预紧条件下,令 $F_{91}\sim F_{98}=0$,$F_{99}=1$,$F_{9p}=M_{f0}$,解公式(9-114)得到预紧条件下的内力,见公式(9-145):

$$\{x_{j0}\} = \{M_{h0}, H_{h0}, M_{s0}, H_{s0}, M_{R0}, H_0', \rho_t M_{t0}, \rho_t V_{t0}, M_{f0}\} \quad\cdots\cdots (9\text{-}145)$$

3) 将以上所得内力值叠加,即得到诸未知内力的最终值,见公式(9-146):

$$\begin{aligned}\{x_j\} &= \{x_{j0}\} + \{x_{jp}\} \\ &= \{(M_{h0}+M_{hp}), (H_{h0}+H_{hp}), (M_{s0}+M_{sp}), (H_{s0}+H_{sp}), (M_{R0}+M_{Rp}), \\ &\quad (H_0'+H_p'), \rho_t(M_{t0}+M_{tp}), \rho_t(V_{t0}+V_{tp}), (M_{f0}+M_{fp})\} \\ &= \{M_h, H_h, M_s, H_s, M_R, H', \rho_t M_t, \rho_t V_t, M_f\} \quad\cdots\cdots\cdots\cdots (9\text{-}146)\end{aligned}$$

表 9-2　(e1)型、(e2)型、(e3)型固定式热交换器计算工况载荷条件与输出结果

设计条件		工况分类					输出内力素结果
		壳程压力作用下的组合		管程压力作用下的组合		壳程与管程压力作用下的组合	
		工况①	工况②	工况③	工况④	工况⑤	工况⑥	
操作条件	p_s	p_s		0		p_s		$\{x_{jp}\} = \{M_{hp}, H_{hp}, M_{sp}, H_{sp},$ $M_{Rp}, H_p', \rho_t M_{tp}, \rho_t V_{tp}, M_{fp}\}$
	p_t	0		p_t		p_t	
	γ	0	$\gamma\beta E_{tm}$	0	$\gamma\beta E_{tm}$	0	$\gamma\beta E_{tm}$
	M_{fp}	解公式(9-114)得到,用于同一计算工况内预紧条件 M_{f0} 的计算					
预紧条件 M_{f0}		$\dfrac{M_m}{\pi D_i}$		$\dfrac{M_p}{\pi D_i} - M_{fp}$		$\max\left[\dfrac{M_m}{\pi D_i}, \left(\dfrac{M_p}{\pi D_i} - M_{fp}\right)\right]$		令公式(9-114)中 $F_{91}\sim F_{98}=0$,$F_{99}=1$,$F_{9p}=M_{f0}$,得到:$\{x_{j0}\} = \{M_{h0}, H_{h0}, M_{s0}, H_{s0},$ $M_{R0}, H_0', \rho_t M_{t0}, \rho_t V_{t0}, M_{f0}\}$

表 9-2 （e1）型、（e2）型、（e3）型固定式热交换器计算工况载荷条件与输出结果（续）

输出叠加结果	$\{x_j\}=\{x_{j0}\}+\{x_{jp}\}=\{M_h,H_h,M_s,H_s,M_R,H',\rho_tM_t,\rho_tV_t,M_f\}$
应力计算	分别对每一计算工况,以上述内力素的叠加结果$\{x_j\}$计算各元件应力,并校核

注：在同一计算工况内,先完成"操作条件"的计算,后完成"预紧条件"的计算。

表 9-2 中所述 6 种计算工况的载荷条件为：

——工况①:只有壳程压力 p_s,不计管程压力 p_t 和膨胀变形差 γ,法兰力矩为 $M_m/\pi D_i$;

——工况②:有壳程压力 p_s,不计管程压力 p_t,同时计入膨胀变形差 γ,法兰力矩为 $M_m/\pi D_i$;

——工况③:只有管程压力 p_t,不计壳程压力 p_s 和膨胀变形差 γ,法兰力矩为 $M_p/\pi D_i$;

——工况④:有管程压力 p_t,不计壳程压力 p_s,同时计入膨胀变形差 γ,法兰力矩为 $M_p/\pi D_i$;

——工况⑤:壳程压力 p_s 与管程压力 p_t 同时作用,不计膨胀变形差 γ,法兰力矩为 Max $[M_m/\pi D_i,M_p/\pi D_i]$;

——工况⑥:壳程压力 p_s 与管程压力 p_t 同时作用,同时计入膨胀变形差 γ,法兰力矩为 Max $[M_m/\pi D_i,M_p/\pi D_i]$。

仅当管程和壳程中一侧为负压、一侧为正压时,或者壳体带膨胀节时,才需要进行工况⑤和工况⑥的应力分析。

9.8.3.3 （e3）型热交换器的力学模型与内力分析

图 9-3 中（e3）型固定管板式热交换器的力学模型及各元件间连接内力素的正方向规定见图 9-13。

9 个独立的未知内力素同公式（9-113）,满足公式（9-114）,只需将公式（9-115）、公式（9-116）、公式（9-118）、公式（9-119）中的系数 F_{11}、F_{12}、F_{22}、F_{29} 按公式（9-147）～公式（9-150）进行更换：

$$F_{11}=\frac{12RR_f}{E''_f b_f \delta''^3_f}+\frac{12(1-\nu_h)R}{E_h\delta^3_h} \qquad (9\text{-}147)$$

$$F_{12}=F_{21}=-\frac{12RR_f e''}{E''_f b_f \delta''^3_f} \qquad (9\text{-}148)$$

$$F_{22}=\frac{RR_f}{E''_f b_f \delta''_f}\Big(1+\frac{12e''^2}{\delta''^2_f}\Big)+\frac{(1-\nu_h)R}{E_h\delta_h} \qquad (9\text{-}149)$$

$$F_{29}=F_{92}=-\frac{12RR_f e''}{E''_f b_f \delta''^3_f} \qquad (9\text{-}150)$$

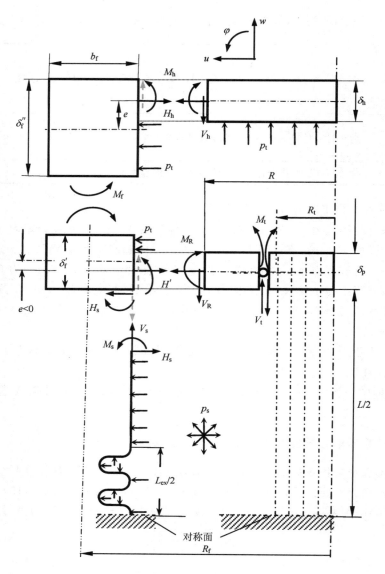

图 9-13 (e3)型热交换器力学模型和内力分析图 $\left[e=\dfrac{1}{2}(\boldsymbol{\delta_p}-\boldsymbol{\delta_f})<0\right]$

如图 9-13 所示,管板中面相对于壳体法兰中面偏向壳程侧时,则其间距离 e 应为负值。并保持 F_{5p} [公式(9-139)]、F_{7p}[公式(9-141)]、F_{8p}[公式(9-142)]不变,输入公式(9-151)的 F_{1p},更换公式(9-137)、公式(9-138)、公式(9-140)和公式(9-143)中的 F_{2p}、F_{4p}、F_{6p}、F_{9p},见公式(9-151)～公式(9-157):

$$F_{1p}=\frac{3(1-\nu_h)R^3}{2E_h\delta_h^3}p_s+\frac{12RR_f\delta_h e''}{E''_f b_f \delta''^3_f}p_t \quad\cdots\cdots\cdots\cdots\cdots\cdots(9\text{-}151)$$

$$F_{2p}=\frac{2R_f Re''p_t}{E''_f b_f \delta''_f}-\frac{12R_f Re''p_t}{E''_f b_f (\delta''_f)^3}e''\delta_h \quad\cdots\cdots\cdots\cdots\cdots(9\text{-}152)$$

$$F_{3p}=-\frac{12RR_f\delta_p e}{E'_f b_f \delta'^3_f}p_t \quad\cdots\cdots\cdots\cdots\cdots\cdots\cdots(9\text{-}153)$$

$$F_{4p}=\frac{R^2}{E_s\delta_s}\left\{p_s\left[1-\frac{\nu_s}{2}(1-\rho_t^2)\right]-p_t\frac{\nu_s\rho_t^2}{2}\right\}+\frac{2R_f R}{E'_f b_f \delta'_f}p_t e-\frac{6R_f Rp_t}{E'_f b_f (\delta'_f)^2}e\delta_p \quad\cdots\cdots(9\text{-}154)$$

$$F_{5p}=\frac{R^3}{DK_{Rp}}(p_s-p_t)+\frac{12RR_f\delta_p e}{E'_f b_f \delta'^3_f}p_t \quad\cdots\cdots\cdots\cdots\cdots\cdots(9\text{-}155)$$

$$F_{6p} = -\frac{2R_f R}{E_f' b_f \delta_f'} p_t e - \frac{12R_f R e^2}{E_f' b_f (\delta_f')^3} p_t \delta_p \quad\cdots\cdots\cdots\cdots\cdots\cdots (9\text{-}156)$$

$$F_{9p} = \frac{12R_f R p_t}{E_f' b_f (\delta_f')^3} \left[\frac{E_f'}{E_f''} \left(\frac{\delta_f'}{\delta_f''}\right)^3 e'' \delta_h - e\delta_p \right] + \frac{\pi R^2 p_t}{L_G^2} \left[\frac{l_b (L_D - L_G)}{E_b A_b} + \frac{\delta_G L_D}{E_G A_G} \right] +$$

$$\frac{\pi (R_G^2 - R^2) p_t}{L_G^2} \left[\frac{l_b (L_T - L_G)}{E_b A_b} + \frac{\delta_G L_T}{E_G A_G} \right] \quad\cdots\cdots\cdots\cdots\cdots\cdots (9\text{-}157)$$

如将法兰紧固件视为刚性元件,则:

$$F_{9p} = \frac{12R_f R p_t}{E_f' b_f (\delta_f')^3} \left[\frac{E_f'}{E_f''} \left(\frac{\delta_f'}{\delta_f''}\right)^3 e'' \delta_h - e\delta_p \right]$$

9.8.4 管板应力计算

9.8.4.1 管板布管区应力应按下列步骤计算。

a) 由 9.8.3 解得的未知内力素 V_t、M_t 的最终值[按计算工况的 6 种或 4 种组合,对于(e1)型、(e2)型、(e3)型热交换器,应叠加预紧与操作工况],求:

$$C_1 = -\left(\frac{\eta D}{N}\right)^{3/4} \frac{V_t K f_1(K)}{\eta D F_1(K)} + \left(\frac{\eta D}{N}\right)^{1/2} \frac{M_t K \text{ber}'(K)}{\eta D F_1(K)} \quad\cdots\cdots\cdots (9\text{-}158)$$

$$C_2 = -\left(\frac{\eta D}{N}\right)^{3/4} \frac{V_t K f_2(K)}{\eta D F_1(K)} + \left(\frac{\eta D}{N}\right)^{1/2} \frac{M_t K \text{bei}'(K)}{\eta D F_1(K)} \quad\cdots\cdots\cdots (9\text{-}159)$$

b) 管板布管区中任一点的弯矩按公式(9-160)、公式(9-161)计算:

$$M_{r1} = \left(\frac{N}{\eta D}\right)^{1/2} \eta D \left[-C_1 f_2(x) + C_2 f_1(x) \right] \quad\cdots\cdots\cdots\cdots (9\text{-}160)$$

$$M_{\theta 1} = \left(\frac{N}{\eta D}\right)^{1/2} \eta D \left[-C_1 f_4(x) + C_2 f_3(x) \right] \quad\cdots\cdots\cdots\cdots (9\text{-}161)$$

c) 管板布管区各点应力按公式(9-162)、公式(9-163)计算:

$$\sigma_{r1} = \mp \frac{6M_{r1}}{\mu \delta_p^2} + \frac{H''}{\mu \delta_p} \quad\cdots\cdots\cdots\cdots\cdots\cdots (9\text{-}162)$$

$$\sigma_{\theta 1} = \mp \frac{6M_{\theta 1}}{\mu \delta_p^2} + \frac{H''}{\mu \delta_p} \quad\cdots\cdots\cdots\cdots\cdots\cdots (9\text{-}163)$$

公式中上符号表示管程侧管板表面应力,下符号表示壳程侧管板表面应力。

对于每种工况,按公式(9-56)逐 x 点(对应 r 点)求得各点的 $M_{r1}(r)$、$M_{\theta 1}(r)$ 值和 H'',分别求管程侧和壳程侧应力,再按公式(9-2)对下列位置求各点的 $S_{III}(r)$[或 $S_{IV}(r)$]:

1) 求管板布管区内应力强度最大值 $S_i = S_{III}(r)|_{\max}$[或 $S_{IV}(r)|_{\max}$];

2) 求管板布管区边缘处($x = K$)管程侧、壳程侧应力强度:$S_t = S_{III}(R_t)$[或 $S_{IV}(R_t)$]。

最后按公式(9-1)逐一校核强度。

9.8.4.2 管板非布管区应力应按下列步骤计算。

a) 环形板内的应力沿其径向为单调变化,所以只需校核环形板内、外缘两处的应力。

b) 环形板外缘应力。

环向弯矩下标增加"e",弯矩按公式(9-164)、公式(9-165)、公式(9-166)计算。

$$\rho = 1 : M_{r2} = M_R, \sigma_{r2}|_{r=R} = \mp \frac{6M_R}{\delta_p^2} + \frac{H'}{\delta_p} \quad\cdots\cdots\cdots\cdots (9\text{-}164)$$

$$M_{\theta 2}|_{r=R} = M_{\theta e} = -\frac{(p_s - p_t) R^2}{2} \left[\frac{(1+\nu) \rho_t^4}{1 - \rho_t^2} \ln \rho_t + \frac{(1-\nu) + (1+3\nu) \rho_t^2}{4} \right] +$$

193

$$V_t\rho_t R\left[(1-\nu)\frac{\rho_t^2}{1-\rho_t^2}\ln\rho_t-\frac{(1-\nu)}{2}\right]+\frac{1+\rho_t^2}{1-\rho_t^2}M_R-\frac{2\rho_t^2}{1-\rho_t^2}M_t$$

$$\text{···················} (9\text{-}165)$$

$$\sigma_{\theta2}|_{r=R}=\mp\frac{6M_{\theta e}}{\delta_p^2}+\frac{1}{(1-\rho_t^2)\delta_p}\left[(1-\rho_t^2)H'-2\rho_t^2 H''\right] \text{···········} (9\text{-}166)$$

按公式(9-2)求管板非布管区外缘处管程侧、壳程侧应力强度：$S_e=S_{\text{III}}(R)$[或 $S_{\text{IV}}(R)$]。

按公式(9-1)校核强度。

c) 环形板内缘应加

环向弯矩下标增加"t"，变矩按公式(9-167)、公式(9-168)、公式(9-169)计算。

$$\rho=\rho_t:M_{r2}=M_t,\sigma_{r2}|_{r=R_t}=\mp\frac{6M_t}{\delta_p^2}+\frac{H''}{\delta_p} \text{···············} (9\text{-}167)$$

$$M_{\theta2}|_{r=R_t}=M_{\theta t}=-\frac{(p_s-p_t)R^2}{2}\left[\frac{(1+\nu)\rho_t^2}{1-\rho_t^2}\ln\rho_t+\frac{(3+\nu)-(1-\nu)\rho_t^2}{4}\right]+$$

$$V_t\rho_t R\left[(1+\nu)\frac{\ln\rho_t^2}{1-\rho_t^2}-\frac{(1-\nu)}{2}\right]+\frac{2}{1-\rho_t^2}M_R-\frac{1+\rho_t^2}{1-\rho_t^2}M_t$$

$$\text{···················} (9\text{-}168)$$

$$\sigma_{\theta2}|_{r=R_t}=\mp\frac{6M_{\theta t}}{\delta_p^2}+\frac{1}{(1-\rho_t^2)\delta_p}\left[2H'-(1+\rho_t^2)H''\right] \text{···········} (9\text{-}169)$$

d) 对于管板与法兰焊接连接的结构，如图 9-12 所示的(e2)型结构，式中 δ_p 值应计入连接焊缝的厚度值。公式(9-164)、公式(9-166)、公式(9-167)和公式(9-169)中上符号表示管程侧表面，下符号表示壳程侧表面。

9.8.5 换热管应力及其与管板连接拉脱力

换热管应力及其与管板连接拉脱力计算应符合下列要求。

a) 换热管应力按公式(9-170)计算：

$$\sigma_t=\frac{2E_t}{L}\left[\frac{\lambda P_c}{N}+C_1\,\text{ber}(x)+C_2\,\text{bei}(x)\right] \text{···················} (9\text{-}170)$$

式中，C_1、C_2 由公式(9-158)、公式(9-159)求得。按公式(9-170)求$(\sigma_t)_{max}$和$(\sigma_t)_{min}$。

b) 换热管与管板连接拉脱力按公式(9-171)计算：

$$q=\frac{\sigma_t a}{\pi d l} \text{···················} (9\text{-}171)$$

9.8.6 壳体法兰应力

9.8.6.1 对于(e1)型、(e2)型、(e3)型热交换器，应校核壳体法兰应力。校核方法如下：

a) 由 9.8.3 解得未知内力素 M_f、M_s、M_R、H_s 与 H' 的最终值(按计算工况的 6 种组合，应叠加预紧与操作工况)；

b) 按公式(9-172)计算 M_f'：

$$M_f'=M_f+M_s+\frac{1}{2}H_s\delta_f'+H'e-M_R \text{···················} (9\text{-}172)$$

c) 壳体法兰应力按公式(9-173)计算：

$$\sigma'_f = \pi Y M'_f / \delta'^2_f \qquad (9\text{-}173)$$

9.8.6.2 壳体法兰的厚度可以不同于管板厚度,与管板的厚度差应能确保与设备法兰连接之间的结构密封要求。

9.8.7 壳体轴向应力

固定管板式热交换器的壳体轴向薄膜应力按公式(9-174)计算:

$$\sigma_c = \frac{R}{2\delta_s}\left[p_s(1-\rho_t^2)+\rho_t\rho_t^2\right]+\frac{\rho_t V_t}{\delta_s} \qquad (9\text{-}174)$$

当 $\sigma_c > 0$ 时,应计入壳程筒体环向焊接接头系数。

9.8.8 壳程圆筒分段时的管板计算

壳程圆筒分段设计时(见图9-14,此处壳体可能带有的膨胀节略去未画出),应满足下述结构要求,并按本条对相关参数进行调整后再进行固定管板相关计算。此时与管板相连接的端部圆筒材料与中部圆筒材料可不同。图9-14给出了各段长度 L'_1、L''_1,厚度 δ_s、δ_{s2} 和材料热膨胀系数 α_{s1}、α_{s2}。

a) 结构要求见公式(9-175):

$$L'_1 \geqslant 1.8\sqrt{D_i\delta_s} \text{ 且 } L''_1 \geqslant 1.8\sqrt{D_i\delta_s} \qquad (9\text{-}175)$$

b) 计算:

壳程圆筒分段设计时,参数 Q、α_s 应按本规定进行调整后,再根据不同的结构型式分别按9.8.3.1～9.8.3.3 和9.8.4 步骤进行固定管板式热交换器的计算。设端部壳程圆筒的材料弹性模量为 E_s,中部壳程圆筒的材料弹性模量为 E_{s2}。Q 按公式(9-176)计算:

$$Q = \frac{E_t na}{E_s A_s}\left[\frac{L'_1+L''_1}{L}+\frac{(L_s-L'_1-L''_1)E_s\delta_s}{LE_{s2}\delta_{s2}}\right] \qquad (9\text{-}176)$$

将所得 Q 代入公式(9-66),可计算壳程圆筒分段并带膨胀节时的 Q_{ex}。

如膨胀节与壳体中部材料相同,或者二者的热膨胀系数之差别在工程设计允许的误差范围内,则 α_s 按公式(9-177)计算:

$$\alpha_s = \alpha_{s1}\left[\frac{L'_1+L''_1}{L}+\frac{\alpha_{s2}(L-L'_1-L''_1)}{\alpha_{s1}L}\right] \qquad (9\text{-}177)$$

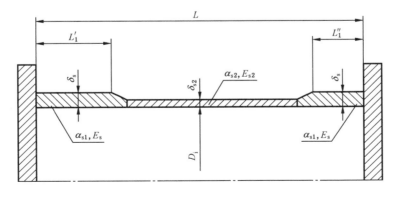

图 9-14 壳程圆筒分段示意图

10 开孔补强

10.1 压力容器开孔补强的设计方法

10.1.1 球壳径向开孔补强

对满足下列条件的球壳径向开孔,10.4 规定的补强设计方法可保证在内压作用下不会出现塑性垮塌失效且处于安定状态:

a) 适用于具有单个开孔的球壳,当球壳具有两个或两个以上开孔时,相邻两开孔边缘的间距不应小于 $2\sqrt{D_i\delta_n}$;

b) 开孔率 $r_i/R_i \leqslant 0.8$;

c) 壳体补强长度 $l \geqslant \sqrt{D_i\delta_n}$,或整体加厚壳体。

10.1.2 圆筒径向开孔补强

对满足下列条件的圆筒径向开孔,采用 CSCBPV-TD001—2013 中具有径向平齐接管的圆筒开孔补强设计方法可保证在内压和管线载荷作用下不出现塑性垮塌失效且处于安定状态:

a) 适用于具有单个开孔的圆筒,当圆筒具有两个或两个以上开孔时,相邻两开孔边缘的间距不应小于 $2\sqrt{D_i\delta_n}$;

b) 开孔率 $d/D \leqslant 0.9$ 且 $\max\lceil 0.5, d/D \rceil \leqslant \delta_{et}/\delta_e \leqslant 2$;

c) 对圆筒或接管进行整体补强,应满足补强范围尺寸(自接管、圆筒交线至补强区边缘的距离):对于圆筒 $l > \sqrt{D_i\delta_n}$,对于接管 $l_t > \sqrt{d_o\delta_{nt}}$,或整体加厚圆筒体;

d) 圆筒与接管之间角焊缝的焊脚尺寸应分别不小于 $\delta_n/2$ 和 $\delta_{nt}/2$,接管内壁与圆筒内壁交线处圆角半径在 $\delta_n/8$ 和 $\delta_n/2$ 之间。

材料的许用应力按 GB/T 4732.2—2024 的规定选取。

10.1.3 其他元件或结构的内压开孔补强

其他元件或结构的内压开孔补强,可按照 GB/T 4732.4—2024 或 GB/T 4732.5—2024 的规定进行分析设计。设计中所涉及的有关初始尺寸可按照 GB/T 150.3—2024 的相关规定确定,其中的许用应力按 GB/T 4732.2—2024 的规定选取。

10.1.4 外压开孔补强

当设计外压的绝对值不超过 0.2 MPa 时,可按照 GB/T 150.3—2024 的相关规定进行外压开孔补强设计,其中的许用应力按 GB/T 4732.2—2024 的规定选取,且要求满足 $1 \leqslant \delta_{et}/\delta_e \leqslant 2$。其他情况可按照 GB/T 4732.4—2024 或 GB/T 4732.5—2024 的规定进行分析设计。

10.1.5 不另行补强的条件

圆筒、球壳、锥壳及凸形封头球面部位的圆形开孔,满足下列全部要求时,可不另行补强:

a) 直径不超过 $0.2\sqrt{R_m\delta_n}$ 的单个开孔,或在直径为 $2.5\sqrt{R_m\delta_n}$ 的任一圆周内有两个或两个以上开孔时,未补强开孔直径的总和不超过 $0.25\sqrt{R_m\delta_n}$;

b) 两相邻开孔中心的间距(曲面间距以弧长计算)不小于两孔直径之和的 1.5 倍;

c) 未补强开孔中心至壳体局部应力区域(一次局部薄膜当量应力超过 $1.1 S_m^1$ 的任何区域,但不包括由未补强开孔引起的一次局部薄膜应力区域)边缘的距离不小于 $2.5\sqrt{R_m\delta_n}$;

d) 满足 10.3 规定的通用要求。

10.2 符号

下列符号适用于第 10 章。

A——开孔削弱所需要的补强截面积,mm^2。

A_e——实际补强截面积,mm^2。

A_1——面积系数,根据图 10-3 的查取结果计算得到,mm^2。

D——圆筒中面直径,mm。

D_i——圆筒或球壳内直径,mm。

d——接管中面直径,mm。

d_i——接管内直径,mm。

d_o——接管外直径,mm。

d_{op}——开孔最大直径,mm。

g——接管补强系数。

h——球壳补强系数。

l——球壳补强长度,mm。

l_t——球壳接管补强长度,mm。

L_m——球壳有效补强范围半径,mm。

R_i——球壳内半径,mm。

r_i——接管内半径,mm。

S_m^t——设计温度下壳体材料的许用应力,MPa。

S_{mt}^t——设计温度下接管材料的许用应力,MPa。

α_R——设计温度下补强金属的平均热膨胀系数,$mm/mm \cdot ℃$。

α_V——设计温度下器壁金属的平均热膨胀系数,$mm/mm \cdot ℃$。

δ——壳体开孔处的计算厚度,mm。

δ_e——壳体开孔处的有效厚度,mm。

δ_{et}——接管有效厚度,mm。

δ_n——壳体开孔处的名义厚度,mm。

δ_{nt}——接管名义厚度,mm。

δ_t——接管计算厚度,mm。

ΔT——从 20 ℃到操作温度的温度范围,或从最低操作温度到最高操作温度之差,取二者最大值,℃。

10.3 通用要求

10.3.1 容器上的开孔宜避开容器焊接接头。

10.3.2 开孔宜采用下列任意一种整体补强形式:

a) 增加壳体的厚度;

b) 将厚壁接管或整体补强锻件与壳体焊接,结构可见附录 B。

10.3.3 补强件材料符合下列要求。

a) 在设计温度下,补强材料许用应力宜与壳体材料许用应力相同或相近。补强材料许用应力不宜小于壳体材料许用应力的 80%。

b)   有效补强范围内,可作为补强用的接管和焊缝金属,应满足公式(10-1)的要求,否则不能作为
补强面积使用。

$$| (\alpha_R - \alpha_V)\Delta T | \leqslant 0.000\ 8 \quad \text{……………………} (10\text{-}1)$$

壳体、接管或补强件的材料,其标准室温屈服强度 R_{eL} 与标准室温抗拉强度下限值 R_m 之比应满足
$R_{eL}/R_m \leqslant 0.8$。

10.3.4 接管或补强件与壳体应采用全焊透结构,以确保补强结构的整体性,并且焊缝应打磨圆角。

10.4   球壳径向开孔补强设计的分析法

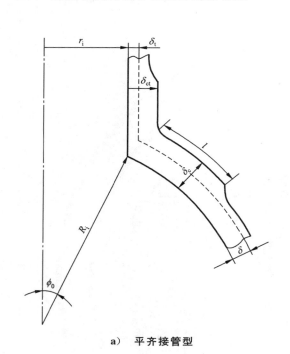 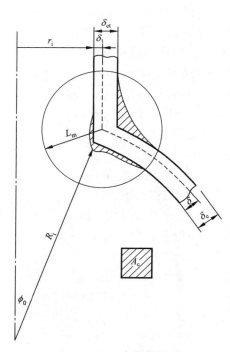

a)   平齐接管型   b)   密集补强型

图 10-1   球壳径向开孔的补强型式

如图 10-1 所示,球壳和接管满足设计最小壁厚以及钢材负偏差之外的多余金属厚度($\delta_e - \delta$)和
($\delta_{et} - \delta_t$)均可作为补强金属,计入补强系数 h 和 g 中。除此之外,有效补强范围半径 L_m 之内的其余金
属都可作为实际密集补强面积 A_e。补强设计步骤如下。

a)   按公式(10-2)、公式(10-3)计算 δ、δ_t:

$$\delta = \frac{p_c R_i}{2S_m^t} \quad \text{……………………} (10\text{-}2)$$

$$\delta_t = \frac{p_c r_i}{S_{mt}^t} \quad \text{……………………} (10\text{-}3)$$

b)   选择 δ_e,计算 $h = \delta_e/\delta$,由 r_i/R_i、D_i/δ 和 h 值查图 10-2,得到 g 值。

c)   计算 $\delta_{et} = g\delta_t$,判断采用平齐接管型补强是否合理与可能(图 10-2 中已限制 $\delta_{et}/\delta_e \leqslant 3$ 值)。如
采用平齐接管型的补强方法,加厚部分的接管长度 l_t 应满足 $l_t \geqslant \sqrt{d_i \delta_{nt}}$。

d)   如不选平齐接管型补强,可选用密集补强型,由 r_i/R_i 和 h 值查图 10-3,求得 $g_1 = 1$ 时的
$A_1/(D_i\delta)$ 值,并由表 10-1 查得相应的 k 值。

e)   由接管厚度 δ_{et} 计算 $g = \delta_{et}/\delta_t$,按公式(10-4)计算所需密集补强面积 A:

$$A = A_1 - k(g-1)\frac{D_i\delta}{100} \quad \text{……………………} (10\text{-}4)$$

f) 按附录 B 选择整体补强型式,配置补强,按公式(10-5)计算有效补强范围半径 L_m:

$$L_m = 1.26 \left(\frac{\delta}{R_i}\right)^{2/3} (r_i + 0.5R_i) \quad \cdots\cdots\cdots\cdots\cdots\cdots\cdots\cdots (10\text{-}5)$$

g) 按图 10-1 计算实际密集补强面积 A_e,应满足 $A_e \geq A$。

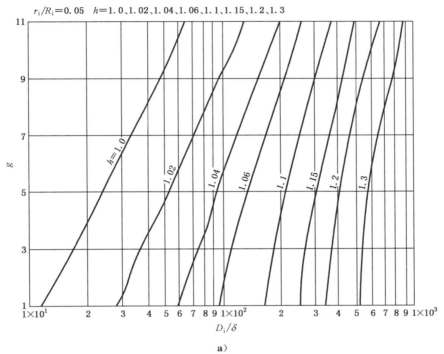

a)

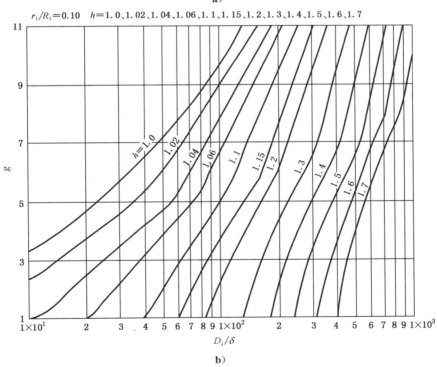

b)

图 10-2　平齐接管型补强设计曲线

199

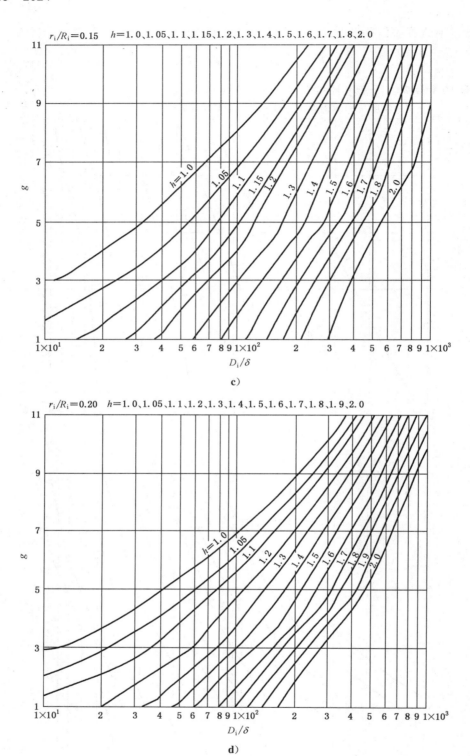

图 10-2　平齐接管型补强设计曲线（续）

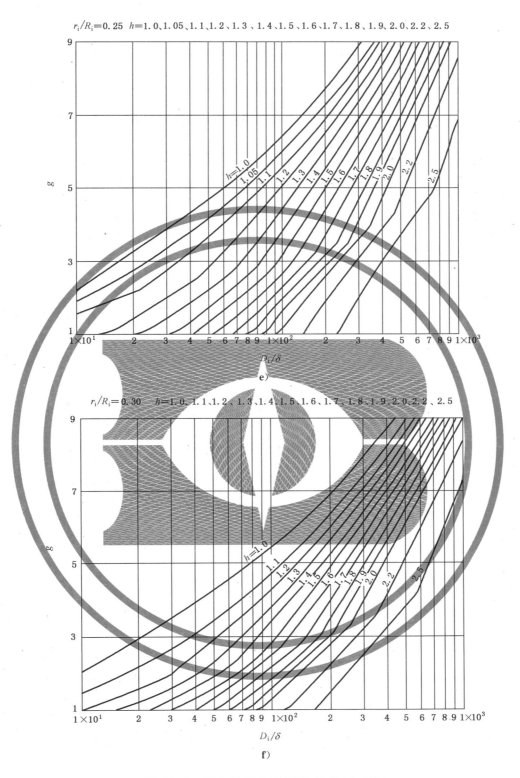

$r_i/R_i=0.25$ $h=1.0$、1.05、1.1、1.2、1.3、1.4、1.5、1.6、1.7、1.8、1.9、2.0、2.2、2.5

e)

$r_i/R_i=0.30$ $h=1.0$、1.1、1.2、1.3、1.4、1.5、1.6、1.7、1.8、1.9、2.0、2.2、2.5

f)

图 10-2 平齐接管型补强设计曲线（续）

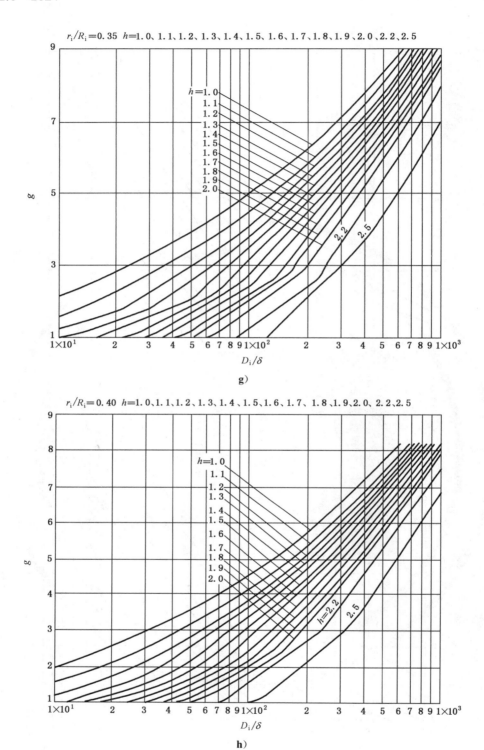

g)

h)

图 10-2 平齐接管型补强设计曲线（续）

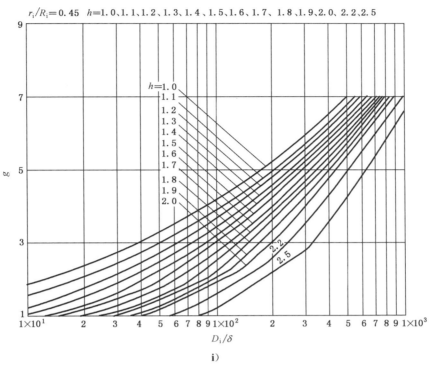

i)

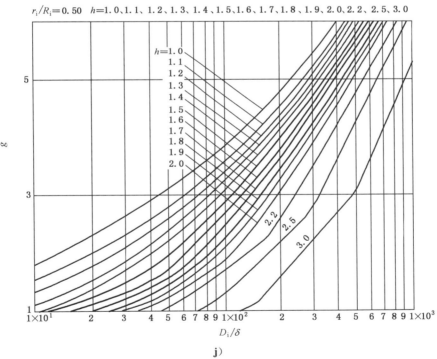

j)

图 10-2　平齐接管型补强设计曲线（续）

$r_i/R_i = 0.55$ $h = 1.0$、1.1、1.2、1.3、1.4、1.5、1.6、1.7、1.8、1.9、2.0、2.2、2.5、3.0

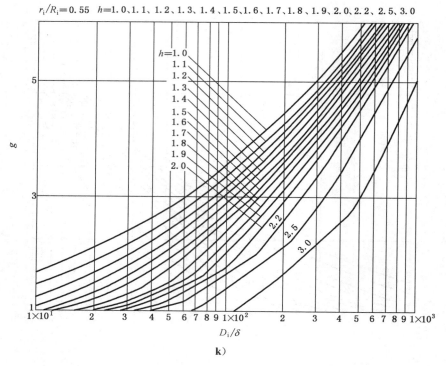

k)

$r_i/R_i = 0.60$ $h = 1.0$、1.1、1.2、1.3、1.4、1.5、1.6、1.7、1.8、1.9、2.0、2.2、2.5、3.0

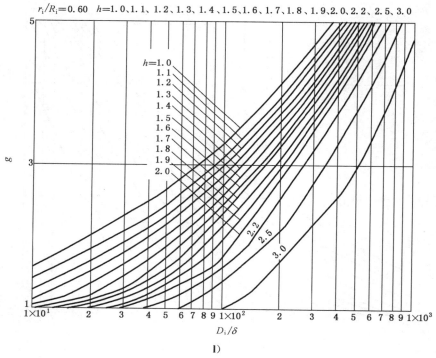

l)

图 10-2 平齐接管型补强设计曲线（续）

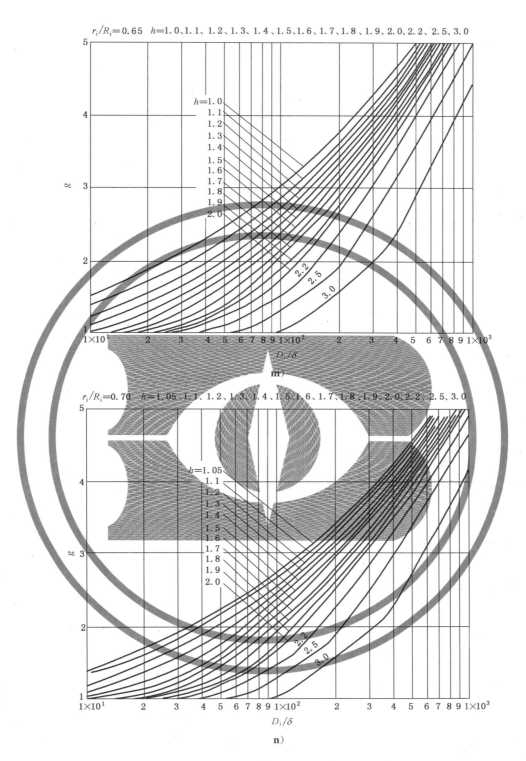

图 10-2　平齐接管型补强设计曲线（续）

r_i/R_i=0.75 h=1.1、1.2、1.3、1.4、1.5、1.6、1.7、1.8、1.9、2.0、2.2、2.5、3.0

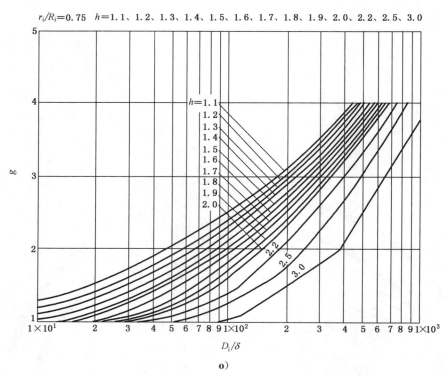

o)

r_i/R_i=0.80 h=1.2、1.3、1.4、1.5、1.6、1.7、1.8、1.9、2.0、2.2、2.5、3.0

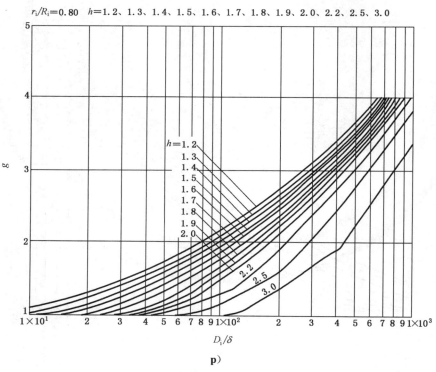

p)

图 10-2 平齐接管型补强设计曲线（续）

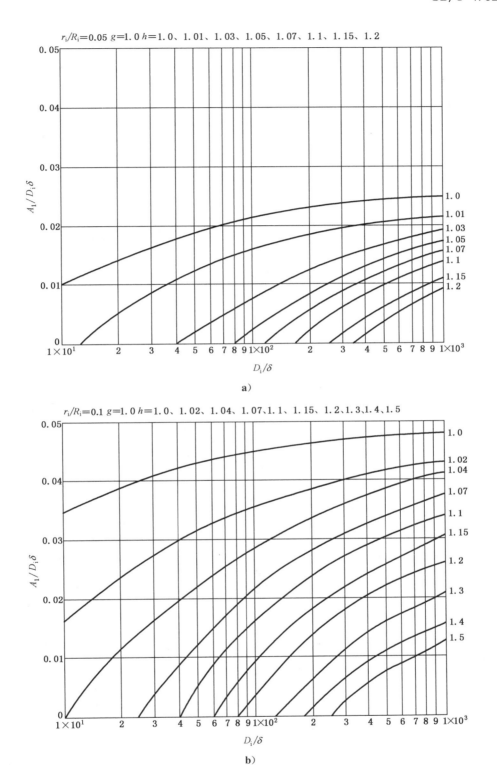

图 10-3　密集补强型补强设计曲线

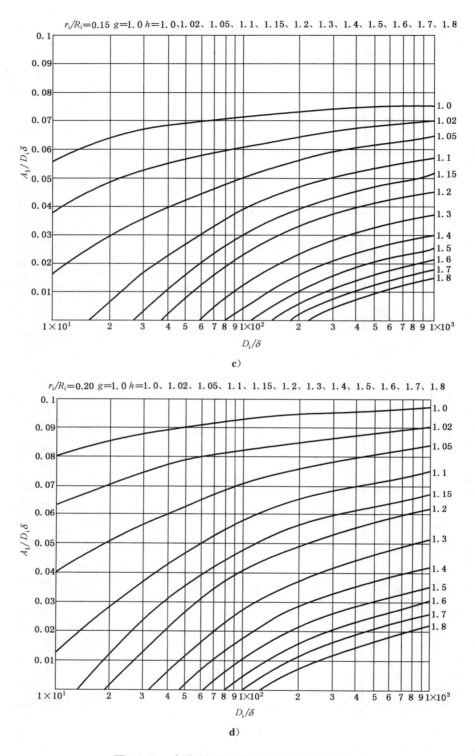

图 10-3 密集补强型补强设计曲线（续）

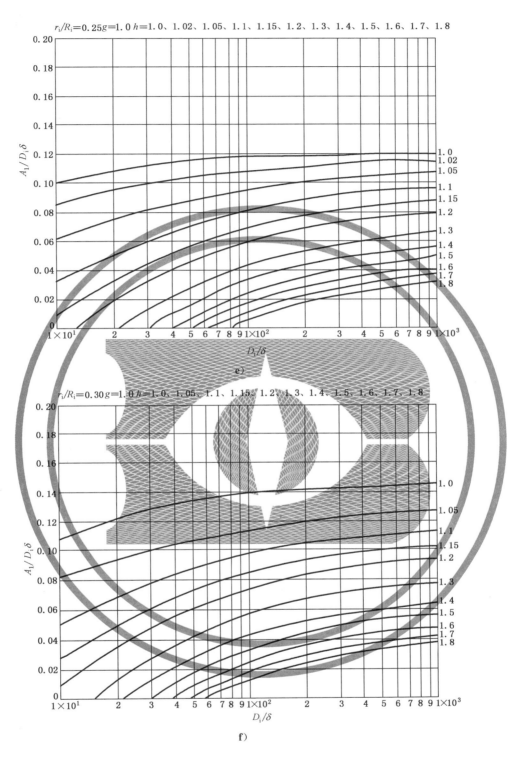

r_i/R_i=0.25 g=1.0 h=1.0、1.02、1.05、1.1、1.15、1.2、1.3、1.4、1.5、1.6、1.7、1.8

e)

r_i/R_i=0.30 g=1.0 h=1.0、1.05、1.1、1.15、1.2、1.3、1.4、1.5、1.6、1.7、1.8

f)

图 10-3　密集补强型补强设计曲线（续）

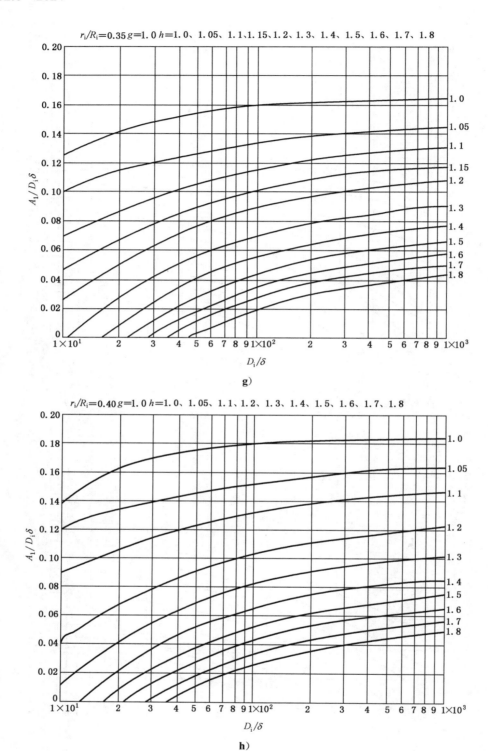

图 10-3 密集补强型补强设计曲线（续）

r_i/R_i=0.45 g=1.0 h=1.0、1.05、1.1、1.15、1.2、1.3、1.4、1.5、1.6、1.7、1.8

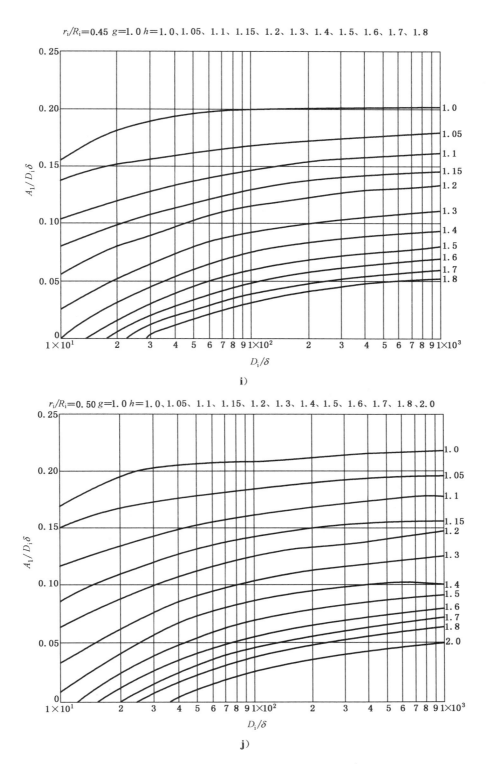

i)

r_i/R_i=0.50 g=1.0 h=1.0、1.05、1.1、1.15、1.2、1.3、1.4、1.5、1.6、1.7、1.8、2.0

j)

图 10-3　密集补强型补强设计曲线（续）

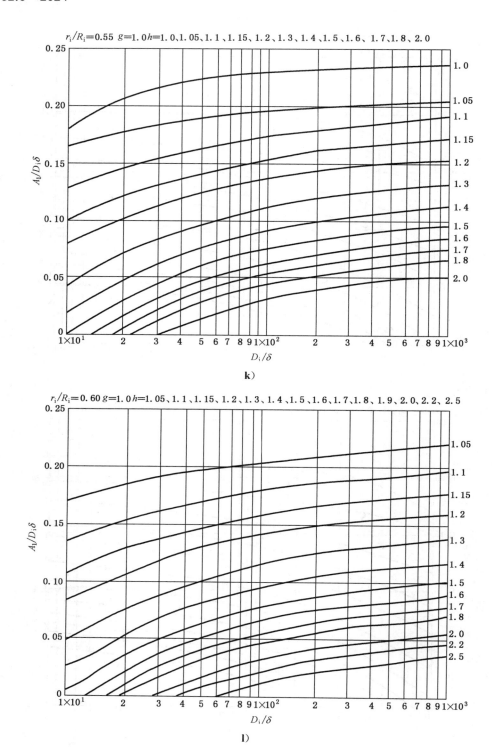

图 10-3　密集补强型补强设计曲线（续）

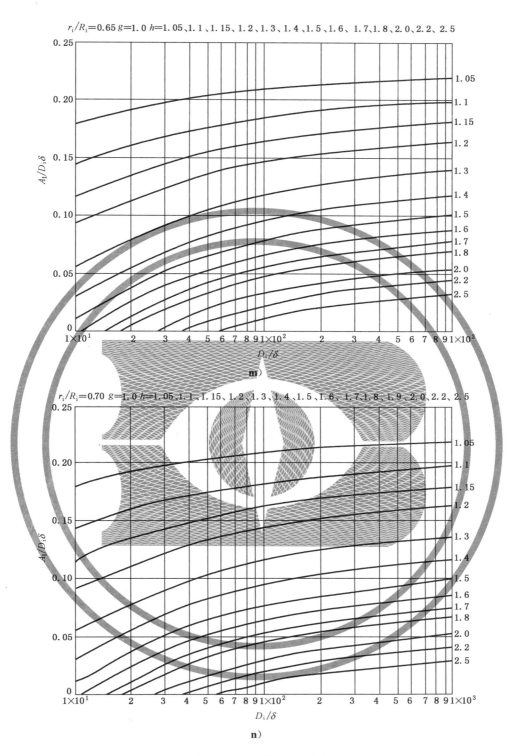

图 10-3　密集补强型补强设计曲线（续）

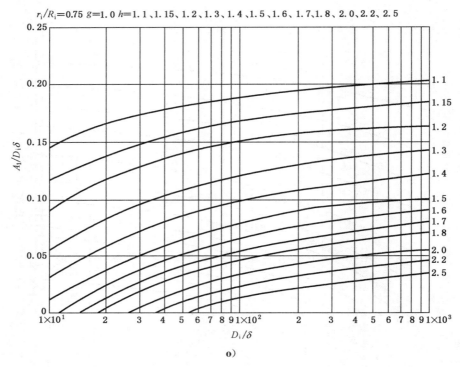

o)

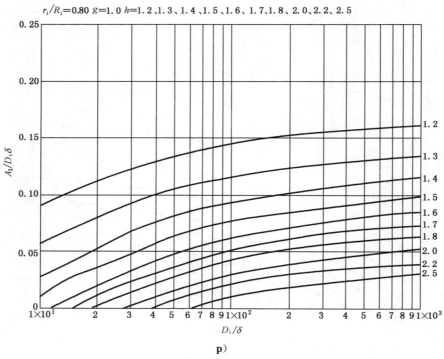

p)

图 10-3　密集补强型补强设计曲线（续）

表 10-1 k 值与 r_i、R_i、D_i/δ 和 h 的关系

$r_i/R_i = 0.050$

D_i/δ	h						
	1.000	1.020	1.040	1.060	1.100	1.150	1.200
10.0							
20.0	0.180						
30.0	0.164						
40.0	0.143	0.138					
50.0	0.123	0.114					
60.0	0.112	0.101					
70.0	0.104	0.097					
80.0	0.097	0.094	0.090				
90.0	0.094	0.091	0.088				
100.0	0.090	0.087	0.084				
200.0	0.064	0.062	0.060	0.058	0.055		
300.0	0.052	0.050	0.049	0.047	0.045	0.042	
400.0	0.047	0.046	0.045	0.043	0.041	0.039	0.036
500.0	0.042	0.041	0.040	0.039	0.037	0.035	0.033
600.0	0.039	0.038	0.037	0.036	0.034	0.032	0.030

$r_i/R_i = 0.100$

D_i/δ	h									
	1.000	1.020	1.050	1.070	1.100	1.150	1.200	1.300	1.400	1.500
10.0										
20.0	0.750	0.715								
30.0	0.661	0.623	0.597							
40.0	0.574	0.547	0.521							
50.0	0.493	0.472	0.442	0.422						
60.0	0.451	0.428	0.417	0.405	0.387					
70.0	0.418	0.398	0.387	0.375	0.359					
80.0	0.391	0.362	0.352	0.337	0.313					
90.0	0.380	0.353	0.344	0.330	0.308					
100.0	0.360	0.336	0.327	0.314	0.293					
200.0	0.255	0.249	0.241	0.235	0.227	0.213	0.200	0.175		
300.0	0.207	0.203	0.197	0.193	0.187	0.176	0.165	0.145	0.128	0.113
400.0	0.188	0.186	0.182	0.178	0.173	0.164	0.154	0.136	0.120	0.106
500.0	0.168	0.167	0.163	0.161	0.156	0.148	0.140	0.123	0.109	0.096
600.0	0.155	0.154	0.152	0.149	0.145	0.137	0.130	0.114	0.101	0.089

表 10-1　k 值与 r_i、R_i、D_i/δ 和 h 的关系（续）

$r_i/R_i=0.150$

D_i/δ	h								
	1.000	1.020	1.050	1.100	1.150	1.200	1.300	1.400	1.500
10.0	1.700	1.625	1.579	1.669					
20.0	1.496	1.375	1.276	1.120					
30.0	1.299	1.205	1.111	1.031					
40.0	1.116	1.085	1.034	0.965	0.900				
50.0	1.020	0.970	0.948	0.886	0.827	0.772			
60.0	0.944	0.903	0.879	0.823	0.770	0.719			
70.0	0.883	0.851	0.824	0.773	0.723	0.676	0.590		
80.0	0.858	0.830	0.805	0.758	0.711	0.666	0.584		
90.0	0.814	0.790	0.766	0.722	0.678	0.635	0.557		
100.0	0.575	0.564	0.550	0.523	0.493	0.463	0.408	0.359	0.317
200.0	0.467	0.461	0.452	0.431	0.407	0.383	0.337	0.297	0.263
300.0	0.425	0.422	0.416	0.398	0.377	0.356	0.314	0.277	0.245
400.0	0.380	0.379	0.374	0.359	0.340	0.321	0.283	0.250	0.221
500.0	0.350	0.350	0.347	0.333	0.315	0.297	0.263	0.232	0.205
600.0									

$r_i/R_i=0.200$

D_i/δ	h										
	1.000	1.050	1.100	1.150	1.200	1.300	1.400	1.500	1.600	1.700	1.800
10.0											
20.0	3.267	2.813	2.460	2.122							
30.0	2.675	2.431	2.289	2.127	1.978						
40.0	2.320	1.997	1.859	1.731	1.630						
50.0	1.995	1.853	1.738	1.626	1.519						
60.0	1.823	1.699	1.597	1.495	1.398	1.223					
70.0	1.686	1.578	1.484	1.391	1.302	1.140	1.001				
80.0	1.576	1.479	1.394	1.307	1.224	1.072	0.942				
90.0	1.532	1.445	1.367	1.285	1.206	1.060	0.933				
100.0	1.454	1.375	1.302	1.225	1.150	1.010	0.890	0.711			
200.0	1.026	0.989	0.941	0.888	0.835	0.735	0.648	0.573	0.509	0.454	0.407
300.0	0.832	0.811	0.774	0.731	0.687	0.605	0.534	0.472	0.419	0.374	0.336
400.0	0.707	0.704	0.684	0.660	0.635	0.561	0.495	0.439	0.390	0.349	0.313
500.0	0.632	0.633	0.615	0.593	0.571	0.504	0.446	0.395	0.351	0.314	0.282
600.0	0.585	0.582	0.569	0.549	0.529	0.467	0.412	0.366	0.325	0.290	0.261

表 10-1　k 值与 r_i、R_i、D_i/δ 和 h 的关系（续）

$r_i/R_i = 0.250$

D_i/δ	H										
	1.000	1.050	1.100	1.150	1.200	1.300	1.400	1.500	1.600	1.700	1.800
10.0	7.188	6.840									
20.0	5.140	4.519	4.066								
30.0	4.204	3.849	3.606	3.358	3.128						
40.0	3.644	3.367	3.147	2.935	2.736	2.383					
50.0	3.134	2.914	2.741	2.568	2.403	2.103					
60.0	2.862	2.672	2.518	2.361	2.210	1.936	1.701				
70.0	2.647	2.481	2.340	2.196	2.057	1.803	1.584	1.398			
80.0	2.474	2.327	2.197	2.062	1.932	1.694	1.489	1.315	1.174		
90.0	2.187	2.103	2.035	1.946	1.861	1.670	1.471	1.301	1.130	0.964	
100.0	2.075	1.999	1.936	1.853	1.772	1.591	1.402	1.240	1.029	0.798	
200.0	1.465	1.431	1.392	1.335	1.280	1.151	1.015	0.898	0.799	0.713	0.640
300.0	1.189	1.171	1.141	1.095	1.050	0.946	0.834	0.738	0.656	0.586	0.526
400.0	1.003	0.975	0.940	0.903	0.869	0.808	0.740	0.682	0.608	0.543	0.488
500.0	0.896	0.874	0.843	0.811	0.780	0.726	0.665	0.613	0.546	0.488	0.439
600.0	0.826	0.807	0.779	0.749	0.721	0.671	0.615	0.567	0.505	0.452	0.406

$r_i/R_i = 0.300$

D_i/δ	H										
	1.000	1.050	1.100	1.150	1.200	1.300	1.400	1.500	1.600	1.700	1.800
10.0	8.980	8.400									
20.0	7.200	6.952	6.690	6.334	5.898	5.492					
30.0	6.087	5.641	5.224	4.872	4.542	3.955					
40.0	5.273	4.868	4.559	4.257	3.971	3.462	3.031				
50.0	4.173	3.972	3.818	3.644	3.483	3.050	2.681	2.243			
60.0	3.812	3.641	3.504	3.348	3.201	2.805	2.466	2.178	1.978		
70.0	3.527	3.378	3.254	3.111	2.977	2.610	2.295	2.027	1.890		
80.0	3.296	3.166	3.052	2.920	2.794	2.451	2.155	1.904	1.690	1.490	
90.0	2.898	2.754	2.633	2.521	2.415	2.231	2.044	1.879	1.651	1.420	
100.0	2.750	2.617	2.503	2.398	2.297	2.124	1.947	1.789	1.591	1.352	
200.0	1.944	1.864	1.788	1.716	1.646	1.526	1.402	1.290	1.148	1.026	0.921
300.0	1.579	1.521	1.460	1.402	1.346	1.250	1.148	1.058	0.941	0.841	0.756
400.0	1.355	1.285	1.217	1.157	1.104	1.014	0.937	0.872	0.812	0.751	0.698
500.0	1.212	1.151	1.090	1.037	0.990	0.910	0.841	0.783	0.728	0.674	0.627
600.0	1.117	1.062	1.006	0.957	0.914	0.840	0.777	0.723	0.673	0.623	0.580

表 10-1 k 值与 r_i、R_i、D_i/δ 和 h 的关系（续）

$r_i/R_i = 0.350$

D_i/δ	H										
	1.000	1.050	1.100	1.150	1.200	1.300	1.400	1.500	1.600	1.700	1.800
10.0			12.231	11.220	10.345						
20.0			10.200	9.580	9.021	8.659	8.072	7.521			
30.0	8.153	7.700	7.142	6.665	6.215	5.416	4.742				
40.0	7.061	6.647	6.231	5.819	5.430	4.735	4.148	3.654			
50.0	5.246	4.966	4.745	4.541	4.355	4.002	3.660	3.321			
60.0	4.796	4.547	4.348	4.165	3.996	3.675	3.364	2.972	2.567		
70.0	4.439	4.214	4.033	3.865	3.710	3.415	3.127	2.764	2.455	2.101	
80.0	4.151	3.946	3.778	3.622	3.479	3.204	2.935	2.594	2.224	2.057	
90.0	3.729	3.497	3.294	3.119	2.969	2.720	2.510	2.333	2.112	1.854	
100.0	3.540	3.322	3.129	2.964	2.822	2.586	2.387	2.220	2.055	1.783	1.420
200.0	2.505	2.358	2.225	2.110	2.012	1.847	1.709	1.592	1.476	1.366	1.249
300.0	2.035	1.920	1.812	1.720	1.640	1.508	1.396	1.301	1.207	1.118	1.023
400.0	1.772	1.655	1.548	1.454	1.372	1.238	1.134	1.051	0.978	0.914	0.860
500.0	1.585	1.481	1.386	1.302	1.229	1.109	1.016	0.942	0.877	0.820	0.772
600.0	1.461	1.366	1.278	1.201	1.134	1.023	0.938	0.869	0.809	0.757	0.713

$r_i/R_i = 0.400$

D_i/δ	H										
	1.000	1.050	1.100	1.150	1.200	1.300	1.400	1.500	1.600	1.700	1.800
10.0											
20.0			11.900	11.200	10.500	9.880	9.060	8.262			
30.0	9.832	9.310	8.936	8.540	8.143	7.097	6.217				
40.0	8.531	8.103	7.784	7.447	7.108	6.199	5.342	4.788			
50.0	6.472	6.074	5.722	5.428	5.179	4.763	4.411	4.021	3.762		
60.0	5.921	5.556	5.237	4.970	4.744	4.386	4.048	3.738	3.453	3.111	
70.0	5.483	5.146	4.852	4.607	4.399	4.053	3.759	3.472	3.204	2.920	
80.0	5.129	4.814	4.542	4.313	4.120	3.798	3.524	3.256	3.006	2.685	2.400
90.0	4.697	4.356	4.065	3.813	3.595	3.237	2.967	2.748	2.557	2.340	2.121
100.0	4.460	4.136	3.860	3.622	3.415	3.076	2.820	2.613	2.431	2.245	2.020
200.0	3.159	2.930	2.737	2.570	2.425	2.188	2.009	1.865	1.738	1.629	1.525
300.0	2.568	2.382	2.226	2.091	1.974	1.783	1.638	1.522	1.419	1.331	1.246
400.0	2.266	2.090	1.932	1.799	1.687	1.501	1.355	1.240	1.148	1.071	1.004
500.0	2.027	1.870	1.729	1.610	1.509	1.344	1.213	1.111	1.029	0.960	0.900
600.0	1.869	1.724	1.594	1.485	1.392	1.240	1.119	1.025	0.949	0.886	0.831

表 10-1　k 值与 r_i、R_i、D_i/δ 和 h 的关系（续）

$r_i/R_i = 0.450$

D_i/δ	H											
	1.000	1.050	1.100	1.150	1.200	1.300	1.400	1.500	1.600	1.700	1.800	2.000
10.0												
20.0			13.200	12.300	11.410	10.550	10.120	9.620				
30.0			11.190	10.760	10.410	9.955	9.556	8.796	7.880	6.872		
40.0	9.880	9.380	8.942	8.460	8.021	7.673	6.879	6.064	5.377			
50.0	7.901	7.349	6.842	6.430	6.075	5.510	5.085	4.562	4.182	3.982		
60.0	7.231	6.719	6.256	5.881	5.559	5.045	4.659	4.333	4.010	3.723		
70.0	6.699	6.219	5.793	5.447	5.150	4.676	4.321	4.021	3.764	3.450		
80.0	6.268	5.816	5.418	5.096	4.819	4.378	4.047	3.768	3.528	3.273		
90.0	5.821	5.371	4.961	4.605	4.308	3.836	3.467	3.179	2.948	2.750	2.482	
100.0	5.528	5.099	4.710	4.372	4.090	3.643	3.293	3.020	2.802	2.620	2.390	
200.0	3.918	3.608	3.334	3.097	2.899	2.585	2.339	2.148	1.996	1.868	1.752	1.559
300.0	3.185	2.933	2.710	2.518	2.357	2.103	1.904	1.750	1.626	1.524	1.430	1.273
400.0	2.828	2.594	2.388	2.209	2.053	1.800	1.611	1.460	1.336	1.237	1.155	1.023
500.0	2.530	2.320	2.136	1.976	1.837	1.611	1.442	1.307	1.196	1.108	1.034	0.916
600.0	2.333	2.139	1.970	1.822	1.694	1.486	1.330	1.205	1.103	1.022	0.954	0.846

$r_i/R_i = 0.500$

D_i/δ	H											
	1.000	1.050	1.100	1.150	1.200	1.300	1.400	1.500	1.600	1.700	1.800	2.000
10.0												
20.0			15.200	14.320	13.170	12.380	11.880	11.090	10.100			
30.0			13.700	12.780	12.020	11.360	10.810	10.010	9.329			
40.0			11.930	11.150	10.420	9.860	9.390	8.707	8.130	7.482	6.637	
50.0	9.513	8.830	8.160	7.585	7.086	6.348	5.776	5.023	4.761	4.410		
60.0	8.710	8.070	7.458	6.934	6.479	5.807	5.286	4.897	4.562	4.231		
70.0	8.071	7.468	6.903	6.418	5.998	5.379	4.898	4.539	4.247	3.834	3.321	
80.0	7.554	6.983	6.455	6.003	5.610	5.032	4.585	4.250	3.977	3.528	3.030	
90.0	7.073	6.507	5.987	5.538	5.148	4.502	4.038	3.667	3.364	3.012	2.765	
100.0	6.717	6.176	5.683	5.257	4.887	4.275	3.834	3.483	3.195	2.867	2.540	2.210
200.0	4.764	4.368	4.020	3.720	3.459	3.028	2.718	2.471	2.270	2.112	1.979	1.759
300.0	3.874	3.549	3.267	3.023	2.812	2.462	2.211	2.011	1.848	1.720	1.612	1.435
400.0	3.456	3.157	2.898	2.673	2.477	2.153	1.897	1.708	1.554	1.426	1.318	1.157
500.0	3.092	2.824	2.592	2.391	2.216	1.926	1.697	1.528	1.390	1.276	1.180	1.036
600.0	2.851	2.604	2.390	2.205	2.043	1.776	1.565	1.409	1.282	1.177	1.089	0.956

表 10-1　k 值与 r_i、R_i、D_i/δ 和 h 的关系（续）

$r_i/R_i = 0.550$

D_i/δ	H											
	1.000	1.050	1.100	1.150	1.200	1.300	1.400	1.500	1.600	1.700	1.800	2.000
10.0												
20.0			16.900	16.170	15.740	15.150	14.460	13.970				
30.0			15.140	14.630	13.970	13.040	12.240	11.110	10.330	9.834		
40.0			13.060	12.530	12.110	11.300	10.610	9.647	8.983	8.433	7.892	7.340
50.0			11.320	10.480	9.626	8.915	8.301	7.293	6.569	6.022	5.420	4.876
60.0			10.370	9.576	8.796	8.148	7.587	6.667	6.008	5.498	4.882	4.452
70.0	9.609	8.861	8.140	7.540	7.022	6.172	5.564	5.093	4.575	4.230	3.945	
80.0	8.994	8.285	7.610	7.050	6.566	5.773	5.205	4.766	4.423	4.147	3.761	
90.0	8.467	7.772	7.119	6.568	6.089	5.300	4.679	4.211	3.923	3.563	3.210	
100.0	8.042	7.376	6.757	6.234	5.780	5.031	4.442	3.998	3.648	3.232	2.912	2.450
200.0	5.704	5.216	4.778	4.409	4.089	3.561	3.145	2.833	2.587	2.384	2.217	1.962
300.0	4.639	4.237	3.882	3.582	3.322	2.894	2.557	2.304	2.104	1.940	1.804	1.598
400.0	4.151	3.784	3.461	3.186	2.947	2.551	2.239	1.988	1.793	1.638	1.508	1.304
500.0	3.714	3.385	3.095	2.850	2.636	2.282	2.003	1.779	1.605	1.466	1.349	1.167
600.0	3.425	3.121	2.854	2.627	2.430	2.104	1.847	1.640	1.480	1.352	1.244	1.076

$r_i/R_i = 0.600$

D_i/δ	H												
	1.050	1.100	1.150	1.200	1.300	1.400	1.500	1.600	1.700	1.800	2.000	2.200	2.500
10.0													
20.0		18.200	17.520	16.560	15.230	14.120	12.670	11.300					
30.0		16.910	16.230	15.030	13.970	12.400	11.340	10.280					
40.0		15.100	14.070	13.020	12.110	10.750	9.844	9.000	8.210				
50.0		12.670	11.290	10.400	9.626	8.413	7.464	6.610	6.120				
60.0		11.240	10.320	9.506	8.796	7.689	6.823	6.177	5.672	5.230			
70.0		10.400	9.545	8.797	8.140	7.116	6.316	5.719	5.260	4.910			
80.0	9.726	8.924	8.225	7.610	6.654	5.907	5.349	4.921	4.573	4.102			
90.0	9.168	8.391	7.714	7.119	6.172	5.428	4.852	4.330	3.890	3.342	2.876		
100.0	8.702	7.965	7.321	6.757	5.858	5.153	4.587	4.050	3.533	2.975	2.430		
200.0	6.153	5.632	5.177	4.778	4.144	3.646	3.247	2.933	2.690	2.486	2.172	1.946	
300.0	4.999	4.575	4.206	3.882	3.367	2.963	2.639	2.384	2.187	2.022	1.768	1.585	1.371
400.0	4.477	4.092	3.756	3.461	2.987	2.614	2.314	2.069	1.870	1.714	1.470	1.290	1.102
500.0	4.004	3.660	3.359	3.095	2.672	2.338	2.070	1.851	1.673	1.534	1.316	1.155	0.987
600.0	3.691	3.374	3.097	2.854	2.463	2.156	1.908	1.707	1.543	1.415	1.214	1.065	0.911

表 10-1　k 值与 r_i、R_i、D_i/δ 和 h 的关系（续）

$r_i/R_i = 0.650$

D_i/δ	H												
	1.050	1.100	1.150	1.200	1.300	1.400	1.500	1.600	1.700	1.800	2.000	2.200	2.500
10.0													
20.0													
30.0		19.380	18.020	17.280	16.040	13.970	12.530						
40.0		17.030	15.890	14.970	13.900	12.110	10.870	10.000					
50.0		14.500	13.090	12.060	11.140	9.626	8.630	7.543	6.452				
60.0		13.050	11.970	11.020	10.180	8.796	7.773	6.876	5.978				
70.0		12.080	11.070	10.190	9.424	8.140	7.194	6.438	5.880	5.122			
80.0		11.290	10.350	9.531	8.811	7.610	6.726	6.021	5.473	4.678	3.987		
90.0		10.690	9.774	8.979	8.281	7.119	6.103	5.320	4.765	4.002	3.567	3.123	
100.0		10.140	9.277	8.522	7.860	6.757	5.924	5.232	4.542	3.776	3.321	2.923	
200.0	7.171	6.560	6.026	5.558	4.778	4.190	3.719	3.336	3.021	2.782	2.406	2.110	
300.0	5.826	5.329	4.896	4.515	3.882	3.404	3.022	2.711	2.456	2.262	1.957	1.737	1.501
400.0	5.229	4.777	4.383	4.037	3.461	3.021	2.668	2.380	2.141	1.942	1.652	1.439	1.214
500.0	4.677	4.273	3.920	3.611	3.095	2.702	2.386	2.129	1.916	1.737	1.478	1.288	1.087
600.0	4.312	3.939	3.614	3.329	2.854	2.491	2.200	1.963	1.766	1.602	1.363	1.188	1.002

$r_i/R_i = 0.700$

D_i/δ	H												
	1.050	1.100	1.150	1.200	1.300	1.400	1.500	1.600	1.700	1.800	2.000	2.200	2.500
10.0													
20.0													
30.0		23.500	21.670	19.590	18.060	16.790	14.530	12.120					
40.0		20.650	18.380	16.970	15.740	13.680	12.040	10.900	9.223				
50.0		16.230	14.960	13.760	12.710	11.650	10.200	9.450	8.674				
60.0		14.782	13.670	12.580	11.620	10.020	8.856	8.123	7.490	6.525			
70.0		13.810	12.650	11.640	10.750	9.269	8.094	7.341	6.652	5.988			
80.0		12.910	11.830	10.880	10.050	8.666	7.668	6.750	6.200	5.789			
90.0		12.250	11.200	10.290	9.252	7.887	7.110	6.200	5.460	5.043			
100.0		11.630	10.630	9.764	8.920	7.254	6.452	5.670	5.050	4.441	3.872	3.123	
200.0	8.225	7.520	6.904	6.364	5.465	4.751	4.206	3.762	3.395	3.088	2.649	2.222	
300.0	6.682	6.109	5.609	5.170	4.440	3.860	3.417	3.057	2.759	2.510	2.154	1.893	1.623
400.0	6.008	5.487	5.032	4.633	3.969	3.442	3.033	2.700	2.424	2.194	1.838	1.593	1.221
500.0	5.374	4.908	4.501	4.144	3.550	3.078	2.713	2.415	2.169	1.962	1.644	1.425	1.188
600.0	4.954	4.525	4.150	3.821	3.273	2.838	2.501	2.226	1.999	1.809	1.516	1.314	1.096

表 10-1　k 值与 r_i、R_i、D_i/δ 和 h 的关系（续）

$r_i/R_i=0.750$

D_i/δ	H											
	1.100	1.150	1.200	1.300	1.400	1.500	1.600	1.700	1.800	2.000	2.200	2.500
10.0		23.280	21.850	20.230	18.810	17.540	15.350	13.020				
20.0		20.150	18.910	17.790	16.430	14.560	12.720	11.240	9.760			
30.0		17.040	15.430	14.320	13.200	12.670	11.200	10.000	9.234			
40.0		15.570	14.320	13.210	12.130	11.040	9.870	9.010	8.287	7.323		
50.0		14.410	13.250	12.230	10.530	9.620	8.561	8.436	7.450	6.776		
60.0		13.470	12.290	11.130	9.645	8.585	7.776	6.895	6.056	5.420	4.745	
70.0		12.100	11.000	9.970	8.422	7.620	6.825	6.002	5.133	4.943	4.132	
80.0		10.980	9.872	8.761	7.672	6.345	5.830	5.234	4.662	4.270	3.876	
90.0	8.590	7.884	7.264	6.231	5.412	5.070	4.751	4.240	3.818	3.465	2.987	2.664
100.0	6.978	6.405	5.901	5.062	4.397	3.860	3.445	3.102	2.816	2.377	2.077	1.754
200.0	6.278	5.756	5.298	4.535	3.930	3.442	3.058	2.741	2.476	2.061	1.766	1.451
300.0	5.615	5.148	4.738	4.056	3.515	3.078	2.735	2.452	2.215	1.844	1.580	1.308
400.0	5.177	4.746	4.369	3.740	3.241	2.838	2.522	2.261	2.042	1.700	1.456	1.206
500.0												
600.0												

$r_i/R_i=0.800$

D_i/δ	H									
	1.200	1.300	1.400	1.500	1.600	1.700	1.800	2.000	2.200	2.500
10.0										
20.0										
30.0										
40.0		18.580	16.890	15.350	13.460	11.910	10.370			
50.0		15.430	14.020	12.860	11.670	10.750	9.982	8.834		
60.0		14.150	13.250	11.980	10.750	9.970	9.023	8.125		
70.0		13.240	12.170	11.030	10.150	9.261	8.356	7.450		
80.0		12.210	11.250	10.040	8.978	8.076	7.195	6.876	5.562	
90.0		11.070	9.770	8.842	8.027	7.424	6.589	5.733	4.843	
100.0	9.730	8.561	6.372	5.927	5.430	4.934	4.462	4.070	3.576	
200.0	8.225	7.051	6.119	5.367	4.532	3.987	3.314	2.876	2.534	2.745
300.0	6.682	5.728	4.971	4.360	3.860	3.469	3.143	2.631	2.221	1.834
400.0	6.008	5.140	4.452	3.896	3.442	3.080	2.778	2.350	2.002	1.546
500.0	5.374	4.598	3.982	3.485	3.078	2.755	2.485	2.062	1.749	1.402
600.0	4.954	4.239	3.671	3.213	2.838	2.540	2.291	1.901	1.613	1.300

附　录　A

（规范性）

基本部件、组合部件的应力分析

A.1　通则

A.1.1　本附录的计算公式适用于需进行应力分析但不需进行疲劳分析的内压容器及其部件。当用于 $0.002 \leqslant \delta/R \leqslant 0.10$ 的厚度范围时，其结果在工程上是足够精确的；除 A.3.1、A.3.6 外，其余各条款当 $\delta/R > 0.10$ 时，可参考应用；当 $\delta/R < 0.002$ 时，对于平盖以及凸形封头与圆柱壳连接的情况，应进一步研究有无发生内压失稳的可能性。

A.1.2　对于承受外压的容器，可运用本附录公式（令压力为负）校核强度，但还应进一步进行稳定性校核。

A.1.3　由本附录所给公式一般不能得到峰值应力，对于应进行疲劳分析的容器及其部件，应将本附录公式配合 GB/T 4732.4—2024 共同使用，或者采用更精确的计算或实验方法。

A.1.4　按本附录计算应力后，可按 GB/T 4732.4—2024 中第 5 章的规定进行应力分类，计算 5 组应力分量的主应力 σ_1、σ_2、σ_3（$\sigma_1 > \sigma_2 > \sigma_3$）后，依据最大剪应力理论（第三强度理论）计算各组应力分量的当量应力 $S_e = \sigma_1 - \sigma_3$，并按 GB/T 4732.4—2024 中第 6 章有关准则进行应力评定。

A.2　符号

下列符号适用于附录 A。

M_r——圆板中面单位圆周长度的径向弯矩，N·mm/mm。

M_x——回转壳体中面单位圆周长度的经向弯矩，N·mm/mm。

M_θ——回转壳体和圆板中面单位圆周长度的环向弯矩，N·mm/mm。

p_s——结构的塑性极限压力，MPa。

R_{eL}——材料在设计温度下的屈服强度，MPa。

T_r——圆板中面单位圆周长度的径向内力，N/mm。

T_x——回转壳体中面单位圆周长度的经向内力，N/mm。

T_θ——回转壳体和圆板中面单位圆周长度的环向内力，N/mm。

σ_r——圆筒或圆板径向应力，MPa。

σ_x——回转壳体经向应力，MPa。

σ_θ——回转壳体环向应力，MPa。

上标"＊"——内压作用下的薄膜解。

上标"－"——边缘载荷 Q、M 作用下的齐次解。

A.3　基本部件的变形与应力分析

A.3.1　内、外压作用下轴对称厚壁圆筒的分析

A.3.1.1　符号

下列符号适用于 A.3.1，符号的正方向以图 A-1 所示为准。

E_s——设计温度下材料的弹性模量，MPa。

p_i——作用于圆筒内壁的均布压力,MPa。

p_o——作用于圆筒外壁的均布压力,MPa。

R_i——圆筒内半径,mm。

R_o——圆筒外半径,mm。

K——圆筒的外径与内径之比,$K=\dfrac{R_o}{R_i}$。

r——圆筒径向坐标,mm。

z——圆筒轴向坐标,mm。

δ——圆筒厚度,$\delta=R_o-R_i$,mm。

σ_r——圆筒径向应力,MPa。

σ_z——圆筒轴向应力,MPa。

σ_θ——圆筒周向(环向)应力,MPa。

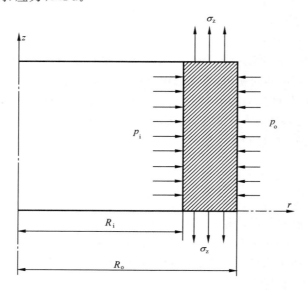

图 A-1 均匀内、外压作用下的厚壁圆筒示意图

A.3.1.2 内压 p_i 作用下厚壁圆筒的应力分析

均布内压作用下轴对称厚壁圆筒中任意点处只有 3 个非零的正应力分量,见公式(A.3-1):

$$\sigma_r=\frac{p_i}{K^2-1}\left(1-\frac{R_o^2}{r^2}\right),\sigma_\theta=\frac{p_i}{K^2-1}\left(1+\frac{R_o^2}{r^2}\right),\sigma_z=\frac{p_i}{K^2-1} \quad\cdots\cdots\cdots\cdots\cdots(\text{A.3-1})$$

内壁 $r=R_i$ 处应力分量见公式(A.3-2):

$$\sigma_r=-p_i,\sigma_\theta=\frac{p_i(K^2+1)}{K^2-1},\sigma_z=\frac{p_i}{K^2-1} \quad\cdots\cdots\cdots\cdots\cdots(\text{A.3-2})$$

外壁 $r=R_o$ 处应力分量见公式(A.3-3):

$$\sigma_r=0,\sigma_\theta=\frac{2p_i}{K^2-1},\sigma_z=\frac{p_i}{K^2-1} \quad\cdots\cdots\cdots\cdots\cdots\cdots\cdots(\text{A.3-3})$$

A.3.1.3 外压 p_o 作用下厚壁圆筒的应力分析

均布外压作用下轴对称厚壁圆筒中任意点处只有 3 个非零的正应力分量,见公式(A.3-4):

$$\sigma_r=\frac{-p_o}{K^2-1}\left(K^2-\frac{R_o^2}{r^2}\right),\sigma_\theta=\frac{-p_o}{K^2-1}\left(K^2+\frac{R_o^2}{r^2}\right),\sigma_z=\frac{-p_o K^2}{K^2-1} \quad\cdots\cdots\cdots\cdots(\text{A.3-4})$$

外壁 $r=R_o$ 处应力分量见公式(A.3-5)：

$$\sigma_r = -p_o, \sigma_\theta = \frac{-p_o(K^2+1)}{K^2-1}, \sigma_z = \frac{-p_oK^2}{K^2-1} \quad\cdots\cdots\cdots\cdots\cdots\cdots (\text{A.3-5})$$

内壁 $r=R_i$ 处应力分量见公式(A.3-6)：

$$\sigma_r = 0, \sigma_\theta = \frac{-2p_oK^2}{K^2-1}, \sigma_z = \frac{-p_oK^2}{K^2-1} \quad\cdots\cdots\cdots\cdots\cdots\cdots (\text{A.3-6})$$

A.3.1.4 内压 p_i 作用下厚壁圆筒的塑性极限压力

a) 按照 Tresca 屈服准则，p_s 按公式(A.3-7)计算：

$$p_s = R_{eL}\ln K \quad\cdots\cdots\cdots\cdots\cdots\cdots (\text{A.3-7})$$

以中径公式表示塑性极限压力的近似公式见公式(A.3-8)：

$$p_s' = R_{eL}\frac{2(K-1)}{K+1} \quad\cdots\cdots\cdots\cdots\cdots\cdots (\text{A.3-8})$$

b) 按照 Mises 屈服准则，p_s 按公式(A.3-9)计算：

$$p_s = \frac{2}{\sqrt{3}}R_{eL}\ln K \quad\cdots\cdots\cdots\cdots\cdots\cdots (\text{A.3-9})$$

A.3.2 轴对称载荷作用下壳体长度大于 π/k_s 的圆柱壳的分析

A.3.2.1 符号

下列符号适用于 A.3.2，符号的正方向以图 A-2 所示为准。

E_s——设计温度下材料的弹性模量，MPa。

k_s——圆柱壳壳体常数，1/mm。

$$k_s = \frac{\sqrt[4]{3(1-\nu_s^2)}}{\sqrt{R\delta}}$$

M——边缘载荷，圆柱壳边缘壳体中面单位圆周长度的经向弯矩，N·mm/mm。

p——设计压力，以内压为正，外压为负，MPa。

Q——边缘载荷，圆柱壳边缘中面单位圆周长度的径向剪力，N/mm。

R——圆柱壳壳体中面半径，mm。

X——自壳体边缘(坐标原点 O)处算起的经向距离，mm。

δ——壳体厚度，mm。

β_s——壳体边缘转角，rad。

Δ_s——壳体边缘径向位移，mm。

ν_s——设计温度下材料的泊松比。

$\theta(k_sX)$——函数，$\theta(k_sX)=e^{-k_sX}\cos k_sX$。

$\zeta(k_sX)$——函数，$\zeta(k_sX)=e^{-k_sX}\sin k_sX$。

$\varphi(k_sX)$——函数，$\varphi(k_sX)=e^{-k_sX}(\cos k_sX+\sin k_sX)$。

$\psi(k_sX)$——函数，$\psi(k_sX)=e^{-k_sX}(\cos k_sX-\sin k_sX)$。

下标"s"——表示为圆柱壳的量。

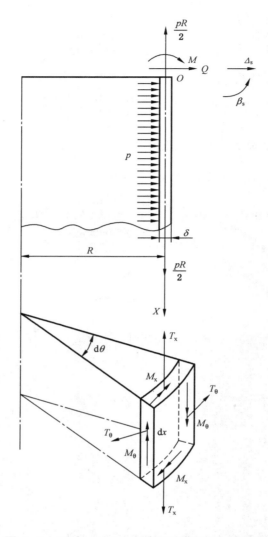

图 A-2　压力 p 与边缘载荷作用下的圆柱壳

A.3.2.2　压力 p 作用下圆柱壳的薄膜解

压力 p 作用下,圆柱壳上任意部位径向薄膜位移 $\overset{*}{\Delta}_s$ 和经向、环向薄膜内力 $\overset{*}{T}_x$、$\overset{*}{T}_\theta$ 分别按公式(A.3-10)～公式(A.3-12)计算:

$$\overset{*}{\Delta}_s = \frac{(2-\nu_s)pR^2}{2E_s\delta} \qquad\qquad\qquad\qquad (\text{A.3-10})$$

$$\overset{*}{T}_x = \frac{1}{2}pR \qquad\qquad\qquad\qquad\qquad (\text{A.3-11})$$

$$\overset{*}{T}_\theta = pR \qquad\qquad\qquad\qquad\qquad\qquad (\text{A.3-12})$$

A.3.2.3　边缘载荷 Q、M 作用下圆柱壳的齐次解

由于边缘载荷 Q、M 的作用,圆柱壳边缘($x=0$)处的径向位移 $\overline{\Delta}_s$、转角 $\overline{\beta}_s$ 和距边缘 X 处壳体中环向内力 $\overline{T}_\theta$,经向、环向弯矩 $\overline{M}_x$、$\overline{M}_\theta$ 分别按公式(A.3-13)～公式(A.3-17)计算:

$$\overline{\Delta}_s = 2k_s\frac{R^2}{E_s\delta}(Q+k_sM) \qquad\qquad\qquad (\text{A.3-13})$$

$$\overline{\beta}_s = -2k_s^2 \frac{R^2}{E_s\delta}(Q + 2k_sM) \quad\cdots\cdots\cdots\cdots\cdots\cdots\quad (\text{A.3-14})$$

$$\overline{T}_\theta = 2k_sR[Q\theta(k_sX) + k_sM\psi(k_sX)] \quad\cdots\cdots\cdots\cdots\cdots\quad (\text{A.3-15})$$

$$\overline{M}_x = \frac{1}{k_s}[Q\zeta(k_sX) + k_sM\varphi(k_sX)] \quad\cdots\cdots\cdots\cdots\cdots\quad (\text{A.3-16})$$

$$\overline{M}_\theta = \frac{\nu_s}{k_s}[Q\zeta(k_sX) + k_sM\varphi(k_sX)] \quad\cdots\cdots\cdots\cdots\cdots\quad (\text{A.3-17})$$

A.3.2.4　压力 p 与边缘载荷 Q、M 的联合作用

由于压力 p 与边缘载荷 Q、M 的共同作用，壳体边缘的径向位移 Δ_s、转角 β_s 以及距边缘 X 处壳体表面经向、环向应力 σ_x、σ_θ 分别按公式（A.3-18）～公式（A.3-21）计算：

$$\Delta_s = \overset{*}{\Delta}_s + \overline{\Delta}_s = \frac{R^2}{E_s\delta}\left[\frac{(2-\nu_s)}{2} + 2k_s(Q + k_sM)\right] \quad\cdots\cdots\cdots\cdots\quad (\text{A.3-18})$$

$$\beta_s = -2k_s^2\frac{R^2}{E_s\delta}(Q + 2k_sM) \quad\cdots\cdots\cdots\cdots\cdots\cdots\quad (\text{A.3-19})$$

$$\sigma_x = \frac{\overset{*}{T}_x}{\delta} \mp \frac{6\overline{M}_x}{\delta^2} = \frac{pR}{2\delta} \mp \frac{6}{k_s\delta^2}[Q\zeta(k_sX) + k_sM\varphi(k_sX)] \quad\cdots\cdots\cdots\quad (\text{A.3-20})$$

$$\sigma_\theta = \frac{\overset{*}{T}_\theta}{\delta} + \frac{\overline{T}_\theta}{\delta} \mp \frac{6\overline{M}_\theta}{\delta^2} = \frac{pR}{\delta} + \frac{2k_sR}{\delta}[Q\theta(k_sX) + k_sM\psi(k_s)X] \mp \frac{6\nu_s}{k_s\delta^2}[Q\zeta(k_sX) + k_sM\varphi(k_sX)]$$
$$\cdots\cdots\cdots\cdots\cdots\cdots\quad (\text{A.3-21})$$

公式中有双符号"$\mp$"者，上符号指壳体外表面，下符号指壳体内表面。

A.3.3　轴对称载荷作用下正圆锥壳的分析

A.3.3.1　符号

下列符号适用于 A.3.3，符号的正方向如图 A-3 所示。

E_c——设计温度下锥壳材料的弹性模量，MPa。

Q_1、Q_2——边缘载荷，分别为圆锥壳小端与大端处垂直于母线的环形截面中面单位圆周长度的边缘径向剪力，N/mm。

M_1、M_2——边缘载荷，分别为圆锥壳小端与大端处中面单位圆周长度的经向弯矩，N·mm/mm。

p——设计压力，以内压为正，外压为负，MPa。

R_c——圆锥壳任意横截面中面平行圆半径，mm。

R_1——圆锥壳小端壳体中面平行圆半径，mm。

R_2——圆锥壳大端壳体中面平行圆半径，mm。

x——自壳体边缘（坐标原点 O）处量起的经向距离，mm。

δ_c——圆锥壳壁厚，mm。

α——圆锥壳的半顶角，（°）。

β_c——锥壳边缘转角，rad。

Δ_c——垂直于回转轴的锥壳边缘径向位移，mm。

ν_c——设计温度下材料的泊松比。

下标"c"——表示为圆锥壳的量。

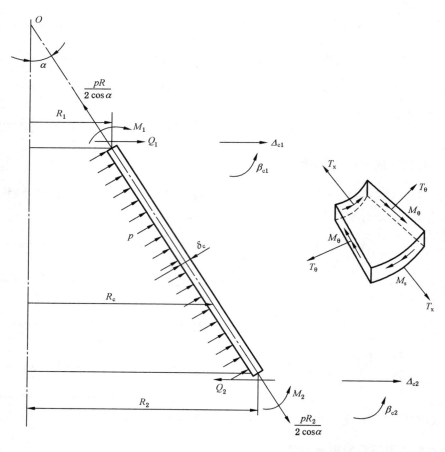

图 A-3　压力 p 与边缘载荷作用下的圆锥壳示意图

A.3.3.2　压力 p 作用下圆锥壳的薄膜解

压力 p 作用下圆锥壳平行圆半径为 R_c 处径向薄膜位移 $\overset{*}{\Delta}_c$、转角 $\overset{*}{\beta}_c$ 以及经向、环向薄膜内力 $\overset{*}{T}_x$、$\overset{*}{T}_\theta$ 分别按公式（A.3-22）～公式（A.3-25）计算：

$$\overset{*}{\Delta}_c = \frac{(2-\nu_c)pR_c^2}{2E_c\delta_c\cos\alpha} \quad\cdots\cdots\cdots\cdots\cdots\cdots\cdots\text{（A.3-22）}$$

$$\overset{*}{\beta}_c = \frac{3pR_c}{2E_c\delta_c} \cdot \frac{\tan\alpha}{\cos\alpha} \quad\cdots\cdots\cdots\cdots\cdots\cdots\text{（A.3-23）}$$

$$\overset{*}{T}_x = \frac{pR_c}{2\cos\alpha} \quad\cdots\cdots\cdots\cdots\cdots\cdots\cdots\text{（A.3-24）}$$

$$\overset{*}{T}_\theta = \frac{pR_c}{\cos\alpha} \quad\cdots\cdots\cdots\cdots\cdots\cdots\cdots\text{（A.3-25）}$$

A.3.3.3　边缘载荷作用下圆锥壳的齐次解

当圆锥壳的小端边缘作用有径向剪力 Q_1、弯矩 M_1，大端边缘作用有径向剪力 Q_2、弯矩 M_2 时，应按下列步骤计算。

a)　按公式（A.3-26）～公式（A.3-28）计算参数：

$$c = 2\sqrt[4]{12(1-\nu_c^2)}\,\frac{\sqrt{\cos\alpha}}{\sin\alpha} \quad\cdots\cdots\cdots\cdots\cdots\text{（A.3-26）}$$

$$\xi_1 = c\sqrt{\frac{R_1}{\delta_c}} \quad\cdots\cdots\cdots\cdots\cdots\cdots\cdots\cdots\cdots\cdots\cdots\cdots (\,A.3\text{-}27\,)$$

$$\xi_2 = c\sqrt{\frac{R_2}{\delta_c}} \quad\cdots\cdots\cdots\cdots\cdots\cdots\cdots\cdots\cdots\cdots\cdots\cdots (\,A.3\text{-}28\,)$$

b) 计算虚宗量贝塞尔函数 $\mathrm{ber}(\xi_1)$、$\mathrm{ber}(\xi_2)$、$\mathrm{bei}(\xi_1)$、$\mathrm{bei}(\xi_2)$，$\mathrm{ker}(\xi_1)$、$\mathrm{ker}(\xi_2)$、$\mathrm{kei}(\xi_1)$ 和 kei (ξ_2)，及其导数 $\mathrm{ber}'(\xi_1)$、$\mathrm{ber}'(\xi_2)$、$\mathrm{bei}'(\xi_1)$、$\mathrm{bei}'(\xi_2)$，$\mathrm{ker}'(\xi_1)$、$\mathrm{ker}'(\xi_2)$、$\mathrm{kei}'(\xi_1)$ 和 $\mathrm{kei}'(\xi_2)$。

c) 按公式(A.3-29)～公式(A.3-30)计算系数：

$$a_{11} = \mathrm{ker}(\xi_1) - \frac{2}{\xi_1}\mathrm{kei}'(\xi_1), a_{12} = \mathrm{kei}(\xi_1) + \frac{2}{\xi_1}\mathrm{ker}'(\xi_1)$$

$$a_{13} = \mathrm{ber}(\xi_1) - \frac{2}{\xi_1}\mathrm{bei}'(\xi_1), a_{14} = \mathrm{bei}(\xi_1) + \frac{2}{\xi_1}\mathrm{ber}'(\xi_1)$$

$$a_{11} = \sqrt{\frac{\cos\alpha}{2}}\left[\mathrm{kei}'(\xi_1) - 2(1-\nu_c)\frac{\mathrm{kei}(\xi_1)}{\xi_1} - 4(1-\nu_c)\frac{\mathrm{ker}'(\xi_1)}{\xi_1^2}\right]$$

$$a_{22} = \sqrt{\frac{\cos\alpha}{2}}\left[-\mathrm{ker}'(\xi_1) + 2(1-\nu_c)\frac{\mathrm{ker}(\xi_1)}{\xi_1} - 4(1-\nu_c)\frac{\mathrm{kei}'(\xi_1)}{\xi_1^2}\right]$$

$$a_{23} = \sqrt{\frac{\cos\alpha}{2}}\left[\mathrm{bei}'(\xi_1) - 2(1-\nu_c)\frac{\mathrm{bei}(\xi_1)}{\xi_1} - 4(1-\nu_c)\frac{\mathrm{ber}'(\xi_1)}{\xi_1^2}\right]$$

$$a_{24} = \sqrt{\frac{\cos\alpha}{2}}\left[-\mathrm{ber}'(\xi_1) + 2(1-\nu_c)\frac{\mathrm{ber}(\xi_1)}{\xi_1} - 4(1-\nu_c)\frac{\mathrm{bei}'(\xi_1)}{\xi_1^2}\right]$$

$$a_{31} = \frac{R_1}{R_2}\left[\mathrm{ker}(\xi_2) - \frac{2}{\xi_2}\mathrm{kei}'(\xi_2)\right], a_{32} = \frac{R_1}{R_2}\left[\mathrm{kei}(\xi_2) + \frac{2}{\xi_2}\mathrm{ker}'(\xi_2)\right]$$

$$a_{33} = \frac{R_1}{R_2}\left[\mathrm{ber}(\xi_2) - \frac{2}{\xi_2}\mathrm{bei}'(\xi_2)\right], a_{34} = \frac{R_1}{R_2}\left[\mathrm{bei}(\xi_2) + \frac{2}{\xi_2}\mathrm{ber}'(\xi_2)\right]$$

$$a_{41} = \sqrt{\frac{\cos\alpha}{2}}\frac{R_1}{R_2}\left[\mathrm{kei}'(\xi_2) - 2(1-\nu_c)\frac{\mathrm{kei}(\xi_2)}{\xi_2} - 4(1-\nu_c)\frac{\mathrm{ker}'(\xi_2)}{\xi_2^2}\right]$$

$$a_{42} = \sqrt{\frac{\cos\alpha}{2}}\frac{R_1}{R_2}\left[-\mathrm{ker}'(\xi_2) + 2(1-\nu_c)\frac{\mathrm{ker}(\xi_2)}{\xi_2} - 4(1-\nu_c)\frac{\mathrm{kei}'(\xi_2)}{\xi_2^2}\right]$$

$$a_{43} = \sqrt{\frac{\cos\alpha}{2}}\frac{R_1}{R_2}\left[\mathrm{bei}'(\xi_2) - 2(1-\nu_c)\frac{\mathrm{bei}(\xi_2)}{\xi_2} - 4(1-\nu_c)\frac{\mathrm{ber}'(\xi_2)}{\xi_2^2}\right]$$

$$a_{44} = \sqrt{\frac{\cos\alpha}{2}}\frac{R_1}{R_2}\left[-\mathrm{ber}'(\xi_2) + 2(1-\nu_c)\frac{\mathrm{ber}(\xi_2)}{\xi_2} - 4(1-\nu_c)\frac{\mathrm{bei}'(\xi_2)}{\xi_2^2}\right]$$

$$\cdots (\,A.3\text{-}29\,)$$

$$b_{11} = \left[(1+\nu)\mathrm{ker}(\xi_1) - \frac{\xi_1}{2}\mathrm{ker}'(\xi_1) - \frac{2(1+\nu_c)}{\xi_1}\mathrm{kei}'(\xi_1)\right]\sin\alpha$$

$$b_{12} = \left[(1+\nu)\mathrm{kei}(\xi_1) - \frac{\xi_1}{2}\mathrm{kei}'(\xi_1) + \frac{2(1+\nu_c)}{\xi_1}\mathrm{ker}'(\xi_1)\right]\sin\alpha$$

$$b_{13} = \left[(1+\nu_c)\mathrm{ber}(\xi_1) - \frac{\xi_1}{2}\mathrm{ber}'(\xi_1) - \frac{2(1+\nu_c)}{\xi_1}\mathrm{bei}'(\xi_1)\right]\sin\alpha$$

$$b_{14} = \left[(1+\nu_c)\mathrm{bei}(\xi_1) - \frac{\xi_1}{2}\mathrm{bei}'(\xi_1) + \frac{2(1+\nu_c)}{\xi_1}\mathrm{ber}'(\xi_1)\right]\sin\alpha$$

$$b_{21} = 2\sqrt{3(1-\nu^2)}\frac{R_1}{\delta_c}\left[\mathrm{kei}(\xi_1) + \frac{2}{\xi_1}\mathrm{ker}'(\xi_1)\right]$$

$$b_{22} = 2\sqrt{3(1-\nu^2)}\frac{R_1}{\delta_c}\left[-\mathrm{ker}(\xi_1) + \frac{2}{\xi_1}\mathrm{kei}'(\xi_1)\right]$$

$$b_{23} = 2\sqrt{3(1-\nu^2)}\frac{R_1}{\delta_c}\left[\mathrm{bei}(\xi_1) + \frac{2}{\xi_1}\mathrm{ber}'(\xi_1)\right]$$

$$b_{24} = 2\sqrt{3(1-\nu^2)}\,\frac{R_1}{\delta_c}\left[-\operatorname{ber}(\xi_1) + \frac{2}{\xi_1}\operatorname{bei}'(\xi_1)\right] \quad\cdots\cdots\cdots\cdots\cdots (\,A.3\text{-}30\,)$$

$$b_{31} = \left[(1+\nu_c)\operatorname{ker}(\xi_2) - \frac{\xi_2}{2}\operatorname{ker}'(\xi_2) - \frac{2(1+\nu_c)}{\xi_2}\operatorname{kei}'(\xi_2)\right]\frac{R_1}{R_2}\sin\alpha$$

$$b_{32} = \left[(1+\nu_c)\operatorname{kei}(\xi_2) - \frac{\xi_2}{2}\operatorname{kei}'(\xi_2) + \frac{2(1+\nu_c)}{\xi_2}\operatorname{ker}'(\xi_2)\right]\frac{R_1}{R_2}\sin\alpha$$

$$b_{33} = \left[(1+\nu_c)\operatorname{ber}(\xi_2) - \frac{\xi_2}{2}\operatorname{ber}'(\xi_2) - \frac{2(1+\nu_c)}{\xi_2}\operatorname{bei}'(\xi_2)\right]\frac{R_1}{R_2}\sin\alpha$$

$$b_{34} = \left[(1+\nu_c)\operatorname{bei}(\xi_2) - \frac{\xi_2}{2}\operatorname{bei}'(\xi_2) + \frac{2(1+\nu_c)}{\xi_2}\operatorname{ber}'(\xi_2)\right]\frac{R_1}{R_2}\sin\alpha$$

$$b_{41} = 2\sqrt{3(1-\nu_c^2)}\,\frac{R_1}{\delta_c}\left[\operatorname{kei}(\xi_2) + \frac{2}{\xi_2}\operatorname{ker}'(\xi_2)\right]$$

$$b_{42} = 2\sqrt{3(1-\nu_c^2)}\,\frac{R_1}{\delta_c}\left[-\operatorname{ker}(\xi_2) + \frac{2}{\xi_2}\operatorname{kei}'(\xi_2)\right]$$

$$b_{43} = 2\sqrt{3(1-\nu_c^2)}\,\frac{R_1}{\delta_c}\left[\operatorname{bei}(\xi_2) + \frac{2}{\xi_2}\operatorname{ber}'(\xi_2)\right]$$

$$b_{44} = 2\sqrt{3(1-\nu_c^2)}\,\frac{R_1}{\delta_c}\left[-\operatorname{ber}(\xi_2) + \frac{2}{\xi_2}\operatorname{bei}'(\xi_2)\right]$$

d) 按公式(A.3-31)、公式(A.3-32)计算常数 c_1、c_2、c_3 和 c_4：

$$k_{s1} = \frac{\sqrt[4]{3(1-\nu_c^2)}}{\sqrt{R_1\delta_c}},\quad k_{s2} = \frac{\sqrt[4]{3(1-\nu_c^2)}}{\sqrt{R_2\delta_c}} \quad\cdots\cdots\cdots\cdots\cdots (\,A.3\text{-}31\,)$$

$$\begin{Bmatrix} c_1 \\ c_2 \\ c_3 \\ c_4 \end{Bmatrix} = \begin{bmatrix} a_{11} & a_{12} & a_{13} & a_{14} \\ a_{21} & a_{22} & a_{23} & a_{24} \\ a_{31} & a_{32} & a_{33} & a_{34} \\ a_{41} & a_{42} & a_{43} & a_{44} \end{bmatrix}^{-1} \begin{Bmatrix} Q_1 \\ k_{s1}M_1 \\ Q_2 \\ k_{s2}M_2 \end{Bmatrix} \quad\cdots\cdots\cdots\cdots\cdots (\,A.3\text{-}32\,)$$

e) 按公式(A.3-33)计算锥壳小端位移 $\overline{\Delta}_{c1}$、转角 $\overline{\beta}_{c1}$ 及大端位移 $\overline{\Delta}_{c2}$、转角 $\overline{\beta}_{c2}$：

$$\begin{bmatrix} \dfrac{\overline{\Delta}_{c1}}{R_1} \\[2mm] \overline{\beta}_{c1} \\[2mm] \dfrac{\overline{\Delta}_{c2}}{R_2} \\[2mm] \overline{\beta}_{c2} \end{bmatrix} = \frac{1}{E_c\delta_c}\begin{bmatrix} b_{11} & b_{12} & b_{13} & b_{14} \\ b_{21} & b_{22} & b_{23} & b_{24} \\ b_{31} & b_{32} & b_{33} & b_{34} \\ b_{41} & b_{42} & b_{43} & b_{44} \end{bmatrix}\begin{bmatrix} c_1 \\ c_2 \\ c_3 \\ c_4 \end{bmatrix} \quad\cdots\cdots\cdots\cdots\cdots (\,A.3\text{-}33\,)$$

f) 按公式(A.3-34)～公式(A.3-38)计算锥壳上各点内力素：

$$\xi = c\sqrt{\frac{R_c}{\delta_c}} \quad\cdots\cdots\cdots\cdots\cdots (\,A.3\text{-}34\,)$$

$$\overline{T}_x = \frac{R_1}{R_c}\sin\alpha\left\{ c_1\left[-\operatorname{ker}(\xi) + \frac{2}{\xi}\operatorname{kei}'(\xi)\right] - c_2\left[\operatorname{kei}(\xi) + \frac{2}{\xi}\operatorname{ker}'(\xi)\right] + \right.$$

$$\left. c_3\left[-\operatorname{ber}(\xi) + \frac{2}{\xi}\operatorname{bei}'(\xi)\right] - c_4\left[\operatorname{bei}(\xi) + \frac{2}{\xi}\operatorname{ber}'(\xi)\right] \right\} \quad\cdots\cdots\cdots\cdots (\,A.3\text{-}35\,)$$

$$\overline{T}_\theta = \frac{R_1}{R_c}\sin\alpha\left\{ c_1\left[\operatorname{ker}(\xi) - \frac{\xi}{2}\operatorname{ker}'(x) - \frac{2}{\xi}\operatorname{kei}'(\xi)\right] + c_2\left[\operatorname{kei}(\xi) - \frac{\xi}{2}\operatorname{kei}'(x) + \frac{2}{\xi}\operatorname{ker}'(\xi)\right] + \right.$$

GB/T 4732.3—2024

$$c_3\left[\text{ber}(\xi)-\frac{\xi}{2}\text{ber}'(\xi)-\frac{2}{\xi}\text{bei}'(\xi)\right]+c_4\left[\text{bei}(\xi)-\frac{\xi}{2}\text{bei}'(\xi)+\frac{2}{\xi}\text{ber}'(\xi)\right]\Big\}$$
$$\cdots\cdots (A.3\text{-}36)$$

$$\overline{M}_x=\frac{2R_1}{\xi^2\tan\alpha}\Big\{c_1\left[\xi\text{kei}'(\xi)-2(1-\nu_c)\text{kei}(\xi)-\frac{4(1-\nu_c)}{\xi}\text{ker}'(\xi)\right]+c_2\left[-\xi\text{ker}'(\xi)+\right.$$
$$2(1-\nu_c)\text{ker}(\xi)-4(1-\nu_c)\frac{\text{kei}'(\xi)}{\xi}\right]+c_3\left[\xi\text{bei}'(\xi)-2(1-\nu_c)\text{bei}(\xi)-4(1-\nu_c)\frac{\text{ber}'(x)}{\xi}\right]+$$
$$c_4\left[-\xi\text{ber}'(\xi)+2(1-\nu_c)\text{ber}(\xi)-4(1-\nu_c)\frac{\text{bei}'(\xi)}{\xi}\right]\Big\} \cdots\cdots (A.3\text{-}37)$$

$$\overline{M}_\theta=\frac{2R_1}{\xi^2\tan\alpha}\Big\{c_1\left[\nu_c\xi\text{kei}'(\xi)+2(1-\nu_c)\text{kei}(\xi)+4(1-\nu_c)\frac{1}{\xi}\text{ker}'(\xi)\right]+c_2\left[-\nu_c\xi\text{ker}'(\xi)-\right.$$
$$2(1-\nu_c)\text{ker}(\xi)+4(1-\nu_c)\frac{1}{\xi}\text{kei}'(\xi)\right]+c_3\left[\nu_c\xi\text{bei}'(\xi)+2(1-\nu_c)\text{bei}(\xi)+4(1-\nu_c)\frac{\text{ber}'(\xi)}{\xi}\right]+$$
$$c_4\left[-\nu_c\xi\text{ber}'(\xi)-2(1-\nu_c)\text{ber}(\xi)+4(1-\nu_c)\frac{\text{bei}'(\xi)}{\xi}\right]\Big\} \cdots\cdots (A.3\text{-}38)$$

A.3.3.4　压力 p 与边缘载荷 M_1、Q_1、M_2、Q_2 的联合作用

锥壳小端边缘位移与转角按公式（A.3-39）、公式（A.3-40）计算：

$$\Delta_{c1}=\overset{*}{\Delta}_{c1}+\overline{\Delta}_{c1} \cdots\cdots (A.3\text{-}39)$$
$$\beta_{c1}=\overset{*}{\beta}_{c1}+\overline{\beta}_{c1} \cdots\cdots (A.3\text{-}40)$$

式中，$\overset{*}{\Delta}_{c1}$、$\overset{*}{\beta}_{c1}$ 由公式（A.3-22）、公式（A.3-23）中令 $R_c=R_1$ 算得，$\overline{\Delta}_{c1}$、$\overline{\beta}_{c1}$ 由公式（A.3-33）算得。锥壳大端边缘位移与转角按公式（A.3-41）、公式（A.3-42）计算：

$$\Delta_{c2}=\overset{*}{\Delta}_{c2}+\overline{\Delta}_{c2} \cdots\cdots (A.3\text{-}41)$$
$$\beta_{c2}=\overset{*}{\beta}_{c2}+\overline{\beta}_{c2} \cdots\cdots (A.3\text{-}42)$$

式中，$\overset{*}{\Delta}_{c2}$、$\overset{*}{\beta}_{c2}$ 由公式（A.3-22）、公式（A.3-23）中令 $R_c=R_2$ 算得，$\overline{\Delta}_{c2}$、$\overline{\beta}_{c2}$ 由公式（A.3-33）算得。锥壳内外表面的应力按公式（A.3-43）、公式（A.3-44）计算：

$$\sigma_x=\frac{\overset{*}{T}_x}{\delta_c}+\frac{\overline{T}_x}{\delta_c}\mp\frac{6\overline{M}_x}{\delta_c^2} \cdots\cdots (A.3\text{-}43)$$
$$\sigma_\theta=\frac{\overset{*}{T}_\theta}{\delta_c}+\frac{\overline{T}_\theta}{\delta_c}\mp\frac{6\overline{M}_\theta}{\delta_c^2} \cdots\cdots (A.3\text{-}44)$$

上式中有双符号"$\mp$"者，上符号指壳体外表面，下符号指壳体内表面。$\overset{*}{T}_x$、$\overset{*}{T}_\theta$ 由公式（A.3-24）、公式（A.3-25）算得，$\overline{T}_x$、$\overline{T}_\theta$、$\overline{M}_x$、$\overline{M}_\theta$ 由公式（A.3-35）～公式（A.3-38）算得。

A.3.4　轴对称载荷作用下球壳的分析

A.3.4.1　符号

下列符号适用于 A.3.4，符号的正方向如图 A-4 所示。

231

GB/T 4732.3—2024

E_h——设计温度下材料的弹性模量,MPa。

M_1、M_2——边缘载荷。分别为球壳上孔边缘或下边缘中面单位圆周长度的经向弯矩,N·mm/mm。

p——设计压力,以内压为正,外压为负,MPa。

Q_1、Q_2——边缘载荷。分别为球壳上孔边缘或下边缘中面单位圆周长度的横向剪力,N/mm。

R_h——球壳中面半径,mm。

r_1——球壳孔半径,mm。

r_2——球壳下边缘平行圆半径,mm。

x——自壳体边缘(坐标原点 O)处量至计算点的经向距离,mm。

δ_h——球壳壁厚,mm。

β_h——球壳边缘转角,rad。

Δ_h——球壳边缘径向(该处纬线的圆半径方向)位移,mm。

ν_h——设计温度下球壳材料的泊松比。

ϕ——球壳上计算点处法线与回转轴所成夹角,rad。

λ——参数,$\lambda=\sqrt[4]{3(1-\nu_h^2)}\sqrt{\dfrac{R_h}{\delta_h}}$。

下标"h"——表示为球壳的量。

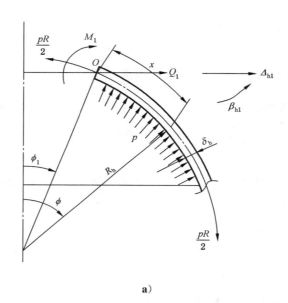

a)

图 A-4　压力 p 与边缘载荷作用下的球壳

232

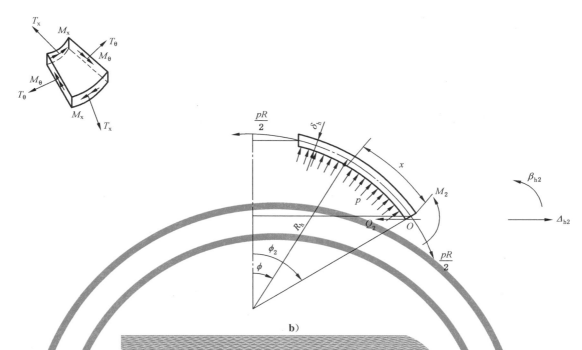

b)

图 A-4 压力 p 与边缘载荷作用下的球壳（续）

A.3.4.2 压力 p 作用下球壳的薄膜解

由于压力 p 的作用,球壳计算点的径向(指该处纬线的圆半径方向)位移 $\overset{*}{\Delta}_h$ 以及经向、环向内力 $\overset{*}{T}_x$、$\overset{*}{T}_\theta$ 分别按公式(A.3-45)、公式(A.3-46)计算:

$$\overset{*}{\Delta}_h = \frac{1-\nu_h}{2E_h\delta_h}pR_h{}^2\sin\phi \quad\cdots\cdots\cdots\cdots\cdots\cdots\cdots(A.3\text{-}45)$$

$$\overset{*}{T}_x = \overset{*}{T}_\theta = \frac{1}{2}pR_h \quad\cdots\cdots\cdots\cdots\cdots\cdots\cdots(A.3\text{-}46)$$

A.3.4.3 边缘载荷 Q、M 作用下球壳方程的齐次解

A.3.4.3.1 球壳上孔边缘 $\phi = \phi_1$ 处作用有径向剪力 Q_1、弯矩 M_1 时,球壳孔边缘位移 $\overline{\Delta}_{h1}$、转角 $\overline{\beta}_{h1}$ 及壳中内力素按下列规定计算。

a) 当 $\phi_1 \leqslant \dfrac{\pi}{6}$ 时,采用扁壳方程解,按下列步骤计算:

1) 计算虚宗量贝塞尔函数 $\mathrm{ker}(\xi_1)$,$\mathrm{kei}(\xi_1)$ 及其导数 $\mathrm{ker}'(\xi_1)$、$\mathrm{kei}'(\xi_1)$,其中:

$$\xi_1 = \sqrt{2}\lambda\phi_1$$

$$\sin\phi_1 = \frac{r_1}{R_h} \quad\cdots\cdots\cdots\cdots\cdots\cdots\cdots(A.3\text{-}47)$$

2) 按公式(A.3-48)～公式(A.3-51)计算系数:

$$A_o = \mathrm{kei}'(\xi_1)\left[\mathrm{ker}(\xi_1) - \frac{(1-\nu_h)}{\xi_1}\mathrm{kei}'(\xi_1)\right] - \mathrm{ker}'(\xi_1)\left[\mathrm{kei}(\xi_1) + \frac{1-\nu_h}{\xi_1}\mathrm{ker}'(\xi_1)\right]$$

$$\cdots\cdots\cdots\cdots\cdots\cdots\cdots(A.3\text{-}48)$$

$$f_{11} = (1+\nu_h)\cos\phi_1 - \frac{\sqrt{2}\lambda}{A_o}\sin\phi_1\mathrm{ker}(\xi_1)\left[\mathrm{ker}(\xi_1) - \frac{1-\nu_h}{\xi_1}\mathrm{kei}'(\xi_1)\right] -$$

$$\frac{\sqrt{2}\lambda}{A_o}\sin\phi_1\text{kei}(\xi_1)\left[\text{kei}(\xi_1)+\frac{1-\nu_h}{\xi_1}\text{ker}'(\xi_1)\right] \quad\text{..................（ A.3-49 ）}$$

$$f_{12}=f_{21}=\frac{\sqrt{12(1-\nu_h^2)}}{A_o}\left[\text{ker}(\xi_1)\text{ker}'(\xi_1)+\text{kei}(\xi_1)\text{kei}'(\xi_1)\right] \quad\text{..........（ A.3-50 ）}$$

$$f_{22}=\frac{12(1-\nu_h^2)}{\sqrt{2}\lambda A_o\sin\phi_1}\{[\text{ker}'(\xi_1)]^2+[\text{kei}'(\xi_1)]^2\}\quad\text{...............（ A.3-51 ）}$$

3) 按公式（A.3-52）、公式（A.3-53）计算边缘位移与转角：

$$\overline{\Delta}_{h1}=\frac{R_h\sin\phi_1}{E_h\delta_h}\left(f_{11}Q_1+f_{12}\frac{M_1}{\delta_h}\right)\quad\text{..................（ A.3-52 ）}$$

$$\overline{\beta}_{h1}=\frac{R_h\sin\phi_1}{E_h\delta_h^2}\left(-f_{21}Q_1+f_{22}\frac{M_1}{\delta_h}\right)\quad\text{..................（ A.3-53 ）}$$

4) 按公式（A.3-54）、公式（A.3-55）计算常数：

$$c_1=-\frac{\xi_1}{A_o}\left[\text{ker}(\xi_1)-\frac{(1-\nu_h)}{\xi_1}\text{kei}'(\xi_1)\right]Q_1+\sqrt{12(1-\nu_h^2)}\frac{\text{ker}'(\xi_1)}{A_o}\frac{M_1}{\delta_h}\quad\text{...（ A.3-54 ）}$$

$$c_2=-\frac{\xi_1}{A_o}\left[\text{kei}(\xi_1)+\frac{(1-\nu_h)}{\xi_1}\text{ker}'(\xi_1)\right]Q_1+\sqrt{12(1-\nu_h^2)}\frac{\text{kei}'(\xi_1)}{A_o}\frac{M_1}{\delta_h}\quad\text{...（ A.3-55 ）}$$

5) 按公式（A.3-56）～公式（A.3-60）计算球壳上任一点处内力素：

$$\xi=\sqrt{2}\lambda\phi\quad\text{..................（ A.3-56 ）}$$

$$\overline{T}_{x1}=\left(\frac{\phi_1}{\phi}\right)^2(1-\cos\phi_1)Q_1+c_1\frac{1}{\xi}\text{kei}'(\xi)-c_2\frac{1}{\xi}\text{ker}'(\xi)\quad\text{............（ A.3-57 ）}$$

$$\overline{T}_{\theta1}=-\left(\frac{\phi_1}{\phi}\right)^2(1-\cos\phi_1)Q_1+c_1\left[\text{ker}(\xi)-\frac{1}{\xi}\text{kei}'(\xi)\right]+c_2\left[\text{kei}(\xi)+\frac{1}{\xi}\text{ker}'(\xi)\right]$$

$$\text{..................（ A.3-58 ）}$$

$$\overline{M}_{x1}=\frac{\delta_h}{\sqrt{12(1-\nu_h^2)}}\left\{-c_1\left[\text{kei}(\xi)+\frac{(1-\nu_h)}{\xi}\text{ker}'(\xi)\right]+c_2\left[\text{ker}(\xi)-\frac{1-\nu_h}{\xi}\text{kei}'(\xi)\right]\right\}$$

$$\text{..................（ A.3-59 ）}$$

$$\overline{M}_{\theta1}=\frac{\delta_h}{\sqrt{12(1-\nu_h^2)}}\left\{-c_1\left[\nu_h\text{kei}(\xi)-\frac{(1-\nu_h)}{\xi}\text{ker}'(\xi)\right]+c_2\left[\nu_h\text{ker}(\xi)+\frac{1-\nu_h}{\xi}\text{kei}'(\xi)\right]\right\}$$

$$\text{..................（ A.3-60 ）}$$

b) 当 $\phi_1>\dfrac{\pi}{6}$ 时，采用渐近解，按下列步骤计算：

1) 按公式（A.3-61）～公式（A.3-63）计算系数：

$$k_{11}=1+\frac{1-2\nu_h}{2\lambda}\cot\phi_1\quad\text{..................（ A.3-61 ）}$$

$$k_{12}=1+\frac{1-2\nu_h}{2\lambda}\cot\phi_1\quad\text{..................（ A.3-62 ）}$$

$$\gamma_1=\pi-\arctan(k_{11})\quad\text{..................（ A.3-63 ）}$$

2) 按公式（A.3-64）、公式（A.3-65）计算边缘位移与转角：

$$\overline{\Delta}_{h1}=\frac{R_h}{E_h\delta_h}\sin\phi_1\left[\lambda\left(\frac{1}{k_{11}}+k_{12}\right)Q_1\sin\phi_1+\frac{2\lambda^2M_1}{k_{11}R_h}\right]\quad\text{..................（ A.3-64 ）}$$

$$\overline{\beta}_{h1}=\frac{2\lambda^2}{E_h\delta_h}\frac{1}{k_{11}}\left[-Q_1\sin\phi_1-\frac{2\lambda M_1}{R_h}\right]\quad\text{..................（ A.3-65 ）}$$

3) 按公式(A.3-66)～公式(A.3-69)计算不同 ϕ 点处的参数：

$$k_{11}(\phi) = 1 + \frac{1-\nu_h}{2\lambda}\cot\phi \quad\cdots\cdots\cdots\cdots\cdots\cdots\cdots（\text{A}.3\text{-}66）$$

$$k_{12}(\phi) = 1 + \frac{1-\nu_h}{2\lambda}\cot\phi \quad\cdots\cdots\cdots\cdots\cdots\cdots\cdots（\text{A}.3\text{-}67）$$

$$k_{13}(\phi) = 1 - \frac{2-\nu_h}{2\lambda\nu_h}\cot\phi \quad\cdots\cdots\cdots\cdots\cdots\cdots\cdots（\text{A}.3\text{-}68）$$

$$c_1(\phi) = \frac{1}{k_{11}}\sqrt{\frac{\sin\phi_1}{\sin\phi}} \quad\cdots\cdots\cdots\cdots\cdots\cdots\cdots（\text{A}.3\text{-}69）$$

4) 计算球壳上任一点处内力素：

$$\overline{T}_{x1} = c_1(\phi)\cot\phi\, e^{-\lambda(\phi-\phi_1)}\left\{\frac{2\lambda M_1}{R_h}\sin\lambda(\phi-\phi_1) - k_{13}Q_1\sin[\lambda(\phi-\phi_1)+\gamma_1]\right\} \cdots（\text{A}.3\text{-}70）$$

$$\overline{T}_{\theta1} = \lambda c_1(\phi)e^{-\lambda(\phi-\phi_1)}\left\{\frac{2\lambda M_1}{R_h}\left[\cos\lambda(\phi-\phi_1) - \frac{k_{11}+k_{12}}{2}\sin\lambda(\phi-\phi_1)\right] - \right.$$

$$\left. k_{13}Q_1\left[\cos(\lambda(\phi-\phi_1)+\gamma_1) - \frac{k_{11}+k_{12}}{2}\sin(\lambda(\phi-\phi_1)+\gamma_1)\right]\right\} \cdots\cdots（\text{A}.3\text{-}71）$$

$$\overline{M}_{x1} = c_1(\phi)e^{-\lambda(\phi-\phi_1)}\{M_1[\sin\lambda(\phi-\phi_1) + k_{11}\cos\lambda(\phi-\phi_1)] - $$

$$k_{13}\frac{Q_1 R_h}{2\lambda}[\sin(\lambda(\phi-\phi_1)+\gamma_1) + k_{13}\cos(\lambda(\phi-\phi_1)+\gamma_1)]\} \cdots（\text{A}.3\text{-}72）$$

$$\overline{M}_{\theta1} = \nu_h c_1(\phi)e^{-\lambda(\phi-\phi_1)}\{M_1[\sin\lambda(\phi-\phi_1) + k_{13}\cos\lambda(\phi-\phi_1)] - $$

$$k_{13}\frac{Q_1 R}{2\lambda}[\sin(\lambda(\phi-\phi_1)+\gamma_1) + k_{13}\cos(\lambda(\phi-\phi_1)+\gamma_1)]\} \cdots\cdots（\text{A}.3\text{-}73）$$

A.3.4.3.2 球壳下边缘 $\phi=\phi_2$ 处作用有径向剪力 Q_2、弯矩 M_2 时，球壳边缘位移 $\overline{\Delta}_{h2}$、转角 $\overline{\beta}_{h2}$ 及壳中内力素按下列规定计算。

a) 当 $\phi_2 \leqslant \dfrac{\pi}{6}$ 时，采用扁壳方程解，按下列步骤计算：

1) 计算虚宗量贝塞尔函数 $\mathrm{ber}(\xi_2)$、$\mathrm{bei}(\xi_2)$ 及其导数 $\mathrm{ber}'(\xi_2)$、$\mathrm{bei}'(\xi_2)$，其中：

$$\xi_2 = \sqrt{2}\lambda\phi_2$$

$$\sin\phi_2 = \frac{r_2}{R_h} \quad\cdots\cdots\cdots\cdots\cdots\cdots\cdots（\text{A}.3\text{-}74）$$

2) 按公式(A.3-75)～公式(A.3-78)计算系数：

$$B_o = \mathrm{bei}'(\xi_2)\left[\mathrm{ber}(\xi_2) - \frac{(1-\nu_h)}{\xi_2}\mathrm{bei}'(\xi_2)\right] - \mathrm{bei}'(\xi_2)\left[\mathrm{bei}(\xi_2) + \frac{(1-\nu_h)}{\xi_2}\mathrm{ber}'(\xi_2)\right]$$

$$\cdots\cdots\cdots\cdots\cdots\cdots\cdots（\text{A}.3\text{-}75）$$

$$g_{11} = -\sqrt[4]{12(1-\nu_h^2)}\,\frac{r_2}{\sqrt{R_h\delta_h}}\,\frac{1}{B_o}\left\{\left[\mathrm{ber}(\xi_2) - \frac{1-\gamma_h}{\xi_2}\mathrm{bei}'(\xi_2)\right]\left[\mathrm{ber}(\xi_2) - \frac{1+\gamma_h}{\xi_2}\mathrm{bei}'(\xi_2)\right] + \right.$$

$$\left. \left[\mathrm{bei}(\xi_2) + \frac{1-\nu_h}{\xi_2}\mathrm{ber}'(\xi_2)\right]\left[\mathrm{bei}(\xi_2) + \frac{1+\gamma_h}{\xi_2}\mathrm{ber}'(\xi_2)\right]\right\} \quad\cdots\cdots（\text{A}.3\text{-}76）$$

$$g_{12} = g_{21} = \sqrt{12(1-\nu_h^2)}\,\frac{1}{B_o}[\mathrm{ber}(\xi_2)\mathrm{ber}'(\xi_2) + \mathrm{bei}(\xi_2)\mathrm{bei}'(\xi_2)] \quad\cdots\cdots（\text{A}.3\text{-}77）$$

$$g_{22} = [12(1-\nu_h^2)^{3/4}]\frac{\sqrt{R_h\delta_h}}{r_2}\frac{1}{B_o}\{[\mathrm{ber}'(\xi_2)]^2 + [\mathrm{bei}'(\xi_2)]^2\} \cdots\cdots\cdots（\text{A}.3\text{-}78）$$

3) 按公式(A.3-79)、公式(A.3-80)计算边缘位移与转角：

$$\overline{\Delta}_{h2} = \frac{r_2}{E_h \delta_h}\left(g_{11}Q_2 + g_{12}\frac{M_2}{\delta_h}\right) \quad\cdots\cdots\cdots\cdots\quad (\,A.3\text{-}79\,)$$

$$\overline{\beta}_{h2} = \frac{r_2}{E_h \delta_h^2}\left(-g_{21}Q_2 + g_{22}\frac{M_2}{\delta_h}\right) \quad\cdots\cdots\cdots\cdots\quad (\,A.3\text{-}80\,)$$

4)　按公式（A.3-81）、公式（A.3-82）计算常数：

$$c_3 = -\frac{\xi_2}{B_o}\left[\mathrm{ber}(\xi_2) - \frac{1-\nu_h}{\xi_2}\mathrm{bei}'(\xi_2)\right]Q_2 + \sqrt{12(1-\nu_h^2)}\,\frac{\mathrm{ber}'(\xi_2)}{B_o}\frac{M_2}{\delta_h} \quad\cdots\quad (\,A.3\text{-}81\,)$$

$$c_4 = -\frac{\xi_2}{B_o}\left[\mathrm{bei}(\xi_2) + \frac{1+\nu_h}{\xi_2}\mathrm{ber}'(\xi_2)\right]Q_2 + \sqrt{12(1-\nu_h^2)}\,\frac{\mathrm{ber}'(\xi_2)}{B_o}\frac{M_2}{\delta_h} \quad\cdots\quad (\,A.3\text{-}82\,)$$

5)　按公式（A.3-83）～公式（A.3-86）计算球壳上任一点处内力素，公式中 ξ 按公式（A.3-47）计算：

$$\overline{T}_{x2} = c_3\frac{1}{\xi}\mathrm{bei}'(\xi) - c_4\frac{1}{\xi}\mathrm{ber}'(\xi) \quad\cdots\cdots\cdots\cdots\quad (\,A.3\text{-}83\,)$$

$$\overline{T}_{\theta2} = c_3\left[\mathrm{ber}(\xi) - \frac{1}{\xi}\mathrm{bei}'(\xi)\right] + c_4\left[\mathrm{bei}(\xi) + \frac{1}{\xi}\mathrm{ber}'(\xi)\right] \quad\cdots\cdots\quad (\,A.3\text{-}84\,)$$

$$\overline{M}_{x2} = \frac{\delta_h}{\sqrt{12(1-\nu_h^2)}}\left\{-c_3\left[\mathrm{bei}(\xi) + \frac{(1-\nu_h)}{\xi}\mathrm{ber}'(\xi)\right] + c_4\left[\mathrm{ber}(\xi) - \frac{(1-\nu_h)}{\xi}\mathrm{bei}'(\xi)\right]\right\}$$
$$\cdots\cdots\cdots\cdots\quad (\,A.3\text{-}85\,)$$

$$\overline{M}_{\theta2} = \frac{\delta_h}{\sqrt{12(1-\nu_h^2)}}\left\{-c_3\left[\nu_h\mathrm{bei}(\xi) - \frac{(1-\nu_h)}{\xi}\mathrm{ber}'(\xi)\right] + c_4\left[\nu_h\mathrm{ber}(\xi) + \frac{(1-\nu_h)}{\xi}\mathrm{bei}'(\xi)\right]\right\}$$
$$\cdots\cdots\cdots\cdots\quad (\,A.3\text{-}86\,)$$

b)　当 $\phi_2 > \dfrac{\pi}{6}$ 时，采用渐近解，按下列步骤计算：

1)　按公式（A.3-87）～公式（A.3-89）计算系数：

$$k_{21} = 1 - \frac{1-2\nu_h}{\lambda}\cot\phi_2 \quad\cdots\cdots\cdots\cdots\quad (\,A.3\text{-}87\,)$$

$$k_{22} = 1 - \frac{1+2\nu_h}{\lambda}\cot\phi_2 \quad\cdots\cdots\cdots\cdots\quad (\,A.3\text{-}88\,)$$

$$\gamma_2 = \pi - \arctan(k_{21}) \quad\cdots\cdots\cdots\cdots\quad (\,A.3\text{-}89\,)$$

2)　按公式（A.3-90）、公式（A.3-91）计算边缘位移与转角：

$$\overline{\Delta}_{h2} = \frac{R_h}{E_h\delta_h}\sin\phi_2\left[-\lambda\left(\frac{1}{k_{21}} + k_{22}\right)Q_2\sin\phi_2 + \frac{2\lambda^2 M_2}{k_{21}R_h}\right] \quad\cdots\cdots\quad (\,A.3\text{-}90\,)$$

$$\overline{\beta}_{h2} = \frac{2\lambda^2}{E_h\delta_h}\frac{1}{k_{21}}\left[-Q_2\sin\phi_2 + \frac{2\lambda M_2}{R_h}\right] \quad\cdots\cdots\cdots\cdots\quad (\,A.3\text{-}91\,)$$

3)　按公式（A.3-92）～公式（A.3-95）计算不同 ϕ 点处的参数：

$$k_{21}(\phi) = 1 - \frac{1-2\nu_h}{2\lambda}\cot\phi \quad\cdots\cdots\cdots\cdots\quad (\,A.3\text{-}92\,)$$

$$k_{22}(\phi) = 1 - \frac{1+2\nu_h}{2\lambda}\cot\phi \quad\cdots\cdots\cdots\cdots\quad (\,A.3\text{-}93\,)$$

$$k_{23}(\phi) = 1 + \frac{2-\nu_h}{2\nu_h\lambda}\cot\phi \quad\cdots\cdots\cdots\cdots\quad (\,A.3\text{-}94\,)$$

$$c_2(\phi) = \frac{1}{k_{21}}\sqrt{\frac{\sin\phi_2}{\sin\phi}} \quad\cdots\cdots\cdots\cdots\quad (\,A.3\text{-}95\,)$$

4)　按公式（A.3-96）～公式（A.3-99）计算球壳上任一点处内力素：

$$\overline{T}_{x2} = -c_2(\phi)\cot\phi\, e^{-\lambda(\phi_2-\phi)}\left\{\frac{2\lambda M_2}{R_h}\sin\lambda(\phi_2-\phi)+k_{23}Q_2\sin[\lambda(\phi_2-\phi)+\gamma_2]\right\}$$

$$\cdots\cdots\cdots\cdots\cdots\cdots\cdots\cdots\cdots \text{（A.3-96）}$$

$$\overline{T}_{\theta2} = \lambda c_2(\phi)e^{-\lambda(\phi_2-\phi)}\left\{\frac{2\lambda M_2}{R_h}\left[\cos\lambda(\phi_2-\phi)-\frac{k_{21}+k_{22}}{2}\sin\lambda(\phi_2-\phi)\right]+\right.$$

$$\left. k_{23}Q_2\left[\cos(\lambda(\phi_2-\phi)+\gamma_2)-\frac{k_{21}+k_{22}}{2}\sin(\lambda(\phi_2-\phi)+\gamma_2)\right]\right\} \cdots \text{（A.3-97）}$$

$$\overline{M}_{x2} = c_2(\phi)e^{-\lambda(\phi_2-\phi)}\{M_2[\sin\lambda(\phi_2-\phi)+k_{21}\cos\lambda(\phi_2-\phi)+$$

$$k_{23}\frac{Q_2R_h}{2\lambda}[\sin(\lambda(\phi_2-\phi)+\gamma_2)+k_{21}\cos(\lambda(\phi_2-\phi)+\gamma_2)]\} \cdots \text{（A.3-98）}$$

$$\overline{M}_{\theta2} = \nu_h c_2(\phi)e^{-\lambda(\phi_2-\phi)}\{M_2[\sin\lambda(\phi_2-\phi)+k_{23}\cos\lambda(\phi_2-\phi)]+$$

$$k_{23}\frac{Q_2R_h}{2\lambda}[\sin(\lambda(\phi_2-\phi)+\gamma_2)+k_{23}\cos(\lambda(\phi_2-\phi)+\gamma_2)]\} \cdots \text{（A.3-99）}$$

A.3.4.4 压力 p 与球壳边缘载荷 Q_i、M_i（$i=1,2$）联合作用下球壳的变形与应力：

$i=1$ 为球壳开孔情况，$i=2$ 为球冠形封头情况，边缘应力分别按 A.3.4.3.1 或 A.3.4.3.2 计算。

球壳边缘位移与转角按公式（A.3-100）、公式（A.3-101）计算：

$$\Delta_{hi} = \overset{*}{\Delta}_{hi} + \overline{\Delta}_{hi} \quad (i=1,2) \cdots\cdots\cdots\cdots\cdots\cdots\cdots \text{（A.3-100）}$$

$$\beta_{hi} = \overline{\beta}_{hi} \quad (i=1,2) \cdots\cdots\cdots\cdots\cdots\cdots\cdots\cdots \text{（A.3-101）}$$

其中 $\overline{\Delta}_{hi}$、$\overline{\beta}_{hi}$ 当 $i=1$ 时根据 ϕ_1 角分别由公式（A.3-52）、公式（A.3-53）或公式（A.3-64）、公式（A.3-65）算得；当 $i=2$ 时根据 ϕ_2 角分别由公式（A.3-79）、公式（A.3-80）或公式（A.3-90）、公式（A.3-91）算得。

球壳内、外表面应力按公式（A.3-102）、公式（A.3-103）计算：

$$\sigma_{xi} = \frac{\overset{*}{T}_x}{\delta_h} + \frac{\overline{T}_x}{\delta_h} \mp \frac{6\overline{M}_{xi}}{\delta_h^2} \quad (i=1,2) \cdots\cdots\cdots\cdots\cdots \text{（A.3-102）}$$

$$\sigma_{\theta i} = \frac{\overset{*}{T}_\theta}{\delta_h} + \frac{\overline{T}_{\theta i}}{\delta_h} \mp \frac{6\overline{M}_{\theta i}}{\delta_h^2} \quad (i=1,2) \cdots\cdots\cdots\cdots\cdots \text{（A.3-103）}$$

上式中的双符号"$\mp$"，上符号或指球壳外表面，下符号指球壳内表面。$\overline{T}_{xi}$、$\overline{T}_{\theta i}$、$\overline{M}_{xi}$、$\overline{M}_{\theta i}$ 的数值，当 $i=1$ 时，根据 ϕ_1 角分别由公式（A.3-57）～公式（A.3-60）或公式（A.3-70）～公式（A.3-73）算得；当 $i=2$ 时，根据 ϕ_2 角分别由公式（A.3-83）～公式（A.3-86）或公式（A.3-96）～公式（A.3-99）算得。

A.3.5 均匀侧压 p 和边缘载荷作用下 $\delta_p/R \leq 0.4$ 的圆板的分析

A.3.5.1 符号

下列符号适用于 A.3.5，符号的正方向如图 A-5 和图 A-6 所示。

D_p——平板的弯曲刚度，N·mm。

$$D_p = \frac{E_p\delta_p^3}{12(1-\nu_p^2)}$$

E_p——设计温度下材料的弹性模量，MPa。

M_R——边缘载荷。板外缘单位中面圆周长的径向弯矩，N·mm/mm。

M_t——边缘载荷。板内缘单位中面圆周长的径向弯矩，N·mm/mm。

p——设计压力，以图 A-5、图 A-6 所示方向为正，MPa。

Q_R——边缘载荷。板外缘单位中面圆周长的径向拉力，N/mm。

Q_t——边缘载荷。板内缘单位中面圆周长的径向拉力，N/mm。

R——板外缘中面半径，mm。

R_t——板内缘中面半径,mm。

r——板中任意点的半径,mm。

V_r——半径 r 处板中单位中面圆周长度上的横剪力,N/mm。

V_t——边缘载荷。板内缘单位中面圆周长上作用的横剪力,N/mm。

w_R——板外缘法向挠度,mm。

w_t——板内缘法向挠度,mm。

δ_p——平板厚度,mm。

β_p——无孔板边缘中面转角,rad。

β_R——环形板外缘中面转角,rad。

β_t——环形板内缘中面转角,rad。

Δ_p——无孔板边缘中面径向位移,mm。

Δ_R——环形板外缘中面径向位移,mm。

Δ_t——环形板内缘中面径向位移,mm。

ν_p——设计温度下材料的泊松比。

ρ——板的无量纲径向坐标,$\rho=r/R$。

ρ_t——环板内缘的无量纲半径,$\rho_t=R_t/R$。

下标"p"——表示为圆平板的量。

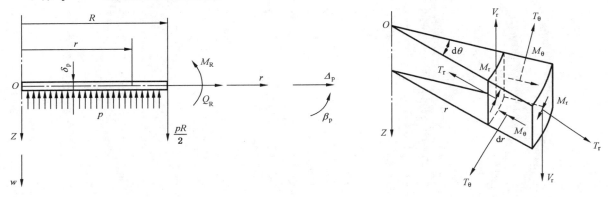

图 A-5　无孔圆板的坐标、载荷、位移和内力素规定

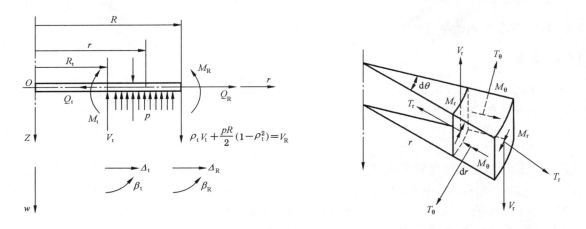

图 A-6　圆环形板的坐标、载荷、位移和内力素规定

238

A.3.5.2 无孔圆板的分析

板边缘（$r=R$）处的中面径向位移与转角按公式（A.3-104）、公式（A.3-105）计算：

$$\Delta_p = \frac{(1-\nu_p)Q_R R}{E_p \delta_p} \qquad (\text{A.3-104})$$

$$\beta_p = -\frac{pR^3}{8(1+\nu_p)D_p} + \frac{M_R R}{(1+\nu_p)D_p} \qquad (\text{A.3-105})$$

板中应力分布按公式（A.3-106）、公式（A.3-107）计算：

$$\sigma_r = \frac{Q_R}{\delta_p} \mp \frac{6M_R}{\delta_p^2} \pm \frac{3(3+\nu_p)}{8\delta_p^2}p(R^2-r^2) \qquad (\text{A.3-106})$$

$$\sigma_\theta = \frac{Q_R}{\delta_p} \mp \frac{6M_R}{\delta_p^2} \pm \frac{3p}{8\delta_p^2}\left[(3+\nu_p)R^2-(1+3\nu_p)r^2\right] \qquad (\text{A.3-107})$$

上式中的双符号，上符号指图 A-5 中上表面，下符号指图 A-5 中下表面。

均布侧压 p 作用下周边简支圆板中的应力分布按公式（A.3-108）、公式（A.3-109）计算：

$$\sigma_r = \pm \frac{3(3+\nu_p)}{8\delta_p^2}p(R^2-r^2) \qquad (\text{A.3-108})$$

$$\sigma_\theta = \pm \frac{3}{8\delta_p^2}p\left[(3+\nu_p)R^2-(1+3\nu_p)r^2\right] \qquad (\text{A.3-109})$$

最大应力发生在板中心（$r=0$），按公式（A.3-110）计算：

$$\sigma_r = \sigma_\theta = \pm \frac{3(3+\nu_p)p}{8}\left(\frac{R}{\delta_p}\right)^2 \qquad (\text{A.3-110})$$

均布侧压 p 作用下周边固支圆板中的应力分布按公式（A.3-111）、公式（A.3-112）计算：

$$\sigma_r = \pm \frac{3}{8\delta_p^2}p\left[(1+\nu_p)R^2-(3+\nu_p)r^2\right] \qquad (\text{A.3-111})$$

$$\sigma_\theta = \pm \frac{3}{8\delta_p^2}p\left[(1+\nu_p)R^2-(1+3\nu_p)r^2\right] \qquad (\text{A.3-112})$$

最大应力出现在板边缘（$r=R$），按公式（A.3-113）计算：

$$\sigma_r = \mp \frac{3p}{4}\left(\frac{R}{\delta_p}\right)^2,\ \sigma_\theta = \mp \frac{3\nu_p p}{4}\left(\frac{R}{\delta_p}\right)^2 \qquad (\text{A.3-113})$$

板中心应力（$r=0$）按公式（A.3-114）计算：

$$\sigma_r = \sigma_\theta = \pm \frac{3(1+\nu_p)p}{8}\left(\frac{R}{\delta_p}\right)^2 \qquad (\text{A.3-114})$$

均布侧压 p 作用下无孔圆板的塑性极限载荷：

周边简支圆板，p_s 按公式（A.3-115）计算：

$$p_s = 1.5R_{eL}\left(\frac{\delta_p}{R}\right)^2 \qquad (\text{A.3-115})$$

周边固支圆板，p_s 按公式（A.3-116）计算：

$$p_s = 2.82R_{eL}\left(\frac{\delta_p}{R}\right)^2 \qquad (\text{A.3-116})$$

A.3.5.3 环形板的分析

A.3.5.3.1 面内荷载作用下板的位移与内力

板内、外缘径向位移按公式（A.3-117）、公式（A.3-118）计算：

$$\Delta_t = \frac{\rho_t R}{E_p \delta_p} \left[-\left(\frac{1+\rho_t^2}{1-\rho_t^2} + \nu_p \right) Q_t + \frac{2Q_R}{1-\rho_t^2} \right] \quad \cdots\cdots\cdots\cdots\cdots\cdots\cdots (A.3\text{-}117)$$

$$\Delta_R = \frac{R}{E_p \delta_p} \left[-\left(\frac{2\rho_t^2}{1-\rho_t^2} \right) Q_t + \left(\frac{1+\rho_t^2}{1-\rho_t^2} - \nu_p \right) Q_R \right] \quad \cdots\cdots\cdots\cdots\cdots (A.3\text{-}118)$$

板的面内力按公式（A.3-119）、公式（A.3-120）计算：

$$T_r = \frac{-Q_t \rho_t^2 + Q_R}{1-\rho_t^2} - \frac{(Q_R - Q_t)\rho_t^2}{(1-\rho_t^2)\rho^2} \quad \cdots\cdots\cdots\cdots\cdots\cdots (A.3\text{-}119)$$

$$T_\theta = \frac{-Q_t \rho_t^2 + Q_R}{1-\rho_t^2} + \frac{(Q_R - Q_t)\rho_t^2}{(1-\rho_t^2)\rho^2} \quad \cdots\cdots\cdots\cdots\cdots\cdots (A.3\text{-}120)$$

A.3.5.3.2 板的弯曲分析

板外、内缘挠度差与转角按公式（A.3-121）计算：

$$\begin{bmatrix} \beta_R \\ \beta_t \\ (w_t - w_R)/R \end{bmatrix} = -\frac{R}{D_p} \begin{bmatrix} \dfrac{1}{K_{RR}} & \dfrac{1}{K_{Rt}} & \dfrac{1}{K_{RV}} \\ \dfrac{1}{K_{tR}} & \dfrac{1}{K_{tt}} & \dfrac{1}{K_{tV}} \\ \dfrac{1}{K_{VR}} & \dfrac{1}{K_{Vt}} & \dfrac{1}{K_{VV}} \end{bmatrix} \begin{bmatrix} -M_R \\ \rho_t M_t \\ \rho_t V_t R \end{bmatrix} - \frac{pR^3}{D_p} \begin{bmatrix} \dfrac{1}{K_{Rp}} \\ \dfrac{1}{K_{tp}} \\ \dfrac{1}{K_{Vp}} \end{bmatrix} \quad \cdots (A.3\text{-}121)$$

式中：

$$\frac{1}{K_{RR}} = \frac{1}{(1-\nu_p^2)(1-\rho_t^2)} \left[(1-\nu_p) + (1+\nu_p)\rho_t^2 \right]$$

$$\frac{1}{K_{tt}} = \frac{1}{(1-\nu_p^2)(1-\rho_t^2)} \left[(1+\nu_p) + (1-\nu_p)\rho_t^2 \right]$$

$$\frac{1}{K_{VV}} = \frac{3+\nu_p}{8(1+\nu_p)}(1-\rho_t^2) + \frac{1+\nu_p}{2(1-\nu_p)} \frac{\rho_t^2}{1-\rho_t^2}(\ln\rho_t)^2$$

$$\frac{1}{K_{Rt}} = \frac{1}{K_{tR}} = \frac{2\rho_t}{(1-\nu_p^2)(1-\rho_t^2)} \quad\quad\quad\quad \cdots\cdots\cdots (A.3\text{-}122)$$

$$\frac{1}{K_{RV}} = \frac{1}{K_{VR}} = \frac{1}{2(1+\nu_p)} - \frac{1}{(1-\nu_p)} \frac{\rho_t^2}{(1-\rho_t^2)}\ln\rho_t$$

$$\frac{1}{K_{tV}} = \frac{1}{K_{Vt}} = \frac{\rho_t}{2(1+\nu_p)} - \frac{1}{(1-\nu_p)} \frac{\rho_t}{(1-\rho_t^2)}\ln\rho_t$$

以及：

$$\frac{1}{K_{Rp}} = \frac{1}{8(1-\nu_p^2)} \left[(1-\nu_p) + (1+3\nu_p)\rho_t^2 + 4(1+\nu_p) \frac{\rho_t^4}{1-\rho_t^2}\ln\rho_t \right]$$

$$\frac{1}{K_{tp}} = \frac{1}{8(1-\nu_p^2)} \left[(3+\nu_p)\rho_t - (1-\nu_p)\rho_t^3 + 4(1+\nu_p) \frac{\rho_t^3}{1-\rho_t^2}\ln\rho_t \right] \quad \cdots\cdots\cdots\cdots (A.3\text{-}123)$$

$$\frac{1}{K_{Vp}} = \frac{(1-\rho_t^2)}{64(1+\nu_p)} \left[(5+\nu_p) - (7+3\nu_p)\rho_t^2 \right] - \frac{\rho_t^2 \ln\rho_t}{16(1-\nu_p)} \left[4(1+\nu_p) \frac{\rho_t^2 \ln\rho_t}{(1-\rho_t^2)} + (3+\nu_p) \right]$$

板中任一点处的径向及环向弯矩按公式（A.3-124）、公式（A.3-125）计算：

$$M_r = pR^2 \left\{ \frac{1+\nu_p}{4} \left[-\rho_t^2 \ln\rho + \frac{\rho_t^4}{1-\rho_t^2}\ln\rho_t \left(\frac{1}{\rho^2} - 1 \right) \right] - \frac{3+\nu_p}{16}(1-\rho^2)\left(1 - \frac{\rho_t^2}{\rho^2} \right) \right\} +$$

$$V_t R \frac{1+\nu_p}{2} \left[\rho_t \ln\rho - \frac{\rho_t^3}{1-\rho_t^2}\ln\rho_t \left(\frac{1}{\rho^2} - 1 \right) \right] + M_t \frac{\rho_t^2}{1-\rho_t^2}\left(\frac{1}{\rho^2} - 1 \right) +$$

$$M_R \frac{1}{1-\rho_t^2}\left(1 - \frac{\rho_t^2}{\rho^2} \right) \quad\quad\quad\quad \cdots\cdots\cdots\cdots\cdots\cdots (A.3\text{-}124)$$

$$M_\theta = pR^2 \left\{ -\frac{1+\nu_p}{4}\left[\rho_t^2\ln\rho + \frac{\rho_t^4}{1-\rho_t^2}\ln\rho_t\left(\frac{1}{\rho^2}+1\right)\right] + \frac{1+3\nu_p}{16}\rho^2 - \frac{3+\nu_p}{16}\left(1+\frac{\rho_t^2}{\rho^2}\right) + \right.$$

$$\left. \frac{1-5\nu_p}{16}\rho_t^2 \right\} + V_t R\left\{ \frac{1+\nu_p}{2}\left[\rho_t\ln\rho + \frac{\rho_t^3}{1-\rho_t^2}\ln\rho_t\left(\frac{1}{\rho^2}+1\right)\right] - \frac{1-\nu_p}{2}\rho_t \right\} -$$

$$M_t \frac{\rho_t^2}{1-\rho_t^2}\left(1+\frac{1}{\rho^2}\right) + M_R \frac{1}{1-\rho_t^2}\left(1+\frac{\rho_t^2}{\rho^2}\right) \qquad\qquad \text{(A.3-125)}$$

板中应力按公式(A.3-126)、公式(A.3-127)计算：

$$\sigma_r = \frac{T_r}{\delta_p} \mp \frac{6M_r}{\delta_p^2} \qquad\qquad\qquad\qquad \text{(A.3-126)}$$

$$\sigma_\theta = \frac{T_\theta}{\delta_p} \mp \frac{6M_\theta}{\delta_p^2} \qquad\qquad\qquad\qquad \text{(A.3-127)}$$

上式中的双符号"∓"，上符号指图 A-5 和图 A-6 中板的上表面，下符号指板的下表面。

A.3.6 轴对称圆环的分析

A.3.6.1 符号

下列符号适用于 A.3.6，其正方向规定如图 A-7 所示。

a——圆环内半径，mm。

b——圆环外半径，mm。

E_R——设计温度下材料的弹性模量，MPa。

h——圆环高，mm。

M——外载荷向形心简化的主矩(以单位形心圆周长计)，N·mm/mm。

Q——外载荷向形心简化的单位形心圆周长的径向力，N/mm。

r——径向坐标，以圆环回转轴线为原点，mm。

$R_o = (b+a)/2$——圆环截面形心圆半径，mm。

z——轴向坐标，以圆环断面形心为原点，mm。

β_R——圆环截面绕其形心的转角，rad。

Δ_R——圆环形心的径向位移，mm。

σ_θ——环向应力，MPa。

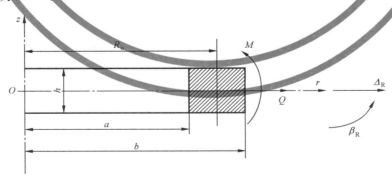

图 A-7　轴对称圆环示意图

A.3.6.2 圆环的分析

$$\Delta_R = \frac{QR_o}{E_R h \ln\dfrac{b}{a}} \qquad\qquad\qquad\qquad \text{(A.3-128)}$$

$$\beta_R = \frac{12MR_o}{E_R h^3 \ln \dfrac{b}{a}} \quad \cdots\cdots\cdots\cdots\cdots\cdots\cdots\cdots (A.3\text{-}129)$$

$$(\sigma_\theta)_{max} = \frac{QR_o}{ha\ln \dfrac{b}{a}} - \frac{12zMR_o}{h^2 r \ln \dfrac{b}{a}} \quad \cdots\cdots\cdots\cdots\cdots (A.3\text{-}130)$$

最大应力的绝对值可能发生在圆环内侧面的上表面或下表面($r=a$，$z=\pm h/2$)，见公式（A.3-131）：

$$(\sigma_\theta)_{max} = \frac{QR_o}{ha\ln \dfrac{b}{a}} \mp \frac{6MR_o}{h^2 a \ln \dfrac{b}{a}} \quad \cdots\cdots\cdots\cdots\cdots (A.3\text{-}131)$$

当圆环截面$(b-a)/a \ll 1$时，称为窄圆环，则公式（A.3-128）、公式（A.3-129）、公式（A.3-130）可分别表示为公式（A.3-132）、公式（A.3-133）、公式（A.3-134）：

$$\Delta_R = \frac{QR_o^2}{E_R h(b-a)} \quad \cdots\cdots\cdots\cdots\cdots\cdots\cdots (A.3\text{-}132)$$

$$\beta_R = \frac{12MR_o^2}{E_R h^3(b-a)} \quad \cdots\cdots\cdots\cdots\cdots\cdots\cdots (A.3\text{-}133)$$

$$(\sigma_\theta)_{max} = \frac{QR_o}{h(b-a)} \mp \frac{6MR_o}{h^2(b-a)} \quad \cdots\cdots\cdots\cdots\cdots (A.3\text{-}134)$$

A.4 各种封头与圆柱壳连接处的应力

A.4.1 概述

根据 A.3 所给各受压元件内力素与变形公式，由内力连续与变形协调条件，给出圆柱壳与平盖或球壳或锥壳连接处应力的计算方法。

该方法只包含承受内压元件的应力分析，不包含压力以外的其他载荷与温度梯度的影响。

A.4.2 平盖与圆柱壳的连接

第 7 章给出的平盖设计方法，是综合塑性极限分析与本章所给应力分析法的结果得到的，采用该方法设计的平盖，可免除本条规定的应力分析。

符号定义见 A.3.2.1 及 A.3.5.1。M_o、H_o 为求解的连接处边缘载荷，其正方向如图 A-8 所示。

以图 A-8 对照图 A-2、图 A-5 可知，圆柱壳计算式公式（A.3-13）～公式（A.3-21）中：

$$Q = -Q_o , \quad M = M_o \quad \cdots\cdots\cdots\cdots\cdots\cdots (A.4\text{-}1)$$

无孔圆板的计算式公式（A.3-104）～公式（A.3-107）中：

$$Q_R = Q_o , \quad M_R = M_o + Q_o \delta_p/2 \quad \cdots\cdots\cdots\cdots (A.4\text{-}2)$$

连接处应满足变形协调方程：

$$\Delta_s = \Delta_p + \frac{\delta_p}{2}\beta_p \quad \cdots\cdots\cdots\cdots\cdots\cdots (A.4\text{-}3)$$

$$\beta_s = \beta_p \quad \cdots\cdots\cdots\cdots\cdots\cdots\cdots\cdots\cdots (A.4\text{-}4)$$

将公式（A.3-18）、公式（A.3-19）及公式（A.3-104）、公式（A.3-105）代入公式（A.4-3）、公式（A.4-4），并将式中的 Q、M、Q_R 和 M_R 按公式（A.4-1）、公式（A.4-2）换为 M_o、Q_o 的表达式，解二元联立方程可求得 Q_o、M_o。

用求出的 Q_o、M_o 值代入公式（A.4-1）、公式（A.4-2），再代入公式（A.3-15）～公式（A.3-17），可求得圆柱壳的 $\overline{T}_\theta$、$\overline{M}_\theta$、$\overline{M}_x$。

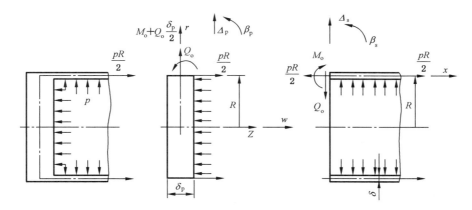

图 A-8　平盖与圆柱壳连接的力学模型

再将上述值代入公式（A.3-20）、公式（A.3-21）及公式（A.3-106）、公式（A.3-107），即可求得圆柱壳中的经向、环向应力 σ_x、σ_θ，圆平板中的径向、环向应力 σ_r、σ_θ。将应力中诸成分根据 GB/T 4732.4—2024 的规则分类，并按相应的各类许用极限控制它。

A.4.3　球壳与圆柱壳的连接

符号定义见 A.3.2.1 及 A.3.4.1。M_o、Q_o 为求解的连接处边缘载荷，其正方向如图 A-9 所示。

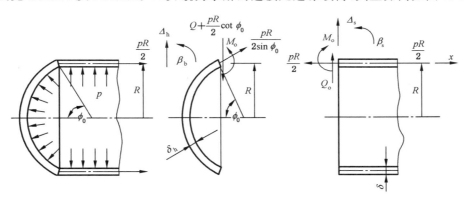

图 A-9　球壳与圆柱壳连接的力学模型

以图 A-9 对照图 A-2 和图 A-4，可知圆柱壳计算式公式（A.3-13）～公式（A.3-21）中：

$$Q = Q_o, M = M_o \quad\cdots\cdots（A.4\text{-}5）$$

按球壳下边缘包角 ϕ_0 值的不同，利用球壳计算公式（A.3-79）～公式（A.3-86）或者公式（A.3-90）～公式（A.3-99），以及公式（A.3-45）、公式（A.3-46），令式中：

$$\phi_2 = \phi_0, r_2 = R, R_h = \frac{R}{\sin\phi_0} \quad\cdots\cdots（A.4\text{-}6）$$

以及：

$$Q_2 = Q_o + \frac{pR}{2}\cot\phi_0, M_2 = M_o \quad\cdots\cdots（A.4\text{-}7）$$

连接处的变形协调方程为：

$$\Delta_s = \Delta_{h2} \quad\cdots\cdots（A.4\text{-}8）$$

$$\beta_s = \beta_{h2} \quad\cdots\cdots（A.4\text{-}9）$$

将公式（A.3-18）、公式（A.3-19）及公式（A.3-100）、公式（A.3-101）（令 $i=2$）代入公式（A.4-8）、公式（A.4-9），并将式中 Q、M、Q_2、M_2 和各几何量按公式（A.4-5）～公式（A.4-7）更换，可得到确定 Q_o、M_o 的

GB/T 4732.3—2024

二元联立方程。解得 Q_o、M_o，代入公式（A.4-5），再代入公式（A.3-15）～公式（A.3-17），可求得圆柱壳的 $\overline{T}_\theta$、$\overline{M}_x$、$\overline{M}_\theta$ 的值；将所解得的 Q_o、M_o 代入公式（A.4-7），再根据 ϕ_2（此处即 ϕ_o）值小于或大于 30°分别代入公式（A.3-83）～公式（A.3-86）或者公式（A.3-96）～公式（A.3-99），可求得球壳的 $\overline{T}_{x2}$、$\overline{T}_{\theta2}$、$\overline{M}_{x2}$、$\overline{M}_{\theta2}$ 的值。

再将上述值代入公式（A.3-20）、公式（A.3-21）及公式（A.3-102）、公式（A.3-103）（令 $i=2$），即可求得圆柱壳中的经向、环向应力 σ_x、σ_θ，球壳中的经向、环向应力 σ_{x2}，$\sigma_{\theta2}$。将应力中诸成分根据 GB/T 4732.4—2024 的规则分类，并按相应的各类许用极限控制它。

A.4.4 锥壳变径段与圆柱壳的连接

符号定义见 A.3.2.1 及 A.3.3.1。M_1、Q_1、M_2、Q_2 为求解的连接处边缘载荷，其正方向如图 A-10 所示。以图 A-10 对照图 A-2、图 A-3 可知，应将圆柱壳计算公式（A.3-10）～公式（A.3-21）中的 R、Q、M、Δ_s、β_s 值作以下代换：

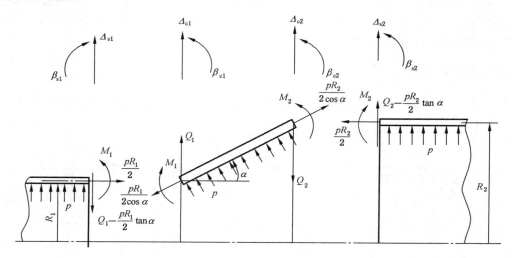

图 A-10　锥壳大、小端与圆柱壳连接的力学模型

对于小端圆柱壳：

$$R = R_1 \quad\quad (A.4\text{-}10)$$

$$Q = -Q_1 + \frac{pR_1}{2}\tan\alpha, M = M_1 \quad\quad (A.4\text{-}11)$$

$$\Delta_s = \Delta_{s1}, \beta_s = \beta_{s1} \quad\quad (A.4\text{-}12)$$

对于大端圆柱壳：

$$R = R_2 \quad\quad (A.4\text{-}13)$$

$$Q = Q_2 - \frac{pR_2}{2}\tan\alpha, M = M_2 \quad\quad (A.4\text{-}14)$$

$$\beta_s = \beta_{s2}, \Delta_s = \Delta_{s2} \quad\quad (A.4\text{-}15)$$

锥壳计算公式不需作任何代换。

小端、大端锥壳与圆柱壳连接处的变形协调方程为：

$$\Delta_{s1} = \Delta_{c1} \quad\quad (A.4\text{-}16)$$

$$\beta_{s1} = -\beta_{c1} \quad\quad (A.4\text{-}17)$$

$$\Delta_{s2} = \Delta_{c2} \quad\quad (A.4\text{-}18)$$

$$\beta_{s2} = \beta_{c2} \quad\quad (A.4\text{-}19)$$

将公式(A.3-18)、公式(A.3-19)作公式(A.4-10)~公式(A.4-15)的代换后,代入公式(A.4-16)~公式(A.4-19)的左端,并将公式(A.3-39)~公式(A.3-42)代入公式(A.4-16)~公式(A.4-19)的右端,得到求解 Q_1、M_1、Q_2、M_2 的四元联立方程。

将求得的 Q_1、M_1 值代入公式(A.4-11),再代入公式(A.3-20)、公式(A.3-21),用求得的 Q_2、M_2 值代入公式(A.4-14),再代入公式(A.3-20)、公式(A.3-21),可分别得到小端与大端圆柱壳的经向、环向应力。将求得的 Q_1、M_1、Q_2、M_2 代入 A.3.3 的圆锥壳公式,可求得圆锥壳中的应力。

将应力中诸成分根据 GB/T 4732.4—2024 的规则分类,其中,p_L 类当量应力的许用极限为 $1.1S_m$,当外载荷考虑风载荷或地震载荷时,许用应力 S_m^t 可乘以 1.2。其余当量应力按 GB/T 4732.4—2024 规定的各类许用极限控制。

A.4.5 其他各种轴对称圆环或板壳元件的连接

与 A.4.1~A.4.4 相类似,可以由内力连续与变形协调条件,利用 A.3 所给元件公式对其他各种壳体相互连接处的应力进行分析。

A.5 热应力

A.5.1 一般要求

A.5 根据热弹性理论给出温度轴对称分布时圆平板、厚壁圆筒及厚壁球体在已知壁温分布规律下的弹性应力计算方法,它们的壁温可根据所求问题的传热边界条件运用固体的热传导方程解得或用实验方法测得。对于更复杂的情况可用有限元法进行计算。本章只适用于在所计算的温度范围内,材料仍保持弹性,且弹性模量与热膨胀系数保持不变的情况。

A.5.2 轴对称圆板的热应力

A.5.2.1 符号

下列符号适用于 A.5.2。

E_p——圆板材料弹性模量,MPa。

$M^{(T)}$——由沿圆板厚度非均匀温度 $T(r,z)$ 引起的"温度矩",在板中引起弯曲应力,N·mm/mm。

R——圆板半径,mm。

r——圆板中任一点半径,mm。

$T(r,z)$——圆板中任一点温度,℃。

z——圆板中任一点到中面的距离,其正方向指向温度较高侧,mm。

α_p——圆板材料热膨胀系数,1/℃。

δ_p——圆板厚度,mm。

ν_s——圆板材料的泊松比。

σ_r——圆板径向正应力,MPa。

σ_θ——圆板环向正应力,MPa。

A.5.2.2 热应力计算

$\delta_p/R \leqslant 0.4$ 的中心无孔圆板在轴对称分布的温度场 $T=T(r,z)$ 作用下的热应力应按 A.5.2 计算。所用符号与 A.3.5 相同,圆板中坐标、位移与内力素正方向的规定仍按图 A-5 所示。

板中温度场 $T(r,z)$ 应先按公式(A.5-1)分解为两部分:

$$T(r,z) = T^{(1)}(r) + T^{(2)}(r,z) \quad\quad\quad\quad (A.5-1)$$

公式(A.5-1)中 $T^{(1)}$ 为沿板厚的平均温度,它只是板中各点半径 r 的函数,按公式(A.5-2)计算:

245

$$T^{(1)}(r) = \frac{1}{\delta_p} \int_{-\delta_p/2}^{\delta_p/2} T(r,z)\mathrm{d}z \quad \cdots\cdots\cdots\cdots\cdots\cdots\cdots\cdots (\text{A.5-2})$$

它在板中半径为 r 的任意点处引起沿板厚均匀分布的拉（压）应力。

对于周边自由、中心无孔的圆板，板中半径为 r 的任意点处由 $T^{(1)}$ 引起的面内力为：

$$T_r(r) = \alpha_p E_p \delta_p \left[\frac{1}{R^2} \int_0^R T^{(1)}(\rho)\rho\mathrm{d}\rho - \frac{1}{r^2} \int_0^r T^{(1)}(\rho)\rho\mathrm{d}\rho \right] \quad \cdots\cdots\cdots (\text{A.5-3})$$

$$T_\theta(r) = \alpha_p E_p \delta_p \left[-T^{(1)}(r) + \frac{1}{R^2} \int_0^R T^{(1)}(\rho)\rho\mathrm{d}\rho + \frac{1}{r^2} \int_0^r T^{(1)}(\rho)\rho\mathrm{d}\rho \right] \quad \cdots\cdots (\text{A.5-4})$$

对于周边固定、中心无孔的圆板，板中半径为 r 的任意点处由 $T^{(1)}$ 引起的面内力为：

$$T_r(r) = -\alpha_p E_p \delta_p \left[\frac{1+\nu_p}{1-\nu_p} \frac{1}{R^2} \int_0^R T^{(1)}(\rho)\rho\mathrm{d}\rho + \frac{1}{r^2} \int_0^r T^{(1)}(\rho)\rho\mathrm{d}\rho \right] \quad \cdots\cdots\cdots (\text{A.5-5})$$

$$T_\theta(r) = -\alpha_p E_p \delta_p \left[T^{(1)}(r) + \frac{1+\nu_p}{1-\nu_p} \frac{1}{R^2} \int_0^R T^{(1)}(\rho)\rho\mathrm{d}\rho - \frac{1}{r^2} \int_0^r T^{(1)}(\rho)\rho\mathrm{d}\rho \right] \quad \cdots (\text{A.5-6})$$

公式（A.5-1）中 $T^{(2)}$ 引起圆板的弯曲。弯曲应力的大小取决于按公式（A.5-7）计算的"温度矩" $M^{(T)}$：

$$M^{(T)}(r) = \frac{\alpha_p E_p}{1-\nu_p} \int_{-\delta_p/2}^{\delta_p/2} T^{(2)}(r,z)z\mathrm{d}z \quad \cdots\cdots\cdots\cdots\cdots\cdots\cdots (\text{A.5-7})$$

由"温度矩" $M^{(T)}$ 引起的板中半径为 r 的任意点处的弯矩为：

对于周边简支圆板：

$$M_r = (1-\nu_p) \left[\frac{1}{R^2} \int_0^R M^{(T)}\rho\mathrm{d}\rho - \frac{1}{r^2} \int_0^r M^{(T)}\rho\mathrm{d}\rho \right] \quad \cdots\cdots\cdots\cdots\cdots (\text{A.5-8})$$

$$M_\theta = (1-\nu_p) \left[\frac{1}{R^2} \int_0^R M^{(T)}\rho\mathrm{d}\rho + \frac{1}{r^2} \int_0^r M^{(T)}\rho\mathrm{d}\rho - M^{(T)} \right] \quad \cdots\cdots\cdots\cdots (\text{A.5-9})$$

对于周边固支圆板：

$$M_r = -\left[\frac{1+\nu_p}{R^2} \int_0^R M^{(T)}\rho\mathrm{d}\rho + \frac{1-\nu_p}{r^2} \int_0^r M^{(T)}\rho\mathrm{d}\rho \right] \quad \cdots\cdots\cdots\cdots (\text{A.5-10})$$

$$M_\theta = -\left[\frac{1+\nu_p}{R^2} \int_0^R M^{(T)}\rho\mathrm{d}\rho - \frac{1-\nu_p}{r^2} \int_0^r M^{(T)}\rho\mathrm{d}\rho + (1-\nu_p)M^{(T)} \right] \quad \cdots\cdots (\text{A.5-11})$$

由 $T(r,z)$ 引起的圆板中的总热应力为：

$$\sigma_r = \frac{T_r}{\delta_p} \mp \frac{6M_r}{\delta_p^2} \quad \cdots\cdots\cdots\cdots\cdots\cdots\cdots\cdots\cdots\cdots (\text{A.5-12})$$

$$\sigma_\theta = \frac{T_\theta}{\delta_p} \mp \frac{6M_\theta}{\delta_p^2} \quad \cdots\cdots\cdots\cdots\cdots\cdots\cdots\cdots\cdots\cdots (\text{A.5-13})$$

上式中的双符号"$\mp$"，上符号表示图 A-5 中板的上表面，下符号表示图 A-5 中板的下表面。

T_r、T_θ 与 M_r、M_θ 应根据板边缘支承条件分别取公式（A.5-3）、公式（A.5-4）[或公式（A.5-5）、公式（A.5-6）]以及公式（A.5-8）、公式（A.5-9）[或公式（A.5-10）、公式（A.5-11）]的数值。

A.5.3 厚壁圆筒的热应力

A.5.3.1 概述

本条的分析适用于温度只沿圆筒壁厚有变化的情况，即 $T = T(r)$，且假设圆筒可以自由膨胀。

A.5.3.2 符号

下列符号适用于 A.5.3。

E_s——筒体材料弹性模量,MPa。

R_i——圆筒体内半径,mm。

R_o——圆筒体外半径,mm。

r——圆筒体壁中任一点半径,mm。

T_i——圆筒体内壁温度,℃。

T_o——圆筒体外壁温度,℃。

$T(r)$——圆筒壁中任一点温度,℃。

α_s——圆筒体材料热膨胀系数,1/℃。

ν_s——圆筒体材料的泊松比。

σ_r——厚壁圆筒径向正应力,MPa。

σ_z——厚壁圆筒轴向正应力,MPa。

σ_θ——厚壁圆筒环向正应力,MPa。

A.5.3.3 热应力计算

在给定温度场沿壁厚变化规律 $T=T(r)$ 时,厚壁圆筒壁中任一半径为 r 点处的正应力为:

$$\sigma_r = \frac{E_s \alpha_s}{1-\nu_2}\left[-\frac{1}{r^2}\int_{R_i}^{r} T(\rho)\rho\mathrm{d}\rho + \left(1+\frac{R_i^2}{r^2}\right)\frac{1}{R_o^2-R_i^2}\int_{R_i}^{R_o} T(\rho)\rho\mathrm{d}\rho\right] \cdots\cdots\cdots (A.5\text{-}14)$$

$$\sigma_\theta = \frac{E_s \alpha_s}{1-\nu_2}\left[\frac{1}{r^2}\int_{R_i}^{r} T(\rho)\rho\mathrm{d}\rho + \left(1+\frac{R_i^2}{r^2}\right)\frac{1}{R_o^2-R_i^2}\int_{R_i}^{R_o} T(\rho)\rho\mathrm{d}\rho - T(r)\right] \cdots (A.5\text{-}15)$$

$$\sigma_z = \frac{E_s \alpha_s}{1-\nu_s}\left[-T(r) + \frac{2}{R_o^2-R_i^2}\int_{R_i}^{R_o} T(\rho)\rho\mathrm{d}\rho\right] \cdots\cdots\cdots\cdots\cdots\cdots (A.5\text{-}16)$$

若要求筒壁的热流量保持恒定,则厚壁筒的内、外壁温度 T_i、T_o 是一个常值,此时:

$$T(r) = \frac{T_i - T_o}{\ln\left(\frac{R_o}{R_i}\right)}\ln\frac{R_o}{r} + T_o \cdots\cdots\cdots\cdots\cdots\cdots\cdots\cdots (A.5\text{-}17)$$

厚壁筒中各点的热应力为:

$$\sigma_r = \frac{\alpha_s E_s (T_i - T_o)}{2(1-\nu_s)\ln\frac{R_o}{R_i}}\left[-\ln\frac{R_o}{r} - \frac{R_i^2}{R_o^2-R_i^2}\left(1-\frac{R_o^2}{r^2}\right)\ln\frac{R_o}{R_i}\right] \cdots\cdots\cdots (A.5\text{-}18)$$

$$\sigma_\theta = \frac{\alpha_s E_s (T_i - T_o)}{2(1-\nu_s)\ln\frac{R_o}{R_i}}\left[1-\ln\frac{R_o}{r} - \frac{R_i^2}{R_o^2-R_i^2}\left(1+\frac{R_o^2}{r^2}\right)\ln\frac{R_o}{R_i}\right] \cdots\cdots\cdots (A.5\text{-}19)$$

$$\sigma_z = \frac{\alpha_s E_s (T_i - T_o)}{2(1-\nu_s)\ln\frac{R_o}{R_i}}\left[1-2\ln\frac{R_o}{r} - \frac{2R_i^2}{R_o^2-R_i^2}\ln\frac{R_o}{R_i}\right] \cdots\cdots\cdots\cdots\cdots (A.5\text{-}20)$$

A.5.4 温度沿壁厚变化时厚壁球壳的应力

A.5.4.1 概述

本条适用于温度只沿球体壁厚有变化的情况,即 $T=T(r)$,且假定球体可以自由膨胀。

A.5.4.2 符号

下列符号适用于 A.5.4。

E_h——球体材料弹性模量,MPa。

r——球壁中任一点半径,mm。

R_i——球壳内半径,mm。

R_o——球壳外半径,mm。

T_i——球壳内壁温度,℃。

T_o——球壳外壁温度,℃。

$T(r)$——球壳温度,℃。

α_h——球壳材料膨胀系数,1/℃。

ν_h——球壳材料泊松比。

σ_r——球壳的径向应力,MPa。

σ_θ——球壳的环向应力,MPa。

A.5.4.3 热应力计算

在给定温度场沿球壳壁厚的变化规律 $T=T(r)$ 时,厚壁球壳中任一半径为 r 点处的正应力为:

$$\sigma_r = \frac{2\alpha_h E_h}{1-\nu_h}\left[\frac{r^3-R_i^3}{(R_o^3-R_i^3)r^3}\int_{R_i}^{R_o}T(\rho)\rho^2 d\rho - \frac{1}{r^3}\int_{R_i}^{r}T(\rho)\rho^2 d\rho\right] \quad\cdots\cdots\cdots\cdots\text{(A.5-21)}$$

$$\sigma_\theta = \frac{2\alpha_h E_h}{1-\nu_h}\left[\frac{2r^3+R_i^3}{2(R_o^3-R_i^3)r^3}\int_{R_i}^{R_o}T(\rho)\rho^2 d\rho + \frac{1}{2r^3}\int_{R_i}^{r}T(\rho)\rho^2 d\rho - \frac{T}{2}\right] \quad\cdots\cdots\text{(A.5-22)}$$

若通过球壁的热流量保持恒定,厚壁球壳内外壁温度 T_i、T_o 是个常值,此时:

$$T(r) = (T_i-T_o)\frac{R_i}{R_o-R_i}\left(\frac{R_o}{r}-1\right)+T_o \quad\cdots\cdots\cdots\cdots\cdots\cdots\text{(A.5-23)}$$

厚壁球壳中各点热应力为:

$$\sigma_r = \frac{\alpha_h E_h(T_i-T_o)}{1-\nu_h}\frac{R_o R_i}{R_o^3-R_i^3}\left[R_o+R_i-\frac{1}{r}(R_o^2+R_o R_i+R_i^2)+\frac{R_o^2 R_i^2}{r^2}\right] \cdots\text{(A.5-24)}$$

$$\sigma_\theta = \frac{\alpha_h E_h(T_i-T_o)}{1-\nu_h}\frac{R_o R_i}{R_o^3-R_i^3}\left[R_o+R_i-\frac{1}{2r}(R_o^2+R_o R_i+R_i^2)-\frac{R_o^2 R_i^2}{2r^3}\right] \cdots\text{(A.5-25)}$$

附　录　B

（资料性）

焊接接头

B.1　通则

本附录规定了各类允许使用的焊接接头形式,并列出了常用的焊接接头结构,供设计及制造时参考选用。对于其他形式的焊接接头,如果其能够满足 GB/T 4732.4—2024 分析设计的要求,也可使用。焊接接头分为 A、B、C、D、E 五类,各类接头典型位置见 GB/T 4732.1—2024 中的图1。

B.2　焊接接头类型

受压元件之间或受压元件与非受压元件之间的焊接接头的类型、各种焊接接头类型的特征见表 B-1。

表 B-1　焊接接头类型

焊接接头类型	特征
1 型	对接接头和锥段半顶角不超过30°的斜角接头,应为全焊透的双面焊或采用单面焊双面成形技术所焊成的全焊透接头。若采用带垫板的单面焊,焊后应拆除垫板,否则不能作为1型焊接接头
2 型	具有垫板的单面焊对接接头
3 型	全焊透的直角接头,带或不带盖面角焊缝
4 型	全焊透的斜角接头,锥段半顶角大于30°
5 型	部分焊透的直角接头,带或不带盖面角焊缝
6 型	角焊缝

注：焊接接头和焊缝的说明如下。
    a)　对接接头,指两个元件的端面之间采用全截面焊透的连接形式,接头是全焊透的双面焊或采用单面焊双面成形技术所焊成的全焊透接头。
    b)　角接接头,指两个元件以 L 形或 T 形构成直角或近似直角的接头。对于全焊透的接头,应加工坡口,使得至少其中一个元件全壁厚截面焊透,且焊道与各元件之间均应完全熔化结合。
    c)　斜角接头,指元件的变径段与另一元件的端面通过全焊透的形式连接,接头是全焊透的双面焊或采用单面焊双面成形技术所焊成的全焊透接头。
    d)　角焊缝,指沿两成直角或近似成直角的零件的交线所焊接的焊缝,焊接接头的截面近似于三角形。

B.3　各类焊接接头允许形式

B.3.1　A 类焊接接头

A 类焊接接头满足下列要求。
a)　A 类焊接接头应是1型焊接接头。
b)　允许的 A 类焊接接头形式见表 B-2、表 B-3 和表 B-8 中的编号(15)~(19)。
c)　在不等厚截面间的过渡接头——对不等厚度元件的连接,除非满足 GB/T 4732.4—2024 分析设计的要求,否则,在厚度差大于较薄截面厚度的1/4 或大于3 mm(取两者中的较小值)的两截面之间接头处,应有光滑、连续的锥形过渡区,该过渡区可采用削边、堆焊等加工方法完成。

当不按 GB/T 4732.4—2024 应力分析方法设计时,应满足下列附加要求。

1) 两壳体之间的对接接头,需要过渡连接时,可采用表 B-2 中编号(4)、(5)、(6)的形式。

2) 壳体与半球形封头之间的对接接头,需要过渡连接时,可采用表 B-3 中编号(2)、(3)、(4)、(5)的形式。

3) 半球形封头的厚度大于相同内径的圆筒厚度时,可加工过渡斜面与筒体外径一致,厚度匹配,但成形封头锥形过渡段的最小厚度不应小于相同内径的筒体所需厚度。

4) 当采用堆焊形成锥形过渡区时,堆焊应满足 GB/T 4732.6—2024 的要求。对接接头可以部分或完全位于锥形过渡区。

注:c)中过渡要求不适用于对焊法兰的颈部过渡段。

B.3.2　B 类焊接接头

B 类焊接接头满足下列要求。

a) B 类焊接接头可以是以下形式之一:

1) 1 型焊接接头;

2) 2 型焊接接头(B.3.6 除外)。

b) 允许的 B 类焊接接头形式见表 B-2、表 B-3、表 B-4、表 B-7 中的编号(1)、(2)、(3)和表 B-8 中的编号(15)、(20)。

c) 采用带垫板的单面焊时,如条件允许,焊后应拆除垫板。不拆除垫板的接头,当需进行疲劳分析时,对薄膜应力的应力集中系数取 2.0;对弯曲应力的应力集中系数取 2.5。

d) 不等厚截面间的过渡接头应满足 B.3.1 c)的规定,且应符合表 B-2 和表 B-3 中相关接头的要求。椭圆形封头的厚度大于相同内径的圆筒厚度时,可加工过渡斜面与圆筒外径一致,厚度匹配,但加工后成形封头锥形过渡段的最小厚度不应小于相同内径的筒体所需厚度。

e) 对于带变径段的 B 类斜角对接接头,当符合 1 型焊接接头的要求时,有关对接接头的所有要求(如接头的焊接、余高以及检验等)均适用于此斜角对接接头,具体要求见 GB/T 4732.6—2024 的有关规定。

f) 采用对接连接的带翻边的平盖、管板或带颈法兰:

1) 采用对接焊与相邻壳体、封头或其他受压元件连接的带颈管板、平封头等(如表 B-4 所示),如果采用锻件制造,则其锻制方式应保证翻边在沿平行于容器轴线方向的最小抗拉强度和延伸率满足材料的规定值。拉伸试样的取样(如需要,可采用小尺寸试样)应沿平行于容器轴线方向并尽可能靠近翻边。

2) 表 B-7 中编号(1)、(2)、(3)所示的带颈法兰不应采用板材制造。

B.3.3　C 类焊接接头

C 类焊接接头满足下列要求。

a) C 类焊接接头可以是以下形式之一:

1) 全焊透角接头;

2) 2 型焊接接头,限于多层包扎容器层板层纵向接头。

b) 以下各表中列出了允许的 C 类焊接接头形式:

1) 表 B-5——用于无拉撑平盖,不兼作法兰的管板和矩形容器侧板的焊接接头;

2) 表 B-6——用于兼作法兰的管板焊接接头;

3) 表 B-7 中的编号(4)——用于法兰连接焊接接头。

c) 角接接头——平板型零件与壳体、封头或其他受压元件形成角接接头时(如表 B-5 和表 B-6 所示),焊缝应满足以下要求:

1) 在焊接接头的横截面上,将焊缝金属与平板型零件之间的熔合线投影到与板面平行和垂直的两个方向,确定两个几何参数 a 和 b;

2) a 和 b 的尺寸应满足表 B-5 或表 B-6 的规定;

3) 贯穿焊接接头尺寸(角焊缝厚度)不应小于壳体、封头或其他受压元件厚度或不准许在连接处形成偏心未焊透结构;

4) 如果管板的两侧均采用焊接的形式与壳体、封头或其他受压元件连接,则两侧的焊缝均应采用表 B-5 所示的焊接接头形式。

B.3.4 D 类焊接接头

D 类焊接接头满足下列要求。

a) D 类焊接接头可以是以下形式之一:

1) 全焊透的角接接头;

2) 接管与壳体之间全焊透的角接接头或角焊缝,或两者的组合;

3) 接管与壳体之间部分焊透的角接接头。

b) 允许的 D 类焊接接头形式见表 B-8 中的编号(1)~(14)、(21)~(23)。

c) 接管与壳体间焊接接头的要求如下:

1) 无补强的安放式接管与壳体的连接应采用开坡口的全焊透焊缝。采用单面焊或当不能通过目测检查确认接头完全焊透时,应采用焊接垫板,焊接垫板应在焊接后去除。允许形式见表 B-8 中的编号(1)~(5)。

2) 无补强的插入式接管与壳体的连接应采用开坡口的全焊透焊缝。当采用焊接垫板时,焊接垫板应在焊接后去除。允许形式见表 B-8 中的编号(6)~(9)。

3) 带有一个或多个补强圈的插入式接管与壳体的连接,应在补强圈外周边和接管的外围处用连续焊缝连接。接管与容器壁和补强件的焊缝应是全焊透的坡口焊缝,允许形式见表 B-8 中的编号(10)、(11)和(12)。

4) 承受外载荷的凸缘法兰与壳体的连接应按表 B-8 中的编号(14)采用全焊透焊缝连接。对于不承受外加载荷的凸缘法兰,例如仅用作检查的人、手孔,热电偶套管等连接件,与壳体的连接可以按表 B-8 中的编号(13)采用角焊缝连接。

5) 采用整体补强的接管与壳体的连接应采用全焊透角接接头,允许的焊接接头形式见表 B-8 中的编号(21)。

6) 部分焊透焊缝仅可用于如仪表孔、检查孔等基本上并无外加机械载荷且在连接件上并无大于容器本身应力的热应力的这类接管连接件。如仅用作检查的人、手孔以及热电偶套管等连接件,与壳体的连接可采用部分焊透焊接接头,允许的焊接接头形式见表 B-8 中的编号(22)~(23)。

B.3.5 E 类焊接接头

E 类焊接接头满足下列要求。

a) 非受压元件的连接符合以下要求:

1) 连接件应和所连接壳体的曲率相一致;

2) 与受压元件焊接的连接件材料应是列于 GB/T 4732.2—2024 中的材料,且连接件材料及其所用焊材应和受压元件材料相匹配。

b) 堆焊层、复合板覆层或衬里结构的连接件符合以下要求。

1) 对于堆焊层,连接件可以直接焊于堆焊层。

2) 对于复合板的覆层,如果连接件焊缝在各种载荷作用下所引起的一次应力不超过连接件或覆层材料二者许用应力的较小值的 10%,连接件可以直接焊于覆层上。另一方法是,在覆层以内的基材的局部区域堆焊,以形成连接件的焊接位置。

3) 有衬里时,除非由分析或/和试验确定连接件直接焊于衬里安全可靠,否则,连接件应直接焊于基材上。对于类似的衬里,如果有在可比的操作条件下的成功经验,则可以作为判定的依据。

B.3.6 调质高强钢焊接接头的特殊要求

在由调质高强钢建造的容器和容器零件中,A 类、B 类焊接接头应为 1 型焊接接头。接管与壳体的焊接接头可采用表 B-8 中编号(1)~(9)或编号(15)~(21)的焊接接头形式,并满足下列要求。

a) 如果壳体板厚不大于 50 mm,则接管与壳体的焊接接头应采用表 B-8 中编号(15)~(20)的 1 型焊接接头。

b) 如果壳体板厚大于 50 mm,则接管与壳体的焊接接头可以采用表 B-8 中编号(1)~(9)或编号(15)~(21)的焊接接头形式。

B.3.7 管颈与管道的焊接接头

如果与设备接管焊接的管道壁厚比接管壁厚小,应对设备接管削薄以形成与管道连接的过渡段。设备接管削薄后的焊接接头应符合表 B-9 的设计要求。

表 B-2 部分允许的壳体焊接接头

编号	焊接接头类型	焊接接头类别	设计要求	示意图
(1)	1	A、B		
(2)	2	B		
(3)	1	A、B		
(4)	1	A、B	1) $L \geqslant 3Y$。 2) 削边长度 L 可包含焊缝宽度。 3) 允许使用 2 型焊接接头,见 B.3.1~B.3.5 的限制条件	

表 B-2　部分允许的壳体焊接接头（续）

编号	焊接接头类型	焊接接头类别	设计要求	示意图
（5）	1	A、B		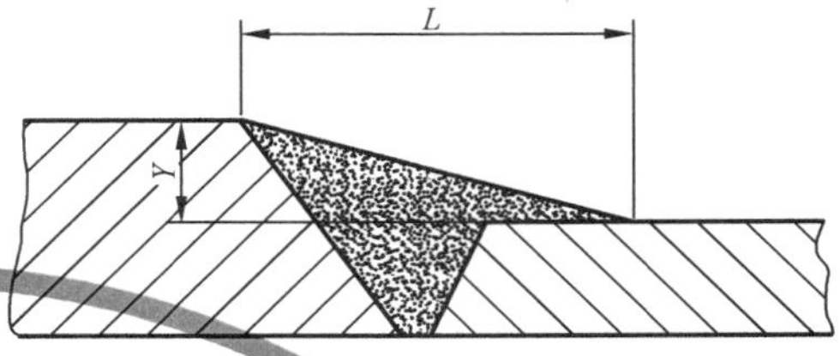
（6）	1	A、B		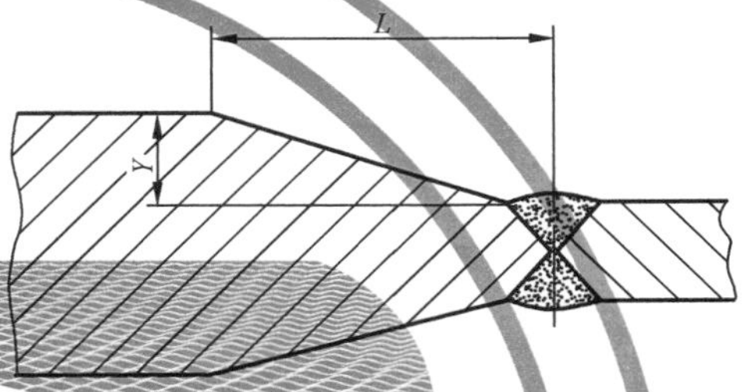
（7）	1	B	1）$\alpha \leqslant 30°$。 2）见 B.3.2 e）。 3）允许使用 2 型焊接接头，见 B.3.1～B.3.5 的限制条件	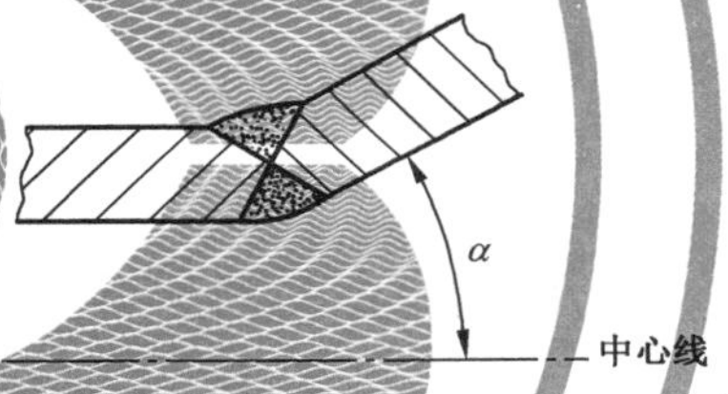
（8）	4	B	$\alpha > 30°$	
（9）	1	B	1）$\alpha \leqslant 30°$。 2）见 B.3.2 e）。 3）允许使用 2 型焊接接头，见 B.3.1～B.3.6 的限制条件	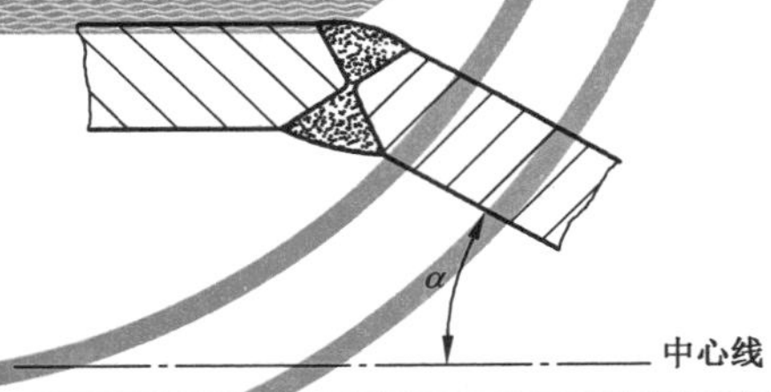
（10）	4	B	$\alpha > 30°$	

表 B-3　壳体与封头焊接接头

编号	焊接接头类型	焊接接头类别	设计要求	示意图
（1）	1	A、B	允许使用 2 型焊接接头，见 B.3.1～B.3.5 的限制条件	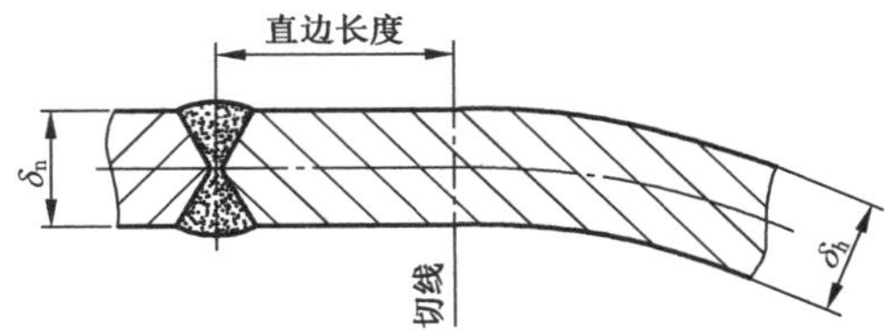

表 B-3　壳体与封头焊接接头（续）

编号	焊接接头类型	焊接接头类别	设计要求	示意图
(2)	1	A、B	1）当 δ_h 大于 δ_n 时，$L \geqslant 3Y$。 2）$\delta_{off} \leqslant 0.5(\delta_h - \delta_n)$。 3）削边长度 L 可包括焊缝宽度。	
(3)	1	A、B	4）壳体的中心线可位于封头中心线的任何一侧。 5）允许使用 2 型焊接接头，见 B.3.1～B.3.5 的限制条件	
(4)	1	A、B	1）$L \geqslant 3Y$。 2）$\delta_{off} \leqslant 0.5(\delta_h - \delta_n)$。 3）削边长度 L 可包括焊缝宽度。	
(5)	1	A、B	4）壳体的中心线可位于封头中心线的任何一侧。 5）允许使用 2 型焊接接头，见 B.3.1～B.3.5 的限制条件	
(6)	2	B	1）对接焊缝和角焊缝应保证能承受 1.5 倍的设计压差所产生的剪切力。 2）$b \geqslant \min[2\delta_h, 25\ mm]$。 3）$a$ 最小取 13 mm。 4）壳体厚度 δ_{n1} 和 δ_{n2} 可以不同。 5）$15° \leqslant \alpha \leqslant 20°$	
(7)	1	A、B	1）$r_1 \geqslant 2r_2$。 2）$r_2 \geqslant \min[\delta_n, \delta_h]$	

表 B-4 带颈对焊的受压元件焊接接头

编号	焊接接头类型	焊接接头类别	设计要求	示意图
(1)	1	B	1)$\delta_n \leqslant 38$ mm 时,$r \geqslant 10$ mm。 2)$\delta_n \geqslant 38$ mm 时,$r \geqslant \min[0.25\delta_n,$ 19 mm]	
(2)	1	B	1)$\delta_n \leqslant 38$ mm 时,$r \geqslant 10$ mm。 2)$\delta_n \geqslant 38$ mm 时,$r \geqslant \min[0.25\delta_n,$ 19 mm]。 3)$e \geqslant \max[\delta_n, \delta_f]$	
(3)	1	B	$h = \max[1.5\delta_n, 19$ mm],但不超过 51 mm	

表 B-5 无拉撑平盖、不兼作法兰的管板和矩形容器侧板的焊接接头

编号	焊接接头类型	焊接接头类别	设计要求	示意图
(1)	3	C	1) $a \geqslant 2\delta_n$。 2) $\delta_w \geqslant \delta_n$	
(2)	3	C	1) $a+b \geqslant 2\delta_n$。 2) $\delta_w \geqslant \delta_n$。 3) $\delta_p \geqslant \min[\delta_n, 6\text{ mm}]$。 4) 坡口尺寸 b 应在组装后、施焊前进行检查	
(3)	3	C	1) $a+b \geqslant 2\delta_n$。 2) 允许 $b=0$。 3) 坡口尺寸 b 应在组装后、施焊前进行检查	

表 B-6　兼作法兰的管板焊接接头

编号	焊接接头类型	焊接接头类别	设计要求	示意图
(1)	3	C	1) $a+b \geqslant 2\delta_n$。 2) 允许 $b=0$。 3) 坡口尺寸 b 应在组装后、施焊前进行检查。 4) $c \geqslant \min[0.7\delta_n, 1.4\delta_r]$	

表 B-7　法兰连接焊接接头

编号	焊接接头类型	焊接接头类别	设计要求	示意图
(1)	1	B	1) 整体法兰。 2) $h \geqslant 1.5\delta_0$（最小）。 3) $r \geqslant \max[0.25\delta_1, 4.5\ mm]$	
(2)	1	B	1) 整体法兰。 2) $c \geqslant 1.5\delta_0$（最小）	

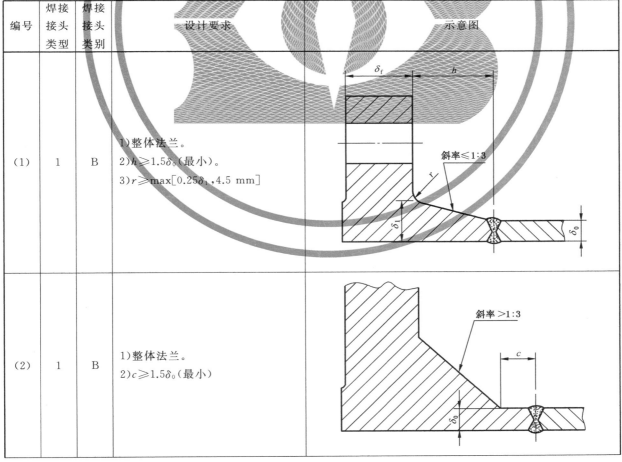

表 B-7 法兰连接焊接接头（续）

编号	焊接接头类型	焊接接头类别	设计要求	示意图
(3)	1	B	1)整体法兰。 2)$c \geqslant 1.5\delta_0$（最小）	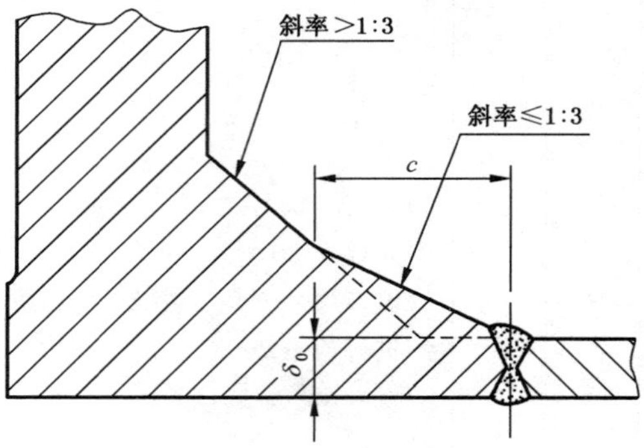
(4)	3	C	1)整体法兰。 2)$c \geqslant \min[0.25\delta_0, 6\ \text{mm}]$	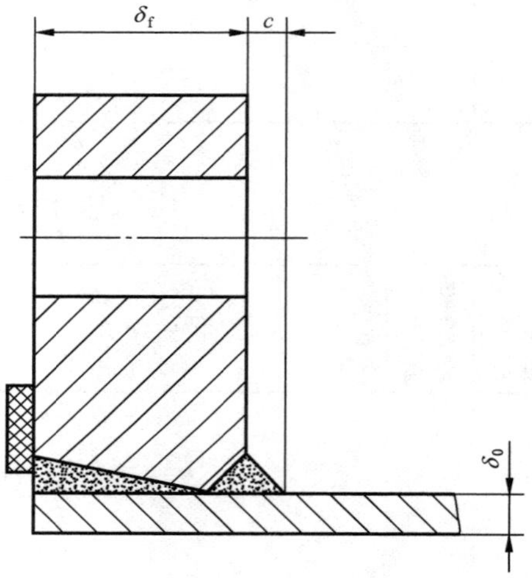

表 B-8 接管与壳体的焊接接头

编号	焊接接头类型	焊接接头类别	设计要求	示意图
(1)	3	D	$t_c \geqslant \min\{0.75\delta_{nt}, 6\ \text{mm}\}$； $r_1 \geqslant \min\{0.25\delta_n, 3\ \text{mm}\}$	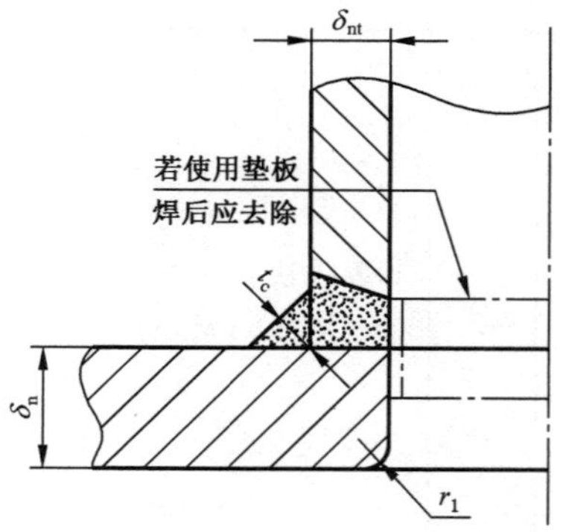

表 B-8 接管与壳体的焊接接头（续）

编号	焊接接头类型	焊接接头类别	设计要求	示意图
（2）	3	D	$t_c \geqslant \min\{0.75\delta_{nt}, 6\ mm\}$； $r_1 \geqslant \min\{0.25\delta_n, 3\ mm\}$	
（3）	3	D	$t_c \geqslant \min\{0.75\delta_{nt}, 6\ mm\}$； $r_1 \geqslant \min\{0.25\delta_n, 3\ mm\}$	
（4）	3	D	$K \geqslant \min\left\{\dfrac{\delta_{nt}}{3}, 6\ mm\right\}$	
（5）	3	D	$K \geqslant \min\left\{\dfrac{\delta_{nt}}{3}, 6\ mm\right\}$	

表 B-8 接管与壳体的焊接接头（续）

编号	焊接接头类型	焊接接头类别	设计要求	示意图
（6）	3	D	$t_c \geqslant \min\{0.75\delta_{nt},6\ mm\}$； $r_1 \geqslant \min\{0.25\delta_n,3\ mm\}$	 若使用垫板焊后应去除
（7）	3	D	$t_c \geqslant \min\{0.75\delta_{nt},6\ mm\}$； $r_1 \geqslant \min\{0.25\delta_n,3\ mm\}$	
（8）	3	D	$t_c \geqslant \min\{0.75\delta_{nt},6\ mm\}$； r_3 为圆角： $r_3 \geqslant \min\{0.25\delta_n,3\ mm\}$； 或 r_3 为 45°倒角： $r_3 \geqslant \min\{0.25\delta_n,3\ mm\}$	
（9）	3	D	$t_c \geqslant \min\{0.75\delta_{nt},6\ mm\}$； $r_1 \geqslant \min\{0.25\delta_n,3\ mm\}$	

表 B-8 接管与壳体的焊接接头（续）

编号	焊接接头类型	焊接接头类别	设计要求	示意图
（10）	3	D	$t_c \geqslant \min\{0.75\delta_{nt}, 6\ mm\}$; $F_1 \geqslant \min\{0.6\delta_c, 0.6\delta_n\}$; r_3 为圆角: $r_3 \geqslant \min\{0.25\delta_n, 3\ mm\}$; 或 r_3 为 45°倒角: $r_3 \geqslant \min\{0.25\delta_n, 3\ mm\}$	
（11）	3	D	$t_c \geqslant \min\{0.75\delta_{nt}, 6\ mm\}$; $F_1 \geqslant \min\{0.6\delta_c, 0.6\delta_n\}$; $r_1 \geqslant \min\{0.25\delta_n, 3\ mm\}$	
（12）	3	D	$t_c \geqslant \min\{0.75\delta_{nt}, 6\ mm\}$; $F_1 \geqslant \min\{0.6\delta_c, 0.6\delta_n\}$; r_3 为圆角: $r_3 \geqslant \min\{0.25\delta_n, 3\ mm\}$; 或 r_3 为 45°倒角: $r_3 \geqslant \min\{0.25\delta_n, 3\ mm\}$	
（13）	6	D	$F_2 \geqslant \min\{0.7\delta_c, 0.7\delta_n\}$	

表 B-8 接管与壳体的焊接接头（续）

编号	焊接接头类型	焊接接头类别	设计要求	示意图
(14)	3	D	$F_2 \geqslant \min\{0.7\delta_c, 0.7\delta_n\}$； $r_1 \geqslant \min\{0.25\delta_n, 3\ \text{mm}\}$	
(15)	1	上 B 下 A	$r_1 \geqslant \min\{0.25\delta_n, 3\ \text{mm}\}$； $r_2 \geqslant \min\{0.25\delta_{nt}, 19\ \text{mm}\}$	
(16)	1	A	$r_1 \geqslant \min\{0.25\delta_n, 3\ \text{mm}\}$； $r_2 \geqslant \min\{0.25\delta_{nt}, 19\ \text{mm}\}$	
(17)	1	A	$r_1 \geqslant \min\{0.25\delta_n, 3\ \text{mm}\}$； $r_2 \geqslant \min\{0.25\delta_{nt}, 19\ \text{mm}\}$； $t_3 + t_4 \leqslant 0.2\delta_n$； $\alpha_1 + \alpha_2 \leqslant 18.5°$	

表 B-8　接管与壳体的焊接接头（续）

编号	焊接接头类型	焊接接头类别	设计要求	示意图
（18）	1	A	$r_1 \geqslant \min\{0.25\delta_n, 3 \text{ mm}\}$； $r_2 \geqslant \min\{0.25\delta_{nt}, 19 \text{ mm}\}$	 垂直/平行于筒体轴线的两个视图
（19）	1	A	$r_1 \geqslant \min\{0.25\delta_n, 3 \text{ mm}\}$； $r_2 \geqslant \min\{0.25\delta_{nt}, 19 \text{ mm}\}$	
（20）	1	B	$r_1 \geqslant \min\{0.25\delta_n, 3 \text{ mm}\}$； $r_2 \geqslant \min\{0.25\delta_{nt}, 19 \text{ mm}\}$	
（21）	3	D	$t_c \geqslant \min\{0.75\delta_{nt}, 6 \text{ mm}\}$； $r_1 \geqslant \min\{0.25\delta_n, 3 \text{ mm}\}$； $r_2 \geqslant 19 \text{ mm}$； $r_4 \geqslant 6 \text{ mm}$	 垂直/平行于筒体轴线的两个视图

表 B-8　接管与壳体的焊接接头（续）

编号	焊接接头类型	焊接接头类别	设计要求	示意图
(22)	5	D	$t_c \geqslant \min\{0.75\delta_{nt}, 6\ mm\}$； $t_w \geqslant 1.25\delta_{nt}$	
(23)	5	D	$t_c \geqslant \min\{0.75\delta_{nt}, 6\ mm\}$； $t_w \geqslant 1.25\delta_{nt}$	

表 B-9　管颈与管道连接的焊接接头

编号	焊接接头类型	设计要求	示意图
(1)	1	$\delta_1 \geqslant \max\{0.8\delta_{rn}, \delta_{pipe}\}$； $\alpha \geqslant 30°$； $14° \leqslant \beta \leqslant 18.5°$； $r \geqslant 6\ mm$	
(2)	1	$\delta_1 \geqslant \max\{0.8\delta_{rn}, \delta_{pipe}\}$； $\alpha \leqslant 30°$； $14° \leqslant \beta \leqslant 18.5°$； $r \geqslant 6\ mm$	

表 B-9　管颈与管道连接的焊接接头（续）

编号	焊接接头类型	设计要求	示意图
（3）	1	$5 < \delta_{pipe} \leqslant 22$	
（4）	1	$\delta_{pipe} > 22$	

注：δ_{rn}为设备接管的设计厚度，δ_{pipe}为连接管道的名义厚度。

GB/T 4732.3—2024

附 录 C

（资料性）

切线模量 $E_t^{t,A}$ 取值的其他推荐方法

C.1 通则

C.1.1 按本附录的取值方法确定的切线模量 $E_t^{t,A}$，仅限用于第 6 章的相关计算。

C.1.2 本附录的取值方法，最高设计温度如下。

    a) 非合金钢与低合金钢，使用状态为退火或正火时，最高设计温度为 425 ℃；热处理状态为调质时，最高设计温度为 370 ℃。

    b) 铁素体不锈钢，最高设计温度为 425 ℃。

    c) 高合金钢，最高设计温度为 425 ℃。

C.2 符号

下列符号适用于附录 C。

D_o——圆筒外直径（$D_o = D_i + 2\delta_n$），mm。

$D_1 \sim D_4$——系数。

$E_t^{t,A}$——设计温度下材料的切线模量，MPa。

E_y^t——设计温度下材料的杨氏弹性模量，MPa。

FS——设计系数。

S_y——取设计温度下的标准屈服强度 R_{eL}^t 或 $R_{p0.2}^t$，MPa。

δ_e——圆筒或球壳的有效厚度，mm。

σ_{ic}——预测得的失稳应力，MPa。

σ_{he}——预期弹性失稳周向应力，MPa。

σ_{xe}——预期弹性失稳轴向应力，MPa。

η——材料的非线弹性修正系数。

C.3 非合金钢和低合金钢材料的经验公式法

C.3.1 外压圆筒

对于非合金钢和低合金钢，设计温度下材料的切线模量 $E_t^{t,A}$ 按公式（C-1）~公式（C-3）确定。

$$当\ \sigma_{he}/S_y \geq 2.439\ 时，E_t^{t,A} = \frac{S_y}{\sigma_{he}} E_y^t \quad\quad\quad (C-1)$$

$$当\ 0.552 < \sigma_{he}/S_y < 2.439\ 时，E_t^{t,A} = 0.7 \cdot \left(\frac{S_y}{\sigma_{he}}\right)^{0.6} \cdot E_y^t \quad (C-2)$$

$$当\ \sigma_{he}/S_y \leq 0.552\ 时，E_t^{t,A} = E_y^t \quad\quad\quad (C-3)$$

C.3.2 外压球壳

对于非合金钢和低合金钢，设计温度下材料的切线模量 $E_t^{t,A}$ 按公式（C-4）~公式（C-7）确定。

$$当 \; \sigma_{he}/S_y \geqslant 6.25 \; 时, E_t^{t,A} = \frac{S_y}{\sigma_{he}} E_y^t \qquad\qquad （C-4）$$

$$当 \; 1.6 < \sigma_{he}/S_y < 6.25 \; 时, E_t^{t,A} = \frac{1.31 \cdot S_y}{S_y + 1.15\sigma_{he}} \cdot E_y^t \qquad （C-5）$$

$$当 \; 0.55 < \sigma_{he}/S_y \leqslant 1.6 \; 时, E_t^{t,A} = \left(0.18 + 0.45 \frac{S_y}{\sigma_{he}} \cdot\right) E_y^t \qquad （C-6）$$

$$当 \; \sigma_{he}/S_y \leqslant 0.55 \; 时, E_t^{t,A} = E_y^t \qquad\qquad （C-7）$$

C.3.3 轴压圆筒

对于非合金钢和低合金钢,设计温度下材料的切线模量 $E_t^{t,A}$ 按公式(C-8)确定。

$$E_t^{t,A} = \eta E_y^t \qquad\qquad （C-8）$$

式中,η 按公式(C-9)~公式(C-11)求取。

$$当 \; \frac{D_o}{\delta_e} \leqslant 135 \; 时, \eta = \min\left\{1, \frac{S_y}{\sigma_{xe}}\right\} \qquad\qquad （C-9）$$

$$当 \; 135 < \frac{D_o}{\delta_e} < 600 \; 时, \eta = \min\left\{1, \frac{466 S_y}{\left(331 + \frac{D_o}{\delta_e}\right) \cdot \sigma_{xe}}\right\} \qquad （C-10）$$

$$当 \; 600 \leqslant \frac{D_o}{\delta_e} \leqslant 2\,000 \; 时, \eta = \min\left\{1, \frac{0.5 S_y}{\sigma_{xe}}\right\} \qquad （C-11）$$

C.4 材料弹塑性应力-应变关系方程求导法

C.4.1 根据材料种类、牌号以及设计温度,按 GB/T 4732.5—2024 中附录 C,获得该材料在设计温度下的弹塑性应力-应变关系方程,以及公式(C-13)~公式(C-16)所需的相关参数。

C.4.2 采用求导法,得到公式(C-12),由公式(C-13)~公式(C-16)求得 D_1、D_2、D_3、D_4,并代入公式(C-12)求得材料的切线模量 $E_t^{t,A}$。

$$E_t^{t,A} = \frac{\partial \sigma_t}{\partial \varepsilon_t} = \left(\frac{\partial \varepsilon_t}{\partial \sigma_t}\right)^{-1} = \left(\frac{1}{E_y} + D_1 + D_2 + D_3 + D_4\right)^{-1} \qquad （C-12）$$

式中,

$$D_1 = \frac{\sigma_t^{\left(\frac{1}{m_1}-1\right)}}{2 m_1 A_1^{\left(\frac{1}{m_1}\right)}} \qquad\qquad （C-13）$$

$$D_2 = -\frac{1}{2}\left(\frac{1}{A_1^{\left(\frac{1}{m_1}\right)}}\right)\left(\sigma_t^{\left(\frac{1}{m_1}\right)}\left\{\frac{2}{K(R_m^t - R_{eL}^t)}\right\}(1 - \tanh^2[H]) + \frac{1}{m_1}\sigma_t^{\left(\frac{1}{m_1}-1\right)}\tanh[H]\right)$$
$$（C-14）$$

$$D_3 = \frac{\sigma_t^{\left(\frac{1}{m_2}-1\right)}}{2 m_2 A_2^{\left(\frac{1}{m_2}\right)}} \qquad\qquad （C-15）$$

$$D_4 = \frac{1}{2}\left(\frac{1}{A_2^{\left(\frac{1}{m_2}\right)}}\right)\left(\sigma_t^{\left(\frac{1}{m_2}\right)}\left\{\frac{2}{K(R_m^t - R_{eL}^t)}\right\}(1 - \tanh^2[H]) + \frac{1}{m_2}\sigma_t^{\left(\frac{1}{m_2}-1\right)}\tanh[H]\right)$$
$$（C-16）$$

公式(C-12)中的 σ_t 用预测得的失稳应力 σ_{ic}(见 6.12)代入。

公式(C-12)是一隐式方程,可采用迭代法或两分法等数值解法进行求解,得出 $E_t^{t,A}$。

<h1>参 考 文 献</h1>

[1] CSCBPV-TD001—2013 内压与支管外载作用下圆柱壳开孔应力分析方法

ICS 23.020.30
CCS J 74

中华人民共和国国家标准

GB/T 4732.4—2024

压力容器分析设计
第4部分：应力分类方法

Pressure vessels design by analysis—
Part 4：Stress classification method

2024-07-24 发布

2024-07-24 实施

国家市场监督管理总局
国家标准化管理委员会 发布

前　言

本文件按照 GB/T 1.1—2020《标准化工作导则　第 1 部分：标准化文件的结构和起草规则》的规定起草。

本文件是 GB/T 4732《压力容器分析设计》的第 4 部分。GB/T 4732 已经发布了以下部分：

——第 1 部分：通用要求；

——第 2 部分：材料；

——第 3 部分：公式法；

——第 4 部分：应力分类方法；

——第 5 部分：弹塑性分析方法；

——第 6 部分：制造、检验和验收。

请注意本文件的某些内容可能涉及专利。本文件的发布机构不承担识别专利的责任。

本文件由全国锅炉压力容器标准化技术委员会（SAC/TC 262）提出并归口。

本文件起草单位：中国石化工程建设有限公司、清华大学、中国寰球工程有限公司北京分公司、中国天辰工程有限公司、中国特种设备检测研究院、天华化工机械及自动化研究设计院有限公司、上海理工大学、合肥通用机械研究院有限公司。

本文件主要起草人：黄勇力、陆明万、向志海、刘应华、张迎恺、徐儒庸、曲建平、杨国义、陈志伟、段瑞、元少昀、李金科、沈鋆、王冰。

引　言

　　GB/T 4732《压力容器分析设计》给出了压力容器按分析设计方法进行建造的要求,GB/T 150 基于规则设计理念提出了压力容器建造的要求。压力容器设计制造单位可依据设计具体条件选择两种建造标准之一实现压力容器的建造。

　　GB/T 4732 由 6 个部分构成。

　　——第 1 部分:通用要求。目的在于给出按分析设计建造的压力容器的通用要求,包括相关管理要求、通用的术语和定义以及 GB/T 4732 其他部分共用的基础要求等。

　　——第 2 部分:材料。目的在于给出按分析设计建造的压力容器中的钢制材料相关要求及材料性能数据等。

　　——第 3 部分:公式法。目的在于给出按分析设计建造的压力容器的典型受压元件及结构设计要求。具体给出了常用容器部件按公式法设计的厚度计算公式。GB/T 4732.3 可作为 GB/T 4732.4、GB/T 4732.5 的设计基础,也可依据 GB/T 4732.3 自行完成简化的、完整的分析设计。

　　——第 4 部分:应力分类方法。目的在于给出按分析设计建造的压力容器中采用应力分类法进行设计的相关规定。

　　——第 5 部分:弹塑性分析方法。目的在于给出按分析设计建造的压力容器中采用弹塑性分析方法进行设计的相关规定。

　　——第 6 部分:制造、检验和验收。目的在于给出按分析设计建造的压力容器中所涵盖结构形式容器的制造、检验和验收要求。

　　GB/T 4732 包括了基于分析设计方法的压力容器建造过程(即指材料、设计、制造、检验、试验和验收工作)中需要遵循的技术要求、特殊禁用规定。由于 GB/T 4732 没有必要,也不可能囊括适用范围内压力容器建造中的所有技术细节,因此,在满足安全技术规范所规定的基本安全要求的前提下,不限制 GB/T 4732 中没有特别提及的技术内容。GB/T 4732 不能作为具体压力容器建造的技术手册,也不能替代培训、工程经验和工程评价。工程评价是指由知识渊博、娴于规范应用的技术人员所作出针对具体产品的技术评价。工程评价需要符合 GB/T 4732 的相关技术要求。

　　GB/T 4732 不限制实际工程建造中采用其他先进的技术方法,但工程技术人员采用先进的技术方法时需要作出可靠的判断,确保其满足 GB/T 4732 的规定。

　　GB/T 4732 既不要求也不限制设计人员使用计算机程序实现压力容器的分析设计,但采用计算机程序进行分析设计时,除需要满足 GB/T 4732 的要求外,还要确认:

　　——所采用程序中技术假定的合理性;

　　——所采用程序对设计内容的适用性;

　　——所采用程序输入参数及输出结果用于工程设计的正确性。

　　进行应力分析设计计算时可以选择或不选择以 GB/T 4732.3 作为设计基础,进而采用 GB/T 4732.4 或 GB/T 4732.5 进行具体设计计算以确定满足设计计算要求中防止结构失效所要求的元件厚度或局部结构尺寸。当独立采用 GB/T 4732.4 或 GB/T 4732.5 作为设计基础时,无需相互满足。

压力容器分析设计
第4部分：应力分类方法

1 范围

本文件规定了以弹性应力分析和塑性失效准则为基础的应力分类设计方法，以防止容器发生塑性垮塌失效、局部过度应变失效、棘轮失效和疲劳失效。

本文件适用于处于弹性或局部进入塑性但总体仍处于弹性的薄壁板壳或以薄壁板壳为主体的承压结构。厚壁结构（如 $R/\delta \leqslant 4$ 的圆筒）使用应力分类方法可能会产生不确定的结果，此时宜采用 GB/T 4732.5 中的分析方法。

注：除特别说明外，本文件仅适用于设计温度低于由材料的蠕变极限或持久强度控制其许用应力的温度。

2 规范性引用文件

下列文件中的内容通过文中的规范性引用而构成本文件必不可少的条款。其中，注日期的引用文件，仅该日期对应的版本适用于本文件；不注日期的引用文件，其最新版本（包括所有的修改单）适用于本文件。

GB/T 4732.1—2024 压力容器分析设计 第1部分：通用要求
GB/T 4732.2 压力容器分析设计 第2部分：材料
GB/T 4732.3 压力容器分析设计 第3部分：公式法
GB/T 4732.5 压力容器分析设计 第5部分：弹塑性分析方法
GB/T 4732.6—2024 压力容器分析设计 第6部分：制造、检验和验收

3 术语和定义、符号

3.1 术语和定义

GB/T 4732.1—2024 界定的以及下列术语和定义适用于本文件。

3.1.1

载荷直方图 loading histogram

采用循环计数法对容器承受的载荷循环进行处理后得到的统计图形。

注：在载荷直方图中，载荷循环由矩形块表示，块的高度和宽度分别代表循环中载荷的范围和循环的次数，一个矩形块表示一种等幅循环。当加载历史中包含多个不同的等幅循环时，载荷直方图由一系列高度和宽度不等的并列矩形块组成。

3.1.2

事件 event

容器设计条件（UDS）可能包含一个或多个产生疲劳损伤的事件，每个事件由一个时间段内若干时间点上规定的载荷分量组成，并按规定的次数交变。

注：事件可以是启动、停车、事故状态或任何其他的循环作用。多个事件的顺序可以是规律的或随机的。

3.1.3

循环　cycle

由规定的载荷在容器或元件的某位置处确立的应力和应变之间的关系。在一个事件中或在两个事件的过渡处，一个位置可以产生不止一个应力-应变循环，这些应力-应变循环的疲劳累积损伤确定了所规定的操作在该位置处是否适用。对于是否适用的判断是根据稳定的应力-应变循环确定的。

3.1.4

比例加载　proportional loading

在等幅载荷期间，当所施加的应力值随时间变化时，应力莫尔圆的大小也随时间而变。在某些情况下，虽然循环期间莫尔圆的大小也在变化，只要主应力轴的方向保持固定，这种加载依然是比例加载。

注：比例加载的实例是受同相位扭转和弯曲的转轴，该轴在循环期间的轴向和扭转应力之比保持常数。

3.1.5

非比例加载　non-proportional loading

如果主应力轴的方向并不固定，而是在循环期间改变方向，则这种加载称为非比例加载。

注：非比例加载的实例是受异相位扭转和弯曲的转轴，该轴在循环期间的轴向和扭转应力之比连续地改变。

3.1.6

峰　peak

载荷或应力直方图的一次导数由正值到负值的改变之处。

3.1.7

谷　valley

载荷或应力直方图的一次导数由负值到正值的改变之处。

3.2　符号

下列符号适用于本文件。

a——板内的热点或受热区的半径，mm。

α——循环平均温度下，材料在相邻两点温度平均值时的线膨胀系数，10^{-6} mm/mm·℃。

α_1——循环平均温度下材料 1 的线膨胀系数，10^{-6} mm/mm·℃。

α_2——循环平均温度下材料 2 的线膨胀系数，10^{-6} mm/mm·℃。

C_1——疲劳评定免除准则二中的系数。

C_2——疲劳评定免除准则二中的系数。

E_c——设计疲劳曲线中给定材料的弹性模量，MPa。

E_T——材料在温度 T 时的弹性模量，MPa。

E_{y1}——循环平均温度时材料 1 的弹性模量，MPa。

E_{y2}——循环平均温度时材料 2 的弹性模量，MPa。

E_{ym}——循环平均温度时材料的弹性模量，MPa。

F——峰值应力，MPa。

K——载荷组合系数。

$K_{e,k}$——疲劳损失系数。

K_f——疲劳强度减弱系数。

M——由循环计数法确定的疲劳失效校核点处的应力循环数。

Mb——多层圆筒壳、球壳或封头焊缝连接处的单位周向长度的轴向弯矩，N·mm。

$N(C_1 S_m^t)$——应力幅为 $C_1 S_m^t$ 时，由所采用的设计疲劳曲线得到的循环次数。

$N(S_e)$——应力幅为 S_e 时，由所采用的设计疲劳曲线得到的循环次数。

N_k——第 k 种等幅循环的允许循环次数。

n_k——由循环计数法给出的预计工作载荷的循环次数。

$N_{\Delta FP}$——包括启动和停车在内的全范围压力循环的预计(设计)次数。

$N_{\Delta P}$——与 ΔP_N 对应的有效循环次数。

$N_{\Delta PO}$——工作压力循环的预计(设计)次数。

$N_{\Delta S}$——与 S_{ML} 对应的有效循环次数。

$N_{\Delta TE}$——任意相邻两点之间的金属温差波动 ΔT_E 的有效次数。

$N_{\Delta TM}$——与 ΔT_M 对应的有效循环次数。

$N_{\Delta TN}$——与 ΔT_N 对应的循环次数。

$N_{\Delta TR}$——与 ΔT_R 对应的有效循环次数。

$N_{\Delta T\alpha}$——由不同线膨胀系数材料组成部件的温差波动循环次数。

P——规定的设计压力,MPa。

P_b——一次弯曲应力,MPa。

P_L——一次局部薄膜应力,MPa。

P_m——一次总体薄膜应力,MPa。

Q——二次应力,MPa。

R——垂直于壳体表面从壳体中面到回转轴的距离,mm。

R_{eL}——材料的屈服强度,MPa。

R_{eL}^t——材料在指定温度下的屈服强度,MPa。

R_m——材料的标准抗拉强度下限值,MPa。

S_e——采用第四强度理论计算的当量应力,MPa。

S_I——一次总体薄膜当量应力,MPa。

S_{II}——一次局部薄膜当量应力,MPa。

S_{III}——一次薄膜(总体或局部)加一次弯曲当量应力,MPa。

S_{IV}——一次加二次应力范围的当量应力,MPa。

S_V——总应力(一次加二次加峰值应力)范围的当量应力,MPa。

S_a——由循环次数从设计疲劳曲线查得的许用应力幅,MPa。

S_{as}——所采用的设计疲劳曲线上与最大循环次数对应的应力幅,MPa。

S_{alt}——循环的交变当量应力幅,MPa。

ΔS_e——循环中总应力范围的当量应力,MPa。

$S_{alt,k}$——第 k 种等幅循环的交变当量应力幅,MPa。

$\Delta S_{e,k}$——第 k 种等幅循环中总应力范围的当量应力,MPa。

S_m^t——材料在指定温度下的许用应力,MPa。

S_{PL}——一次局部薄膜当量应力 S_{II}、一次薄膜(总体或局部)加一次弯曲当量应力 S_{III} 的许用极限,MPa。

S_{PS}——一次加二次应力范围的当量应力 S_{IV} 的许用极限,MPa。

$S_a(N)$——循环次数为 N 时,由所采用的设计疲劳曲线得到的应力幅,MPa。

$S_a(N_{\Delta P})$——循环次数为 $N_{\Delta P}$ 时,由所采用的设计疲劳曲线得到的应力幅,MPa。

$S_a(N_{\Delta S})$——循环次数为 $N_{\Delta S}$ 时,由所采用的设计疲劳曲线得到的应力幅,MPa。

$S_a(N_{\Delta TM})$——循环次数为 $N_{\Delta TM}$ 时,由所采用的设计疲劳曲线得到的应力幅,MPa。

$S_a(N_{\Delta TN})$——循环次数为 $N_{\Delta TN}$ 时,由所采用的设计疲劳曲线得到的应力幅,MPa。

$S_a(N_{\Delta TR})$——循环次数为 $N_{\Delta TR}$ 时,由所采用的设计疲劳曲线得到的应力幅,MPa。

S_{Qm}——二次薄膜热应力范围当量应力的许用极限,MPa。

S_{Qmb}——二次薄膜加弯曲热应力范围当量应力的许用极限,MPa。

S_{ML}——全范围机械载荷(不包括压力但包括管线反力)的总应力范围计算得到的交变当量应力幅,MPa。

t——壳体厚度,mm。

ΔP_N——正常操作(不包括启动和停车)期间压力波动的最大范围,MPa。

ΔT——工作温差的波动范围,℃。

ΔT_E——任意相邻两点之间的金属温差波动,℃。

ΔT_M——正常操作过程中不同材料的部件之间任意相邻两点温差波动的最大范围,℃。

ΔT_N——正常操作以及启动和停车过程中容器上任意相邻两点间的最大温差,℃。

ΔT_R——正常操作过程(不包括启动和停车)中容器上任意相邻两点间温差波动的最大范围,℃。

U_k——第 k 种等幅循环的使用系数。

U——所有载荷循环的累积使用系数。

X——一次总体或局部薄膜当量应力和循环平均温度下材料屈服强度的比值。

$\Delta\sigma_{ij}$——应力分量的波动范围,MPa。

ΔQ_m——二次薄膜应力范围的当量应力,MPa。

ΔQ_{mb}——二次薄膜加弯曲热应力范围的当量应力,MPa。

δ——壳体壁厚,mm。

σ_1——在方向 1 的主应力,MPa。

σ_2——在方向 2 的主应力,MPa。

σ_3——在方向 3 的主应力,MPa。

$\Delta\sigma_{ij,k}$——第 k 种等幅循环中应力分量的波动范围,MPa。

${}^m\sigma_{ij,k}$——第 k 种等幅循环起始时的 6 个应力分量,MPa。

${}^n\sigma_{ij,k}$——第 k 种等幅循环终止时的 6 个应力分量,MPa。

4 应力分析

4.1 应力分类法采用基于数值方法完成的弹性应力分析,应力分类中使用的弹性名义应力是指假定计算过程中材料始终处于线弹性状态所得的应力。

4.2 本文件没有对应力分析过程中的建模、计算步骤、分析结果的验证和分析所使用的计算机程序提出要求,分析设计人员应具备这方面的知识并能正确实施上述相关步骤,并对分析模型的合理性和分析结果的正确性负责。

4.3 弹性应力分析需要以下材料性能参数,见 GB/T 4732.2:

    a) 弹性模量、泊松比和密度等;

    b) 热传导系数、比热容和线膨胀系数等。

4.4 应力分析时应至少包括表 1 中列出的载荷,当有多个载荷同时作用时,应按表 2 的规定考虑多个载荷的组合。应按可产生最不利结果的方式进行载荷组合,如其中一个或多个载荷不起作用时可能引起更危险的情况。

表 1 载荷说明

载荷参数			说明
设计条件	工作条件	耐压试验条件	
p	p_o	—	内压、外压或压差
p_s	p_{so}	p_{st}	由液体或内装物料(如催化剂)引起的静压头
—	—	p_T	选定的耐压试验压力(见 GB/T 4732.1—2024 中 5.7.2)
D	D_o	D_t	1)容器的自重(包括内件和填料等),以及内装介质的重力载荷; 2)附属设备及隔热材料、衬里、管道、扶梯、平台等的重力载荷; 3)运输或吊装时的动载荷经等效后的静载荷
L	L_o	—	1)附属设备的活载荷; 2)由稳态或瞬态的流体动量效应引起的载荷; 3)由波浪作用引起的载荷
E	E	—	地震载荷
W	W	W_{pt}	风载荷(W_{pt} 取 $0.3W$)
S_s	S_s	—	雪载荷
T	T_o	—	具有自限性的热和位移载荷[a]
注:"—"表示无要求。			

[a] 不会影响到塑性垮塌的载荷,反之,由弹性跟随引起的、只有通过过量塑性变形才能使应力重新分布的载荷属于机械载荷。

表 2 载荷组合工况和当量应力的许用极限

载荷组合工况	当量应力的许用极限
设计条件:	
1 $p+p_s+D$	
2 $p+p_s'+D+L$	
3 $p+p_s+D+L+T$	
4 $p+p_s+D+S_s$	使用设计载荷计算 S_{I}、S_{II}、S_{III},许用极限见表4
5 $p+p_s+D+WE$	
6 $p+p_s+D+0.75(L+T)+0.75S_s$	
7 $p+p_s+D+0.75WE+0.75L+0.75S_s$	
8 容器设计条件(UDS)中指定的其他设计载荷组合	
工作条件:	
1 $p_o+p_{so}+D_o$	
2 $p_o+p_{so}+D_o+L_o$	
3 $p_o+p_{so}+D_o+L_o+T_o$	使用工作载荷计算 S_{IV}、S_{alt},许用极限见表4
4 $p_o+p_{so}+D_o+S_s$	
5 $p_o+p_{so}+D_o+WE$	

表 2 载荷组合工况和当量应力的许用极限（续）

载荷组合工况		当量应力的许用极限
6	$p_o + p_{so} + D_o + 0.75(L_o + T_o) + 0.75S_s$	使用工作载荷计算 S_{IV}、S_{alt}，许用极限见表 4
7	$p_o + p_{so} + D_o + 0.75WE + 0.75L_o + 0.75S_s$	
8	容器设计条件（UDS）中指定的其他工作载荷组合	
耐压试验条件：		见 GB/T 4732.1—2024 中 5.7.3
1	$p_T + p_{st} + D_t + W_{pt}$	
WE 为风载荷与地震载荷的组合，取 W 和（0.25W+E）两者中可产生最不利结果的值		

4.5 除本文件涵盖的失效模式外，设计时还应计入容器在全寿命周期内可能出现的其他失效模式。

4.6 当容器设计条件（UDS）给出的加载历史中任一载荷随时间变化时，应制定载荷直方图用于循环载荷下的应力分析和评定。载荷直方图应包含所有与压力、温度、附加载荷或其他重要事件相关的载荷变化，具体要求如下：

    a) 包含全寿命周期内所有的启动、正常操作、异常状态和停车引起的载荷变化；

    b) 按预期的操作顺序制定载荷直方图，否则，应基于所有可能的载荷组合制定载荷直方图；

    c) 对随机变化的不规则加载历史可按附录 A 将其简化为由若干规则等幅载荷循环组成的载荷直方图，或采用其他经用户同意的循环次数统计方法。

4.7 本文件中给出的各评定方法和步骤仅适用于许用应力与时间无关（即许用应力不受蠕变极限或持久强度控制）的材料。如材料的许用应力与时间相关，除在满足 6.5.2 时还可采用本文件的 6.2、6.3、7.1 和 7.2 外，其余均不适用。

5 应力分类

5.1 从各载荷工况的应力分析结果中分别得到包含 6 个应力分量的薄膜应力、弯曲应力和峰值应力。实体单元的计算结果应按附录 B 进行应力线性化处理。

5.2 将薄膜应力、弯曲应力和峰值应力根据 GB/T 4732.1—2024 中的定义和 5.3 的规定归入以下 5 个类别：

    a) 一次总体薄膜应力（P_m）；

    b) 一次局部薄膜应力（P_L）；

    c) 一次弯曲应力（P_b）；

    d) 二次应力（Q）；

    e) 峰值应力（F）。

5.3 可按以下两种思路对应力进行分类，压力容器中部分典型结构的应力分类实例见表 3。

    a) 根据载荷的种类和结构不连续情况进行分类。

        1) 由压力和其他机械载荷引起的总体薄膜应力和弯曲应力（不包括结构不连续引起的应力）归入一次应力，即分别归入 P_m 和 P_b。如内压圆筒壳体中，远离封头连接处的薄膜应力归入 P_m，平盖中心的弯曲应力归入 P_b。

        2) 压力和其他机械载荷作用下，由总体结构不连续引起的薄膜应力归入 P_L，弯曲应力归入 Q。如内压圆筒壳体与封头连接处的薄膜应力可归入 P_L，弯曲应力可归入 Q。

        3) 压力和其他机械载荷作用下，由局部结构不连续引起的、附加在一次和二次应力之上的应力增量可归入 F。如内压圆筒壳体与开孔接管连接过渡圆角处的总应力为（$P_L + P_b + Q + F$）。

4) 由外部管系热膨胀导致的、施加在容器上的力和力矩引起的应力视为由机械载荷引起的应力。

5) 由热效应（包括温度变化和温度梯度）和不同材料间热膨胀差异引起的自平衡应力归入 Q 或 F。

6) 由具有自限性的位移载荷引起的应力归入 Q 或 F。

b) 根据应力的性质和影响范围进行分类。

1) 平衡压力和其他机械载荷所需的应力没有自限性，归入一次应力。其中薄膜应力可按其影响范围的大小归入 P_m 或 P_L，弯曲应力归入 P_b。

2) 满足变形协调所需的应力具有自限性，可按其影响范围的大小归入 Q 或 F。

5.4 将各类应力的应力分量按同种类别分别叠加，即可得到所考虑载荷组合下的 P_m 组、P_L 组、(P_L+P_b) 组、(P_L+P_b+Q) 组和 (P_L+P_b+Q+F) 组共 5 组应力，每组均含 6 个应力分量。

表 3　典型结构的应力分类实例

容器部件	位置	应力的起因	应力类型	应力分类
任意壳体（圆筒、锥壳、球壳和成形封头等）	远离不连续处的壳体	内压	总体薄膜应力 沿壁厚的应力梯度	P_m Q
		轴向温度梯度	薄膜应力 弯曲应力	Q Q
	接管或其他开孔附近	内压，作用在接管截面上的轴向力、弯矩	局部薄膜应力 弯曲应力 峰值应力（填角或直角）	P_L Q^a F
	任意位置	壳体和封头间的温差	薄膜应力 弯曲应力	Q Q
	壳体形状偏差，如不圆度和凹陷等	内压	薄膜应力 弯曲应力	P_m Q
圆筒或锥壳	整个容器中的任意横截面	内压，作用在壳体截面上的轴向力、弯矩	远离结构不连续处的、沿壁厚平均分布的薄膜应力（垂直于壳体截面的应力分量）	P_m
			沿壁厚分布的弯曲应力（垂直于壳体截面的应力分量）	P_b
	与封头或法兰连接处	内压	薄膜应力 弯曲应力	P_L Q^a
凸形封头或锥形封头	球冠	内压	薄膜应力 弯曲应力	P_m P_b
	过渡区或与筒体连接处	内压	薄膜应力 弯曲应力	P_L^b Q
平盖	中心区	内压	薄膜应力 弯曲应力	P_m P_b
	和筒体连接处	内压	薄膜应力 弯曲应力	P_L Q^c

表 3　典型结构的应力分类实例（续）

容器部件	位置	应力的起因	应力类型	应力分类
多孔的封头或壳体	均匀布置的典型管孔带	压力	薄膜应力（沿管孔带宽度平均，沿壁厚均匀分布）	P_m
			弯曲应力（沿管孔带宽度平均，沿壁厚线性分布）	P_b
			峰值应力	F
	分离的或非典型的管孔带	压力	薄膜应力（沿管孔带宽度平均）	P_m
			弯曲应力（沿管孔带宽度平均）	P_b
			薄膜应力（最大值）	Q
			弯曲应力（最大值），峰值应力	F
接管（见 7.1）	补强范围内[f]	压力、外部载荷[g]（包括因相连的管道自由端位移受限引起的）	总体薄膜应力	P_m
			整体弯曲应力[h]沿接管厚度的平均应力（不包括总体结构不连续）	
			弯曲应力	P_b
	补强范围外[f]	压力、外部载荷[g]（不包括因相连的管道自由端位移受限引起的）	总体薄膜应力	P_m
			整体弯曲应力沿接管厚度的平均应力（不包括总体结构不连续）	
			局部薄膜应力	P_L
			弯曲应力	P_b
		压力、外部载荷（包括因相连的管道自由端位移受限引起的）	薄膜应力	P_L
			弯曲应力	P_b+Q
			峰值应力	F
	接管壁	总体结构不连续处	薄膜应力	P_L
			弯曲应力	Q
			峰值应力	F
		膨胀差	薄膜应力	Q
			弯曲应力	Q
			峰值应力	F
覆层	任意	膨胀差	薄膜应力	F
			弯曲应力	F
任意	任意	径向温度分布[d]	当量线性应力[e]	Q
			应力分布的非线性部分	F
任意	任意	任意	应力集中（缺口效应）	F

[a] 此处的弯曲应力是自限的。

[b] 当直径与厚度的比值较大时，应考虑此处发生屈曲或过度变形的可能性。

[c] 若周边弯矩是使平盖中心处弯曲应力保持在允许限度内所必需的，则在连接处的弯曲应力应划为 P_b 类，否则为 Q 类。

[d] 应计入热应力棘轮。

[e] 当量线性应力定义为与实际应力分布具有相同净弯矩作用的线性分布应力。

[f] 补强范围见 GB/T 4732.3 的开孔补强。

[g] 外部载荷包括轴向力、剪切力、弯矩和扭矩。

[h] 整体弯曲应力是指沿接管整体截面（而非厚度）线性部分的正应力。

6 设计评定

6.1 当量应力

6.1.1 由 5 组应力分量，即 P_m 组、P_L 组、(P_L+P_b) 组、(P_L+P_b+Q) 组和 (P_L+P_b+Q+F) 组分别计算各组的主应力 σ_1、σ_2、σ_3，并按公式（1）计算各组的当量应力 S_e。

$$S_e = \frac{1}{\sqrt{2}}\sqrt{(\sigma_1-\sigma_2)^2 + (\sigma_2-\sigma_3)^2 + (\sigma_3-\sigma_1)^2} \quad\cdots\cdots\cdots\cdots\cdots（1）$$

得到以下 5 个当量应力：
   a) 一次总体薄膜当量应力 S_I（由 P_m 组算得）；
   b) 一次局部薄膜当量应力 S_{II}（由 P_L 组算得）；
   c) 一次薄膜（总体或局部）加一次弯曲当量应力 S_{III}［由 (P_L+P_b) 组算得］；
   d) 一次加二次应力范围的当量应力 S_{IV}［由 (P_L+P_b+Q) 组算得］；
   e) 总应力范围的当量应力 S_V［由 (P_L+P_b+Q+F) 组算得］。

以上包含弯曲应力的 c)、d) 和 e) 组应同时计算内、外表面并取其中较大者。

6.1.2 按 6.2～6.6 中给出的评定方法进行设计评定，以防止发生塑性垮塌失效、局部过度应变失效、棘轮失效和疲劳失效。设计评定中各当量应力的许用极限列于表 4 中，评定的流程见图 1。

6.1.3 对于某些特殊结构，如焊接平盖（特别是有过渡圆弧结构的）、锥壳小端、短锥壳的变径段及球壳开孔等结构，宜先采用 GB/T 4732.3 中的公式法确定元件的基本尺寸。

表 4 当量应力的许用极限

应力类别	一次应力			二次应力	峰值应力
	总体薄膜	局部薄膜	弯曲		
典型结构的应力分类实例见表 3	沿实心截面的平均一次应力。不包括不连续和应力集中。仅由内压和其他机械载荷引起	沿任意实心截面的平均应力。包括不连续但不包括应力集中。仅由内压和其他机械载荷引起	和离实心截面形心的距离成正比的一次应力分量。不包括不连续和应力集中。仅由内压和其他机械载荷引起	满足结构连续所需的自平衡应力。可由内压和其他机械载荷或热膨胀差引起，包括不连续，但不包括局部应力集中	1）因应力集中（缺口）而加到一次或二次应力上的增量； 2）能引起疲劳但不引起容器形状变化的某些热应力
符号	P_m	P_L	P_b	Q	F
许用极限					

注：S_{alt} 为等幅循环中基于总应力范围的当量应力 S_V 计算得到的交变当量应力幅（见 6.6）。

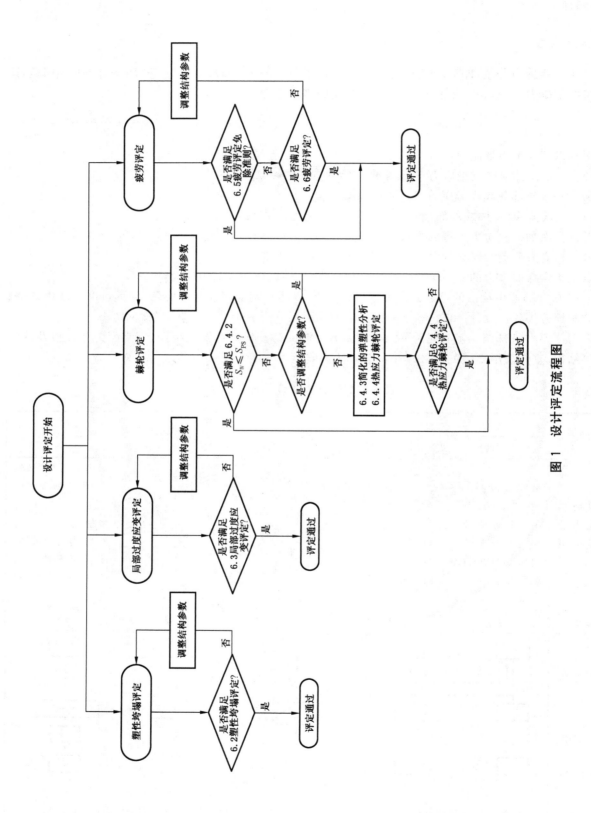

图 1 设计评定流程图

6.2 塑性垮塌评定

6.2.1 为防止塑性垮塌失效,使用设计载荷按表 2 中设计条件下的载荷组合计算各当量应力。当载荷组合中包含风载荷与地震载荷(WE)时,载荷组合系数(K)取 1.2,否则 K 取 1.0。并以 S_I、S_{II} 和 S_{III} 同时满足以下许用极限为评定合格:

   a) 一次总体薄膜当量应力(S_I)的许用极限为 KS_m^t,S_m^t 为设计温度下材料的许用应力;

   b) 一次局部薄膜当量应力(S_{II})的许用极限为 KS_{PL};

   c) 一次薄膜(总体或局部)加一次弯曲当量应力(S_{III})的许用极限为 KS_{PL}。

6.2.2 S_{II} 和 S_{III} 的许用极限(S_{PL})取以下计算值。

   a) 以下情况下取设计温度下材料许用应力(S_m^t)的 1.5 倍:材料的屈服强度(R_{eL})与标准抗拉强度下限(R_m)的比值大于 0.7;奥氏体高合金钢提高了许用应力;材料的许用应力(S_m^t)与时间相关。

   b) 其他情况下取设计温度下材料的屈服强度(R_{eL}^t)。

6.2.3 耐压试验时,如容器上任何点的压力(包括静压头)大于规定试验压力的 1.06 倍,当量应力(S_I 和 S_{III})应按 GB/T 4732.1—2024 中 5.7.3.2 进行校核。

6.3 局部过度应变评定

6.3.1 按 GB/T 4732.3 中规则确定的受压元件,无需进行局部过度应变评定。

6.3.2 为防止局部过度应变失效,按表 2 中设计条件下的载荷组合 1 进行计算,若其一次应力的 3 个主应力代数和满足公式(2),则评定通过。

$$(\sigma_1 + \sigma_2 + \sigma_3) \leqslant 4S_m^t \quad\quad\quad\quad\quad\quad\quad\quad(\ 2 \ )$$

6.4 棘轮评定

6.4.1 通则

承受循环载荷时,受压元件应按 6.4.2 或 6.4.3 的要求进行棘轮评定,非整体连接件的棘轮评定见 6.4.5。

6.4.2 弹性分析

6.4.2.1 对各种不同循环,在总体结构不连续处由工作载荷和热效应引起的应力分量($P_L + P_b + Q$),按公式(3)、公式(4)计算其一次加二次应力范围的当量应力(S_{IV})。若所有循环下的 S_{IV} 均满足公式(5),则棘轮评定通过。

$$\Delta\sigma_{ij} = {}^m\sigma_{ij} - {}^n\sigma_{ij} \quad\quad\quad\quad\quad\quad\quad(\ 3 \ )$$

式中:

${}^m\sigma_{ij}$——循环起始时的 6 个应力分量,i、$j = 1$、2、3,单位为兆帕(MPa);

${}^n\sigma_{ij}$——循环终止时的 6 个应力分量,i、$j = 1$、2、3,单位为兆帕(MPa)。

$$S_{IV} = \frac{1}{\sqrt{2}} \sqrt{(\Delta\sigma_{11} - \Delta\sigma_{22})^2 + (\Delta\sigma_{22} - \Delta\sigma_{33})^2 + (\Delta\sigma_{33} - \Delta\sigma_{11})^2 + 6(\Delta\sigma_{12}^2 + \Delta\sigma_{23}^2 + \Delta\sigma_{31}^2)} \cdots(\ 4 \ )$$

$$S_{IV} \leqslant S_{PS} \quad\quad\quad\quad\quad\quad\quad\quad(\ 5 \ )$$

S_{IV} 的许用极限 S_{PS} 取以下计算值。

   a) 以下情况下取循环中最高温度和最低温度下材料许用应力(S_m^t)平均值的 3 倍:材料的屈服强度(R_{eL})与标准抗拉强度下限(R_m)的比值大于 0.7;奥氏体高合金钢提高了许用应力;材料的许用应力(S_m^t)与时间相关。

   b) 其他情况下取循环中最高温度和最低温度下材料屈服强度(R_{eL}^t)平均值的 2 倍。

6.4.2.2 对于多重载荷循环组合的情况，不同来源载荷循环重叠时的 $S_{Ⅳ}$ 可能大于单独循环的 $S_{Ⅳ}$，应按最苛刻的循环组合进行评定。此外，不同循环或循环组合的许用极限（S_{PS}）应根据其所处循环的温度范围确定。

6.4.3 简化的弹塑性分析

当 6.4.2 中一次加二次应力范围的当量应力（$S_{Ⅳ}$）不满足公式（5）要求时，可调整结构参数使其满足要求，否则应符合以下规定：

a) 不计入热应力的一次加二次应力范围的当量应力（$S_{Ⅳ}$）小于 S_{PS}；

b) 材料的屈服强度（R_{eL}）与标准抗拉强度下限（R_m）的比值小于或等于 0.8；

c) 疲劳评定不能免除，疲劳评定中的疲劳损失系数（$K_{e,k}$）按公式（25）确定；

d) 满足 6.4.4 热应力棘轮评定的要求，即不出现热应力棘轮。

6.4.4 热应力棘轮评定

6.4.4.1 当循环的二次热应力与内压和其他机械载荷引起的一次总体或局部薄膜应力共同作用时，应进行热应力棘轮评定。6.4.4.2 给出了二次热应力沿壳体壁厚呈线性或抛物线分布时的评定步骤。

6.4.4.2 热应力棘轮评定按以下步骤进行。

a) 按公式（6）确定一次总体或局部薄膜当量应力和循环平均温度下材料屈服强度的比值 X：

$$X = S_{Ⅰ}/R_{eL}^t \text{ 或 } X = S_{Ⅱ}/R_{eL}^t \quad\cdots\cdots\cdots（6）$$

b) 采用弹性分析方法，计算二次薄膜应力范围的当量应力 ΔQ_m。

c) 采用弹性分析方法，计算二次薄膜加弯曲热应力范围的当量应力 ΔQ_{mb}。

d) 按公式（7）或公式（8）确定二次薄膜加弯曲热应力范围当量应力的许用极限 S_{Qmb}。

   1) 当二次热应力沿壳体壁厚线性分布时：

$$\begin{cases} S_{Qmb} = R_{eL}^t(1/X) & 0 < X < 0.5 \\ S_{Qmb} = 4.0R_{eL}^t(1-X) & 0.5 \leqslant X < 1.0 \end{cases} \quad\cdots\cdots（7）$$

   2) 当二次热应力沿壳体壁厚按抛物线单调增加或减小时：

$$\begin{cases} S_{Qmb} = R_{eL}^t[1/(0.122\,4 + 0.994\,4X^2)] & 0 < X < 0.615 \\ S_{Qmb} = 5.2R_{eL}^t(1-X) & 0.615 \leqslant X < 1.0 \end{cases} \quad\cdots\cdots（8）$$

e) 按公式（9）确定二次薄膜热应力范围当量应力的许用极限 S_{Qm}：

$$S_{Qm} = 2.0R_{eL}^t(1-X) \quad 0 < X < 1.0 \quad\cdots\cdots\cdots（9）$$

f) 为防止棘轮，应满足公式（10）和公式（11）的要求：

$$\Delta Q_m \leqslant S_{Qm} \quad\cdots\cdots\cdots\cdots（10）$$

$$\Delta Q_{mb} \leqslant S_{Qmb} \quad\cdots\cdots\cdots\cdots（11）$$

6.4.5 非整体连接件的棘轮评定

在某些非整体连接件中，当施加的任何载荷组合能引起屈服时，在每个载荷循环后由屈服引起的永久塑性变形将导致非整体连接件产生松动，并以新的配合关系开始下一个循环，因而出现棘轮。随着递增塑性变形的不断积累，最终导致连接失效。为防止这种失效，此处的一次加二次应力范围的当量应力不应大于所处温度下材料的 R_{eL}^t 或 $R_{p0.2}^t$。

6.5 疲劳评定免除准则

6.5.1 通则

当满足 6.5.2、6.5.3 或 6.5.4 任一条的所有要求时，可免除疲劳评定。当循环次数大于 10^7 时，如扣除其中压力波动范围不超过 6% 设计压力的循环次数后不大于 10^7,可按 6.5.3 或 6.5.4 判断是否可免除疲劳评定,否则应按 6.6 进行疲劳评定。

6.5.2 基于使用经验的疲劳评定免除准则

当所设计的容器与已有成功使用经验的容器有可类比的形状与载荷条件,且根据其经验能证明不需要做疲劳分析时,可免除疲劳评定。但对下列情况产生的不利影响应另行评定:

a) 非整体结构,如使用补强圈补强或角焊缝连接件;

b) 管螺纹连接接头,且管径超过 70 mm;

c) 螺柱连接件;

d) 局部熔透的焊缝;

e) 相邻部件之间有显著的厚度变化;

f) 位于成形封头过渡区的连接件和接管。

6.5.3 疲劳评定免除准则一

6.5.3.1 概述

对于标准抗拉强度下限值(R_m)小于或等于 540 MPa 的钢材,当循环次数不大于 10^5 时,免除准则见 6.5.3.2;当循环次数大于 10^5 且不大于 10^6 时,免除准则见 6.5.3.3;当循环次数大于 10^6 且不大于 10^7 时,免除准则见 6.5.3.4。

6.5.3.2 循环次数不大于 10^5 的疲劳评定免除准则

循环次数不大于 10^5 的疲劳评定免除准则按以下执行。

a) 步骤一:根据容器设计条件(UDS)给出的加载历史制定载荷直方图,载荷直方图应包括所有施加在该组件上的载荷循环。

b) 步骤二:根据载荷直方图,确定包括启动和停车在内的全范围压力循环的预计(设计)次数,并记为 $N_{\Delta FP}$。

c) 步骤三:对于整体结构,根据载荷直方图确定压力波动范围超过 20% 设计压力的工作压力循环的预计(设计)次数;对于非整体结构,确定压力波动范围超过 15% 设计压力的工作压力循环的预计(设计)次数,并记为 $N_{\Delta PO}$。压力波动不超过上述规定值的循环和大气压波动导致的压力循环不需考虑。

d) 步骤四:根据载荷直方图,确定包括接管在内的任意相邻两点之间金属温差波动 ΔT_E 的有效次数,记为 $N_{\Delta TE}$。此有效次数是将金属温差的波动循环次数乘以表 5 中所列的相应系数,再将所得次数相加而得到的总次数。在计算相邻点的温差时,仅考虑通过焊缝截面或完整截面的传热,对未焊接接触面的传热则不予考虑。

    1) 对于表面温差,距离小于或等于 L 的两点为相邻点。L 按公式(12)确定:

      a) 对于壳体或凸形封头,沿经向或周向:

$$L = 2.5\sqrt{Rt} \quad\quad\quad\quad\quad\quad\quad\quad (12)$$

      式中:

      R ——垂直于壳体表面从壳体中面到回转轴的距离(当 R 变化时取两点的平均值),单位为毫米(mm);

      t ——所考虑点处的壳体厚度,单位为毫米(mm)。

      b) 对于平板:

$$L = 3.5a \quad\quad\quad\quad\quad\quad\quad\quad (13)$$

式中：

a——板内的热点或受热区的半径，单位为毫米（mm）。

2) 对于沿厚度方向的温差，相邻点定义为任意表面法线方向上的任意两点。

表5 金属温差的波动系数

金属温差/℃	波动系数
≤25	0
26～50	1
51～100	2
101～150	4
151～200	8
201～250	12
>250	20
注：如焊接金属的温差波动未知或无法确定，则波动系数取值为20。	

示例：某元件承受如下循环次数的温差，表6给出了使用表5的示例。

表6 使用表5的示例

金属温差/℃	基于温差的波动系数	热循环次数
23	0	1 000
48	1	250
225	12	5
金属温差波动的有效次数为：$N_{\Delta TE}=1\,000\times0+250\times1+5\times12=310$ 次		

e) 步骤五：根据载荷直方图，确定由线膨胀系数不同的材料组成的部件（包括焊缝）当$(\alpha_1-\alpha_2)\Delta T>0.000\,34$时的温差波动循环次数并记为$N_{\Delta T\alpha}$。其中，$\alpha_1$与$\alpha_2$分别是两种材料在循环平均温度下的线膨胀系数，$\Delta T$为工作温差的波动范围。

f) 步骤六：如步骤二至步骤五中的循环次数满足表7的要求，可免除疲劳评定。

表7 疲劳评定免除准则一

结构型式	容器部件	免除准则
整体结构	成形封头过渡区的连接件和接管	$N_{\Delta FP}+N_{\Delta PO}+N_{\Delta TE}+N_{\Delta T\alpha}\leqslant350$
	其他部件	$N_{\Delta FP}+N_{\Delta PO}+N_{\Delta TE}+N_{\Delta T\alpha}\leqslant1\,000$
非整体结构	成形封头过渡区的连接件和接管	$N_{\Delta FP}+N_{\Delta PO}+N_{\Delta TE}+N_{\Delta T\alpha}\leqslant60$
	其他部件	$N_{\Delta FP}+N_{\Delta PO}+N_{\Delta TE}+N_{\Delta T\alpha}\leqslant400$

6.5.3.3 循环次数大于10^5且不大于10^6的疲劳评定免除准则

与6.5.3.2的步骤相同，但其中的步骤三按以下执行：

对于整体结构，根据载荷直方图确定压力波动范围超过12.5%设计压力的工作压力循环的预计（设计）次数；对于非整体结构，确定压力波动范围超过9%设计压力的工作压力循环的预计（设计）次数，并记为$N_{\Delta PO}$。压力波动不超过上述规定值的循环和大气压波动导致的压力循环不需考虑。

6.5.3.4 循环次数大于 10^6 且不大于 10^7 的疲劳评定免除准则

与 6.5.3.2 的步骤相同,但其中的步骤三按以下执行:

对于整体结构,根据载荷直方图确定压力波动范围超过 11% 设计压力的工作压力循环的预计(设计)次数;对于非整体结构,确定压力波动范围超过 8% 设计压力的工作压力循环的预计(设计)次数,并记为 $N_{\Delta PO}$。压力波动不超过上述规定值的循环和大气压波动导致的压力循环不需考虑。

6.5.4 疲劳评定免除准则二

以下步骤适用于所有材料。

a) 步骤一:根据容器设计条件(UDS)给出的加载历史制定载荷直方图,载荷直方图应包括施加在部件上的所有有效的工作载荷循环及事件。在以下公式中,$N(S_e)$ 表示以 S_e 为幅值从设计疲劳曲线查得的循环次数;同理,$S_a(N)$ 表示以 N 为循环次数从设计疲劳曲线查得的幅值。

b) 步骤二:根据结构型式,按表 8 确定疲劳评定免除准则系数 C_1 和 C_2。

表 8 疲劳评定免除准则系数 C_1 和 C_2

结构型式	容器部件	C_1	C_2
整体结构	成形封头过渡区的连接件和接管	4	2.7
	其他部件	3	2
非整体结构	成形封头过渡区的连接件和接管	5.3	3.6
	其他部件	4	2.7

c) 步骤三:根据载荷直方图,确定包括启动和停车在内的全范围压力循环的预计(设计)次数,并记为 $N_{\Delta FP}$。如公式(14)成立,则转到步骤四,否则应进行疲劳评定。

$$N_{\Delta FP} \leqslant N(C_1 S_m^t) \quad\quad\quad\quad\quad\quad (14)$$

式中:

$N(C_1 S_m^t)$——应力幅为 $C_1 S_m^t$ 时,由所采用的设计疲劳曲线得到的循环次数。

d) 步骤四:根据载荷直方图,确定在正常操作(不包括启动和停车)期间压力波动的最大范围 ΔP_N,以及对应的有效循环次数 $N_{\Delta P}$,其中 $N_{\Delta P}$ 为超过 $S_{as}/(C_1 S_m^t)$ 倍设计压力的循环次数,S_{as} 为所采用的设计疲劳曲线上与最大循环次数对应的应力幅。如公式(15)成立,则转到步骤五,否则应进行疲劳评定。

$$\Delta P_N \leqslant \frac{P}{C_1}\left(\frac{S_a(N_{\Delta P})}{S_m^t}\right) \quad\quad\quad\quad\quad\quad (15)$$

式中:

P——规定的设计压力,单位为兆帕(MPa);

$S_a(N_{\Delta P})$——循环次数为 $N_{\Delta P}$ 时,由所采用的设计疲劳曲线得到的应力幅,单位为兆帕(MPa)。

e) 步骤五:根据载荷直方图,确定在正常操作以及启动和停车过程中容器上任意相邻两点间的最大温差 ΔT_N,以及对应的循环次数 $N_{\Delta TN}$。如公式(16)成立,则转到步骤六,否则应进行疲劳评定。

$$\Delta T_N \leqslant \left(\frac{S_a(N_{\Delta TN})}{C_2 E_{ym}\alpha}\right) \quad\quad\quad\quad\quad\quad (16)$$

式中:

$S_a(N_{\Delta TN})$——循环次数为 $N_{\Delta TN}$ 时,由所采用的设计疲劳曲线得到的应力幅,单位为兆帕(MPa);

E_{ym}——循环平均温度时材料的弹性模量,单位为兆帕(MPa);

α ——循环平均温度下,材料在相邻两点温度平均值时的线膨胀系数,10^{-6} mm/mm·℃。

f) 步骤六:根据载荷直方图,确定正常操作过程(不包括启动和停车)中容器上任意相邻两点间温差波动的最大范围 ΔT_R,以及对应的有效循环次数 $N_{\Delta TR}$。其中 $N_{\Delta TR}$ 为温差范围超过 $S_{as}/(C_2 E_{ym}\alpha)$ 的循环次数。如公式(17)成立,则转到步骤七,否则应进行疲劳评定。

$$\Delta T_R \leqslant \left(\frac{S_a(N_{\Delta TR})}{C_2 E_{ym}\alpha}\right) \qquad (17)$$

式中:

$S_a(N_{\Delta TR})$ ——循环次数为 $N_{\Delta TR}$ 时,由所采用的设计疲劳曲线得到的应力幅,单位为兆帕(MPa)。

g) 步骤七:根据载荷直方图,确定正常操作过程中不同材料的部件之间任意相邻两点温差波动的最大范围 ΔT_M,以及对应的有效循环次数 $N_{\Delta TM}$。其中 $N_{\Delta TM}$ 为温差范围超过 $S_{as}/[C_2(E_{y1}\alpha_1 - E_{y2}\alpha_2)]$ 的循环次数。如公式(18)成立,则转到步骤八,否则应进行疲劳评定。

$$\Delta T_M \leqslant \left(\frac{S_a(N_{\Delta TM})}{C_2(E_{y1}\alpha_1 - E_{y2}\alpha_2)}\right) \qquad (18)$$

式中:

α_1 ——循环平均温度下材料1的线膨胀系数,10^{-6} mm/mm·℃;

α_2 ——循环平均温度下材料2的线膨胀系数,10^{-6} mm/mm·℃;

$S_a(N_{\Delta TM})$ ——循环次数为 $N_{\Delta TM}$ 时,由所采用的设计疲劳曲线得到的应力幅,单位为兆帕(MPa);

E_{y1} ——循环平均温度时材料1的弹性模量,单位为兆帕(MPa);

E_{y2} ——循环平均温度时材料2的弹性模量,单位为兆帕(MPa)。

h) 步骤八:根据载荷直方图,从对应的全范围机械载荷(不包括压力但包括管线反力)的总应力范围计算得到交变当量应力幅 S_{ML},以及对应的有效循环次数 $N_{\Delta S}$。其中 $N_{\Delta S}$ 是交变当量应力幅 S_{ML} 超过 S_{as} 的循环次数。如果 $N_{\Delta S}$ 超过了设计疲劳曲线中的最大循环次数,则 $S_a(N_{\Delta S})$ 取设计疲劳曲线中最大循环次数所对应的应力幅。如公式(19)成立,则可免除疲劳评定。

$$S_{ML} \leqslant S_a(N_{\Delta S}) \qquad (19)$$

式中:

$S_a(N_{\Delta S})$ ——循环次数为 $N_{\Delta S}$ 时,由所采用的设计疲劳曲线得到的应力幅,单位为兆帕(MPa)。

6.6 疲劳评定

6.6.1 通则

6.6.1.1 对于承受循环载荷的压力容器及受压元件,当使用条件不满足 6.5 时,应按 6.6.2 进行疲劳评定或按附录 C 进行疲劳试验,以确定在预计载荷循环下的抗疲劳能力。疲劳评定中使用的是由弹性应力分析得到的包含峰值应力的总应力,应采用包含应力集中效应的分析模型,或用附录 D 的应力指数法代替详细的应力分析。如分析模型中没有包含应力集中效应,应按 6.6.3 计入疲劳强度减弱系数。

6.6.1.2 对载荷直方图中的每一种等幅载荷循环,在疲劳失效校核点处,由一次加二次加峰值应力 (P_L+P_b+Q+F) 组的应力分量按 6.6.2 分别计算各循环中总应力范围的当量应力 $(\Delta S_{e,k})$ 和交变当量应力幅 $(S_{alt,k})$,由 $S_{alt,k}$ 计算循环的使用系数 U_k,并以所有载荷循环的累积使用系数 (U) 小于或等于 1.0 为评定合格。

6.6.1.3 疲劳评定中未考虑腐蚀对钢材抗疲劳性能的影响。

6.6.2 疲劳评定的步骤

疲劳评定的步骤如下。

a) 根据容器设计条件(UDS)给出的加载历史制定载荷直方图。载荷直方图中应包括所有显著的工作载荷和作用在元件上的重要事件,如果无法确定准确的加载顺序,应采用可导致最短疲劳寿命的最苛刻的加载顺序。

b) 根据附录 A 中的循环计数法确定疲劳失效校核点处的应力循环和不同种类的循环数,并将其记为 M。

c) 按以下步骤确定第 k 种等幅循环的交变当量应力幅 $S_{alt,k}$:

　1) 计算疲劳失效校核点在第 k 种等幅循环的起始时刻 $^m t$ 和终止时刻 $^n t$ 的 6 个应力分量,分别记为 $^m\sigma_{ij,k}$ 和 $^n\sigma_{ij,k}$($i,j=1,2,3$)。

　2) 按公式(20)计算应力分量的波动范围:

$$\Delta\sigma_{ij,k} = {}^m\sigma_{ij,k} - {}^n\sigma_{ij,k} \quad\quad\quad (20)$$

　3) 按公式(21)计算总应力范围的当量应力:

$$\Delta S_{e,k} = \frac{1}{\sqrt{2}}\sqrt{(\Delta\sigma_{11,k}-\Delta\sigma_{22,k})^2+(\Delta\sigma_{22,k}-\Delta\sigma_{33,k})^2+(\Delta\sigma_{33,k}-\Delta\sigma_{11,k})^2+6(\Delta\sigma_{12,k}^2+\Delta\sigma_{23,k}^2+\Delta\sigma_{13,k}^2)} \quad (21)$$

　4) 按公式(22)计算交变当量应力幅:

$$S_{alt,k} = 0.5 K_f K_{e,k}\left(\frac{E_c}{E_T}\right)\Delta S_{e,k} \quad\quad\quad (22)$$

式中:
E_c —— 设计疲劳曲线中给定材料的弹性模量,单位为兆帕(MPa);
E_T —— 材料在循环平均温度 T 时的弹性模量,单位为兆帕(MPa);
K_f —— 疲劳强度减弱系数,根据6.6.3的要求确定;
$K_{e,k}$ —— 疲劳损失系数,根据6.6.4的要求确定。

d) 在设计疲劳曲线图(见6.6.6)的纵坐标上取 $S_{alt,k}$ 值,过此点作水平线与所用的设计疲劳曲线相交,交点的横坐标值即为相应载荷循环的允许循环次数 N_k。

e) 允许循环次数 N_k 不应小于由容器设计条件(UDS)和附录 A 中循环计数法所给出的预计工作载荷循环次数 n_k,否则应采取措施降低峰值应力,从步骤a)开始重新计算,直至满足本条要求。记本次循环的使用系数为:

$$U_k = \frac{n_k}{N_k} \quad\quad\quad (23)$$

f) 对所有 M 种类的应力循环,重复步骤 c)～步骤 e)。

g) 按公式(24)计算所有循环的累积使用系数:

$$U = \sum_{k=1}^{M} U_k \quad\quad\quad (24)$$

若 U 小于或等于 1.0,则该校核点的疲劳评定合格,否则应采取措施降低峰值应力,从步骤a)开始重新计算,直至满足本条要求。

h) 对所有的疲劳失效校核点,重复步骤 b)～步骤 g)。

6.6.3 疲劳强度减弱系数

6.6.6 中给出的设计疲劳曲线是基于光滑试件获得的。疲劳分析时还应计入疲劳强度减弱系数以体现非光滑或焊接表面对疲劳的影响。疲劳强度减弱系数(K_f)按以下要求确定:

a) 校核点处无焊缝且分析模型充分考虑了应力集中效应时,K_f取 1.0;

b) 校核点位于焊缝处时,K_f按表 9 确定;

c) 可使用附录 C 中规定的试验方法确定疲劳强度减弱系数(K_f);

d) 螺柱的疲劳强度减弱系数见 6.6.5。

表 9 焊缝表面疲劳强度减弱系数 K_f 的推荐值

接头型式	表面条件	无损检测方法		
		全部射线或超声检测 +表面磁粉或渗透检测	局部射线或超声检测 +表面磁粉或渗透检测	表面磁粉或渗透检测
对接接头/斜角接头 (全截面焊透)	经机加工或表面打 磨至与母材齐平	1.0	1.5	1.6
	表面修磨 至与母材圆滑过渡	1.1	1.5	1.7
角接接头 (全截面焊透)	焊趾表面修磨 至圆滑过渡	1.2	1.6	1.8
填角焊缝 (全焊透)	焊趾表面修磨 至圆滑过渡	—	—	1.6
焊缝表面应满足 GB/T 4732.6—2024 中 7.4 的要求。 对某些特殊焊缝,例如受结构和制造限制只能进行单面焊和表面检测的焊缝,焊缝无检测表面的疲劳强度减弱系数应根据实际情况确定,但取值应不小于能与之类比的可进行检测的同类焊缝				

6.6.4 疲劳损失系数

公式(22)中的疲劳损失系数 $K_{e,k}$ 按公式(25)确定:

$$K_{e,k} = \begin{cases} 1.0 & S_{\text{IV}} \leqslant S_{\text{PS}} \\ 1.0 + \dfrac{1-n}{n(m-1)}\left(\dfrac{S_{\text{IV}}}{S_{\text{PS}}} - 1\right) & S_{\text{PS}} < S_{\text{IV}} < mS_{\text{PS}} \\ \dfrac{1}{n} & S_{\text{IV}} \geqslant mS_{\text{PS}} \end{cases} \quad \cdots\cdots\cdots\cdots (25)$$

式中:

S_{IV}、S_{PS}——见 6.4 的规定;

m、n ——与材料相关的参数,见表 10。

表 10 与材料有关的参数 m、n

钢类	m	n	最高温度/℃
非合金钢	3.0	0.2	370
低合金钢	2.0	0.2	370
奥氏体不锈钢	1.7	0.3	425

6.6.5 螺柱的疲劳评定

6.6.5.1 对使用螺柱的容器,其螺柱应首先满足 7.2 的要求。当承受循环载荷时,还应按 6.6.5.2～

6.6.5.4确定螺柱承受循环载荷的能力,但满足6.5疲劳评定免除准则的容器除外。

6.6.5.2 当螺柱材料的标准抗拉强度下限值R_m小于690 MPa时,应采用图2、图3或图4的设计疲劳曲线,按6.6.2的步骤进行疲劳评定。

6.6.5.3 高强度合金钢螺柱($R_m \geqslant 690$ MPa)如能满足下列a)～e)的全部条件,可采用图5或图6的设计疲劳曲线,按6.6.2的步骤进行疲劳评定。

  a) 使用材料限于经过规定热处理的下列材料:
    ——30CrMoA;
    ——35CrMoA;
    ——35CrMoVA;
    ——25Cr2MoVA;
    ——40CrNiMoA。

  b) 螺柱应力满足7.2.2的要求时,可采用图6的设计疲劳曲线。采用图5的设计疲劳曲线时,螺柱横截面周边由轴向拉伸和弯曲引起的最大应力不应超过$2.7S_m^t$(不包括应力集中)。

  c) 螺纹为V型,最小螺纹根部半径不小于0.076 mm。

  d) 轴颈端圆角半径与轴颈端直径之比不小于0.060。

  e) 疲劳强度减弱系数不小于4.0。

6.6.5.4 除了可由分析或试验确定一个较小的数值外,在螺纹构件的疲劳计算中所采用的疲劳强度减弱系数应不小于4.0。

6.6.6 设计疲劳曲线

6.6.6.1 基于光滑试件的疲劳试验数据,以下分别用图和公式的方式给出了非合金钢、低合金钢、奥氏体不锈钢和高强度钢螺柱的设计疲劳曲线。

  a) 根据标准抗拉强度下限值R_m的不同,图2和图3给出了循环次数在$10\sim10^7$之间的非合金钢、低合金钢的设计疲劳曲线。对R_m介于两曲线之间材料的循环次数可由线性内插法得到。对$S_i>S>S_j$:

$$\frac{N}{N_i}=\left(\frac{N_j}{N_i}\right)^{[\log(S_i/S)/\log(S_i/S_j)]} \quad\quad (26)$$

式中:
S、S_i、S_j——S_{alt}值;
N、N_i、N_j——由设计疲劳曲线得到的与S_{alt}对应的循环次数。

示例:
使用图2的设计疲劳曲线,循环次数N_i和N_j分别为2 000和5 000,对应的S_i和S_j分别为441 MPa和331 MPa,按公式(26)计算$S_{alt}=369$ MPa的循环次数N如下:

$$\frac{N}{2\ 000}=\left(\frac{5\ 000}{2\ 000}\right)^{[\log(441/369)/\log(441/331)]} \Rightarrow N=3\ 534$$

  b) 图4给出了循环次数在$10\sim10^{11}$之间的奥氏体不锈钢的设计疲劳曲线。

  c) 根据最大名义应力的不同,图5和图6给出了循环次数在$10\sim10^6$之间的高强度钢螺柱的设计疲劳曲线。

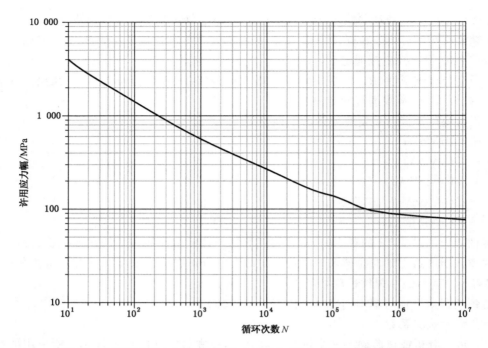

图 2　温度不超过 370 ℃ 的非合金钢、低合金钢设计疲劳曲线
（R_m≤540 MPa、E_c = 195×10³ MPa）

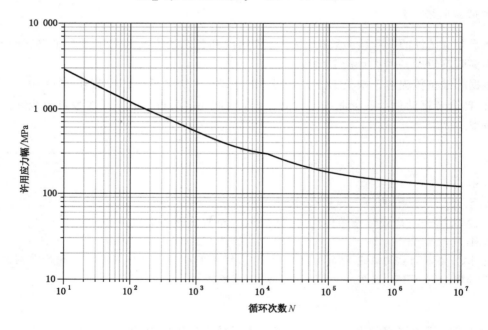

图 3　温度不超过 370 ℃ 的非合金钢、低合金钢设计疲劳曲线
（793 MPa≤R_m≤892 MPa、E_c = 195×10³ MPa）

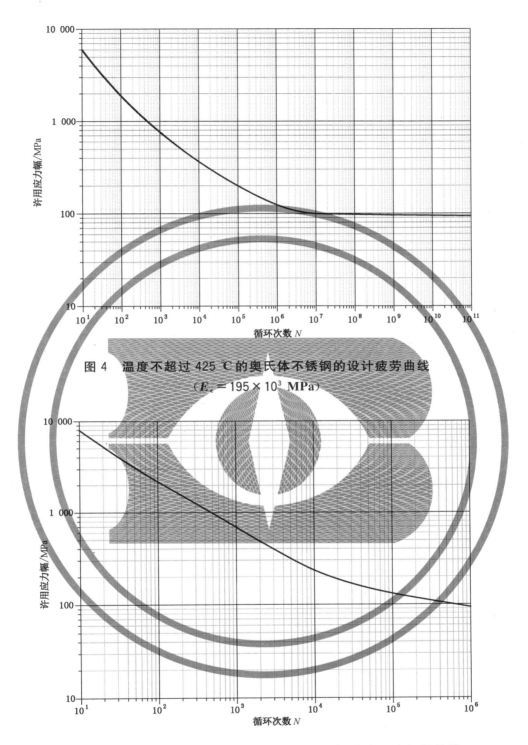

图 4 温度不超过 425 ℃ 的奥氏体不锈钢的设计疲劳曲线
($E_c = 195 \times 10^3$ MPa)

图 5 最大名义应力 ≤ $2.7S_m^t$，温度不超过 370 ℃ 的高强度钢螺柱的
设计疲劳曲线($E_c = 206 \times 10^3$ MPa)

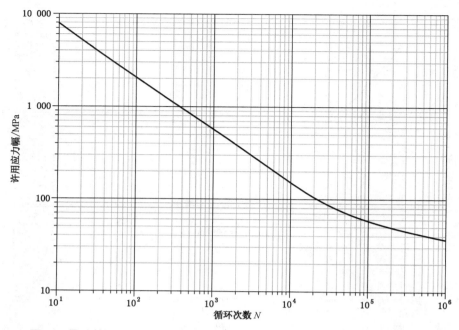

图 6　最大名义应力＞2.7S_{m}^{t}，温度不超过 370 ℃的高强度钢螺柱的
设计疲劳曲线（$E_{c}=206\times10^{3}$ MPa）

6.6.6.2　各设计疲劳曲线也可由公式（27）～公式（31）表达，其中 $Y=\log(S_{alt}/6.895)$。使用时根据各设计疲劳曲线图的弹性模量 E_{c} 和材料实际的弹性模量 E_{T}，在公式（22）中进行修正。

a)　图 2 设计疲劳曲线对应的公式：

$$\begin{cases} N=10^{\frac{38.130\,9-60.170\,5Y^{2}+25.035\,2Y^{4}}{1+1.802\,24Y^{2}-4.689\,04Y^{4}+2.265\,36Y^{6}}} & S_{alt}<137.9\ \text{MPa} \\ N=10^{-4\,706.524\,5+1\,813.622\,8Y+6\,785.564\,4/Y-368.124\,04Y^{2}-5\,133.734\,5/Y^{2}+30.708\,204Y^{3}+1\,596.191\,6/Y^{3}} & S_{alt}\geqslant137.9\ \text{MPa} \end{cases}$$

$$\cdots\cdots\cdots\cdots\cdots\cdots\ (27)$$

b)　图 3 设计疲劳曲线对应的公式：

$$\begin{cases} N=10^{\frac{-9.417\,49+14.798\,2Y-5.94Y^{2}}{1-3.462\,82Y+3.634\,95Y^{2}-1.218\,49Y^{3}}} & S_{alt}<296.5\ \text{MPa} \\ N=10^{\frac{5.376\,89-5.254\,01Y+1.144\,27Y^{2}}{1-0.960\,816Y+0.291\,399Y^{2}-0.056\,296\,8Y^{3}}} & S_{alt}\geqslant296.5\ \text{MPa} \end{cases}\quad\cdots\cdots\cdots\cdots\cdots\ (28)$$

c)　图 4 设计疲劳曲线对应的公式：

$$\begin{cases} N=10^{\frac{Y^{2}}{-0.331\,096Y^{2}+4.326\,1\ln(Y)}} & S_{alt}<99.3\ \text{MPa} \\ N=10^{\frac{17.018\,1-19.871\,3Y+4.213\,66Y}{1-0.172\,060\,6Y-0.633\,592Y^{2}}} & S_{alt}\geqslant99.3\ \text{MPa} \end{cases}\quad\cdots\cdots\cdots\cdots\cdots\ (29)$$

d)　图 5 设计疲劳曲线对应的公式：

$$N=10^{3.755\,656\,44-75.586\,38/Y+403.707\,74/Y^{2}-830.403\,46/Y^{3}+772.534\,26/Y^{4}-267.751\,05/Y^{5}}$$

$$\cdots\cdots\cdots\cdots\ (30)$$

e)　图 6 设计疲劳曲线对应的公式：

$$N=10^{-9.000\,616\,1+51.928\,295/Y-86.121\,576/Y^{2}+73.157\,3/Y^{3}-29.945\,507/Y^{4}+4.733\,204\,6/Y^{5}}\quad\cdots\cdots\cdots\cdots\ (31)$$

7　其他要求

7.1　对接管管颈应力分类的补充要求

7.1.1　在补强范围内，不论接管是否补强，应采用以下应力分类。

a) 以下应力可归入一次总体薄膜应力 P_m：
   1) 由压力导致的总体薄膜应力；
   2) 由外部载荷(包括因相连的管道自由端位移受限引起的)导致的总体薄膜应力和整体弯曲应力沿接管厚度的平均应力，不包括由总体结构不连续导致的应力。
b) 以下应力可归入一次局部薄膜加弯曲应力(P_L+P_b)：由不连续效应导致的一次局部薄膜应力加上由压力、外部载荷(包括因相连的管道自由端位移受限引起的)联合作用导致的一次弯曲应力。
c) 以下应力可归入一次加二次应力(P_L+P_b+Q)：由压力、温度及外部载荷(包括因相连的管道自由端位移受限引起的)联合作用导致的薄膜加弯曲应力。

7.1.2 在补强范围外，应采用以下应力分类。
a) 以下应力归入一次总体薄膜应力 P_m：
   1) 由压力导致的总体薄膜应力；
   2) 由接管外部载荷(不包括因相连的管道自由端位移受限引起的)导致的沿接管厚度方向的平均应力。
b) 以下应力归入一次局部薄膜加一次弯曲应力(P_L+P_b)：由 a)中归入 P_m 的应力和外部载荷(不包括因相连的管道自由端位移受限引起的)导致的应力叠加后的应力。
c) 以下应力归入一次加二次应力(P_L+P_b+Q)：由所有压力、温度以及外部载荷(包括因相连的管道自由端位移受限引起的)导致的薄膜加弯曲应力。

7.1.3 在补强范围外，一次加二次应力范围的当量应力 S_{IV} 可按 6.4.3 的规定大于 S_{PS}，但当 S_{IV} 中不包括因相连管道自由端位移受限引起的应力时，S_{IV} 不应大于 S_{PS}。仅由相连管道自由端位移受限引起的 S_{IV} 应小于 S_{PS}。

7.2 对螺柱的补充要求

7.2.1 设计要求

螺柱设计满足以下要求。
a) 螺柱公称直径应不小于 M12，当螺柱的公称直径大于或等于 M36 时，应采用细牙螺纹。需进行疲劳评定的容器，应采用全螺纹螺柱或中间缩径的双头螺柱。
b) 螺柱材料及其许用应力按 GB/T 4732.2 中的规定。
c) 设计压力下所需螺柱个数和螺柱横截面积应按 GB/T 4732.3 确定。
d) 当法兰采用焊唇而非垫片密封时，计算用垫片的 m 和 y 值可取零，计算的螺柱载荷宜乘以系数 1.1。
e) 当按 d)对采用焊唇密封的垫片 m 和 y 取零时，对制造检验时采用的试验垫片应采用与之相适应的 m 和 y 值进行计算，并应满足 7.2.1 和 7.2.2 的要求。

7.2.2 对螺柱中应力的要求

由于预紧、压力和膨胀差的共同作用，在螺柱中产生的实际应力可以超过 GB/T 4732.2 中规定的螺柱许用应力。
a) 当不考虑应力集中效应时，螺柱横截面的平均拉应力应不超过螺柱材料许用应力的 2 倍。
b) 对于不经应变强化处理的奥氏体不锈钢螺柱，当不考虑应力集中效应时，螺柱横截面的平均拉应力应不超过螺柱材料许用应力的 1.2 倍。
c) 当不考虑应力集中效应时，螺柱横截面周边由轴向拉伸和弯曲引起的最大应力应不超过螺柱材料许用应力的 3 倍。

d) 对未采用加热器、拉伸器或其他能够降低扭曲残余应力的方法预紧的螺柱,上述 a)～c)中的应力为按公式(1)确定的当量应力。

7.3 对多层容器的补充要求

7.3.1 如焊接接头可完全承受多层壳体中每层的面内切应力,则可将多层壳体等效为整体壳体,并可使用 GB/T 4732.3 中所列的单层圆筒壳、球壳或封头的设计公式进行多层容器的壁厚设计。为了确保这种等效处理的可靠性,还应考虑载荷作用区的建造细节,以保证由结构不连续或外部加载使多层壳体受到径向力或轴向弯矩作用时,也不会发生脱层现象。例如,为保证图 7、图 8 和图 9 中用于连接各层壳体的焊缝能够提供足够的约束,可按公式(32)确定图中 1/2 壳体厚度处焊缝宽度的最小值。

$$w = 1.88 \frac{Mb}{\delta S_m} \quad \cdots\cdots\cdots\cdots\cdots\cdots\cdots\cdots\cdots \quad (32)$$

式中,Mb 是在多层圆筒壳、球壳或封头焊缝连接处的单位周向长度的轴向弯矩,可通过薄壳理论(或采用基于壳单元的有限单元法)进行计算。

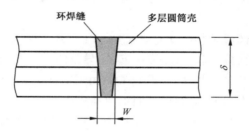

图 7 采用环焊缝将多层壳体连接为一个等效的单层壳体示意图

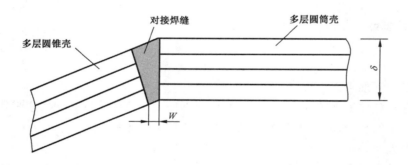

图 8 在结构不连续处采用对接焊缝将多层壳体连接为一个等效的单层壳体示意图

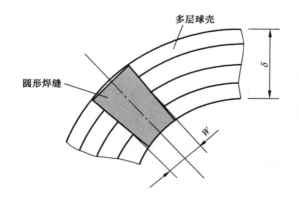

图 9 采用圆形焊缝将多层球壳连接为一个等效的单层壳体示意图

附　录　A

（资料性）

用于疲劳评定的载荷直方图拟定和循环次数计算

A.1　总则

当加载历史为随时间变化的不规则加载时,可使用本附录中提供的最大-最小循环计数法和雨流计数法将其分解为用于疲劳评定的多个独立的等幅循环。

A.2　载荷直方图的拟定

应根据容器设计条件(UDS)中所规定的加载历史确定载荷直方图。载荷直方图应包括以下作用于元件上的所有有效的工作载荷及作用于元件的事件:

a)　全寿命周期内每一事件的重复次数;

b)　全寿命周期内各事件发生的顺序;

c)　全寿命周期内应计入的所有载荷,如压力、温度、附加载荷(如重力载荷)、支座位移和接管反力载荷等;

d)　在事件经历期间各作用载荷的关系。

A.3　采用最大-最小循环计数法的循环计数

A.3.1　总则

对于非比例加载情况,宜采用最大-最小循环计数法表示各个循环的时间点,按以下方法完成:

a)　通过最高的波峰和最低的波谷建立第一个最大的可能循环;

b)　再用同样的方法对剩余波峰波谷确定第二个最大循环;

c)　直至所有的波峰全部被计数。最大-最小循环计数也可用于比例加载情况。

A.3.2　实施步骤

最大-最小循环计数法的实施步骤如下。

a)　步骤一:确定加载历史中波峰和波谷的顺序。如已知几个事件是相互关联的,则将之组合,否则按任意顺序排列这些随机事件。

b)　步骤二:在每一重要事件期间、每一时间点计算由所作用的载荷引起的容器所选定位置处的弹性应力分量 σ_{ij}。所有的应力分量都应在同一个总体坐标系下,应力分析应包括局部不连续处的峰值应力。

c)　步骤三:检查每一事件的内部各点,并删去应力分量都无反转(波峰或波谷)的时间点。

d)　步骤四:采用由步骤二所得的应力历史,确定其最高波峰或最低波谷的时间点,将此时间称为 ^{m}t,应力分量由 $^{m}\sigma_{ij}$ 表示。

e)　步骤五:如果时间点 ^{m}t 是应力历史中的波峰,确定在时间点 ^{m}t 和应力历史中下一个波谷之间的应力分量范围。如果时间点 ^{m}t 是波谷,确定在时间点 ^{m}t 和下一个波峰之间的应力分量范围。将下一个时间点用 ^{n}t 表示,应力分量为 $^{n}\sigma_i$。按公式(A.1)和公式(A.2)分别计算在时间点 ^{m}t 和 ^{n}t 之间的应力分量范围($^{mn}\Delta\sigma_{ij}$)和它的当量应力($^{mn}\Delta S_{range}$)。

$$^{mn}\Delta\sigma_{ij} = {}^{m}\sigma_{ij} - {}^{n}\sigma_{ij} \quad\quad\quad\quad\quad\quad (A.1)$$

$$^{mn}\Delta S_{range} = \frac{1}{\sqrt{2}}\sqrt{(^{mn}\Delta\sigma_{11} - {}^{mn}\Delta\sigma_{22})^2 + (^{mn}\Delta\sigma_{22} - {}^{mn}\Delta\sigma_{33})^2 + (^{mn}\Delta\sigma_{33} - {}^{mn}\Delta\sigma_{11})^2 + 6(^{mn}\Delta\sigma_{12}^2 + {}^{mn}\Delta\sigma_{23}^2 + {}^{mn}\Delta\sigma_{31}^2)}$$

$$\quad\quad\quad\quad\quad\quad\quad\quad\quad\quad (A.2)$$

1

GB/T 4732.4—2024

f) 步骤六：对现在的时间点 $^m t$ 以及在应力历史顺序中下一个波峰或波谷的时间点重复步骤五。对在应力历史中的每一剩余时间点重复这一过程。

g) 步骤七：确定由第5步所得的最大应力范围的当量应力，并记录下第 k 种循环起点和终点的时间点 $^m t$ 和 $^n t$。

h) 步骤八：确定时间点 $^m t$ 和 $^n t$ 所属的一个或多个事件，并记录下它们规定的重复次数 $^m N$ 和 $^n N$。

i) 步骤九：确定第 k 种循环的重复次数：
   1) 如 $^m N < ^n N$：将时间点 $^m t$ 从第4步所得的时间点中删去，并将在时间点 $^n t$ 的重复次数由 $^n N$ 降低为 $(^n N - ^m N)$；
   2) 如 $^m N > ^n N$：将时间点 $^n t$ 从第4步所得的时间点中删去，并将在时间点 $^m t$ 的重复次数由 $^m N$ 降低为 $(^m N - ^n N)$；
   3) 如 $^m N = ^n N$：将时间点 $^m t$ 和 $^n t$ 均从第4步所得的时间点中删去。

j) 步骤十：返回至步骤四，并重复步骤四～步骤十，直至不再剩下应力反转的时间点。

k) 步骤十一：采用由已计数的循环所记录的数据，按照本文件的相关要求完成疲劳评定。如果 $^{mn} \Delta S_{\text{range}}$ 超过该材料应力-应变范围曲线的屈服点，应采用 GB/T 4732.5 中的分析方法进行疲劳评定。

示例：

编号为1的单向应力循环导致的应力在 0 MPa～413 MPa 之间变化，循环次数为 10 00 次；编号为2的单向应力循环导致的应力在 0 MPa～−345 MPa 之间变化，循环次数为 10 000 次。

两种循环的参数按如下方法确定：

编号为1的应力循环达到的 413 MPa 为最大应力，因此选做第1类循环的起始值，循环次数为 1 000 次；编号为2的应力循环达到的 −345 MPa 为最小应力，因此选做第1类循环的终止值，循环次数为 1 000 次。剩余 9 000 次应力由 0 MPa～−345 MPa 之间变化的循环选做第2类循环。

第1类应力循环 $n_1 = 1\ 000$；

$^m \sigma_{11} = 413$ MPa

$^n \sigma_{11} = -345$ MPa

$^{mn} \sigma_{11} = 413 + 345 = 758$ MPa

代入公式(21)，得：

$\Delta S_{e,1} = 758$ MPa

编号为2的应力循环 $n_2 = 9\ 000$；

$^m \sigma_{11} = 0$

$^n \sigma_{11} = -345$ MPa

$^{mn} \sigma_{11} = 345$ MPa

代入公式(21)，得：

$\Delta S_{e,2} = 345$ MPa

A.4 采用雨流法的循环计数

A.4.1 总则

对于载荷、应力或应变随时间的变化能以单一参数表示的情况，推荐使用 A.4.2 的雨流计数法来确定表示各循环的时间点。雨流循环计数法不适用于非比例加载，其所得的循环相当于封闭的应力-应变迟滞回线，每个回线代表一个循环。

A.4.2 实施步骤

雨流计数法的实施步骤如下。

a) 步骤一：确定在载荷的加载历史中峰和谷的顺序。如作用有多个载荷，可采用应力历史以确定

298

峰、谷顺序。如果不知道事件的顺序,应选用可导致最不利结果的顺序。

b) 步骤二:重新整理载荷的加载历史,使其起点和终点位于最高波峰或最低波谷处,以便仅对完整循环进行计数。确定在载荷的加载历史中的峰、谷顺序,取 X 表示所考虑的范围,Y 表示与 X 相邻的前一个范围。

c) 步骤三:读出下一个波峰或波谷,如果数据已读完,则转入步骤八。

d) 步骤四:如果剩下的少于三个点,则转入步骤三,否则,采用未予排除的、最新的三个波峰和波谷构成范围 X 和范围 Y。

e) 步骤五:比较范围 X 和范围 Y 的绝对值。

　　1)　如果 $X<Y$,则转入步骤三。

　　2)　如果 $X \geqslant Y$,则转入步骤六。

f) 步骤六:将范围 Y 看作一个循环,排除 Y 的波峰和波谷,记录该范围在起始和终止处的时间点以及载荷或应力分量。

g) 步骤七:返回至步骤四并重复步骤四～步骤六,直至不再留下应力反转(即峰或谷)的时间点。

h) 步骤八:采用由已计数的循环所记录的数据,按照相关要求完成疲劳评定。

示例:

下面的示例给出了更详细的说明。载荷历史见图 A.1a)。

a) $S=A$,$Y=|A-B|$,$X=|B-C|$,$X>Y$。Y 包含 S,即点 A。计 $|A-B|$ 为半个循环并抛弃点 A;$S=B$。见图 A.1b)。

b) $Y=|B-C|$,$X=|C-D|$,$X>Y$。Y 包含 S,即点 B。计 $|B-C|$ 为半个循环并抛弃点 B;$S=C$。见图 A.1c)。

c) $Y=|C-D|$,$X=|D-E|$,$X<Y$。

d) $Y=|D-E|$,$X=|E-F|$,$X<Y$。

e) $Y=|E-F|$,$X=|F-G|$,$X>Y$,且 Y 不含 S。计 $|E-F|$ 为一个循环并抛弃点 E 和点 F,见图 A.1d)。这个循环由范围 $E-F$ 和范围 $F-G$ 的一部分配对而成。

f) $Y=|C-D|$,$X=|D-G|$,$X>Y$。Y 包含 S,即点 C。计 $|C-D|$ 为半个循环并抛弃点 C;$S=D$。见图 A.1e)。

g) $Y=|D-G|$,$X=|G-H|$,$X<Y$。

h) $Y=|G-H|$,$X=|H-I|$,$X<Y$。数据结束。

i) 计 $|D-G|$、$|G-H|$ 和 $|H-I|$ 各为半个循环。见图 A.1f)。

j) 结束计数。本例中统计的循环汇总在图 A.1 的表中。

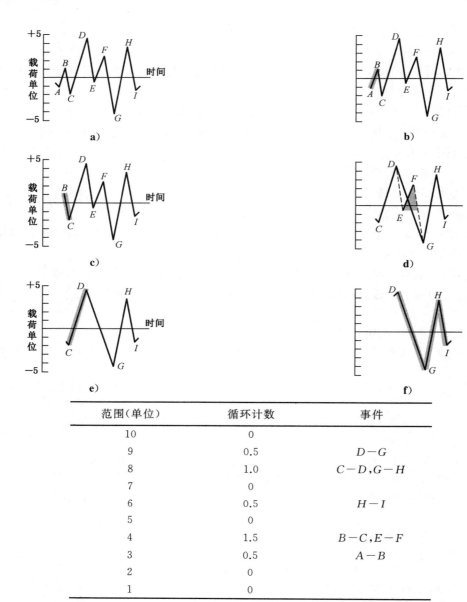

范围（单位）	循环计数	事件
10	0	
9	0.5	$D-G$
8	1.0	$C-D, G-H$
7	0	
6	0.5	$H-I$
5	0	
4	1.5	$B-C, E-F$
3	0.5	$A-B$
2	0	
1	0	

图 A.1 雨流法示例图

附　录　B

（资料性）

弹性名义应力的线性化处理

B.1　总则

B.1.1　采用轴对称或三维实体单元进行弹性应力分析的计算结果,需进行线性化处理以分离出用于评定的薄膜应力、弯曲应力和峰值应力。

B.1.2　应力的线性化处理针对的是贯穿部件厚度的截面,也称为应力分类面。在应力分类面内取贯穿厚度的直线称为应力分类线。对于轴对称部件,应力分类线代表的是绕回转轴一周的应力分类面。应力分类面和应力分类线的示例见图 B.1。

B.1.3　本附录采用基于应力积分的方法进行线性化处理。

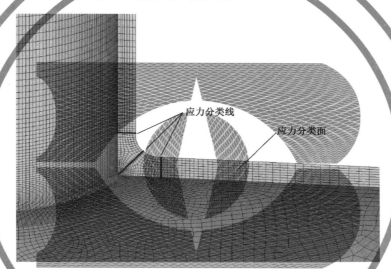

图 B.1　应力分类线和应力分类面

B.2　应力分类线布置的原则

B.2.1　在压力容器中,高应力区通常位于几何形状、材料或载荷发生突变的结构不连续区。在对塑性垮塌和棘轮失效进行评定时,通常将应力分类线布置在总体结构不连续处。在对局部失效和疲劳失效进行评定时,通常将应力分类线布置在局部结构不连续处。

B.2.2　贯穿材料不连续区(如复合钢板的基层与覆层)的应力分类线,应包含所有的材料和相关的载荷。若分析模型中忽略了覆层的影响(但计算时仍然应使用包含覆层的整个截面上的载荷),则可只在基材上布置应力分类线。

B.2.3　布置应力分类线时应遵循以下规定,以确保线性化处理后可得到准确的用于评定的薄膜应力和弯曲应力。若不能同时满足以下全部条件,将可能会导致不确定的结果,这种情况下,宜采用GB/T 4732.5中的分析方法。

　　a)　为获得精确的应力值,应力分类线应沿着应力等值线上最大应力分量处的法线布置。若无法准确实施,将应力分类线沿壳体中面的法线方向布置也可获得可接受的精度,如图 B.2 a)所示。

　　b)　除应力集中区或峰值热应力区外,应力分类线上周向和经向应力分量的分布应呈单调增加或

GB/T 4732.4—2024

减少,如图 B.2 b)所示。

c) 应力分类线上贯穿壁厚的法向正应力分量应呈单调增加或减少。当应力分类线垂直于壳体表面时,在压力载荷作用下上述法向正应力分量在载荷所作用的表面处应等于该压力值,而另一表面处应近似为零,如图 B.2 c)所示。

d) 当应力分类线垂直于相互平行的内、外表面,切应力分量沿壁厚应呈抛物线分布,但若切应力分量小于周向和经向应力分量,也可忽略此限制条件。若没有表面切应力的作用,在应力分类线所通过的表面处,切应力分量应近似为零。另外,沿应力分类线呈线性分布的切应力很可能对评定产生重要影响,如图 B.2 d)所示。

e) 周向和经向应力分量的最高值一般出现在应力分类线上的承压边界处,是当量应力中的主要成分。多数情况下由压力引起的周向和经向应力沿应力分类线应呈线性分布。若应力分类线与壳体中面或内、外表面不垂直,则周向和经向应力不再呈现单调增加或减少的分布规律。

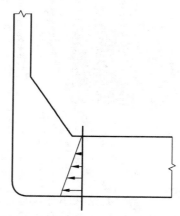

a) 典型的应力分类线方向

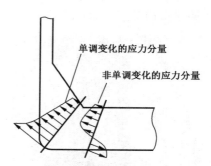

b) 周向和经向应力分量的不同分布情况

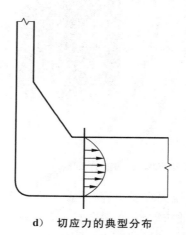

c) 法向正应力分量的典型分布

d) 切应力的典型分布

图 B.2　典型的应力分类线取向

B.3　基于应力积分的线性化处理方法

如图 B.3 所示,可以在应力分类线的局部坐标系下按以下步骤进行应力线性化处理:

a) 按公式(B.1)计算薄膜应力分量 σ_{ij}^{m}:

$$\sigma_{ij}^{m}=\frac{1}{\delta}\int_{0}^{\delta}\sigma_{ij}\,\mathrm{d}x \quad\quad\quad\quad\quad（B.1）$$

b) 按公式(B.2)计算弯曲应力分量 σ_{ij}^{b}:

$$\sigma_{ij}^{b}=\frac{6}{\delta^{2}}\int_{0}^{\delta}\sigma_{ij}\left(\frac{\delta}{2}-x\right)\mathrm{d}x \quad\quad\quad\quad\quad（B.2）$$

302

c) 按公式(B.3)和公式(B.4)计算峰值应力分量 σ_{ij}^{F}：

$$\sigma_{ij}^{F}\big|_{x=0} = \sigma_{ij}\big|_{x=0} - (\sigma_{ij}^{m} + \sigma_{ij}^{b}) \quad\cdots\cdots\cdots\cdots\cdots\cdots\cdots\cdots\cdots\cdots\quad (\,\text{B.3}\,)$$

$$\sigma_{ij}^{F}\big|_{x=\delta} = \sigma_{ij}\big|_{x=\delta} - (\sigma_{ij}^{m} - \sigma_{ij}^{b}) \quad\cdots\cdots\cdots\cdots\cdots\cdots\cdots\cdots\cdots\quad (\,\text{B.4}\,)$$

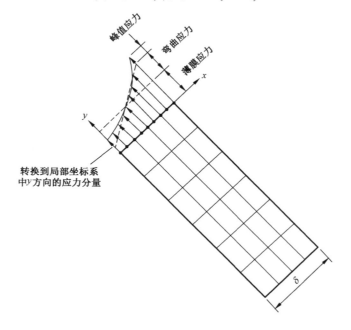

图 B.3　用应力积分方法对采用轴对称或三维实体单元的弹性应力分析结果进行线性化处理

附　录　C
（规范性）
实验应力分析

C.1　通则

C.1.1　本附录规定了以实验方法进行应力分析设计的要求。

C.1.2　对于结构中起控制作用的应力,当理论应力分析不适当或无可用的设计公式与数据时,可采用本附录规定的方法来确定。

C.1.3　如结构已有详尽的实验结果并符合本附录的要求时,其实验结果可以被采用。

C.1.4　本附录所采用的方法和结果中均未考虑腐蚀裕量和其他对结构强度不起作用的材料。

C.1.5　应针对实验应力分析的结果提交实验报告。报告中应说明实验目的、实验步骤、实验用的实物或模型的各项技术参数、测试方法、实验过程、所用的仪器仪表(应在检定校准范围内)及实验结果和分析意见。实验报告应由实验应力分析单位的技术负责人签署。对重大设备的实验结果必要时应召开专家会议评定认可。

C.1.6　实验工作应由经过考核的、具有一定实验技能的人员担任。

C.2　实验类型

C.2.1　确定控制应力的实验

确定控制应力的实验,可采用应变电测实验或光弹性实验,也可采用其他可靠的实验方法。

C.2.2　确定极限载荷的实验

为确定极限载荷,应采用应变电测实验方法。如果所用的仪器与实验装置对于被测试的结构能给出有效的结果,则亦可采用变形测量实验。脆性涂层实验和破坏性实验不能用来确定极限载荷。

C.2.3　确定疲劳寿命的实验

包括承受循环载荷时确定疲劳寿命的实验及确定疲劳强度减弱系数的两种实验,见 C.6 和 C.7。

C.3　实验方法

C.3.1　应变电测实验

C.3.1.1　应变电测实验可在实际结构或模型容器上进行。采用模型实验时应满足相似条件的要求。

C.3.1.2　根据实验要求和条件,合理安排实验步骤,确定布片方案。为保证实验的准确性,在所关注应力的区域内应布置足够的测点。在应力梯度较大的区域内,应使用基长较小的应变片。当主应力方向未知时,应采用应变花,以确定主应力的大小和方向。

C.3.1.3　应在应力已知的部位安排测点,以监测实验的可靠性。测点表面粗糙度 Ra 应达到 $12.5\ \mu m \sim 6.3\ \mu m$,并清洗干净。

C.3.1.4　对实验中所用应变片的要求如下:

　　a)　应可测定到 $0.000\ 05$ mm/mm 应变。所选应变片长度应在其基长范围内,使最大应变不超过平均应变的 10%;

　　b)　应按被测试件形状和表面粗糙度选择能够测量出不小于 1.5 倍预计应变值的应变片与黏结剂。

c) 应变片和引线与试件间的绝缘电阻应为 50 MΩ～200 MΩ。

C.3.1.5 在确定控制应力的实验中,应合理安排内压或机械载荷的增量,以便绘出应变随载荷变化的关系线图,从而得到弹性范围内应力与载荷的关系。

C.3.2 光弹性实验

C.3.2.1 光弹性实验是采用具有暂时双折射性能的透明材料,制成可满足与原构件几何相似及载荷相似要求的实验模型,利用偏振光干涉原理获得干涉条纹,通过分析,算出模型表面和内部测点的应力,根据相似条件进而换算出结构上的真实应力。

C.3.2.2 只要模型反映了载荷对结构的作用,采用二维或三维技术均可。

C.3.3 光弹性贴片实验

光弹性贴片实验是在现场实物表面进行应变测量。将具有高应变灵敏度的光弹性材料制成的贴片,用高强度黏合剂贴在具有良好反射性能的构件表面,加载后贴片随构件一起变形,产生反映构件表面应变的光学效应。在偏振光下产生干涉条纹,从而计算出构件表面的应变与应力,可得到整个测量区域内的应力分布状况。

C.3.4 脆性涂层法

本实验为应变测量的辅助方法。采用黏着力强、易于喷涂,便于观察且对构件无腐蚀性的涂层涂于构件表面,使其能在较低的应变作用下产生裂痕,以确定最大主应力区域以及主应力方向和轨迹。

C.4 实验结果

C.4.1 对测试结果数据,按误差分析及数据处理的方法决定取舍。处理后的数据应在弹性基础上进行整理(专门进行的塑性应变实验除外),以确定与设计载荷对应的应力,即假设材料为弹性时由应变数据求取应力值,计算中应使用实验温度下实验材料的弹性常数。

C.4.2 实验应力分析的结果应是能确定设计所需的控制应力。在可能的情况下,可采用实验与分析相结合的方法区分一次应力、二次应力和峰值应力,使每种应力的当量应力均能满足规定的许用极限。

C.5 确定极限载荷的实验

C.5.1 实验模型

极限载荷实验应采用真实尺寸模型,即与原型完全相同的全尺寸模型。如能确证比例模型完全符合相似条件,也可采用比例模型。

C.5.2 测点

应有足够多的测点,以使那些有可能指示出任何最小极限载荷的区域均包括在内。

a) 采用应变测量确定极限载荷时,应确保测量出的应变(薄膜、弯曲或其组合应变)能真实地反映出结构的承载能力(如选择最大应变点)。所用应变片能适应较大的应变范围,且在测量中需注意灵敏系数的修正。

b) 采用变形测量时,应确保测量点处的变形(如直径或长度的伸长、梁或板的挠度等),能反映出结构实际破坏的趋势(如选择最大位移点)。

C.5.3 加载

实验中,施加的线性载荷增量应足够小,以便得到足够多的可用数据,并在线弹性范围内做统计分析。按最小二乘法(回归分析)绘出近似拟合直线。同时应将置信区间与测定值进行比较,以判断应变片或其他仪器仪表是否适用,不适用者应予更换并重新进行上述实验。当确保所有测量设备均适用后,用控制应变或位移的方法继续加载,两次加载之间应保持足够的时间,待材料充分流动后再行加载。

C.5.4 确定极限载荷的步骤

C.5.4.1 用变形测量实验时,绘制以载荷 P 为纵坐标、测定的变形 w 为横坐标的加载路径曲线,简称 $P\text{-}w$ 曲线。用应变测量实验时,绘制以载荷 P 为纵坐标、表面最大主应变 ε 为横坐标的加载路径曲线,简称 $P\text{-}\varepsilon$ 曲线。将全部测点数据画入 $P\text{-}w$ 或 $P\text{-}\varepsilon$ 坐标系中(见图 C.1)。

C.5.4.2 如图 C.1 所示,$P\text{-}w$ 或 $P\text{-}\varepsilon$ 曲线由线弹性段 OA、局部塑性变形段 AZ、总体塑性变形直线段 ZC 和总体塑性变形弱化(垮塌)段 CD 或强化段 CD' 四部分组成。

 a) 基于全部实验测点数据,拟合出完整的 $P\text{-}w$(或 $P\text{-}\varepsilon$)曲线。

 b) 基于目测弹性直线段的实验测点数据,拟合出弹性直线 OT。

 c) 基于目测总体塑性变形直线段的实验测点数据,拟合出塑性直线 TC。

 d) 弹性直线和塑性直线的交点为 T。曲线段 AZ 和塑性直线的切点为 Z,即由曲线段 AZ 转入塑性直线的第一个零曲率点;目测判定的切点在横坐标上可能有偏移,但对载荷值 P_Z 的影响很小;可以保守地取曲线段与塑性直线的目测分离点为近似切点。

C.5.4.3 实验极限载荷 P_L 可任选下述两种载荷之一(见图 C.1)。

 a) 双切线载荷 P_T:对应于线弹性直线与塑性直线之交点 T 的载荷。

 b) 零曲率载荷 P_Z:对应于曲线段 AZ 与塑性直线之切点(零曲率点)Z 的载荷。

 c) 若有多个位移(或应变)测量点,得到不同的极限载荷,则应取其中最小者。

C.5.4.4 容器设计或评定所用的极限载荷应是试验极限载荷乘以设计温度下材料屈服点与试验温度下材料屈服点之比值。

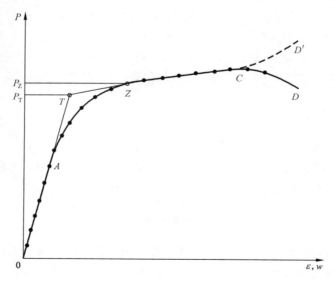

图 C.1 实验极限载荷的确定

C.6 确定疲劳寿命的实验方法

C.6.1 通则

需要采用较设计疲劳曲线所规定的允许值更高的峰值应力时,可通过疲劳实验确定结构承受循环载荷的能力。疲劳实验的结果不应作为一次当量应力或一次加二次应力范围的当量应力超过许用极限的依据。

C.6.2 疲劳实验

疲劳实验应满足C.6.3的要求,并在设计文件中予以详细说明。

C.6.3 疲劳实验要求

C.6.3.1 试件所用材料应与实际结构材料一致,且应具有相同的机械加工和热处理工艺,以保证二者的机械性能相当。试件与实际结构的承受循环载荷部分及对该处应力有影响的相邻部分应保持几何相似。

C.6.3.2 试件或其一部分在发生破坏前,应可承受C.6.3.3所规定的循环次数。

注:这里的破坏是指裂纹扩展贯穿于整个厚度,在承压构件上产生了可测得的泄漏。

C.6.3.3 试件可承受的循环次数(试验循环次数 N_T)和实验时应施加在试件上的载荷值(实验载荷 P_T),分别由设计循环次数乘以系数 K_{TN} 以及设计载荷乘以 K_{TS} 得到。K_{TN} 和 K_{TS} 值应按下述方法确定。

    a) 在相应的设计疲劳曲线图中,由设计循环次数(N_D)向上引垂线,与相应的设计疲劳曲线相交于 D 点,由 D 点向上延长至 A 点,A 点的纵坐标等于 K_S 乘以 S_{aD}(K_S值由C.6.5确定)。

    b) 通过 D 点作一水平线至 B 点,B 点的横坐标等于 K_N 乘以 N_D(K_N值由C.6.5确定)。

    c) 连接 A 点和 B 点,线段 AB 包含了 K_{TS} 和 K_{TN} 的全部可用的组合。可在此线段上任选一点 C,按公式(C.1)和公式(C.2)分别计算系数 K_{TS} 和 K_{TN}(见图 C.2)。

$$K_{TS} = \frac{S_{aC}}{S_{aD}} \qquad\qquad (C.1)$$

式中:

S_{aC}——C 点的纵坐标值,单位为兆帕(MPa);

S_{aD}——D 点的纵坐标值,单位为兆帕(MPa)。

$$K_{TN} = \frac{N_C}{N_D} \qquad\qquad (C.2)$$

式中:

N_C——C 点的横坐标值;

N_D——D 点的横坐标值。

    d) 实验载荷 P_T 及实验循环次数 N_T 分别按公式(C.3)和公式(C.4)确定:

$$P_T = K_{TS} \times P_o \qquad\qquad (C.3)$$

式中:

P_o——工作载荷,单位为兆帕(MPa)。

$$N_T = K_{TN} \times N_D \qquad\qquad (C.4)$$

式中:

N_D——设计循环次数。

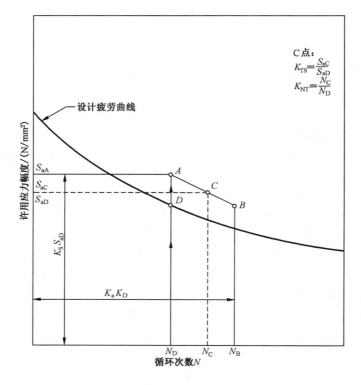

图 C.2 试验参数比值图的作图

C.6.3.4 当试件是实际结构的几何相似模型时,应采用相应的比例系数修正 P_T 值;当载荷是压力以外的其他载荷时,应使用结构相似准则所确定的比例系数。

C.6.3.5 试件在实验载荷 P_T 的作用下达到破坏之前,所承受的循环次数不应小于实验循环次数 N_T。

C.6.4 对加速疲劳实验的要求

C.6.4.1 如果设计循环次数 N_D 大于 10^4,可按 C.6.4.3 的要求确定实验条件,实施加速的疲劳实验(即实验循环次数 N_T 小于设计循环次数 N_D)。

C.6.4.2 加速疲劳实验的试件应满足 C.6.3.1 和 C.6.3.2 的条件。

C.6.4.3 加速疲劳实验的实验条件应按以下步骤确定。

   a) 按 C.6.3.3 规定的步骤确定图 C.3 中的点 A、点 B 和点 D。

   b) 按公式(C.5)计算加速疲劳实验中的最小循环次数 N_{Tmin}:

$$N_{Tmin} = 100 \times \sqrt{N_D} \qquad\qquad\qquad\qquad\qquad (C.5)$$

   c) 通过 A 点,将设计疲劳曲线上 $N_{Tmin} \sim N_D$ 之间的各 S_a 值乘以 K_S 所形成的点连接起来。在横坐标上取 N_{Tmin} 点,由此点向上引垂线与该曲线相交于 A' 点。

   d) 曲线段 $A'AB$ 包含了 K_{TS} 和 K_{TN} 的全部许用组合,可在此曲线段上任取一点 C,按 C.6.3.3c)的方法确定 K_{TS} 和 K_{TN}(见图 C.3)。

   e) 按 C.6.3.3 d)的规定,确定加速疲劳实验中试件应承受的实验循环次数 N_T 和实验载荷 P_T。

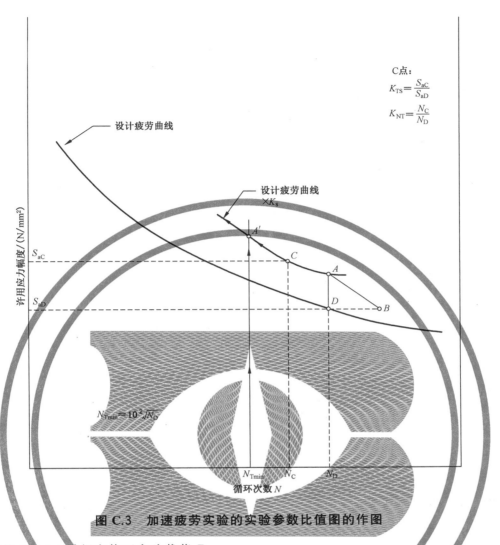

C点：
$$K_{TS} = \frac{S_{aC}}{S_{aD}}$$
$$K_{NT} = \frac{N_C}{N_D}$$

图 C.3　加速疲劳实验的实验参数比值图的作图

C.6.4.4　应按 C.6.3.4 的规定修正实验载荷 P_T。

C.6.4.5　试件应满足 C.6.3.5 的要求。

C.6.5　K_S 和 K_N 值的确定

K_S 和 K_N 的值按以下方法计算。

a)　K_S 值按公式（C.6）计算：

$$K_S = \max\left[(K_{Sl} \times K_{Sf} \times K_{Sc} \times K_{St} \times K_{Ss}), 1.25\right] \quad\cdots\cdots\cdots（C.6）$$

式中：

K_{Sl}——尺寸对疲劳寿命的影响系数，其值按公式（C.7）计算：

$$K_{Sl} = \max\left[\left(1.5 - 0.5 \times \frac{LM}{LP}\right), 1.0\right] \quad\cdots\cdots\cdots\cdots（C.7）$$

式中：

LM ——模型的线尺寸；

LP ——原型的线尺寸。

K_{Sf} ——表面粗糙度影响系数，其值按公式（C.8）计算：

$$K_{Sf} = \max\left[\left(1.175 - 0.175 \frac{SRM}{SRP}\right), 1.0\right] \quad\cdots\cdots\cdots（C.8）$$

式中:

SRM ——模型表面粗糙度;

SRP ——原型表面粗糙度。

K_{Sc} ——不同温度下各设计疲劳曲线修正系数,其值按公式(C.9)确定:

$$K_{Sc} = \max\left[\left(\frac{S_{TC}}{S_D} \times \frac{S'_T}{S'_{TC}}\right), 1.0\right] \quad\text{………………………}(C.9)$$

式中

S_{TC} ——在温度 T_C 下,循环次数为 N 时的 S_a 值;

S_D ——在设计温度 T_D 下,循环次数为 N 时的 S_a 值;

S'_{TC} ——在温度 T_C 下,对应于所用设计疲劳曲线规定的最大循环次数的 S_a 值;

S'_T ——在实验温度 T_T 下,对应于所用设计疲劳曲线规定的最大循环次数的 S_a 值;

T_C ——对于非合金钢和低合金钢,$T_C = 370\ ℃$;对于奥氏体不锈钢,$T_C = 425\ ℃$。

K_{St} ——实验温度影响系数,其值按公式(C.10)计算:

$$K_{St} = \max\left[\left(\frac{S''_T}{S_D}\right), 1.0\right] \quad\text{………………………}(C.10)$$

式中:

S''_T ——在实验温度下,循环次数为 N 时的 S_a 值;

K_{Ss} ——实验结果统计差别系数,其值按公式(C.11)计算:

$$K_{Ss} = \max\left[(1.470 - 0.044 \times n_T), 1.0\right] \quad\text{………………}(C.11)$$

式中:

n_T ——重复性实验次数。

在计算 K_S 时,应不使用小于 0.1 的 K_{Sl}、K_{Sf}、K_{Sc}、K_{St} 和 K_{Ss} 值。K_S 值不应小于 1.25。

b) K_N 值按公式(C.12)计算,且该值应不小于 2.6。

$$K_N = \max\left[(K_S)^{4.3}, 2.6\right] \quad\text{………………………}(C.12)$$

C.7 确定疲劳强度减弱系数的实验方法

C.7.1 试件应由与结构相同的材料制成,并应经与结构制造相同的加工和热处理工艺。

C.7.2 试件中由 $(P_L + P_b + Q)$ 组算得的一次加二次应力范围的当量应力 S_N 不应超过 S_{PS},且在循环次数少于 1 000 次时不应发生破坏。

C.7.3 试件的形状、表面粗糙度和应力状态应与实际结构中的预计情况相吻合。特别是应力梯度不应大于预期。

C.7.4 实验循环速率不应使试件产生显著的升温。

C.7.5 疲劳强度减弱系数由缺口试件和无缺口试件的实验确定,其值为在同一循环次数下破坏时的无缺口试件应力与缺口试件应力之比。

附　录　D

（规范性）

接管分析的应力指数法

D.1　通则

D.1.1　应力指数法可代替详细的应力分析用于确定接管周围包含峰值应力的总应力。

D.1.2　应力指数法仅适用于单个的、孤立的开孔。应力指数也可由理论或实验应力分析确定，但此类分析应包含在分析报告中。

D.1.3　应力指数的定义为：所考虑点的应力分量 σ_t、σ_n 和 σ_r（各应力的方向见图 D.1）与所在容器壳体上该点无开孔、无补强时周向薄膜应力的比值，计算上述应力分量时不应计入接管处壳体局部增厚材料的影响。当因开孔补强而增加了容器壁厚时，应使用增加后的壳体厚度确定图 D.3 中圆角半径 r_1 和 r_2 的尺寸（见 D.2.2.4、D.2.2.5）。

D.1.4　本附录中给出的应力指数仅考虑了接管在指定位置上由内压单独作用导致的最大应力，实际评定中通常还应计入外载荷引起的应力和热应力的影响，在这种情况下，给定点的总应力可通过应力叠加方法确定。

D.1.5　D.2、D.3 中给出的指定位置处的应力指数是一个大致的范围，当采用应力叠加法计算总应力时，除非有确凿依据证实源于不同载荷的应力不会出现在同一点，否则应按各应力最大值位于同一点进行叠加计算。

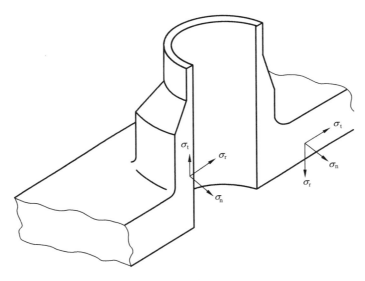

图 D.1　开孔处各应力分量的方向

D.2　径向接管的应力指数

D.2.1　径向接管应力指数的确定

D.2.1.1　对于符合 GB/T 4732.3 中开孔补强设计要求的接管，当其满足 D.2.2 的要求时，可采用 D.2.1.2、D.2.1.3 中规定的应力指数。

D.2.1.2　当开孔接管为轴线垂直于壳壁的圆形接管时，可采用表 D.1、表 D.2 中给出的应力指数。

表 D.1　位于球壳和成形封头球冠部分上接管的应力指数

应力	位置	
	内角	外角
σ_n	2.0	2.0
σ_t	-0.2	2.0
σ_r	$-2\delta/R$	0
S	2.2	2.0

表 D.2　位于圆筒上接管的应力指数

应力	位置			
	纵向平面		横向平面	
	内角	外角	内角	外角
σ_n	3.1	1.2	1.0	2.1
σ_t	-0.2	1.0	-0.2	2.6
σ_r	$-2\delta/D$	0	$-2\delta/D$	0
S	3.3	1.2	1.2	2.6

表 D.1、表 D.2 中:

σ_n——垂直于所考虑截面的应力分量(通常为壳体开孔周围的周向应力),单位为兆帕(MPa);

σ_t——所考虑的截面内平行于截面边界的应力分量,单位为兆帕(MPa);

σ_r——垂直于所考虑截面边界的应力分量,单位为兆帕(MPa);

S——最大当量应力,单位为兆帕(MPa)。

D.2.1.3　位于壳体(内直径为 D)上的接管(内直径为 d),如开孔接管的轴线与壳壁法线成夹角 ϕ,则当 $d/D \leqslant 0.15$ 时,可用公式(D.1)、公式(D.2)估算用于确定 σ_n 的内侧应力指数。

a)　球壳或圆筒圆截面上倾角为 ϕ 的斜接管[见图 D.2 a)]:

$$K_2 = K_1(1 + 2\sin^2\phi) \quad\quad\quad\quad\quad\quad\quad (D.1)$$

b)　圆筒轴线平面上倾角为 ϕ 的斜接管[见图 D.2 b)]:

$$K_2 = K_1[1 + (\tan\phi)^{4/3}] \quad\quad\quad\quad\quad\quad (D.2)$$

式中:

K_1——此接管为径向连接时按 D.2.1.1 确定的 σ_n 的内侧应力指数;

K_2——法线夹角为 ϕ 时 σ_n 的内侧应力指数估算值;

ϕ　——开孔接管轴线与壳壁法线的夹角,单位为度(°)。

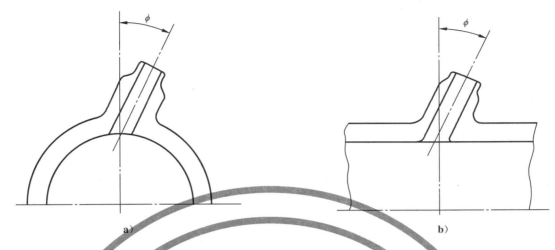

图 D.2　开孔接管轴线与壳壁法线的夹角

D.2.2　径向接管应力指数的使用限制

D.2.2.1　使用 D.2.1.1、D.2.1.2 中应力指数的径向接管应满足表 D.3 和 D.2.2.2～D.2.2.8 的要求。

表 D.3　径向接管的几何尺寸限制

尺寸比值	接管位置	
	圆筒	球壳
D/δ	10～100	10～100
d/D	≤0.50	≤0.50
$d/\sqrt{D\delta}$		≤0.80
$d/\sqrt{D\delta}, r_2/\delta$	≤1.50	—

D.2.2.2　对于在封头和球壳上，或圆筒和锥壳上沿纵轴相邻的接管，接管中心线沿壳体内表面的弧线距离应不小于它们内半径之和的 3 倍。对于圆筒和锥壳上的接管，沿周向相邻时上述弧线距离应不小于它们内半径之和的 2 倍，既不沿纵轴也不沿周向相邻时，接管中心距应满足公式（D.3）的要求。

$$\sqrt{\left(\frac{l_c}{2}\right)^2+\left(\frac{l_e}{3}\right)^2}\geqq\frac{d_1+d_2}{2} \quad\cdots\cdots\cdots\cdots（D.3）$$

式中：

l_c ——相邻接管中心线沿壳体内表面的周向弧线距离，单位为毫米（mm）；

l_e ——相邻接管中心线沿壳体内表面的轴向距离，单位为毫米（mm）；

$d_1、d_2$ ——接管开孔直径，单位为毫米（mm）。

D.2.2.3　对位于圆筒上的接管，接管横向平面上的所有补强面积（包括补强范围以外的部分）不应超过对纵向平面要求的 200%，除非其锥形过渡段的截面积也计算在补强面积内。

D.2.2.4　内角半径 r_1（见图 D.3）为壳体厚度的 1/8～1/2。

D.2.2.5　外角半径 r_2（见图 D.3）应足够大，以保证接管和壳体之间的圆滑过渡。对于圆筒与标准椭圆封头，当开孔直径大于 1.5 倍壳体厚度，对于球壳，当开孔直径大于 3 倍壳体厚度时，r_2 的值应不小于 $\sqrt{d\delta_n}$ 和 $\delta/2$ 中的较大者。

D.2.2.6　圆角半径 r_3 应不小于 $\sqrt{r\delta_p}$ 和 $\delta_n/2$ 中的较大者。

GB/T 4732.4—2024

D.2.2.7 当 GB/T 4732.3 中的要求在图形和几何尺寸上与本附录的限制不同时,使用应力指数的接管应符合本附录的规定。

D.2.2.8 对于球壳和成形封头球冠上的接管,应有不小于 40％ 的补强面积配置在接管与壳体连接处的外表面。

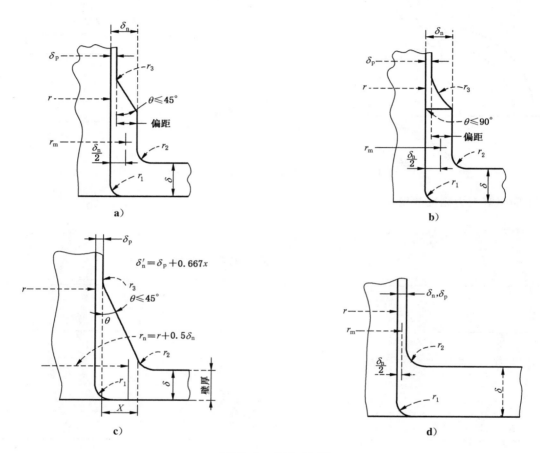

图 D.3　径向接管

D.3　非径向接管的应力指数

D.3.1　非径向接管应力指数的确定和应力的计算

D.3.1.1 对于符合 GB/T 4732.3 中开孔补强设计要求的接管,当其满足 D.3.2 的要求时,可采用 D.3.1.2 中给出的应力指数。

D.3.1.2 表 D.4 中给出了非径向接管的应力指数,其所对应的薄膜应力为:

　a)　对于范围 1 和范围 2,薄膜应力为 $[p(D+\delta)/2\delta]$;

　b)　对于范围 3,薄膜应力为 $[p(d+\delta_p)/2\delta_p]$。

表 D.4 非径向接管的应力指数

载荷	主应力/当量应力	范围 1		范围 2		范围 3	
		内侧[a]	外侧[a]	内侧	外侧	内侧	外侧
压力 P	σ_{max}	5.50	0.80	3.30	0.70	1.00	1.00
	S	5.75	0.80	3.50	0.75	1.20	1.10
支管面内弯矩 M_B	σ_{max}	0.10	0.10	0.50	0.50	1.00	1.60
	S	0.10	0.10	0.50	0.50	1.00	1.60
容器弯矩 M_R 或 M_{RT}	σ_{max}	2.40	2.40	0.60	1.80	0.20	0.20
	S	2.70	2.70	0.70	2.00	0.30	0.30
支管横向弯矩 M_{BT}	σ_{max}	0.13	—	0.06	—	—	2.50[b]
	S	0.22	—	0.07	—	—	2.50[b]
[a] 内侧/外侧指的是内拐角(压力侧)/外圆角,并都在图 D.4 所示的对称平面内。							
[b] 横向弯矩 M_{BT} 的最大应力/当量应力发生在与其呈 90°处。							

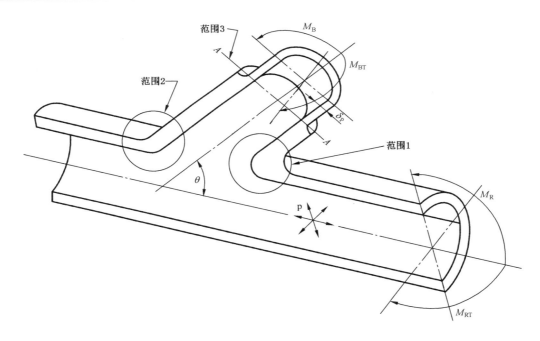

图 D.4 非径向接管

D.3.1.3 非径向接管各处的名义应力:

    a) 作用在侧向接管上的、由面内弯矩 M_B 导致的名义应力按 M_B/Z_B 计算,其中 Z_B 为侧向接管补强范围以外的最小截面模量(图 D.4 中的 $A—A$ 截面),mm^3;

    b) 作用在侧向接管上的、由横向弯矩 M_{BT} 导致的名义应力按 M_{BT}/Z_B 计算;

    c) 作用在侧向接管上的、由面内弯矩 M_R 导致的名义应力按 M_R/Z_R 计算,其中 Z_R 为容器壳体的截面模量,mm^3;

    d) 作用在侧向接管上的、由横向弯矩 M_{RT} 导致的名义应力按 M_{RT}/Z_R 计算。

D.3.2 非径向接管应力指数的使用限制

使用表 D.4 中应力指数的非径向接管应满足以下要求：

a) 接管轴线与壳体法线的夹角 $\theta \leqslant 45°$；

b) 接管横截面为圆形且其轴线与圆筒轴线相交；

c) 接管的几何尺寸满足表 D.5 的要求。

表 D.5 非径向接管的几何尺寸限制

比值	限制范围
D/δ	$\leqslant 40.0$
d/D	$\leqslant 0.5$
$d/\sqrt{D\delta}$	$\leqslant 3.0$

ICS 23.020.30
CCS J 74

中华人民共和国国家标准

GB/T 4732.5—2024

压力容器分析设计
第 5 部分：弹塑性分析方法

Pressure vessels design by analysis—
Part 5：Elastic plastic analysis method

2024-07-24 发布　　　　　　　　　　　　　　2024-07-24 实施

国家市场监督管理总局
国家标准化管理委员会　发 布

前　言

本文件按照 GB/T 1.1—2020《标准化工作导则　第 1 部分：标准化文件的结构和起草规则》的规定起草。

本文件是 GB/T 4732《压力容器分析设计》的第 5 部分。GB/T 4732 已经发布了以下部分：

——第 1 部分：通用要求；

——第 2 部分：材料；

——第 3 部分：公式法；

——第 4 部分：应力分类方法；

——第 5 部分：弹塑性分析方法；

——第 6 部分：制造、检验和验收。

请注意本文件的某些内容可能涉及专利。本文件的发布机构不承担识别专利的责任。

本文件由全国锅炉压力容器标准化技术委员会（SAC/TC 262）提出并归口。

本文件起草单位：中国特种设备检测研究院、浙江大学、清华大学、上海理工大学、北京化工大学、中国寰球工程有限公司北京分公司、合肥通用机械研究院有限公司、中国石化工程建设有限公司、天津理工大学。

本文件主要起草人：陈志伟、郑津洋、陆明万、刘应华、杨国义、苏文献、段成红、杨洁、聂德福、沈鋆、李克明、黄勇力、李涛。

引　言

　　GB/T 4732《压力容器分析设计》给出了压力容器按分析设计方法进行建造的要求,GB/T 150 基于规则设计理念提出了压力容器建造的要求。压力容器设计制造单位可依据设计具体条件选择两种建造标准之一实现压力容器的建造。

　　GB/T 4732 由 6 个部分构成。

　　——第 1 部分:通用要求。目的在于给出按分析设计建造的压力容器的通用要求,包括相关管理要求、通用的术语和定义以及 GB/T 4732 其他部分共用的基础要求等。

　　——第 2 部分:材料。目的在于给出按分析设计建造的压力容器中的钢制材料相关要求及材料性能数据等。

　　——第 3 部分:公式法。目的在于给出按分析设计建造的压力容器的典型受压元件及结构设计要求。具体给出了常用容器部件按公式法设计的厚度计算公式。GB/T 4732.3 可作为 GB/T 4732.4、GB/T 4732.5 的设计基础,也可依据 GB/T 4732.3 自行完成简化的、完整的分析设计。

　　——第 4 部分:应力分类方法。目的在于给出按分析设计建造的压力容器中采用应力分类法进行设计的相关规定。

　　——第 5 部分:弹塑性分析方法。目的在于给出按分析设计建造的压力容器中采用弹塑性分析方法进行设计的相关规定。

　　——第 6 部分:制造、检验和验收。目的在于给出按分析设计建造的压力容器中所涵盖结构形式容器的制造、检验和验收要求。

　　GB/T 4732 包括了基于分析设计方法的压力容器建造过程(即指材料、设计、制造、检验、试验和验收工作)中需要遵循的技术要求、特殊禁用规定。由于 GB/T 4732 没有必要,也不可能囊括适用范围内压力容器建造中的所有技术细节,因此,在满足安全技术规范所规定的基本安全要求的前提下,不限制 GB/T 4732 中没有特别提及的技术内容。GB/T 4732 不能作为具体压力容器建造的技术手册,也不能替代培训、工程经验和工程评价。工程评价是指由知识渊博、娴于规范应用的技术人员所作出针对具体产品的技术评价。工程评价需要符合 GB/T 4732 的相关技术要求。

　　GB/T 4732 不限制实际工程建造中采用其他先进的技术方法,但工程技术人员采用先进的技术方法时需要作出可靠的判断,确保其满足 GB/T 4732 的规定。

　　GB/T 4732 既不要求也不限制设计人员使用计算机程序实现压力容器的分析设计,但采用计算机程序进行分析设计时,除需要满足 GB/T 4732 的要求外,还要确认:

　　——所采用程序中技术假定的合理性;

　　——所采用程序对设计内容的适用性;

　　——所采用程序输入参数及输出结果用于工程设计的正确性。

　　进行应力分析设计计算时可以选择或不选择以 GB/T 4732.3 作为设计基础,进而采用 GB/T 4732.4 或 GB/T 4732.5 进行具体设计计算以确定满足设计计算要求中防止结构失效所要求的元件厚度或局部结构尺寸。当独立采用 GB/T 4732.4 或 GB/T 4732.5 作为设计基础时,无需相互满足。

压力容器分析设计
第5部分:弹塑性分析方法

1 范围

本文件规定了基于弹塑性理论的压力容器分析设计方法,包括术语与符号、基本要求、载荷组合工况,以及塑性垮塌、局部过度应变、屈曲、疲劳和棘轮5种失效模式的评定步骤。

本文件适用于 GB/T 4732.1—2024 所涵盖的压力容器。

2 规范性引用文件

下列文件中的内容通过文中的规范性引用而构成本文件必不可少的条款。其中,注日期的引用文件,仅该日期对应的版本适用于本文件;不注日期的引用文件,其最新版本(包括所有的修改单)适用于本文件。

GB/T 4732.1—2024 压力容器分析设计 第1部分:通用要求
GB/T 4732.2—2024 压力容器分析设计 第2部分:材料
GB/T 4732.3—2024 压力容器分析设计 第3部分:公式法
GB/T 4732.4—2024 压力容器分析设计 第4部分:应力分类方法
GB/T 4732.6—2024 压力容器分析设计 第6部分:制造、检验和验收

3 术语和定义、符号

3.1 术语和定义

GB/T 4732.1—2024 界定的以及下列术语和定义适用于本文件。

3.1.1
成形应变 forming strain
元件成形引起的残余应变。

3.1.2
单轴应变极限 uniaxial strain limit
单向应力状态下材料的应变极限。

3.1.3
三轴应变极限 triaxial strain limit
三向应力状态下材料的应变极限。

3.1.4
二倍屈服法 twice yield method
以零为起点载荷、载荷范围为终点载荷,采用应力范围-应变范围表示的循环应力-应变曲线,在单调加载条件下进行弹塑性分析的疲劳评定方法。

3.1.5
逐个循环分析法 cycle-by-cycle analysis method
基于随动强化模型,采用应力幅-应变幅表示的循环应力-应变曲线,对给定的载荷循环逐个进行弹

塑性分析直至循环返转点处的应力和应变达到稳定的疲劳评定方法。

3.1.6

弹塑性分析　elastic plastic analysis

基于材料弹性和塑性特性及参数,选用合适的弹性和塑性力学本构模型,对给定载荷下结构的弹性变形、应力分布以及材料进入屈服后的塑性变形、应力重分布和失效行为进行理论或数值分析。

3.1.7

二元准则　dual criterion

同时防止塑性垮塌和过度塑性变形的二元评定准则。

3.1.8

垮塌载荷　collapse load

在单调加载条件下容器或元件发生塑性垮塌时的载荷,它是容器或元件能承受的最大载荷。

3.1.9

准极限载荷　quasi-limit load

在考虑应变强化和几何强化效应的情况下,容器或元件由局部塑性变形阶段进入总体塑性变形阶段时的载荷。

注:在理想塑性材料和小变形假设下准极限载荷就是极限载荷。

3.1.10

零曲率载荷　zero-curvature load

载荷-变形曲线上由代表结构局部塑性变形阶段的圆弧过渡段进入代表结构总体塑性变形阶段的线性段的临界点称为零曲率点,该点对应的载荷为零曲率载荷。

注:零曲率载荷即为准极限载荷。

3.1.11

应变极限载荷　strain limiting load

结构内最大总当量应变达到5%时的载荷。

3.1.12

极限载荷边界　limit load boundary

当元件经受的载荷在一个域内按比例加载作用,元件不失去承载能力。

3.1.13

安定载荷边界　shakedown load boundary

当元件经受的机械载荷、热载荷或者两种全有的循环载荷在一个域内变化,元件处于安定状态。

3.1.14

棘轮载荷边界　ratchet load boundary

当元件经受的机械载荷、热载荷或者两种全有的循环载荷在一个域内(以某特定的形式)变化,元件不发生棘轮现象。

3.1.15

残余应力场　residual stress field

物体撤销外部载荷作用时,在物体内部为保持平衡而存在的应力场。

注:残余应力场是一种自平衡的应力场。

3.1.16

直接计算法　direct computational method

进行极限、安定和棘轮分析时,采用下限定理和上限定理,不追踪载荷的加载历史和元件应力、应变响应的演化过程,而是针对元件在给定载荷形式下的最终状态,直接确定元件所能承受的最大载荷的方法。

3.2 符号

下列符号适用于本文件。

D——容器自重、内装物料、附属设备及外部配件的重力载荷。

E——地震载荷。

L——偶发载荷。

p——设计压力，MPa。

p_s——由液体或内装物料（如催化剂）引起的静压力，MPa。

p_T——耐压试验压力，MPa。

S_s——雪载荷。

S_m——材料在耐压试验温度下的许用应力，MPa。

S_m^t——材料在设计温度或工作温度下的许用应力，MPa。

T——热和位移载荷。

W——风载荷。

W_{pt}——由用户确定耐压试验工况下的风载荷。

α——载荷调整系数。

4 基本要求

4.1 压力容器塑性垮塌、局部过度应变、屈曲、疲劳和棘轮 5 种失效模式应按本文件规定的基于弹塑性分析的评定方法进行评定。当容器设计温度进入材料蠕变温度范围时，按附录 A 进行高温蠕变分析设计。

4.2 除本文件涵盖的失效模式外，设计人员在设计时还应校核容器在全寿命周期内可能出现的其他失效模式。

4.3 设计单位应对容器设计文件的正确性和完整性负责，设计计算书包括容器或元件设计参数、详细结构、材料性能、力学模型、计算结果和评定结论。

4.4 弹塑性分析需要以下材料性能参数，见 GB/T 4732.2—2024。

　　a） 弹性模量、泊松比、屈服强度、抗拉强度、应力-应变关系等。

　　b） 热传导系数、比热容、线膨胀系数、密度等。

4.5 设计时载荷按 GB/T 4732.1—2024 中 5.3.2 的规定。考虑的载荷组合工况见表 1，包括其中一个或多个载荷不起作用时可能引起的更危险的情况。载荷组合工况中各载荷参数的说明按 GB/T 4732.4—2024 中表 1 的要求。

表 1 载荷组合工况

条件和组合序号		载荷组合工况
设计条件	1	$\alpha[p+p_s+D]$
	2	$\alpha[0.88(p+p_s+D+T)+1.13L+0.36S_s]$
	3	$\alpha[0.88(p+p_s+D)+1.13S_s+(0.71L \text{ 或 } 0.36W)]$
	4	$\alpha[0.88(p+p_s+D)+0.71W+0.71L+0.36S_s]$
	5	$\alpha[0.88(p+p_s+D)+0.71E+0.71L+0.14S_s]$
耐压试验条件	液压试验 6	$\alpha[0.71(p_T+p_s+D+0.3W)]$
	气压试验 7	$\alpha[0.84(p_T+p_s+D+0.3W)]$

5 塑性垮塌

5.1 方法与准则

5.1.1 防止容器或元件塑性垮塌应采用极限分析或弹塑性分析进行校核,或按附录 B 或附录 C 进行校核。极限分析和弹塑性分析均包括载荷系数法和垮塌载荷法两种方法。载荷系数法一般用于校核设计方案能否通过;垮塌载荷法既能用于校核设计方案能否通过,又能给出结构的设计裕度。

5.1.2 防止容器或元件塑性垮塌应符合 5.2 或 5.3 的评定要求。除此之外,设计人员还应校核变形量对使用性能的影响,例如法兰变形过大引起的泄漏、塔器挠度过大引起的操作性能降低。当过度的变形影响了容器的使用性能时,应降低设计载荷或修改结构。如需要变形限制,相应变形量要求应在容器设计条件(UDS)中提供。

5.2 极限分析

5.2.1 通过极限分析确定容器或元件的极限载荷下限值以防止塑性垮塌失效。极限载荷的计算也可按附录 C 进行。对随变形而出现刚度下降的元件(例如面内弯曲的弯管)应采用 5.3 的弹塑性分析进行评定。

5.2.2 当采用数值计算进行极限分析时,应满足如下条件:

    a) 材料的应力-应变关系是理想弹塑性,屈服强度取为 $1.5S_m^t$;

    b) 采用小变形的应变-位移线性关系;

    c) 满足基于变形前几何形状下的平衡关系;

    d) 满足 von Mises 屈服准则(第四强度理论)及其关联流动法则。

5.2.3 采用载荷系数法或垮塌载荷法进行极限分析时,应按如下步骤进行评定,评定流程见图1。

    a) 载荷系数法评定步骤为:

        1) 创建模型,创建的数值分析模型应能表征容器或元件的几何特性、边界条件和所受载荷;

        2) 确定载荷工况,载荷组合工况至少应包括表1所列工况,取载荷调整系数 $\alpha=1.5$,确定载荷工况;

        3) 数值计算,计算时通常采用比例加载,如果需要也可按用户指定的顺序进行加载;

        4) 合格评定,若数值计算能得到收敛解,则评定通过;若计算不收敛,则应对模型进行调整,重新评定。

    b) 垮塌载荷法评定步骤为:

        1) 创建模型,创建的数值分析模型应能表征容器或元件的几何特性、边界条件和所受载荷;

        2) 确定载荷工况,载荷组合工况至少应包括表1所列工况,载荷调整系数 α 值由零开始逐步增加;

        3) 数值计算,计算时通常采用比例加载,如果需要也可按用户指定的顺序进行加载,确定载荷调整系数 α 为结构失稳(即无法得到收敛解)前的最大值;

        4) 合格评定,若结构失稳前 $\alpha \geqslant 1.5$,评定通过;否则应对模型进行调整,重新评定。

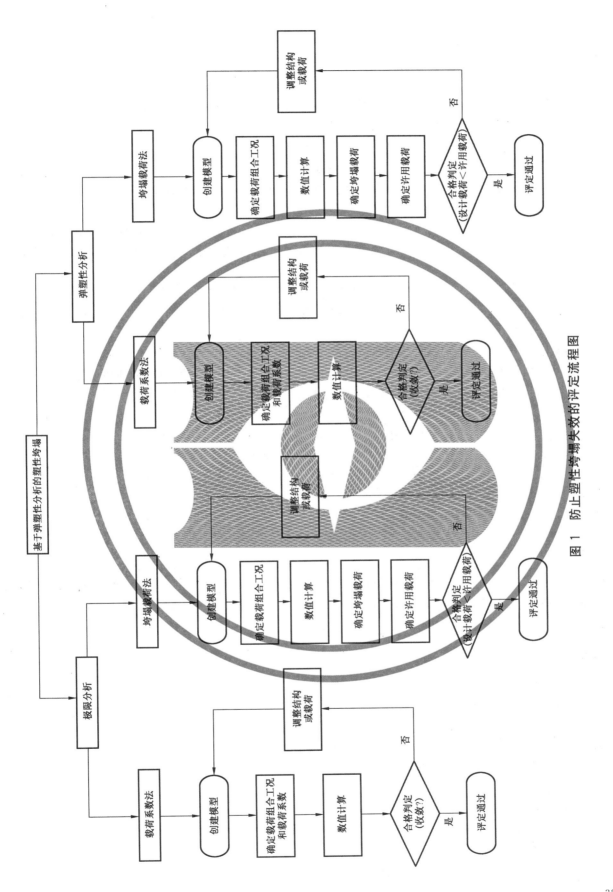

图 1 防止塑性垮塌失效的评定流程图

5.3 弹塑性分析

5.3.1 弹塑性分析提供了防止容器或元件塑性垮塌的一种较精确的评定方法。

5.3.2 当采用数值计算进行弹塑性分析时,应满足如下条件:

a) 采用材料的弹塑性应力-应变关系,弹塑性应力-应变关系按附录D的规定;

b) 采用大变形的应变-位移非线性关系;

c) 满足基于变形后几何形状下的力和力矩平衡关系;

d) 满足 von Mises 屈服准则及其关联流动法则。

5.3.3 采用载荷系数法或垮塌载荷法进行弹塑性分析时,应按如下步骤进行评定,评定流程见图1。

a) 载荷系数法评定步骤为:

1) 创建模型,创建的数值分析模型应给出容器或元件的几何特性、边界条件和所受载荷;

2) 确定载荷工况,载荷组合工况至少应包括表1所列工况,取载荷调整系数 $\alpha = 2.4$,确定载荷工况;

3) 数值计算,计算时通常采用比例加载,如果需要也可按用户指定的顺序进行加载;

4) 合格评定,若数值计算能得到收敛解,则评定通过;若计算不收敛,则应对模型进行调整,重新评定。

b) 垮塌载荷法评定步骤为:

1) 创建模型,创建的数值分析模型应给出容器或元件的几何特性、边界条件和所受载荷;

2) 确定载荷工况,载荷组合工况至少应包括表1所列工况,载荷调整系数 α 值由零开始逐步增加;

3) 数值计算,计算时通常采用比例加载,如果需要也可按用户指定的顺序进行加载,确定载荷调整系数 α 为结构失稳(即无法得到收敛解)前的最大值;

4) 合格评定,若结构失稳前 $\alpha \geqslant 2.4$,评定通过;否则应对模型进行调整,重新评定。

6 局部过度应变

6.1 通则

本章给出了基于弹塑性分析评定局部过度应变的方法。除了满足第5章规定的塑性垮塌评定要求外,容器或元件还应进行局部过度应变评定。按照 GB/T 4732.3—2024 设计的容器或元件可不进行局部过度应变评定。

6.2 符号

下列符号适用于本章。

D_ε——累积应变损伤系数。

$D_{\varepsilon form}$——由成形引起的应变损伤系数。

$D_{\varepsilon,k}$——第 k 个载荷增量引起的应变损伤系数。

m_2——材料参数,由表2确定。

R——屈强比。

A——断后伸长率,%。

Z——断面收缩率,%。

α_{sl}——材料参数,由表2确定。

$\Delta\varepsilon_{peq,k}$——第 k 个载荷增量的当量塑性应变增量。

ε_{cf}——成形应变。

ε_{L}——三轴应变极限。

ε_{Lu}——单轴应变极限。

$\varepsilon_{L,k}$——第 k 个载荷增量引起的应变极限。

ε_{peq}——当量塑性应变。

ε_{ij}——当 $i=j$ 时,ε_{ij} 为塑性正应变分量;当 $i\neq j$ 时,ε_{ij} 为塑性剪应变分量。

$\gamma_{ij}(i\neq j)$——工程塑性剪应变分量,即塑性剪应变分量 $\varepsilon_{ij}(i\neq j)$ 的 2 倍。

σ_{e}——当量应力,MPa。

σ_{1}、σ_{2}、σ_{3}——主应力,MPa。

$\sigma_{e,k}$——第 k 个载荷增量的当量应力,MPa。

$\sigma_{1,k}$、$\sigma_{2,k}$、$\sigma_{3,k}$——第 k 个载荷增量的主应力,MPa。

6.3 评定步骤

局部过度应变按如下步骤进行评定,评定流程见图 2。

a) 取载荷为 $1.7(p+P_s+D)$,对容器或元件进行考虑非线性的弹塑性分析,计算中材料应采用真实弹塑性应力-应变关系。

b) 对容器或元件中可能出现局部过度应变的每一个点,确定主应力 σ_1、σ_2、σ_3,当量应力 σ_e 和当量塑性应变 ε_{peq},当量应力按公式(1)计算:

$$\sigma_e=\frac{1}{\sqrt{2}}\left[(\sigma_1-\sigma_2)^2+(\sigma_2-\sigma_3)^2+(\sigma_1-\sigma_3)^2\right]^{0.5}$$

$$\cdots\cdots(1)$$

当量塑性应变按公式(2)计算:

$$\varepsilon_{peq}=\frac{\sqrt{2}}{3}\left[(\varepsilon_{11}-\varepsilon_{22})^2+(\varepsilon_{22}-\varepsilon_{33})^2+(\varepsilon_{33}-\varepsilon_{11})^2+6(\varepsilon_{12}^2+\varepsilon_{23}^2+\varepsilon_{31}^2)\right]^{0.5}$$

$$=\frac{\sqrt{2}}{3}\left[(\varepsilon_{11}-\varepsilon_{22})^2+(\varepsilon_{22}-\varepsilon_{33})^2+(\varepsilon_{33}-\varepsilon_{11})^2+1.5(\gamma_{12}^2+\gamma_{23}^2+\gamma_{31}^2)\right]^{0.5}$$

$$\cdots\cdots(2)$$

可采用典型有限元分析程序直接输出 σ_e 和 ε_{peq}。

c) 三轴应变极限按公式(3)计算:

$$\varepsilon_L=\varepsilon_{Lu}\cdot\exp\left[-\left(\frac{\alpha_{sl}}{1+m_2}\right)\left(\frac{(\sigma_1+\sigma_2+\sigma_3)}{3\sigma_e}-\frac{1}{3}\right)\right]$$

$$\cdots\cdots(3)$$

式中:ε_{Lu}、m_2 和 α_{sl} 由表 2 确定。

d) 根据材料和成形制造工艺,由 GB/T 4732.6—2024 中 8.2 确定成形应变 ε_{cf}。如果容器或元件按 GB/T 4732.6—2024 进行了恢复性能热处理,则可以假设成形应变为零。

e) 按公式(4)校核应变极限。若容器或元件中可能出现局部过度应变的每一个点都满足公式(4),则局部过度应变评定通过;若不满足,则应调整设计,重新评定。

$$\varepsilon_{peq}+\varepsilon_{cf}\leqslant\varepsilon_L$$

$$\cdots\cdots(4)$$

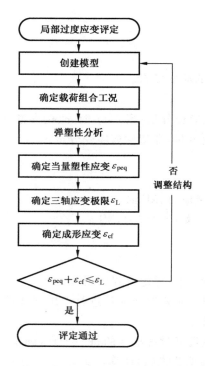

图 2　防止局部过度应变失效的评定流程图

6.4　累积应变损伤法

如果容器设计条件给出了加载顺序,则可用本条代替 6.3 进行累计损伤评定,评定流程见图 3。将加载过程划分为 n 个载荷增量,第 k 个载荷增量引起的应变极限 $\varepsilon_{L,k}$ 按公式(5)计算。每个载荷增量引起的应变损伤系数按公式(6)计算,由成形引起的应变损伤系数 $D_{\varepsilon form}$ 按公式(7)计算。如果容器或元件按照 GB/T 4732.6—2024 的制造要求进行了恢复性能热处理,则成形应变损伤系数可以假设为零。累积的应变损伤系数按公式(8)进行评定。若满足公式(8),则对规定的载荷序列,容器或元件中该位置评定合格;否则,应进行重新设计和评定。

$$\varepsilon_{L,k}=\varepsilon_{Lu}\cdot\exp\left[-\left(\frac{\alpha_{sl}}{1+m_2}\right)\left(\frac{(\sigma_{1,k}+\sigma_{2,k}+\sigma_{3,k})}{3\sigma_{e,k}}-\frac{1}{3}\right)\right]$$

$$\cdots\cdots\cdots\cdots\cdots(5)$$

$$D_{\varepsilon,k}=\frac{\Delta\varepsilon_{peq,k}}{\varepsilon_{L,k}}\qquad\cdots\cdots\cdots\cdots\cdots(6)$$

$$D_{\varepsilon form}=\frac{\varepsilon_{cf}}{\varepsilon_{Lu}\cdot\exp\left[-\frac{1}{3}\left(\frac{\alpha_{sl}}{1+m_2}\right)\right]}\qquad\cdots\cdots\cdots\cdots\cdots(7)$$

$$D_{\varepsilon}=D_{\varepsilon form}+\sum_{k=1}^{n}D_{\varepsilon,k}\leqslant1.0\qquad\cdots\cdots\cdots\cdots\cdots(8)$$

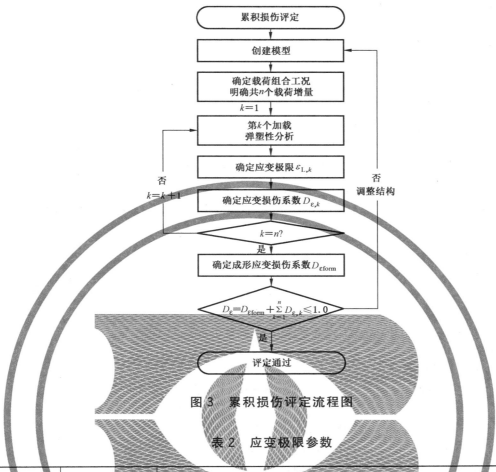

图 3 累积损伤评定流程图

表 2 应变极限参数

材料	最高适用温度℃	单轴应变极限 ε_{Lu}			α_{sl}
		m_2	用断后伸长率确定	用断面收缩率确定	
非合金钢和低合金钢	480	$0.60(1.00-R)$	$2 \cdot \ln\left[1+\dfrac{A}{100}\right]$	$\ln\left[\dfrac{100}{100-Z}\right]$	2.2
不锈钢	480	$0.75(1.00-R)$	$3 \cdot \ln\left[1+\dfrac{A}{100}\right]$	$\ln\left[\dfrac{100}{100-Z}\right]$	0.6
双相钢	480	$0.70(0.95-R)$	$2 \cdot \ln\left[1+\dfrac{A}{100}\right]$	$\ln\left[\dfrac{100}{100-Z}\right]$	2.2
如未规定断后伸长率和断面收缩率，则取 $\varepsilon_{Lu}=m_2$；如规定了断后伸长率或断面收缩率，则 ε_{Lu} 取表中第 3、4、5 列计算结果的最大值					

7 屈曲

7.1 通则

当容器或元件受到外压载荷或存在压应力时，应进行屈曲的评定。

7.2 符号

下列符号适用于本章。

δ_e——圆筒或锥壳的有效厚度,mm。

φ_B——屈曲设计系数。

β_{cr}——承载能力减弱系数。

D_o——圆筒外直径,mm。

7.3 屈曲设计系数

7.3.1 屈曲设计系数应根据下列屈曲分析方法进行确定。

    a) 方法1:

        1) 当采用屈曲分析方法,基于弹性应力分析且不考虑几何非线性计算容器或元件的预应力时,屈曲设计系数 φ_B 应不小于 $2/\beta_{cr}$;

        2) 容器或元件内的预应力根据 GB/T 4732.4—2024 中表2设计条件的载荷组合1～8计算。

    b) 方法2:

        1) 当采用屈曲分析方法,基于弹塑性应力分析且考虑几何非线性计算容器或元件中的预应力时,屈曲设计系数 φ_B 应不小于 $1.667/\beta_{cr}$;

        2) 容器或元件内的预应力根据 GB/T 4732.4—2024 中表2设计条件的载荷组合1～8计算。

    c) 方法3:

    按 5.3 中的垮塌载荷法对容器或元件进行弹塑性分析,且考虑了形状缺陷,则屈曲安全系数已包含在表1中各载荷组合工况的载荷系数中。

7.3.2 承载能力减弱系数 β_{cr} 根据下列情况确定。

    a) 承受轴向压缩载荷的无加强圈或采用环向加强圈的圆筒和锥壳:

        1) $D_o/\delta_e \geqslant 1\,247$ 时,$\beta_{cr}=0.207$;

        2) $D_o/\delta_e < 1\,247$ 时,$\beta_{cr}=338/(389+D_o/\delta_e)$。

    b) 承受外压的无加强圈或采用环向加强圈的圆筒和锥壳,$\beta_{cr}=0.80$。

    c) 承受外压的球壳和半球形、碟形、椭圆形封头,$\beta_{cr}=0.124$。

7.4 评定步骤

当通过数值分析方法确定容器或元件的临界载荷时,应校核所有可能的屈曲模态。屈曲评定按如下步骤进行,评定流程图见图4。

    a) 创建模型:

    创建的数值分析模型应给出容器或元件的几何特性、边界条件和所受载荷。

    b) 确定载荷工况:

    方法1和方法2的载荷组合工况应按 GB/T 4732.4—2024 中表2确定,方法3的载荷组合工况应按 5.3.3b)确定。

    c) 确定许用载荷或垮塌载荷:

    采用方法1和方法2进行屈曲分析时,数值计算应校核所有可能的屈曲模态,得到最小临界载荷,最小临界载荷除以屈曲设计系数后确定许用载荷;采用方法3进行弹塑性分析时,通过弹塑性分析数值计算,确定载荷调整系数。

    d) 合格评定:

    屈曲分析时,设计载荷小于许用载荷,则评定通过;采用垮塌载荷法进行弹塑性分析时,若载荷调整系数 $\alpha \geqslant 2.4$,则评定通过。否则,应对容器或元件重新设计和评定。

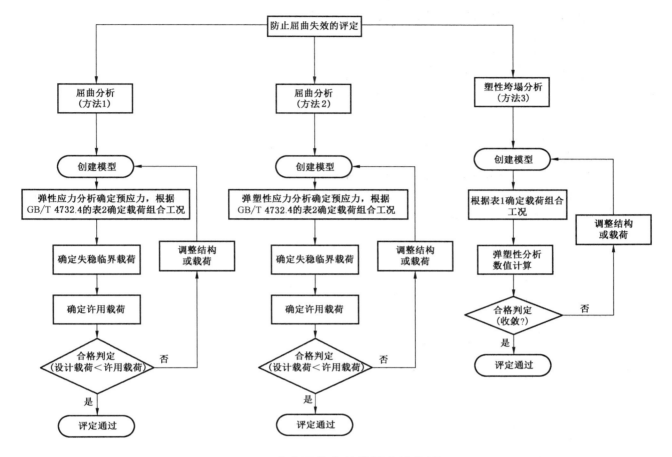

图 4　防止屈曲失效的评定流程图

8　疲劳

8.1　通则

基于弹塑性分析的疲劳按本章规定的方法进行评定。对于承受循环载荷的压力容器及受压元件,当使用条件不满足 GB/T 4732.4—2024 中 6.5 时,按以下要求进行疲劳评定。

8.2　符号

下列符号适用于本章。

D_f——疲劳累积损伤。

$D_{f,k}$——第 k 种循环的疲劳损伤。

$E_{ya,k}$——第 k 种循环时,按平均温度确定的材料弹性模量,MPa。

k——第 k 种循环,$1 \leqslant k \leqslant M$。

M——循环种数。

n_k——第 k 种循环的预计循环次数,次。

N_k——第 k 种循环的允许循环次数,次。

$S_{alt,k}$——第 k 种循环的有效交变当量应力幅,MPa。

$\Delta\varepsilon_{ij,k}$——当 $i=j$ 时,$\Delta\varepsilon_{ij,k}$ 为第 k 种循环的塑性正应变分量范围;当 $i \neq j$ 时,$\Delta\varepsilon_{ij,k}$ 为第 k 种循环的工程塑性剪应变分量范围。

$\Delta\varepsilon_{peq,k}$——第 k 种循环的当量塑性应变范围。

$\Delta\varepsilon_{eff,k}$——第 k 种循环的有效当量应变范围。

$\Delta\sigma_{ij,k}$——第 k 种循环的应力分量范围,MPa。

$\Delta\sigma_{P,k}$——第 k 种循环的总当量应力范围,MPa。

8.3 评定步骤

疲劳应按如下步骤进行评定,疲劳评定流程见图 5。

a) 根据容器设计条件确定循环载荷工况。容器运行期间的循环载荷工况主要包括间歇操作(如开车、停车等)、压力波动、温度变化、振动等。

b) 由循环载荷工况,按 GB/T 4732.4—2024 中附录 A,确定循环种数 M 及每种循环的预计循环次数 n_k。

c) 确定第 k 种循环范围的起点载荷和终点载荷,并取两者差值的绝对值为载荷范围。

d) 对第 k 种循环,采用二倍屈服法或者逐个循环分析法进行弹塑性分析,分析中材料循环应力-应变曲线按附录 D 的规定,并按公式(9)计算总当量应力范围 $\Delta\sigma_{P,k}$,按公式(10)计算当量塑性应变范围 $\Delta\varepsilon_{peq,k}$:

$$\Delta\sigma_{P,k} = \frac{1}{\sqrt{2}}\left[\begin{array}{l}(\Delta\sigma_{11,k}-\Delta\sigma_{22,k})^2 + (\Delta\sigma_{11,k}-\Delta\sigma_{33,k})^2 + \\ (\Delta\sigma_{22,k}-\Delta\sigma_{33,k})^2 + 6(\Delta\sigma_{12,k}^2+\Delta\sigma_{13,k}^2+\Delta\sigma_{23,k}^2)\end{array}\right]^{0.5}$$ ·········(9)

$$\Delta\varepsilon_{peq,k} = \frac{\sqrt{2}}{3}\left[\begin{array}{l}(\Delta\varepsilon_{11,k}-\Delta\varepsilon_{22,k})^2 + (\Delta\varepsilon_{22,k}-\Delta\varepsilon_{33,k})^2 + \\ (\Delta\varepsilon_{33,k}-\Delta\varepsilon_{11,k})^2 + 1.5(\Delta\varepsilon_{12,k}^2+\Delta\varepsilon_{23,k}^2+\Delta\varepsilon_{31,k}^2)\end{array}\right]^{0.5}$$ ·········(10)

当采用二倍屈服法时,弹塑性分析程序可以直接输出 $\Delta\sigma_{P,k}$ 和 $\Delta\varepsilon_{peq,k}$。

e) 按公式(11)计算第 k 种循环的有效当量应变范围 $\Delta\varepsilon_{eff,k}$:

$$\Delta\varepsilon_{eff,k} = \frac{\Delta\sigma_{P,k}}{E_{ya,k}} + \Delta\varepsilon_{peq,k}$$ ·········(11)

f) 按公式(12)计算第 k 种循环的有效交变当量应力幅 $S_{alt,k}$:

$$S_{alt,k} = \frac{E_{ya,k}\Delta\varepsilon_{eff,k}}{2}$$ ·········(12)

g) 根据有效交变当量应力幅 $S_{alt,k}$,考虑弹性模量修正后,按 GB/T 4732.4—2024 中 6.6.6 确定第 k 种循环的允许循环次数 N_k。

h) 按公式(13)计算第 k 种循环的疲劳损伤 $D_{f,k}$:

$$D_{f,k} = \frac{n_k}{N_k}$$ ·········(13)

i) 对于 b)中确定的每种循环,均按步骤 c)~步骤 h)计算疲劳损伤 $D_{f,k}$。

j) 按公式(14)计算疲劳累积损伤 D_f。如果满足公式(14),则该评定点的评定通过;否则,应修改容器设计,重复步骤 a)~步骤 j),直到满足公式(14)为止。

$$D_f = D_{f,1} + D_{f,2} + \cdots + D_{f,k} + \cdots + D_{f,M} \leqslant 1.0$$ ·········(14)

k) 对容器上应疲劳评定的每一个点重复步骤 a)~步骤 j)。

GB/T 4732.5—2024

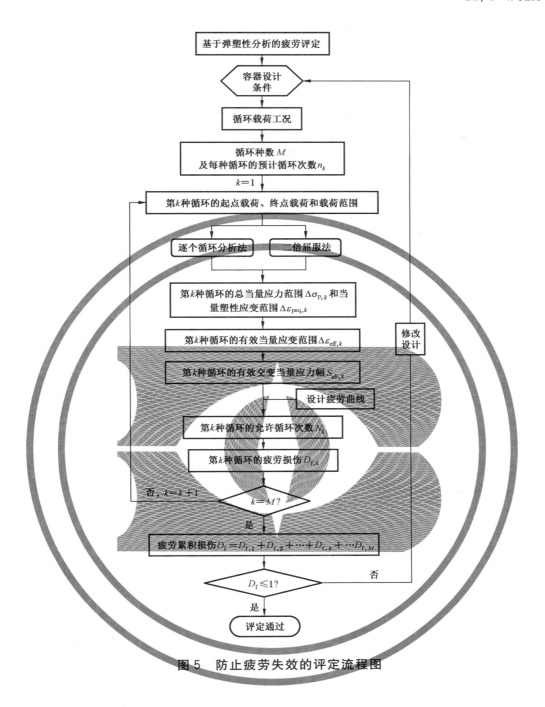

图 5　防止疲劳失效的评定流程图

9　棘轮

9.1　通则

基于弹塑性分析的棘轮失效应按本章进行评定,也可按附录 C 进行棘轮载荷边界的计算。

9.2　评定步骤

棘轮评定按如下步骤进行,评定流程见图 6。

a)　建立数值模型,模型应精确地表示元件的几何特性、边界条件和载荷。

b)　确定相关载荷和载荷工况,应校核各种工况(如正常操作工况、开停车工况等)及其最可能引

333

GBT 4732.5—2024

起棘轮现象的两个工况的组合。

c) 采用理想弹塑性材料模型,使用 von Mises 屈服条件和关联流动法则,并考虑几何非线性的影响。塑性极限用的屈服强度采用材料在对应温度下的屈服强度,见 GB/T 4732.2—2024 的附录 C。

d) 对上述步骤 b)中确定的载荷,进行若干次弹塑性分析。如果所作用的工况不止 1 个,则应至少选择其中最可能引起棘轮现象的两个工况进行分析。

e) 在施加不少于 3 个完整循环并证实收敛后,按照以下准则对棘轮进行评定。

　　1) 无塑性应变。

　　2) 在承受压力和其他机械载荷的截面上存在弹性核。

　　3) 最后 1 个及倒数第 2 个循环之间的相关结构的尺寸-循环次数曲线表明,总体结构尺寸无永久性变形。

f) 如果满足 e)中任一条件,则棘轮评定通过。否则应修改元件的结构(即厚度)或降低外加载荷,重新进行分析。

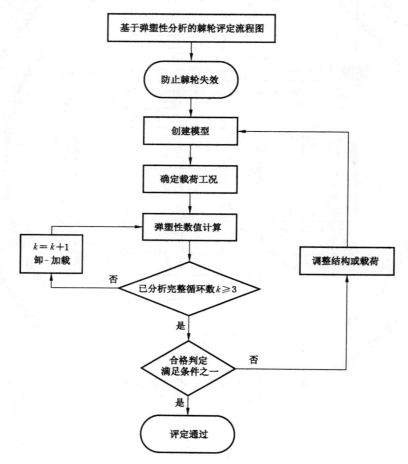

图 6　防止棘轮失效的评定流程图

334

附 录 A

（规范性）

高温蠕变分析设计方法

A.1 总则

压力容器在高温下的蠕变分析方法主要针对其在高温蠕变条件下的蠕变断裂、蠕变过量变形、蠕变棘轮和蠕变疲劳4种典型的失效模式进行评定。本附录给出2种分析设计评定方法，其中，蠕变棘轮和蠕变疲劳为 GB/T 4732.1—2024 中未涉及而增补的。

2种方法对应的蠕变温度适用范围和材料见表 A.1。

表 A.1 蠕变温度适用范围和材料

方法类别	蠕变温度适用范围	牌号	钢材类型
方法1	高于 370 ℃且不超过 575 ℃	12Cr2Mo1R	板材
		12Cr2Mo1	管材、锻件
	高于 425 ℃且不超过 700 ℃	S30408	板材、管材、锻件
		S30409	板材、管材、锻件
	高于 425 ℃且不超过 700 ℃	S31608	板材、管材、锻件
方法2	高于 370 ℃且不超过 482 ℃	12Cr2Mo1VR	板材
		12Cr2Mo1V	锻件

A.2 方法1

A.2.1 通则

A.2.1.1 方法1的评定包括应力评定、应变评定和蠕变疲劳失效模式的评定。

A.2.1.2 满足应力评定保证了基本强度。满足应变评定保证了不发生蠕变棘轮失效。满足蠕变疲劳失效模式的评定保证了部件不发生蠕变疲劳失效。

A.2.1.3 若各工况下结构的蠕变累积损伤、蠕变应变或结构内最大应力小于或等于其许用值，则蠕变可忽略，此时结构可按照本文件的设计方法进行设计。若蠕变不可忽略，则应进行蠕变评定。

A.2.2 压力和其他机械载荷引起的应力的限制

在线弹性分析模型中，压力和其他机械载荷引起的应力的评定包括以下内容。

a) 设计载荷和操作载荷的不同应力类型应满足各自的许用值，如图 A.1 所示。

b) 对操作载荷进行分类。分别计算每一类载荷的加载时间与这类载荷对应的材料断裂时间的比值，作为各类载荷的使用系数，并对各类载荷的使用系数求和。使用系数之和不应超过1.0。

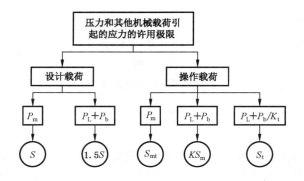

标引符号说明：

K ——基于塑性分析的形状系数，对矩形截面 $K=1.5$；

K_t ——基于蠕变分析的形状系数，取 1.25；

P_b ——一次弯曲应力，MPa；

P_L ——一次局部薄膜应力，MPa；

P_m ——一次总体薄膜应力，MPa；

S ——设计温度下材料的总体一次薄膜当量应力的许用极限，MPa；

S_m ——在给定温度下与时间无关的强度参量中的最低应力值，MPa；

S_{mt} ——对母材，是总体一次薄膜当量应力的许用极限，取 S_m 和 S_t 两个许用极限中的较小值；对焊缝，取 S_{mt} 和 $0.8S_r \times R$ 中的较小值，其中 S_r 为预计的最小断裂应力强度，MPa；

S_t ——对母材，S_t 值为与温度和时间相关的当量应力的许用极限；对于焊缝部位，取 S_t 值或 $0.8S_r \times R$ 两者中的较小值，其中，R 为焊缝金属蠕变断裂强度与母材蠕变断裂强度之比；相邻母材的最低 S_t 值用于焊缝，MPa。

图 A.1 压力和其他机械载荷引起的应力的许用极限评定图

A.2.3 应变限制

应按 A.2.3 和 A.2.4 进行应变评定和蠕变疲劳失效模式的评定。评定时，主要包括 3 种蠕变棘轮评定分析，即弹性分析、简化的非弹性分析、非弹性分析，评定流程见图 A.2。

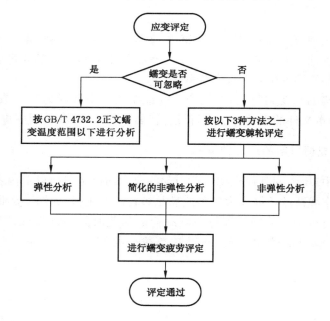

图 A.2 蠕变棘轮和蠕变疲劳的评定流程图

A.2.4 蠕变疲劳

A.2.4.1 弹性分析方法适用条件

弹性分析方法进行蠕变疲劳失效模式评定应满足以下条件：

a) 图 A.2 中弹性分析和简化的非弹性分析的要求；

b) 应力(P_L+P_b+Q)的当量应力不大于 $3S$，其中 $3S$ 取 $3S_m$ 和 $3\overline{S}_m$ 的较小值；

c) 由压力引起的薄膜和弯曲应力以及由热载荷引起的薄膜应力归为一次应力。

注：b)中涉及的符号含义如下：

P_b——一次弯曲应力，MPa；

P_L——一次局部薄膜应力，MPa；

Q——操作载荷下得到的二次应力，MPa；

S——设计温度下材料的总体一次薄膜当量应力的许用极限，MPa；

S_m——在给定温度下与时间无关的强度参量中的最低应力值，MPa；

$\overline{S}_m$——在给定温度下与时间相关的应力强度参量中的应力值，MPa。

A.2.4.2 蠕变损伤计算

按下列步骤进行蠕变损伤系数 D_c 的计算：

a) 首先，通过弹性分析得到应变范围的当量应变；

b) 然后分别针对应力集中系数(应力集中系数要考虑塑性变形和蠕变的影响)、蠕变应变、多轴塑性和泊松比对当量应变进行修正，以确定考虑弹性、塑性和蠕变影响的总应变；

c) 再通过等时应力-应变曲线，最小断裂应力-断裂时间关系图，可确定特定初始应力水平和特定温度下材料发生蠕变断裂的许用时间，再按照使用系数累加原则，最终得到蠕变损伤系数 D_c。

A.2.4.3 疲劳损伤计算

按下列步骤进行疲劳损伤系数 D_f 的计算：

a) 首先确定每一类循环载荷的循环次数，并由设计疲劳数据确定每一类循环载荷的设计许用循环次数；

b) 分别计算每一类循环载荷的循环次数与这类循环载荷的设计许用循环次数的比值，作为各类循环载荷的损伤系数；

c) 叠加各类循环载荷的损伤系数，最终得到疲劳损伤系数 D_f。

A.2.4.4 蠕变疲劳交互作用

按公式(A.1)评定蠕变疲劳交互作用的线性累积损伤：

$$D_c+D_f \leqslant D \quad\quad\quad \cdots\cdots\cdots\cdots\cdots\cdots\cdots\cdots\cdots(A.1)$$

式中：

D_c——蠕变损伤系数；

D_f——疲劳损伤系数；

D——许用总蠕变疲劳损伤。

公式(A.1)中的许用总蠕变疲劳损伤 D 不应超过图 A.3 的材料蠕变疲劳损伤包络线。

公式(A.1)的校核可按图 A.3。将由 D_f 为横坐标，D_c 为纵坐标确定的点(D_f, D_c)标于图 A.3。如果该点落在对应材料的蠕变疲劳损伤包络线与横纵坐标所围成的区域以内，或落在对应材料的蠕变疲劳损伤包络线上，则合格。

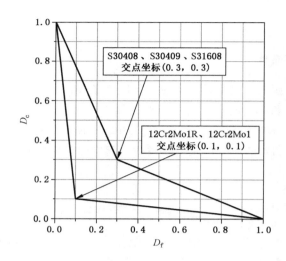

图 A.3　蠕变疲劳损伤包络线

A.3　方法 2

A.3.1　一般要求

采用本方法,受压元件应满足以下条件:

a)　壳体的外直径 D_o 与内直径 D_i 比:$D_o/D_i \leqslant 1.2$;

b)　标准受压元件(如法兰、管件等)除外;

c)　接管、锥形过渡段采用整体结构。

A.3.2　防止塑性垮塌

按 GB/T 4732.4—2024 中 6.2 进行最大一次静载的强度校核。

A.3.3　防止蠕变棘轮

A.3.3.1　评定流程

元件承受循环载荷时,应进行蠕变棘轮分析。通过限制应变和变形,可以避免蠕变过量变形和蠕变棘轮这两种失效模式。防止蠕变棘轮的评定流程,见图 A.4。

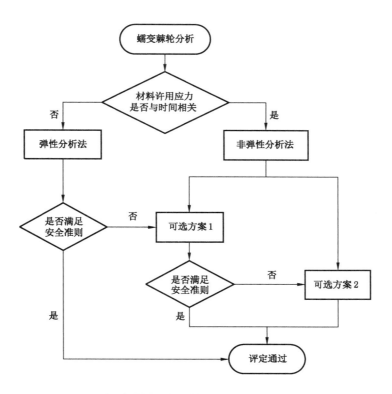

图 A.4　蠕变棘轮失效模式评定流程图（方法 2）

A.3.3.2　弹性分析法

当受压元件材料在操作温度下的许用应力 S_m^t 与时间无关时，若按 GB/T 4732.4—2024 中规定的设计方法，可确定元件中的所有点均处于弹性安定，则可采用弹性分析法进行棘轮分析。当采用本方法分析时，应选取最极端工况下的应力和温度条件，按公式（A.2）对受压元件的总应力范围的当量应力进行限制。

$$\Delta(P_L + P_b + Q + F) \leqslant S_h + S_{yc} \qquad\qquad (\,A.2\,)$$

式中：

P_L——一次局部薄膜应力，单位为兆帕（MPa）；

P_b——一次弯曲应力，单位为兆帕（MPa）；

Q——操作载荷下得到的二次应力，单位为兆帕（MPa）；

F——由应力集中产生的超过名义应力的附加的应力增量，单位为兆帕（MPa）；

S_h——所考虑载荷循环中最高温度下的许用应力，单位为兆帕（MPa）；

S_{yc}——所考虑载荷循环最低温度下的屈服强度，单位为兆帕（MPa）。

A.3.3.3　非弹性分析法

A.3.3.3.1　受压元件应采用下列可选方案之一进行非弹性分析并考虑蠕变效应。

a)　可选方案 1：如果所有结构上的各点均处于弹性安定状态，可采用近似的棘轮分析。应选择最极端应力与温度工况的载荷历程，最少应计算两个完整的循环，每个循环应包含至少 1 年的保载时间，用于判断是否发生蠕变松弛效应。在计算到最后 1 个循环时，应证实整个循环中，元件是否处于弹性安定状态。若不能满足弹性安定性要求，则采用可选方案 2 按实际操作历程进行非弹性应力分析。

b)　可选方案 2：如果按"可选方案 1"无法进行简化分析或按"可选方案 1"分析后，表明结构无法达到弹性安定状态,则应进行完全的非弹性应力分析。在分析过程中,应采用与真实操作时间相关的温度、机械载荷加载历程(包括所有的操作循环及与时间相关的保载时间);该分析应持续到载荷历程中定义的所有循环结束,或结构安定于一个稳定的状态,或形成稳定的棘轮变形。

A.3.3.3.2 分析过程中,材料应按基于操作温度的屈服强度定义理想弹塑性应力-应变曲线,还应计算蠕变速率。基于非弹性分析结果,均应满足以下准则:

a) 限制累积非弹性应变与蠕变损伤,防止发生蠕变过量变形失效;

b) 结构按照第 6 章进行防止局部失效分析,且不需要考虑蠕变效应。

A.3.4 防止蠕变疲劳

A.3.4.1 评定流程

元件承受循环载荷时,应进行蠕变疲劳分析。防止蠕变疲劳的评定流程,见图 A.5。

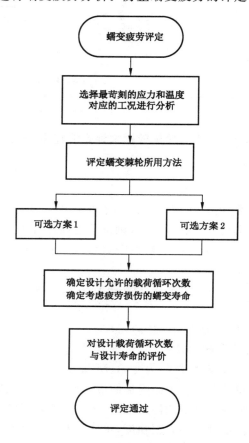

图 A.5 蠕变疲劳失效模式评定流程图(方法 2)

A.3.4.2 不考虑疲劳损伤的蠕变寿命

在确定不考虑疲劳损伤的蠕变寿命 L_{caf} 时,应选择最极端应力和温度的工况进行稳态的非弹性分析。在分析过程中,应在结构上选取足够多的位置进行评定,以保证结构在最苛刻条件下已满足要求。不考虑疲劳损伤的蠕变寿命 L_{caf},是指结构在极端工况下不考虑疲劳因素而达到蠕变失效时的工作时间。不考虑疲劳损伤的蠕变寿命 L_{caf} 由以下两个时间确定,以先到者为准:由于非弹性分析产生累计蠕变损伤所需的时间或 10^6 h;出于设计需要并考虑到分析过程中的不确定性,设计时可根据具体情况,选择 1 个较小值作为蠕变损伤值,从而确定 1 个偏于保守的 L_{caf} 值。

对不考虑疲劳损伤的蠕变寿命的计算,可根据材料相应的高温疲劳设计曲线,确定结构的稳态蠕变寿命,从而获得结构允许的最大疲劳循环次数。

A.3.4.3 考虑疲劳损伤的蠕变寿命

考虑疲劳损伤的蠕变寿命 L_{cwf} 及许用循环次数 N 应满足设计条件的要求,其值可采用如下提供的方法进行计算确定。

  a) 若采用 A.3.3.3.1a)所述可选方案 1 进行安定性评定后,应按 GB/T 4732.4—2024 中6.5.4"疲劳评定免除准则二"进行分析,但疲劳曲线应采用蠕变效应的设计疲劳曲线。在疲劳分析过程中,满足如下要求:

   1) 许用循环次数 N,应按 GB/T 4732.4—2024 中6.5.4"疲劳评定免除准则二"的步骤三确定;

   2) 综合考虑许用循环次数 N、当量塑性应变幅和蠕变疲劳损伤系数等因素,对不考虑疲劳损伤的蠕变寿命 L_{caf} 进行适当折减,推算出疲劳损伤的蠕变寿命 L_{cwf}。

  b) 若采用 A.3.3.3.1b)所述可选方案 2 进行安定性评定后,应按第8章的规定进行疲劳分析。在疲劳分析过程中,满足如下要求:

   1) 应采用蠕变效应的设计疲劳曲线,确定结构的疲劳累积损伤。疲劳累积损伤应满足第8章的要求;

   2) 综合考虑每一个载荷条件或循环引起的当量塑性应变幅和蠕变疲劳损伤系数等因素,对不考虑疲劳损伤的蠕变寿命 L_{caf} 进行适当折减,推算出疲劳损伤的蠕变寿命 L_{cwf}。

A.3.5 外压和压缩应力评定及限制条件

在产生压缩应力的极端苛刻组合工况下,如果基于薄膜应力按蠕变模型公式计算得到的每小时蠕变应变率满足公式(A.3),则可以采用 GB/T 4732.3—2024 进行外压和许用压缩应力的评定。

$$\dot{\varepsilon} \leq 3 \times 10^{-8} \quad\quad\quad\quad\quad (A.3)$$

式中:

$\dot{\varepsilon}$——蠕变应变率,单位为每小时(1/h)。

GB/T 4732.5—2024

附　录　B
（规范性）
塑性垮塌的二元评定准则

B.1　概述

二元准则利用强度准则和变形准则对压力容器进行塑性垮塌评定。对于材料屈强比较低和几何强化效应较显著的压力容器,极限分析和弹塑性分析的评定结果可能差异较大,宜选用二元准则进行塑性垮塌评定。

B.2　二元准则

防止塑性垮塌的强度准则是许用设计载荷 P_a 不应大于垮塌载荷 P_C 除以安全系数2.4。防止过度塑性变形的变形准则是许用设计载荷 P_a 不应大于准极限载荷 P_p 除以安全系数1.5。垮塌载荷 P_C 和准极限载荷 P_p 在载荷-变形曲线中的位置示意图如图 B.1 所示。

公式(B.1)为同时防止塑性垮塌和过度塑性变形的二元准则:

$$P_a \leqslant \min(P_p/1.5, P_C/2.4) \quad\quad\quad\cdots\cdots\cdots\cdots\cdots(B.1)$$

式中:

P_a——许用设计载荷,设计时允许采用的最大设计载荷;

P_p——准极限载荷;

P_C——垮塌载荷。

计算时采用附录 D 中 D.2 提供的真实应力-应变关系,同时考虑几何非线性效应。除了对设备变形有特殊严格要求的情况外,在满足二元准则后,可不做其他校核。公式(B.1)中的准极限载荷 P_p 可以准确地取为零曲率载荷 P_Z,也可以近似地取为应变极限载荷 P_s,P_s 的计算效率较高。

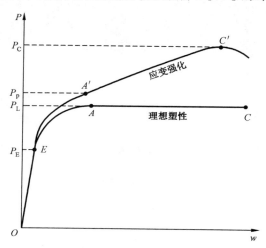

图 B.1　载荷-变形(P-w)曲线

B.3　评定步骤

基于二元准则的塑性垮塌按如下步骤进行评定,评定流程见图 B.2。

a)　根据设计条件按表1确定设计载荷(取 $\alpha=1.0$),记为 P。至少应校核表1中规定的载荷组合工况。

b) 进行弹塑性有限元分析,采用附录 D 中 D.2 提供的弹塑性应力-应变曲线,同时考虑几何非线性效应。按表 1 中的载荷组合进行比例加载,由零逐步加载到 2.4P。若计算收敛,则强度准则通过;若发散,则设计不合格,应修改设计方案重新进行评定。

c) 从计算结果中提取载荷-变形曲线的数据。

d) 由载荷-变形曲线确定准极限载荷 P_Z(或应变极限载荷 P_S)。若 $1.5P \leqslant P_Z$(或 P_S),则变形准则通过;否则,设计不合格,应修改设计方案重新进行评定。

e) 若强度准则和变形准则都能通过,则设计通过。

计算完成后,评定结果简图见图 B.3。在简图中除载荷-变形(P-w)曲线外再画上初屈服载荷(yield 线)、准极限载荷(q-limit 线)、$1.5P$($1.5P$ 线)和 $2.4P$($2.4P$ 线)四条水平线,用户可以直接判断评定结果的合理性和定性估计设计载荷的安全裕度。

如图 B.3 所示,该设计载荷的 $1.5P$ 线距离准极限载荷(变形准则)还有约 10% 的安全裕度;$2.4P$ 线处于载荷-变形曲线的上升段,还未进入趋于垮塌载荷的渐近拉平段,因而强度准则也有足够的安全裕度,故设计通过。

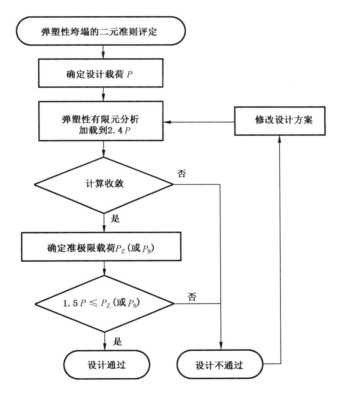

图 B.2 基于二元准则的塑性垮塌评定流程图

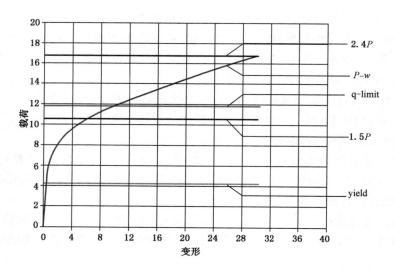

图 B.3　基于二元准则的塑性垮塌评定结果示意简图

附　录　C

（规范性）

极限、安定和棘轮载荷边界的直接计算法

C.1　通则

基于上、下限定理和数值方法（如有限元法）求解极限、安定和棘轮载荷边界的直接计算法可有效地对复杂几何和工况的元件进行极限、安定和棘轮分析。选用直接计算法进行分析时应满足如下条件：

a)　材料采用理想弹塑性或强化模型，处于小变形状态，不考虑几何非线性效应；

b)　适用于机械和热载荷作用的比例加载或循环加载形式，不适用于位移控制的加载形式，不考虑动力效应。

C.2　极限、安定和棘轮载荷边界的确定

如果能找到一个与时间无关的残余应力场 $\bar{\rho}_{ij}(x_k)$，它与给定载荷范围内的任意外载荷所产生的弹性应力场 $\hat{\sigma}_{ij}(x_k,t)$ 相加后处处不违反在某一时刻与时间相关的屈服条件，即满足公式（C.1），则元件安定。最大可能的安定下限载荷乘子 λ^L 即为安定载荷乘子（即安定下限定理）。

$$f(\sigma_{ij}(x_k,t),\sigma_y(x_k,t))=f(\lambda^L\hat{\sigma}_{ij}(x_k,t)+\bar{\rho}_{ij}(x_k),\sigma_y(x_k,t))\leqslant 0 \quad\quad\cdots\cdots\cdots\cdots\text{(C.1)}$$

式中：

$f(\cdot)$　　　——屈服函数；

$\sigma_{ij}(x_k,t)$——元件的总应力场，单位为兆帕（MPa）；

$\sigma_y(x_k,t)$——材料屈服应力，单位为兆帕（MPa）；

λ^L　　　——下限载荷乘子；

$\bar{\rho}_{ij}(x_k)$　——恒定的残余应力场，单位为兆帕（MPa）。

如果存在一个机动许可的塑性应变率循环 $\dot{\varepsilon}_{ij}(x_k,t)$，能使反复加载过程中载荷在其上所做的外力功大于元件内部的塑性耗散功，则元件不安定。上限安定乘子 λ^U 可以按公式（C.2）确定，最小可能的安定上限载荷乘子 λ^U 即为安定载荷乘子（即安定上限定理）。

$$\lambda^U=\frac{\int_V\int_0^T\sigma_y(x_k,t)\,\overline{\dot{\varepsilon}}(x_k,t)\mathrm{d}t\mathrm{d}V}{\int_V\int_0^T\hat{\sigma}_{ij}(x_k,t)\dot{\varepsilon}_{ij}(x_k,t)\mathrm{d}t\mathrm{d}V} \quad\quad\cdots\cdots\cdots\cdots\text{(C.2)}$$

式中：

λ^U　　　——上限载荷乘子；

$\sigma_y(x_k,t)$——材料屈服应力，单位为兆帕（MPa）；

$\hat{\sigma}_{ij}(x_k,t)$——元件的线弹性应力场，单位为兆帕（MPa）；

$\dot{\varepsilon}(x_k,t)$　——等效塑性应变率，单位为每秒（s^{-1}）。

对于一个体积为 V、表面为 S 的元件，假设其在体积 V 内承受变化的热载荷 $\lambda_\theta\theta(x_k,t)$，在表面 S_p 上承受变化的机械载荷 $\lambda_p P(x_k,t)$，在表面 S_u 上满足零位移边界条件，且热载荷和机械载荷的变化具有相同的周期 T。对于一个周期内的时间历程 $0\leqslant t\leqslant T[t$ 为 1 个周期内的时间历程，单位为秒（s）；T 为周期，单位为秒（s）]，公式（C.3）为元件的线弹性应力解：

$$\hat{\sigma}_{ij}(x_k,t)=\lambda_p\hat{\sigma}_{ij}^p(x_k,t)+\lambda_\theta\hat{\sigma}_{ij}^\theta(x_k,t) \quad\quad\cdots\cdots\cdots\cdots\text{(C.3)}$$

式中：

$\hat{\sigma}_{ij}(x_k,t)$ ——元件的线弹性应力场，单位为兆帕(MPa)；

λ_p ——机械载荷的系数；

$\hat{\sigma}_{ij}^p(x_k,t)$ ——机械载荷 $P(x_k,t)$ 作用下元件的线弹性应力场，单位为兆帕(MPa)；

λ_θ ——热载荷的系数；

$\hat{\sigma}_{ij}^\theta(x_k,t)$ ——热载荷 $\theta(x_k,t)$ 作用下元件的线弹性应力场，单位为兆帕(MPa)。

$\hat{\sigma}_{ij}^p(x_k,t)$ 和 $\hat{\sigma}_{ij}^\theta(x_k,t)$ 分别为机械载荷 $P(x_k,t)$ 与热载荷 $\theta(x_k,t)$ 单独作用下元件的线弹性应力解。

元件可能同时受多个外载荷 $P_i(x_k,t)$，$i=1,2,\cdots,n$，每一个外载荷 $P_i(x_k,t)$ 可以分为时间相关的载荷因子 $\mu_i(t)$ 和基准载荷 $P_i^0(x_k)$，公式(C.4)为载荷历史：

$$P(x_k,t)=\sum_{i=1}^{N}P_i(x_k,t)=\sum_{i=1}^{N}\mu_i(t)P_i^0(x_k)$$

$$\cdots\cdots\cdots(C.4)$$

式中：

$P(x_k,t)$ ——机械载荷(力矩、力、线载荷、面载荷)；

$P_i(x_k,t)$ ——元件所受的第 i 个外载荷(力矩、力、线载荷、面载荷)；

$\mu_i(t)$ ——第 i 个外载荷的载荷因子；

$P_i^0(x_k)$ ——第 i 个外载荷的基准载荷(力矩、力、线载荷、面载荷)。

假设载荷因子的变化区间为 $\mu_i^-\leqslant\mu_i(t)\leqslant\mu_i^+$，则公式(C.4)可表示为一个载荷域 Ω。

假设元件材料满足 Drucker 条件，则元件在循环载荷作用下的应力、应变率逐渐趋于稳定循环状态，即满足公式(C.5)和公式(C.6)：

$$\sigma_{ij}(t)=\sigma_{ij}(t+T)\qquad\cdots\cdots\cdots(C.5)$$

$$\dot{\varepsilon}_{ij}(t)=\dot{\varepsilon}_{ij}(t+T)\qquad\cdots\cdots\cdots(C.6)$$

对于任意的渐进循环历史，其应力解 $\sigma_{ij}(x_k,t)$ 可用公式(C.7)表示：

$$\sigma_{ij}(x_k,t)=\lambda\hat{\sigma}_{ij}(x_k,t)+\bar{\rho}_{ij}(x_k)+\rho_{ij}^r(x_k,t)$$

$$\cdots\cdots\cdots(C.7)$$

式中：

$\sigma_{ij}(x_k,t)$ ——元件的总应力场，单位为兆帕(MPa)；

λ ——载荷乘子；

$\bar{\rho}_{ij}(x_k)$ ——恒定的残余应力场，单位为兆帕(MPa)；

$\rho_{ij}^r(x_k,t)$ ——1 个周期内的变化残余应力场，单位为兆帕(MPa)，且满足公式(C.8)：

$$\rho_{ij}^r(x_k,0)=\rho_{ij}^r(x_k,T)=0\qquad\cdots\cdots\cdots(C.8)$$

恒定机械载荷和循环热载荷或循环机械载荷联合作用下，由元件的极限、安定和棘轮载荷边界确定的各个区域如图 C.1 所示。当元件所受载荷为恒定值时，所计算的安定、棘轮载荷退化成极限载荷。

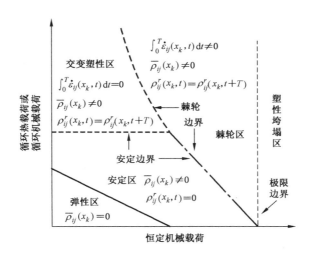

图 C.1　极限、安定和棘轮载荷边界示意图

C.3　基于直接法的极限、安定和棘轮载荷边界计算

C.3.1　安定载荷边界的计算

可采用直接计算法按如下步骤计算安定载荷边界：

a)　明确载荷工况，将元件所受的各个载荷区分为循环载荷和恒定载荷，各个载荷表示为基准载荷和 1 个可变载荷因子的乘积；

b)　采用线弹性有限元分析方法，计算各个基准载荷单独作用下元件的线弹性应力场；

c)　将各个线弹性应力场和对应的载荷因子组合，生成元件的线弹性应力场空间域；

d)　选定 1 个载荷比例（例如，图 C.2 中的点 M_1），采用直接计算法对元件进行安定分析，得到元件的安定载荷；

e)　改变载荷比例（例如，图 C.2 中的点 M_1、M_2、M_3），重复步骤 d)，所有安定载荷点连在一起围成的边界，即安定载荷边界。当载荷角点数退化为 1 时，安定载荷边界退化成极限载荷边界。

注：极限载荷边界指当元件经受的载荷在一个域内按比例加载作用，元件不失去承载能力。

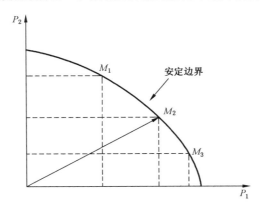

图 C.2　安定载荷边界示意图

C.3.2　棘轮载荷边界的计算

元件所承受的载荷分为循环载荷部分和恒定载荷部分。可采用直接计算法按如下步骤计算棘轮载荷边界：

a) 明确载荷工况,将元件所受的各个载荷区分为循环载荷和恒定载荷,各个载荷表示为基准载荷和 1 个可变载荷因子的乘积;

b) 采用线弹性有限元分析方法,计算各个基准载荷单独作用下元件的线弹性应力场;

c) 选定 1 个具体的循环载荷变化范围,采用直接计算法确定元件的循环稳定状态;

d) 在循环稳定状态下,提取元件在 1 个周期内的变化残余应力场 $\rho_{ij}^{r}(x_k,t)$ 和塑性应变历史 $\dot{\varepsilon}_{ij}(x_k,t)$;

e) 将变化残余应力场和塑性应变历史作为广义的载荷,采用直接计算法对元件进行修正的安定分析,确定元件所能承受的最大附加恒定载荷,得到元件的棘轮载荷;

f) 改变载荷比例,重复步骤 c)~步骤 d),所有棘轮载荷点连在一起围成的边界,即棘轮载荷边界。

C.4   可选的方法:计算极限、安定和棘轮载荷的流程

应力补偿法和线性匹配法是两种典型的直接计算法。应力补偿法通过引入补偿应力来构造残余应力场,仅需执行一系列刚度矩阵不变的线弹性有限元迭代计算,就可以实现极限、安定和棘轮分析,进而快速确定元件在相应热机载荷下的极限、安定和棘轮载荷边界;线性匹配法采用一系列修正弹性模量的线弹性分析来模拟结构的塑性力学行为,可以实现极限、安定和棘轮分析,进而快速确定元件在相应热机载荷下的极限、安定和棘轮载荷边界。

图 C.3 和图 C.4 分别是采用应力补偿法计算安定载荷和棘轮载荷的流程,图 C.5 和图 C.6 分别是采用线性匹配法计算安定载荷和棘轮载荷的流程。

分析设计人员也可以选择采用其他成熟可靠的直接法进行极限、安定和棘轮载荷边界的计算。

GB/T 4732.5—2024

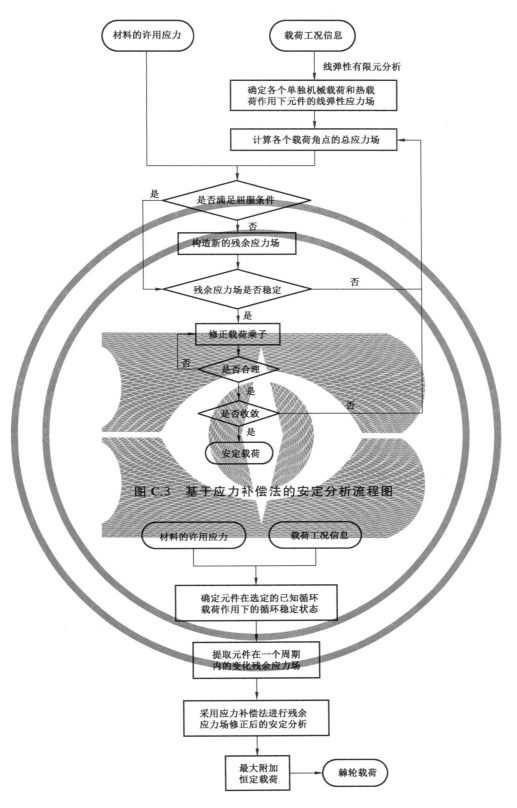

图C.3 基于应力补偿法的安定分析流程图

图C.4 基于应力补偿法的棘轮分析流程图

349

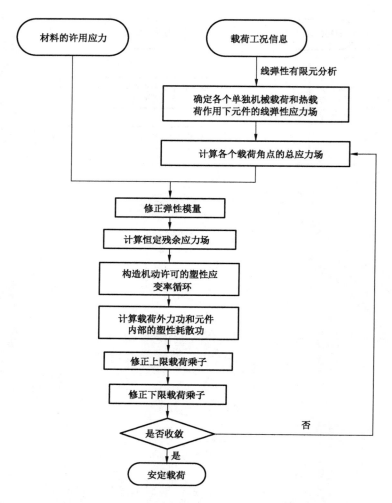

图 C.5　基于线性匹配法的安定分析流程图

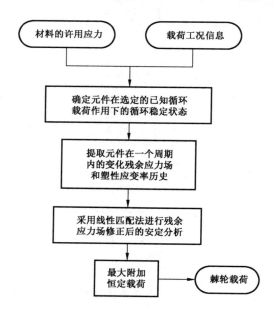

图 C.6　基于线性匹配法的棘轮分析流程图

附　录　D
（规范性）
材料的弹塑性应力-应变关系

D.1　总则

进行压力容器弹塑性分析时,所用材料的弹塑性应力-应变关系按本附录的规定。

D.2　应力-应变关系

当设计中要求考虑应变强化特性时,采用公式(D.1)～公式(D.13)计算应力-应变关系。

$$\varepsilon_t = \frac{\sigma_t}{E^t} + \gamma_1 + \gamma_2 \qquad\qquad (\text{D.1})$$

式中:

ε_t——总体真实应变;

σ_t——计算真实应变时的真实应力,可为薄膜应力、薄膜应力加弯曲应力,或薄膜应力加弯曲应力加峰值应力,单位为兆帕(MPa);

E^t——设计温度下的弹性模量,单位为兆帕(MPa);

γ_1——应力-应变关系中微观应变范围内的真实应变;

γ_2——应力-应变关系中宏观应变范围内的真实应变。

$$\gamma_1 = \frac{\varepsilon_1}{2}\left[1.0 - \tanh(H)\right] \qquad\qquad (\text{D.2})$$

式中:

γ_1——应力-应变关系中微观应变范围内的真实应变;

ε_1——应力-应变关系中微观应变范围内的真实塑性应变;

H——应力-应变关系拟合参数。

$$\gamma_2 = \frac{\varepsilon_2}{2}\left[1.0 + \tanh(H)\right] \qquad\qquad (\text{D.3})$$

式中:

γ_2——应力-应变关系中宏观应变范围内的真实应变;

ε_2——应力-应变关系中宏观应变范围内的真实塑性应变;

H——应力-应变关系拟合参数。

$$\varepsilon_1 = \left(\frac{\sigma_t}{A_1}\right)^{\frac{1}{m_1}} \qquad\qquad (\text{D.4})$$

式中:

ε_1——应力-应变关系中微观应变范围内的真实塑性应变;

σ_t——计算真实应变时的真实应力,可为薄膜应力、薄膜应力加弯曲应力,或薄膜应力加弯曲应力加峰值应力,单位为兆帕(MPa);

A_1——应力-应变关系弹性范围的拟合常数;

m_1——应力-应变关系拟合指数(等于比例极限处的真实应变)和大应变范围内应变硬化系数。

$$A_1 = \frac{R_{eL}^t(1+\varepsilon_{ys})}{\left[\ln(1+\varepsilon_{ys})\right]^{m_1}} \qquad\qquad (\text{D.5})$$

式中:

351

A_1 ——应力-应变关系弹性范围的拟合常数;

R_{eL}^t ——设计温度下的屈服强度,单位为兆帕(MPa);

ε_{ys} ——工程塑性应变;

m_1 ——应力-应变关系拟合指数(等于比例极限处的真实应变)和大应变范围内应变硬化系数。

$$m_1 = \frac{\ln(R) + \varepsilon_p - \varepsilon_{ys}}{\ln\left[\dfrac{\ln(1+\varepsilon_p)}{\ln(1+\varepsilon_{ys})}\right]} \quad\cdots\cdots\cdots\cdots\cdots\cdots\cdots\cdots(D.6)$$

式中:

m_1 ——应力-应变关系拟合指数(等于比例极限处的真实应变)和大应变范围内应变硬化系数;

R ——屈强比;

ε_p ——拟合常数;

ε_{ys} ——工程塑性应变。

$$\varepsilon_2 = \left(\frac{\sigma_t}{A_2}\right)^{\frac{1}{m_2}} \quad\cdots\cdots\cdots\cdots\cdots\cdots\cdots\cdots(D.7)$$

式中:

ε_2 ——应力-应变关系中宏观应变范围内的真实塑性应变;

σ_t ——计算真实应变时的真实应力,可为薄膜应力、薄膜应力加弯曲应力,或薄膜应力加弯曲应力加峰值应力,单位为兆帕(MPa);

A_2 ——应力-应变关系塑性范围的拟合常数;

m_2 ——应力-应变关系曲线拟合指数(等于真实抗拉强度下的真实应变)。

$$A_2 = \frac{R_m^t \exp(m_2)}{m_2^{\,m_2}} \quad\cdots\cdots\cdots\cdots\cdots\cdots\cdots\cdots(D.8)$$

式中:

A_2 ——应力-应变关系塑性范围的拟合常数;

R_m^t ——设计温度下的抗拉强度,单位为兆帕(MPa);

m_2 ——应力-应变关系曲线拟合指数(等于真实抗拉强度下的真实应变)。

$$H = \frac{2\{\sigma_t - [R_{eL}^t + K(R_m^t - R_{eL}^t)]\}}{K(R_m^t - R_{eL}^t)} \quad\cdots\cdots\cdots\cdots\cdots\cdots(D.9)$$

式中:

H ——应力-应变关系拟合参数;

σ_t ——计算真实应变时的真实应力,可为薄膜应力、薄膜应力加弯曲应力,或薄膜应力加弯曲应力加峰值应力,单位为兆帕(MPa);

R_{eL}^t ——设计温度下的屈服强度,单位为兆帕(MPa);

K ——应力-应变关系模型中的材料参数;

R_m^t ——设计温度下的抗拉强度,单位为兆帕(MPa)。

$$R = \frac{R_{eL}^t}{R_m^t} \quad\cdots\cdots\cdots\cdots\cdots\cdots\cdots\cdots(D.10)$$

式中:

R ——屈强比;

R_{eL}^t ——设计温度下的屈服强度,单位为兆帕(MPa);

R_m^t ——设计温度下的抗拉强度,单位为兆帕(MPa)。

$$\varepsilon_{ys} = 0.002 \quad\cdots\cdots\cdots\cdots\cdots\cdots\cdots\cdots(D.11)$$

式中:

ε_{ys}——工程塑性应变。

$$\varepsilon_p = 2.0 \times 10^{-5} \quad\quad\quad\quad\quad\quad (\text{D.12})$$

式中：

ε_p——拟合常数。

$$K = 1.5R^{1.5} - 0.5R^{2.5} - R^{3.5} \quad\quad\quad (\text{D.13})$$

式中：

K——应力-应变关系模型中的材料参数；

R——屈强比。

参数 m_2 见表2，不同温度下材料的屈服强度、抗拉强度和弹性模量，见 GB/T 4732.2—2024 中的表 B.1~表 B.8、表 C.1~表 C.8 和表 C.13，表中缺少的材料参数可通过试验获得，也可采用更为保守的应力-应变关系。

应力-应变关系应限于真实抗拉强度以下，超过该点以后为理想塑性，真实抗拉强度根据公式（D.14）计算。

$$R_{m,t}^t = R_m^t \exp(m_2) \quad\quad\quad\quad\quad (\text{D.14})$$

式中：

$R_{m,t}^t$——设计温度下计算真实应力-应变关系中的抗拉强度，单位为兆帕（MPa）；

R_m^t——设计温度下的抗拉强度，单位为兆帕（MPa）；

m_2——应力-应变关系曲线拟合指数（等于真实抗拉强度下的真实应变）。

D.3 循环应力-应变曲线

用应力幅-应变幅表示的循环应力-应变曲线按公式（D.15）确定，式中材料的弹性模量见 GB/T 4732.2—2024 中表 C.13，其他参数按本文件表 D.1。

$$\varepsilon_{ta} = \frac{\sigma_a}{E^t} + \left(\frac{\sigma_a}{K_{css}}\right)^{\frac{1}{n_{css}}} \quad\quad\quad (\text{D.15})$$

式中：

E^t——循环工况平均温度下的弹性模量，单位为兆帕（MPa）；

K_{css}——循环应力-应变关系模型中的材料参数，单位为兆帕（MPa）；

n_{css}——循环应力-应变关系模型中的材料参数；

ε_{ta}——总体真实应变幅值；

σ_a——总体应力幅值，单位为兆帕（MPa）。

用应力范围-应变范围表示的循环应力-应变曲线按公式（D.16）确定，式中材料的弹性模量见 GB/T 4732.2—2024 中表 C.13，其他参数按本文件表 D.1。

$$\varepsilon_{tr} = \frac{\sigma_r}{E^t} + 2\left(\frac{\sigma_r}{2K_{css}}\right)^{\frac{1}{n_{css}}} \quad\quad\quad (\text{D.16})$$

式中：

E^t——循环工况平均温度下的弹性模量，单位为兆帕（MPa）；

K_{css}——循环应力-应变关系模型中的材料参数，单位为兆帕（MPa）；

n_{css}——循环应力-应变关系模型中的材料参数；

ε_{tr}——总体真实应变范围；

σ_r——总体应力范围，单位为兆帕（MPa）。

循环应力-应变曲线按公式（D.15）或公式（D.16）确定时，若表 D.1 和 GB/T 4732.2—2024 中表 C.13中无可用的材料参数，也可采用更精确、更保守的其他循环应力-应变曲线。

表 D.1 循环应力-应变曲线中的材料参数

材料	温度 ℃	n_{css}	K_{css} MPa
非合金钢(20 mm 母材)	20	0.128	757
	200	0.134	728
	300	0.093	741
	400	0.109	666
非合金钢(20 mm 焊缝)	20	0.110	695
	200	0.118	687
	300	0.066	695
	400	0.067	549
非合金钢(50 mm 母材)	20	0.126	693
	200	0.113	636
	300	0.082	741
	400	0.101	643
非合金钢(100 mm 母材)	20	0.137	765
	200	0.156	798
	300	0.100	748
	400	0.112	668
$1Cr\text{-}\frac{1}{2}Mo$(20 mm 母材)	20	0.116	660
	200	0.126	656
	300	0.094	623
	400	0.087	626
$1Cr\text{-}\frac{1}{2}Mo$(20 mm 焊缝)	20	0.088	668
	200	0.114	708
	300	0.085	683
	400	0.076	599
$1Cr\text{-}\frac{1}{2}Mo$(50 mm 母材)	20	0.105	638
	200	0.133	684
	300	0.086	607
	400	0.079	577
$1Cr\text{-}1Mo\text{-}\frac{1}{4}V$	20	0.128	1082
	400	0.128	912
	500	0.143	815
	550	0.133	693
	600	0.153	556

表 D.1 循环应力-应变曲线中的材料参数（续）

材料	温度 ℃	n_{css}	K_{css} MPa
$2\frac{1}{4}$Cr-1Mo	20	0.100	796
	300	0.109	741
	400	0.096	730
	500	0.105	652
	600	0.082	428
9Cr-1Mo	20	0.117	975
	500	0.132	693
	550	0.142	609
	600	0.121	443
	650	0.125	343
304 奥氏体不锈钢	20	0.171	1 227
	400	0.095	590
	500	0.085	550
	600	0.090	450
	700	0.094	306
304 奥氏体不锈钢(退火)	20	0.334	2 275
800H	20	0.070	631
	500	0.085	762
	600	0.088	729
	700	0.092	553
	800	0.080	315

ICS 23.020.30
CCS J 74

中华人民共和国国家标准

GB/T 4732.6—2024

压力容器分析设计
第6部分：制造、检验和验收

Pressure vessels design by analysis—
Part 6：Fabrication，inspection and testing and acceptance

2024-07-24 发布

2024-07-24 实施

国家市场监督管理总局
国家标准化管理委员会 发 布

前　　言

本文件按照 GB/T 1.1—2020《标准化工作导则　第1部分:标准化文件的结构和起草规则》的规定起草。

本文件是 GB/T 4732《压力容器分析设计》的第6部分。GB/T 4732 已经发布了以下部分:

——第1部分:通用要求;

——第2部分:材料;

——第3部分:公式法;

——第4部分:应力分类方法;

——第5部分:弹塑性分析方法;

——第6部分:制造、检验和验收。

请注意本文件的某些内容可能涉及专利。本文件的发布机构不承担识别专利的责任。

本文件由全国锅炉压力容器标准化技术委员会(SAC/TC 262)提出并归口。

本文件起草单位:合肥通用机械研究院有限公司、中国机械工业集团有限公司、中国特种设备检测研究院、二重(德阳)重型装备有限公司、中国石化工程建设有限公司、中石化南京化工机械有限公司、浙江大学、中国寰球工程有限公司北京分公司、一重集团大连工程技术有限公司、大连金州重型机器集团有限公司、江苏省特种设备安全监督检验研究院。

本文件主要起草人:崔军、陈学东、杨国义、王迎君、陈志伟、冯清晓、姚佐权、韩冰、陈志平、岳国印、赵景玉、刘静、缪春生、房务农、黄勇力、谢国山。

引　言

　　GB/T 4732《压力容器分析设计》给出了压力容器按分析设计方法进行建造的要求,GB/T 150基于规则设计理念提出了压力容器建造的要求。压力容器设计制造单位可依据设计具体条件选择两种建造标准之一实现压力容器的建造。

　　GB/T 4732由6个部分构成。

　　——第1部分:通用要求。目的在于给出按分析设计建造的压力容器的通用要求,包括相关管理要求、通用的术语和定义以及GB/T 4732其他部分共用的基础要求等。

　　——第2部分:材料。目的在于给出按分析设计建造的压力容器中的钢制材料相关要求及材料性能数据等。

　　——第3部分:公式法。目的在于给出按分析设计建造的压力容器的典型受压元件及结构设计要求。具体给出了常用容器部件按公式法设计的厚度计算公式。GB/T 4732.3可作为GB/T 4732.4、GB/T 4732.5的设计基础,也可依据GB/T 4732.3自行完成简化的、完整的分析设计。

　　——第4部分:应力分类方法。目的在于给出按分析设计建造的压力容器中采用应力分类法进行设计的相关规定。

　　——第5部分:弹塑性分析方法。目的在于给出按分析设计建造的压力容器中采用弹塑性分析方法进行设计的相关规定。

　　——第6部分:制造、检验和验收。目的在于给出按分析设计建造的压力容器中所涵盖结构形式容器的制造、检验和验收要求。

　　GB/T 4732包括了基于分析设计方法的压力容器建造过程(即指材料、设计、制造、检验、试验和验收工作)中需要遵循的技术要求、特殊禁用规定。由于GB/T 4732没有必要,也不可能囊括适用范围内压力容器建造中的所有技术细节。因此,在满足安全技术规范所规定的基本安全要求的前提下,不限制GB/T 4732中没有特别提及的技术内容。GB/T 4732不能作为具体压力容器建造的技术手册,也不能替代培训、工程经验和工程评价。工程评价是指由知识渊博、娴于规范应用的技术人员所作出针对具体产品的技术评价。工程评价需要符合GB/T 4732的相关技术要求。

　　GB/T 4732不限制实际工程建造中采用其他先进的技术方法,但工程技术人员采用先进的技术方法时需要作出可靠的判断,确保其满足GB/T 4732的规定。

　　GB/T 4732既不要求也不限制设计人员使用计算机程序实现压力容器的分析设计,但采用计算机程序进行分析设计时,除需要满足GB/T 4732的要求外,还要确认:

　　——所采用程序中技术假定的合理性;

　　——所采用程序对设计内容的适用性;

　　——所采用程序输入参数及输出结果用于工程设计的正确性。

　　进行应力分析设计计算时可以选择或不选择以GB/T 4732.3作为设计基础,进而采用GB/T 4732.4或GB/T 4732.5进行具体设计计算以确定满足设计计算要求中防止结构失效所要求的元件厚度或局部结构尺寸。当独立采用GB/T 4732.4或GB/T 4732.5作为设计基础时,无需相互满足。

压力容器分析设计
第6部分：制造、检验和验收

1 范围

本文件规定了采用分析设计的钢制压力容器的制造、检验和验收要求。

本文件适用于钢制压力容器以及选用镍及镍合金为覆层、衬里或堆焊层的复合板压力容器、衬里压力容器、带堆焊层压力容器中非合金钢、低合金钢或高合金钢制基层的制造、检验和验收。

本文件适用的压力容器结构形式为单层焊接（含管制筒体）压力容器、锻焊压力容器、套合压力容器、多层包扎（包括多层筒节包扎、多层整体包扎）压力容器和钢带错绕压力容器。

2 规范性引用文件

下列文件中的内容通过文中的规范性引用而构成本文件必不可少的条款。其中，注日期的引用文件，仅该日期对应的版本适用于本文件；不注日期的引用文件，其最新版本（包括所有的修改单）适用于本文件。

GB/T 150.1 压力容器 第1部分：通用要求

GB/T 150.2 压力容器 第2部分：材料

GB/T 150.3 压力容器 第3部分：设计

GB/T 150.4 压力容器 第4部分：制造、检验和验收

GB/T 151 热交换器

GB/T 196 普通螺纹 基本尺寸

GB/T 197 普通螺纹 公差

GB/T 228.1 金属材料 拉伸试验 第1部分：室温试验方法

GB/T 228.2 金属材料 拉伸试验 第2部分：高温试验方法

GB/T 229 金属材料 夏比摆锤冲击试验方法

GB/T 232 金属材料 弯曲试验方法

GB/T 1804 一般公差 未注公差的线性和角度尺寸的公差

GB/T 1954 铬镍奥氏体不锈钢焊缝铁素体含量测量方法

GB/T 2039 金属材料 单轴拉伸蠕变试验方法

GB/T 3965 熔敷金属中扩散氢测定方法

GB/T 4732.1 压力容器分析设计 第1部分：通用要求

GB/T 4732.2 压力容器分析设计 第2部分：材料

GB/T 4732.3 压力容器分析设计 第3部分：公式法

GB/T 6396 复合钢板力学及工艺性能试验方法

GB/T 8923.1 涂敷涂料前钢材表面处理 表面清洁度的目视评定 第1部分：未涂敷过的钢材表面和全面清除原有涂层后的钢材表面的锈蚀等级和处理等级

GB/T 12337 钢制球形储罐

GB/T 16749 压力容器波形膨胀节

GB/T 21433 不锈钢压力容器晶间腐蚀敏感性检验

GBT 4732.6—2024

GB/T 25198　压力容器封头

GB/T 30583　承压设备焊后热处理规程

GB/T 39255　焊接与切割用保护气体

HG/T 20592～20635　钢制管法兰、垫片、紧固件

JB/T 3223　焊接材料质量管理规程

JB/T 4756　镍及镍合金制压力容器

NB/T 10558　压力容器涂敷与运输包装

NB/T 11025　补强圈

NB/T 47002.1　压力容器用复合板　第1部分:不锈钢-钢复合板

NB/T 47002.2　压力容器用复合板　第2部分:镍-钢复合板

NB/T 47013(所有部分)　承压设备无损检测

NB/T 47014　承压设备焊接工艺评定

NB/T 47015　压力容器焊接规程

NB/T 47016　承压设备产品焊接试件的力学性能检验

NB/T 47018(所有部分)　承压设备用焊接材料订货技术条件

NB/T 47020　压力容器法兰分类与技术条件

NB/T 47021　甲型平焊法兰

NB/T 47022　乙型平焊法兰

NB/T 47023　长颈对焊法兰

NB/T 47024　非金属软垫片

NB/T 47025　缠绕垫片

NB/T 47026　金属包垫片

NB/T 47027　压力容器法兰用紧固件

NB/T 47041　塔式容器

NB/T 47042　卧式容器

3　术语和定义

GB/T 150.1、GB/T 150.2、GB/T 150.3、GB/T 150.4、GB/T 4732.1、GB/T 30583界定的以及下列术语和定义适用于本文件。

3.1

模拟最大程度焊后热处理　maximum postweld heat treatment；Max.PWHT

为模拟制造和使用过程中可能发生的最多的热过程循环,而对试件(或试样)进行的特定热处理。

注1:对于具有与材料出厂时相同的奥氏体化和回火热处理状态的试件(或试样),该模拟热处理累计制造过程中所有高于490℃的热处理,包括中间消除应力热处理、所有焊后热处理、一次制造单位返修后进行的焊后热处理以及至少一次留给用户进行的焊后热处理。

注2:对Cr-Mo、Cr-Mo-V钢,不高于最终焊后热处理温度的热处理,可使用Larson-Miller公式计算等效保温时间,结果得到设计单位的书面认可。

3.2

模拟最小程度焊后热处理　minimum postweld heat treatment；Min.PWHT

为模拟制造过程中发生的最少的热过程循环,而对试件(或试样)进行的特定热处理。

注1:对于具有与材料出厂时相同的奥氏体化和回火热处理状态的试件(或试样),该模拟热处理累计制造过程中所有高于490℃的热处理,包括中间消除应力热处理(不与PWHT合并时)和一次焊后热处理。

注2:对Cr-Mo、Cr-Mo-V钢,不高于最终焊后热处理温度的热处理,可使用Larson-Miller公式计算等效保温时

360

间,结果得到设计单位的书面认可。

3.3

中间消除应力热处理 intermediate stress relief;ISR

进行最终焊后热处理前,为消除焊接残余应力等目的而将焊件均匀加热到一定温度,并保持一定时间,然后均匀冷却的过程。

3.4

绕带筒体 flat steel ribbon wound cylindrical shell

由内筒和错绕钢带层组成的筒体。

4 总体要求

4.1 压力容器的制造、检验和验收要求

4.1.1 不同结构形式压力容器的制造、检验和验收应在单层焊接(含管制筒体)压力容器制造、检验和验收要求的基础上附加要求:

 a) 锻焊压力容器的制造、检验和验收附加要求按附录 A;

 b) 套合压力容器的制造、检验和验收附加要求按附录 B;

 c) 多层包扎压力容器的制造、检验和验收附加要求按附录 C;

 d) 钢带错绕压力容器的制造、检验和验收附加要求按附录 D。

4.1.2 对于铬镍奥氏体型不锈钢制低温压力容器(设计温度低于－196 ℃),由参与建造的各方协商规定附加的制造、检验和验收要求,设计单位在设计文件中予以规定。

4.2 压力容器的制造、检验和验收依据

压力容器的制造、检验和验收除应符合本文件和设计文件的要求外,还应符合下列要求:

 a) 热交换器、球形储罐、塔式容器、卧式容器的制造、检验和验收还应分别符合 GB/T 151、GB/T 12337、NB/T 47041 和 NB/T 47042 的规定。

 b) 镍及镍合金复合板覆层、衬里和堆焊层的制造、检验和验收还应符合 JB/T 4756 的规定。

4.3 原材料及零、部件(含自制、外协加工和外购的零、部件)

4.3.1 原材料

4.3.1.1 板材、管材、锻件、棒材、复合板按以下要求。

 a) 板材、管材、锻件、棒材应符合 GB/T 4732.2、JB/T 4756 中对材料的相关规定,材料供应商应提供材料制造单位的材料出厂热处理工艺参数。

 b) 复合板应分别符合 NB/T 47002.1、NB/T 47002.2 的规定。当换热管受轴向压应力时,若选用复合板制造管板,应对复合板的粘结强度提出要求,并按 GB/T 6396 进行粘结试验测定粘结强度。

 c) 本文件适用范围内的压力容器,若受压元件全部采用镍及镍合金材料制造,则其许用应力应按 JB/T 4756 的相关规定选取。

4.3.1.2 焊接材料除应符合 NB/T 47018(所有部分)的规定外,还应满足 GB/T 4732.2 的要求。

4.3.2 零、部件(含自制、外协加工和外购的零、部件)

4.3.2.1 封头除应符合 GB/T 25198 的规定外,还应满足下列要求。

 a) 成形封头不应采用硬印标志。

　　b) 冷成形的铬镍奥氏体型不锈钢制封头应采用铁素体仪、按 GB/T 1954 在相互垂直的两条母线
　　　 上进行铁素体含量检测。其中,椭圆形封头、碟形封头检测点至少包括顶点、小半径转角部位
　　　 四个点、直边靠近端口部位四个点;锥形封头检测点至少包括大、小端靠近端口部位各四个点
　　　 和中部四个点;半球形封头检测点至少包括顶点、靠近端口部位共四点、顶点与端口间中间部
　　　 位共四点。测得的铁素体显示含量不大于 15%,且压力容器制造单位对成形封头逐只进行复
　　　 验。对先拼板后成形的封头,检测部位应包括焊缝。

　　c) 当材料的供货热处理状态与使用的热处理状态一致时,若封头成形改变了材料的供货热处理
　　　 状态,则封头制造单位应进行恢复性能热处理。

　　d) 分瓣成形后组装的封头,若组装不由封头制造单位完成,则封头制造单位进行封头的预组
　　　 装,预组装封头的检验项目和检验结果应符合相应标准的规定或订货技术文件的要求。

　　e) 采用来料加工方式制造的封头,来料的性能、成形后封头的性能要求由封头采供双方商定,来
　　　 料的性能由封头采购方保证,成形后封头的性能由封头供货方保证。

4.3.2.2 压力容器法兰及其组件应分别符合 NB/T 47020～NB/T 47027 的规定和设计文件的要求。

4.3.2.3 压力容器管法兰及其组件应分别符合 HG/T 20592～20635 的规定和设计文件的要求,并应选
用专用级紧固件。

4.3.2.4 压力容器膨胀节应符合 GB/T 16749 的规定和设计文件的要求。其中,冷成形的铬镍奥氏体
型不锈钢制膨胀节应采用铁素体仪、按 GB/T 1954 在相互间隔 90°的膨胀节四条母线上进行铁素体含
量检测。检测点至少包括波峰、波谷及波峰与波谷间中间部位,测得的铁素体显示含量不应大于
15%,且压力容器制造单位应对成形膨胀节逐只进行复验。对先拼板后成形的膨胀节,检测部位应包括
焊缝。

4.3.2.5 补强圈应符合 NB/T 11025 的规定和设计文件的要求。

4.3.2.6 外购成品零、部件的供货单位应向压力容器制造单位提供完整、真实的产品质量证明文件。当
压力容器制造单位要求时,供货单位应提供成品零、部件的钢材厚度。

4.4 制造环境

　　镍及镍合金复合板压力容器、衬里压力容器、堆焊压力容器(或堆焊受压元件)的制造环境应洁
净,并符合 JB/T 4756 的相关规定。

4.5 压力容器制造过程中的风险预防和控制

4.5.1 制造单位应根据风险评估报告提出的主要失效模式、压力容器制造检验要求和建议,完成下列
工作:

　　a) 合理地确定制造、检验工艺和质量计划;

　　b) 风险评估报告中给出的预防失效措施应在产品质量证明文件中予以体现。

4.5.2 对于设计单位没有出具风险评估报告的压力容器,制造单位应根据压力容器的制造、检验工艺
评估风险,并进行有效控制。技术措施应至少包括:

　　a) 评估压力容器制造工艺过程对材料的影响,合理确定材料订货技术条件中对材料相关性能的
　　　 要求;

　　b) 评估压力容器后续制造、检验工艺过程对外购成品零、部件的要求,合理制订外购成品零、部
　　　 件订货技术条件。

4.6 设计变更和材料代用

　　制造单位对设计文件的变更以及对受压元件的材料代用,应事先取得原设计单位的书面批准,并在
竣工图上做详细记录。

4.7 新技术和新工艺的使用

采用未列入本文件的压力容器制造、检验新技术、新工艺和新方法时,应按规定进行技术评审。

4.8 信息化管理

压力容器制造单位应按照特种设备信息化管理的规定,及时将压力容器制造、检验相关数据录入特种设备信息化管理系统。

5 材料复验、分割与标志移植

5.1 材料复验

5.1.1 原材料复验

5.1.1.1 下列材料应进行复验:
a) 设计压力大于 35 MPa 的压力容器主要受压元件材料;
b) 外购的第Ⅲ类压力容器用Ⅳ级锻件;
c) 不能确定质量证明书真实性或者对性能和化学成分有怀疑的主要受压元件材料;
d) 用于制造主要受压元件的境外牌号材料;
e) 设计文件要求进行复验的材料。

5.1.1.2 材料复验时,应按炉号复验化学成分,按热处理批号复验力学性能。

5.1.1.3 材料复验结果应符合相应材料标准的规定或设计文件的要求。

5.1.2 焊接材料复验

5.1.2.1 不能确定质量证明书真实性或者对性能和化学成分有怀疑的焊接材料,应按批进行熔敷金属的化学成分和力学性能复验,复验结果应符合相应焊材标准的规定或设计文件的要求。

5.1.2.2 焊接受压元件的药芯焊丝应按批进行熔敷金属化学成分、力学性能复验,其熔敷金属化学成分应符合相应标准的规定,冲击吸收能量应符合 NB/T 47018.2 相对应的焊条(具有相同的最小抗拉强度代号及化学成分分类代号)规定。

5.1.2.3 制造单位应采用 GB/T 3965 中的水银法或热导法对下列焊接材料的熔敷金属扩散氢含量按批进行复验,其扩散氢含量不应大于 5 mL/100 g:
a) 焊接受压元件使用的药芯焊丝;
b) 焊接 Cr-Mo 钢和 Cr-Mo-V 钢制压力容器、低温压力容器、非合金钢和低合金钢制现场组装压力容器、按疲劳分析设计的非合金钢和低合金钢制压力容器的受压元件所使用的实心焊丝、焊条以及每一种焊丝和焊剂组合;
c) 焊接采用标准抗拉强度下限值大于 540 MPa 的低合金钢制造的、厚度大于 36 mm 的受压元件所使用的焊接材料。
d) 经熔敷金属扩散氢含量复验合格的有缝药芯焊丝,若其真空包装发生损坏,则施焊前应再次对真空包装损坏的药芯焊丝进行熔敷金属扩散氢含量复验。

5.1.2.4 标准抗拉强度下限值大于 540 MPa 低合金钢制受压元件、设计温度低于—40 ℃的钢制受压元件用焊接材料,应按批进行熔敷金属化学成分复验,熔敷金属中的 $P\leqslant0.020\%$、$S\leqslant0.010\%$。

5.2 材料分割

5.2.1 材料分割可采用冷切割或热切割方法,分割时不应对材料性能产生有害的影响。当采用热切割方法分割材料时,应清除表面熔渣和影响制造质量的表面层。

5.2.2 采用机械切割方法分割复合板时,应使复合板的覆层面对切割具;采用火焰切割方法分割复合板时,应使复合板的基层面对切割具。

5.3 材料标志移植

5.3.1 受压元件的材料应有可追溯的标志。在制造过程中,如原标志被裁掉或材料分成若干块时,制造单位应规定标志的表达方式,并在材料分割前完成标志的移植。

5.3.2 堆焊层表面、衬里表面、复合板覆层表面和有耐腐蚀要求不锈钢接触介质的表面不应采用硬印标记。

5.3.3 低温压力容器和按疲劳分析设计压力容器的受压元件表面不应采用硬印标记。

5.3.4 厚度不大于 6 mm 的受压元件、预制或预成形的受压元件表面不应采用硬印标记。

6 冷、热加工成形与组装

6.1 成形

6.1.1 制造单位应根据制造工艺确定加工余量,以确保受压元件成形后的实际厚度不小于设计图样标注的最小成形厚度。

6.1.2 受压元件的成形工艺应能保证压力容器制造完成后,成形件的性能仍满足设计文件的要求。其中,镍及镍合金复合板、衬里的成形应符合 JB/T 4756 的规定。

6.1.3 与成形工序衔接的相关制造单位(或部门)宜协商制订成形件投料材料的技术要求和成形件的技术要求,并加以控制。

6.1.4 采用经过正火、正火加回火或调质处理的钢材制造的受压元件,宜采用冷成形或温成形;采用温成形时,应避开钢材的回火脆性温度区。

6.1.5 成形件的加热、恢复性能热处理所使用的加热炉参照 8.3.8 的规定;当成形件进行恢复性能热处理时,制造单位(或部门)应提供热处理工艺规范和热处理时间-温度记录曲线。

6.2 表面修磨

6.2.1 制造中不应造成材料表面的机械损伤。对于尖锐伤痕以及不锈钢制压力容器耐腐蚀表面的局部伤痕、刻槽等缺陷应予修磨,修磨斜度最大为 1：3。修磨的深度不应大于该部位钢材厚度(δ_s)的 5%,且修磨后的剩余厚度不应小于设计图样标注的最小成形厚度,否则应予焊补。

6.2.2 对于复合板的覆层、堆焊层及衬里,修磨深度不应大于覆层(或堆焊层、衬里)厚度的 30%,且不大于 1 mm,否则应予焊补;当覆层、堆焊层计入强度时,修磨后覆层或堆焊层的剩余厚度不应小于其计入强度的厚度,否则应予焊补。

6.2.3 修磨不同类别金属的工具应各自专用。

6.3 坡口

6.3.1 坡口表面不应有裂纹、分层、夹杂等缺陷;对于复合板坡口,不应存在基、覆层剥离。

6.3.2 标准抗拉强度下限值大于 540 MPa 的低合金钢及 Cr-Mo 钢、Cr-Mo-V 钢经热切割的坡口表面,加工完成后应按 NB/T 47013.4 或 NB/T 47013.5 进行表面检测,Ⅰ级合格。

6.3.3 施焊前,应清除坡口及内、外两侧母材表面至少 20 mm 范围内(对镍及镍合金覆层、衬里等为 25 mm,以离坡口边缘的距离计)的氧化皮、油污、熔渣及其他有害杂质。

6.4 封头

6.4.1 封头上各种不相交的拼接焊缝中心线之间的距离至少为封头钢材厚度（δ_s）的 3 倍，且不小于 100 mm。

6.4.2 先分瓣成形后组装的封头，除顶圆板自身的拼接焊缝外，瓣片与瓣片之间、瓣片与顶圆板之间的焊缝方向应是径向的或环向的，见图 1。顶圆板若拼接，其拼接焊缝的间距应符合 6.4.1 的规定。

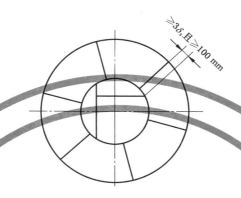

图 1　分瓣成形封头的焊缝布置示意图

6.4.3 先拼板后成形的封头，其拼接焊缝的内表面以及影响成形质量的拼接焊缝的外表面，在成形前应打磨至与母材齐平。

6.4.4 封头内表面的形状偏差可采用带间隙的全尺寸内样板检查或使用测量仪器检查，对大直径封头，推荐使用测量仪器检查。当采用图 2 所示的全尺寸内样板检查椭圆形、碟形、半球形、球冠形封头内表面的形状偏差时，样板的缩进尺寸为 $3\%D_i \sim 5\%D_i$（D_i 为封头公称内径），其最大形状偏差外凸不应大于 $1.25\%D_i$，内凹不应大于 $0.625\%D_i$，且不应有形状突变。检查时应使样板垂直于待测表面。对图 1 所示的先分瓣成形后组装的封头，允许样板避开焊缝进行测量。当使用测量仪器检查椭圆形、碟形、半球形、球冠形封头内表面的形状偏差时，测得的形状应与封头内表面基准曲线对比，其最大形状偏差外凸不应大于 $1.25\%D_i$，内凹不应大于 $0.625\%D_i$，且不应有形状突变。

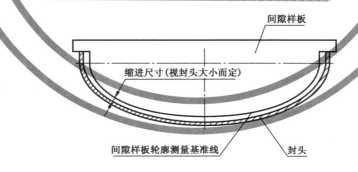

图 2　封头的形状偏差检查示意图

6.4.5 折边锥形封头，其过渡区转角半径不应小于设计图样的规定值。

6.4.6 封头直边部分不应存在纵向皱褶。

6.4.7 先拼板后热成形的封头，当有工艺评定支持且封头焊接试件经检验合格时，其拼缝可不作焊缝置换。

6.5 圆筒与壳体

6.5.1 图3中A类、B类焊接接头对口错边量(b)可采用样板、专用检测器具或仪器测量,并应符合表1的规定。半球形封头与圆筒连接的环向接头以及嵌入式接管与圆筒或封头对接连接的A类接头,按B类焊接接头的对口错边量要求。图4中复合板的对口错边量(b)不大于钢板覆层厚度的50%,且不大于2 mm。

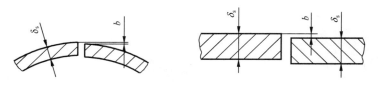

图 3　A类、B类焊接接头对口错边量示意图

表 1　A类、B类焊接接头对口错边量

单位为毫米

对口处钢材厚度(δ_s)	按焊接接头类别划分对口错边量(b)	
	A类焊接接头	B类焊接接头
≤12	≤δ_s/5	≤δ_s/4
>12~20	≤2.4	≤δ_s/4
>20~40	≤2.4	≤5.0
>40~50	≤3.0	≤δ_s/8
>50	≤δ_s/16,且不大于8.0	≤δ_s/8,且不大于15.0

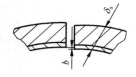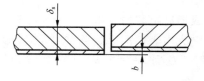

图 4　复合板A类、B类焊接接头对口错边量示意图

6.5.2 在焊接接头环向、轴向形成的棱角(E),可采用样板或量具测量。当采用图5、图6所示样板测量时,宜分别用弦长等于 D_i/6,且不小于300 mm 的内样板(或外样板)和直尺检查,其棱角(E)值不应大于(δ_s/10+2) mm,且不大于5 mm。

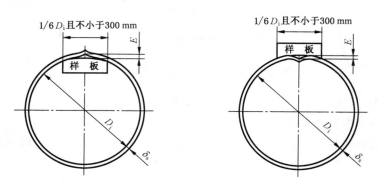

图 5　焊接接头处的环向棱角示意图

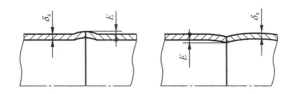

图 6　焊接接头处的轴向棱角示意图

6.5.3　B 类焊接接头以及圆筒与球形封头相连的 A 类焊接接头,当两侧钢材厚度不等时,若两板厚度差大于 $25\%\delta_{s2}$,或超过 3 mm 时,均应按图 7 的要求单面或双面削薄厚板边缘,或按同样要求采用堆焊方法将薄板边缘焊成斜面。但对封头直边段进行单面或双面削薄时,削薄区域仅限于直边段,不应超出封头切线。

当两板厚度差小于上列数值时,则对口错边量 b 按 6.5.1 的要求,且对口错边量 b 以较薄板厚度为基准确定。在测量对口错边量 b 时,不应计入两板厚度的差值。

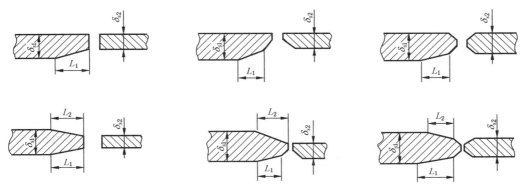

单面削薄结构:$L_1 \geqslant 3(\delta_{s1} - \delta_{s2})$;双面削薄结构:$L_1$、$L_2$ 长度可保证所在侧厚度以不大于 1:3 的坡度过渡。

图 7　不等厚度的 B 类焊接接头以及圆筒与球形封头相连的 A 类焊接接头连接型式示意图

6.5.4　壳体直线度可采用钢丝绳或仪器测量。除设计文件另有规定外,壳体总长度上的直线度偏差不应大于壳体长度(L)的 1‰,当直立容器壳体总长度超过 30 000 mm 时,其壳体直线度偏差不应大于 $(0.5L/1\,000) + 15$ mm。

注:壳体直线度检查是通过中心线的水平和垂直面,即沿圆周 0°、90°、180°、270°四个部位进行测量。测量位置与筒体纵向接头焊缝中心线的距离至少 100 mm。当壳体厚度不同时,直线度中不包括厚度差。

6.5.5　壳体组装的附加要求如下:

　　a)　相邻筒节 A 类接头间外圆弧长,应大于钢材厚度(δ_s)的 3 倍,且不小于 100 mm;

　　b)　封头 A 类拼接接头、封头上嵌入式接管 A 类接头、与封头相邻筒节的 A 类接头相互间的外圆弧长,均应大于钢材厚度(δ_s)的 3 倍,且不小于 100 mm;

　　c)　组装筒体中,单个筒节的长度不应小于 300 mm;

　　d)　不宜采用十字焊缝。

注:外圆弧长是指接头焊缝中心线之间、沿壳体外表面测得的距离。

6.5.6　法兰面应垂直于接管或壳体的主轴中心线。接管和法兰的组件与壳体组装应保证法兰面的水平或垂直(有特殊要求的,如斜接管应按设计文件规定),其偏差均不应超过法兰外径的 1%(法兰外径小于 100 mm 时,按 100 mm 计算),且不大于 3 mm。法兰螺栓孔应与壳体主轴线或铅垂线跨中布置,见图 8。有特殊要求时,应在设计图样上注明。

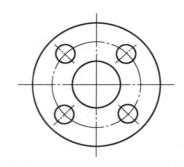

图 8　法兰螺栓孔的跨中布置示意图

6.5.7　直立容器的底座圈、底板上地脚螺栓孔应均布,中心圆直径允差、相邻两孔弦长允差和任意两孔弦长允差均不大于±3 mm。

6.5.8　压力容器内、外附件及接管、人孔与壳体间的焊接宜避开壳体上的 A 类、B 类焊接接头。

6.5.9　若设计文件未另行规定,安放式接管、插入端与壳体内壁齐平的插入式接管以及与圆筒或封头对接连接的嵌入式接管,其内表面转角半径(r)不小于圆筒或封头名义厚度的 1/4,且不大于 20 mm,如图 9a)~图 9c)所示;内伸的插入式接管,其内表面转角半径(r)不小于接管名义厚度的 1/4,且不大于10 mm,如图 9d)所示。

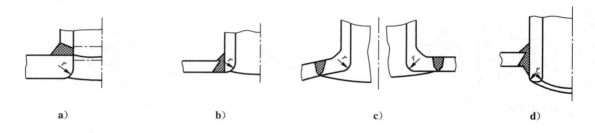

| a) | b) | c) | d) |

图 9　接管内表面转角半径示意图

6.5.10　压力容器上凡被补强圈、支座、垫板等覆盖的焊缝,均应打磨至与母材齐平。

6.5.11　压力容器组焊完成后,应采用专用检测器具或仪器检查壳体的直径,要求如下:

　　a)　壳体同一断面上最大内径(D_{max})与最小内径(D_{min})之差,不应大于该断面内径(D_i)的1%,且不大于 25 mm 见图 10;

　　b)　当被检断面与开孔中心的距离小于开孔直径时,该断面最大内径与最小内径之差,不应大于该断面内径(D_i)的 1%与开孔直径的 2%之和,且不大于 25 mm。

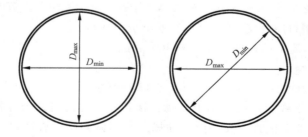

图 10　壳体同一断面上最大内径与最小内径之差

6.5.12　外压容器组焊完成后,还应按如下要求检查壳体与设计要求的圆周间的偏差。

　　a)　采用内弓形、外弓形样板(依测量部位而定)测量。样板圆弧半径等于壳体内半径或外半径,其弦长等于 GB/T 4732.3 规定的圆筒上加强圈允许的间断弧长的 2 倍。测量点应避开焊接接头或其他凸起部位。

b) 用样板沿壳体径向测量的最大正负偏差（e）不应大于由图 11 中查得的最大允许偏差值。

注1：当外径与有效厚度比值（D_o/δ_e）和计算长度与有效厚度比值（L/D_o）的交点位于图 11 中任意两条曲线之间时，其最大正负偏差（e）由内插法确定；当外径与有效厚度比值（D_o/δ_e）和计算长度与有效厚度比值（L/D_o）的交点位于图 11 中 $e=1.0\delta_e$ 曲线的上方或 $e=0.2\delta_e$ 曲线的下方时，其最大正负偏差（e）分别不大于 δ_e 及 $0.2\delta_e$ 值。

注2：圆筒的计算长度（L）与外径（D_o）、锥壳当量长度（L_{ec}）与大端外径（D_L）取值与 GB/T 4732.3 相同；球壳计算长度（L）取 0.5 倍球壳外径（D_o）。

注3：确定锥壳最大正负偏差（e）时，锥壳外径取测量点所在截面外径（D_{ox}），计算长度（L）取换算长度（$L_{ec} \cdot D_L / D_{ox}$）。其中，锥壳当量长度（$L_{ec}$）计算与 GB/T 4732.3 相同。

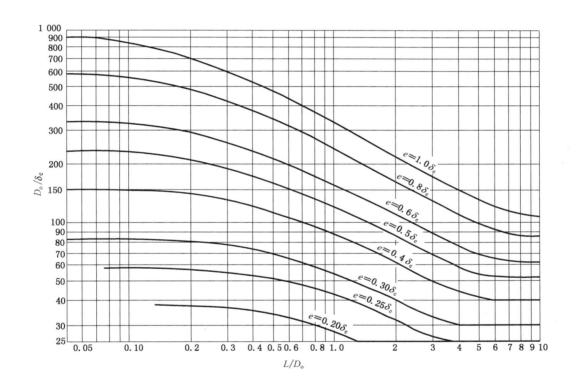

图 11 外压壳体圆度最大允许偏差

6.5.13 承受均匀轴向压缩和由弯矩引起的轴向压缩的压力容器组焊完成后，其圆筒、锥壳除应符合 6.5.11 的要求外，还应采用样板、专用检测器具或仪器沿其母线方向测量壳体的内凹，在测量长度（L_x）的范围，内凹不应大于测量点所在壳体截面内半径的 2‰。测量长度（L_x）按公式（1）～公式（3）确定。

圆筒测量长度（L_x）：

$$L_x = \min\left\{4\sqrt{R_m\delta}, L\right\} \qquad \cdots\cdots\cdots\cdots\cdots\cdots (1)$$

锥壳测量长度（L_x）：

$$L_x = \min\left\{4\sqrt{\frac{R_m\delta}{\cos\alpha}}, \frac{L_c}{\cos\alpha}\right\} \qquad \cdots\cdots\cdots\cdots\cdots\cdots (2)$$

跨壳体环焊缝测量长度（L_x）：

$$L_x = 25\delta \qquad \cdots\cdots\cdots\cdots\cdots\cdots (3)$$

式中：

L_X——检查壳体内凹的测量长度范围，单位为毫米（mm）；

R_m——测量点所在壳体截面的平均半径，单位为毫米（mm）；

δ ——圆筒或锥壳的厚度，单位为毫米（mm）；

L ——支撑线间无加强圆筒的长度，单位为毫米（mm）；

L_c ——对无加强的锥壳，为锥壳的轴向长度；对有加强的锥壳，为锥壳与圆筒连接处至锥壳上第一个加强圈的轴向长度，单位为毫米（mm）；

α ——锥壳半顶角度数，单位为度（°）。

6.5.14 同时承受外压、均匀轴向压缩和由弯矩引起的轴向压缩的压力容器组焊完成后，应按6.5.11、6.5.12、6.5.13的要求逐一进行检查。

6.6 平盖和筒体端部

平盖和筒体端部的加工按以下规定：

a) 螺柱孔或螺栓孔的中心圆直径以及相邻两孔弦长允差为±0.6 mm，任意两孔弦长允差按表2规定；

表 2 法兰螺柱孔或螺栓孔任意两孔弦长允差

单位为毫米

设计内径 D_i	<600	600~1 200	>1 200
允差	±1.0	±1.5	±2.0

b) 螺孔中心线与端面的垂直度允差不应大于螺孔中心圆直径的0.25%；

c) 螺纹基本尺寸与公差应分别按GB/T 196、GB/T 197的规定；

d) 螺纹精度应为中等精度，或按相应标准选取。

6.7 螺栓、螺柱和螺母

6.7.1 公称直径小于M36的螺栓、螺柱和螺母，按相应标准制造。

6.7.2 公称直径大于或等于M36的螺柱和螺母除应符合6.6 c)、6.6 d)和相应标准规定外，还应满足如下要求：

a) 有热处理要求的螺柱，其试样与试验按GB/T 4732.2的有关规定；

b) 螺母毛坯热处理后进行硬度检查，并符合设计文件的要求。

6.8 组装及其他要求

6.8.1 当换热管与管板仅采用强度焊接连接时，管孔非焊接侧应按胀焊并用连接的要求进行倒角。

6.8.2 机械加工表面和非机械加工表面的线性尺寸的极限偏差，应分别按GB/T 1804中m级和c级的规定。

6.8.3 压力容器受压元件组装过程中不应强力进行对中、找平等操作。

6.8.4 组装后，应对压力容器的主要几何尺寸、形位公差、管口方位进行检查，并应符合设计图样要求。

6.8.5 压力容器制造过程中的目视检测应符合NB/T 47013.7的规定。

7 焊接

7.1 施焊环境及焊前准备

7.1.1 施焊环境

7.1.1.1 施焊钢制焊件,若出现下列任一情况,且无有效防护措施时,不应施焊:
  a) 焊条电弧焊时风速大于 10 m/s;
  b) 实心焊丝、药芯焊丝气体保护焊时风速大于 2 m/s;
  c) 焊件表面有结露或有缝药芯焊丝气体保护焊相对湿度大于 80%,其他焊接方法相对湿度大于 90%;
  d) 雨、雪环境;
  e) 焊件温度低于—20 ℃。
  当焊件温度为—20 ℃～0 ℃时,应在始焊处 100 mm 范围内预热到 15 ℃以上。
7.1.1.2 镍及镍合金制焊件的施焊环境应符合 JB/T 4756 的相关规定。

7.1.2 焊材准备

7.1.2.1 焊接用气体应符合 GB/T 39255 的规定。
7.1.2.2 焊接材料的贮存等质量管理应符合 JB/T 3223 的规定,有缝药芯焊丝应真空包装保存。
7.1.2.3 若设计温度高于 350 ℃,焊接 Fe-5A、Fe-5C 组材料使用的焊材,其熔敷金属应进行回火脆化评定,试验方法及合格指标由设计文件规定。
7.1.2.4 若设计温度高于 440 ℃,焊接 Fe-5C 组材料的 A 类焊接接头使用的焊材,应按批对每一种焊丝和焊剂组合进行焊缝金属和焊接接头的高温持久试验,高温持久试验按 GB/T 2039 进行。要求如下:
  a) 制备试件所用的材料应与压力容器用材料同钢号、同热处理状态,焊材为同批号;
  b) 焊接试件应进行模拟最大程度焊后热处理;
  c) 高温持久试验取两件试样:一件试样平行于焊缝轴线(全焊缝金属试样),另一件试样垂直于焊缝轴线(焊接接头试样);
  d) 在标定长度(检测长度)范围内,试样的直径应大于或等于 13 mm,且不大于 20 mm,试样中心线应位于 $t/2$ 处(t 为焊接试件厚度);
  e) 焊接接头试样的标定长度(检测长度)应包括焊缝及其邻近熔合线每侧至少 20 mm 宽范围内的母材;
  f) 应力断裂试验合格指标为:在 540 ℃下,施加 210 MPa 应力,试样发生断裂的时间不应少于 900 h。
7.1.2.5 当设计文件要求时,Fe-5C 组材料埋弧焊(SAW)所使用的焊材应按批对每一种焊丝和焊剂组合进行熔敷金属再热裂纹敏感性评定并应合格。
7.1.2.6 药芯焊丝可用于 Fe-8-1 组铬镍奥氏体型不锈钢母材之间和 Fe-1-1 组母材之间的焊接,但不应选用药芯焊丝焊接其中的低温压力容器、按疲劳分析设计压力容器、盛装毒性为极度和高度危害介质的压力容器、现场组装压力容器中在现场施焊的受压元件焊接接头以及厚度大于 60 mm 的 Fe-1-1 组母材制受压元件焊接接头。

7.1.3 焊件清理

  钢焊件的清理应符合 6.3 的规定;镍及镍合金焊件的清理应符合 JB/T 4756 的相关规定,清理工具也应各自专用。

7.2 焊接方法

应选用 NB/T 47014 允许使用的焊接方法焊接受压元件。

7.3 焊接工艺

7.3.1 受压元件之间应采用全截面焊透的焊接接头;受压元件与非受压元件之间宜采用全截面焊透的焊接接头。

7.3.2 压力容器及其受压元件的焊接工艺评定应符合 NB/T 47014 的规定,并满足如下补充要求。

　　a) 压力容器施焊前,受压元件焊缝、与受压元件相焊的焊缝、熔入永久焊缝内的定位焊缝、受压元件母材表面堆焊与补焊,以及上述焊缝的返修焊缝应按 NB/T 47014 进行焊接工艺评定或者具有经过评定合格的焊接工艺支持。

　　b) 用于焊接结构受压元件的境外材料(含焊接材料),压力容器制造单位在首次使用前,应按 NB/T 47014 进行焊接工艺评定。

　　c) 设计温度低于 −100 ℃ 且不低于 −196 ℃ 的铬镍奥氏体型不锈钢制压力容器,母材(包括焊材)应为含碳量小于或等于 0.08% 的铬镍奥氏体不锈钢,并应根据设计温度选择合适的焊接方法;在相应的焊接工艺评定中,应进行焊缝金属的低温夏比(V 形缺口)冲击试验,在不高于设计温度下的冲击吸收能量不应小于 31 J,且任一试样的侧膨胀值 LE 不应小于 0.38 mm(设计温度在 −192 ℃ ~ −196 ℃ 时,冲击试验温度取 −192 ℃)。

　　d) 低温压力容器的焊接工艺评定,包括焊缝和热影响区的低温夏比(V 形缺口)冲击试验。冲击试验的取样方法,按 NB/T 47014 的要求确定。冲击试验温度不应高于设计文件要求的试验温度。当焊缝两侧母材具有不同冲击试验要求时,低温冲击功按两侧母材抗拉强度的较低值符合 GB/T 4732.2 的规定或设计文件的要求。接头的拉伸和弯曲性能按两侧母材中的较低要求。

　　e) Fe-5A、Fe-5C 组材料制压力容器,若设计温度高于 350 ℃,焊接工艺评定时应附加进行高温拉伸试验和回火脆性评定试验,试验要求由设计文件规定。其中,高温拉伸试验按 GB/T 228.2 进行,试验温度为设计温度。

　　f) Fe-5A、Fe-5C 组材料的焊接工艺评定试件应进行模拟最大程度焊后热处理和模拟最小程度焊后热处理。

7.3.3 压力容器及其受压元件的焊前预热应符合 NB/T 47015 的规定,并满足如下补充要求。

　　a) 对 Fe-5A、Fe-5C 组材料,焊前预热应保证焊接接头坡口及两侧各 1 倍壁厚(且不小于 100 mm)范围内的母材温度始终不低于预热温度,且不高于允许的最高层间温度,并保持至焊接完毕;若焊接中断,仍应维持预热范围内的母材温度不低于预热温度,并保持至焊接重新开始,否则应进行中间消除应力热处理。

　　b) 当焊件厚度增大或拘束度增大时,应适当提高预热温度。

　　c) Fe-5C 组材料制压力容器及其受压元件的焊前预热不宜低于 180 ℃。

　　d) 在 Cr-Mo 钢、Cr-Mo-V 钢母材上堆焊第一层奥氏体不锈钢、镍及镍合金时,焊前预热温度不应低于 100 ℃,道间温度不应超过 175 ℃;在其他钢材的母材上堆焊第一层奥氏体不锈钢、镍及镍合金时,焊前预热温度宜不低于 NB/T 47015 规定的预热温度减 50 ℃,且不应低于 15 ℃。

7.3.4 压力容器及其受压元件的中间消除应力热处理和后热处理,按设计文件要求进行。其中,后热处理应在施焊完毕立即进行;若施焊完毕随即进行中间消除应力热处理或焊后热处理,可免做后热处理。

7.3.5 低温压力容器的焊接应控制焊接热输入,多层多道施焊。

7.3.6 采用有缝药芯焊丝焊接受压元件时,施焊前方可打开药芯焊丝的真空包装,真空包装打开8h后未使用完的药芯焊丝应进行除湿处理后方可继续使用;完成施焊后剩余的药芯焊丝,应进行除湿处理后置于真空环境中保存,方可继续使用。

7.3.7 对于带堆焊层压力容器,若单层堆焊不能满足要求,则堆焊层应包括过渡层和盖面层;对于复合板压力容器,覆层焊缝应包括过渡层和盖面层。

7.3.8 镍及镍合金的焊接应符合 NB/T 47015、JB/T 4756 的相关规定。

7.3.9 受压元件应在其焊接接头附近的指定部位打上焊工代号钢印,或者在含焊缝布置图的焊接记录中记录焊工代号。其中,钢印的使用范围应符合5.3.2、5.3.3、5.3.4 的规定。

7.3.10 焊接工艺评定技术档案应保存至该工艺评定失效为止,焊接工艺评定试样保存期不应少于5年。

7.4 焊缝表面的形状尺寸及外观要求

7.4.1 按疲劳分析设计的压力容器,A类、B类焊接接头表面应修磨至与相邻母材表面平齐;非疲劳分析设计的压力容器,A类、B类焊接接头的焊缝余高 e_1、e_2,按表3和图12的规定。

表3 A类、B类焊接接头的焊缝余高合格指标

单位为毫米

标准抗拉强度下限值大于540 MPa的低合金钢、Cr-Mo 钢和 Cr-Mo-V 钢				其他钢材			
单面坡口		双面坡口		单面坡口		双面坡口	
e_1	e_2	e_1	e_2	e_1	e_2	e_1	e_2
$0\sim10\%\delta_s$ 且≤3	$0\sim1.5$	$0\sim10\%\delta_1$ 且≤3	$0\sim10\%\delta_2$ 且≤3	$0\sim15\%\delta_s$ 且≤4	$0\sim1.5$	$0\sim15\%\delta_1$ 且≤4	$0\sim15\%\delta_2$ 且≤4
注:表中,按百分数乘以厚度所得的计算值小于1.5 mm时,按1.5 mm计。							

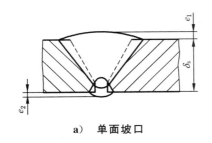 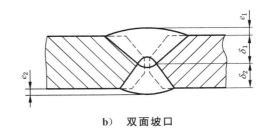

a) 单面坡口 b) 双面坡口

图12 A类、B类焊接接头的焊缝余高

7.4.2 C类、D类、E类焊接接头的焊脚尺寸,在设计文件无规定时,应取焊件中较薄者之厚度。当补强圈的厚度不小于8 mm时,补强圈的焊脚尺寸应等于补强圈厚度的70%,且不应小于8 mm。

7.4.3 焊接接头表面应按相关标准进行外观检查,不应有表面裂纹、咬边、未焊透、未熔合、表面气孔、弧坑、未填满、夹渣和飞溅物;焊缝与母材应圆滑过渡;角焊缝的外形应凹形圆滑过渡。

7.4.4 不应在压力容器的非焊接部位引弧。因电弧擦伤而产生的弧坑、焊疤以及因切割卡具、拉筋板等临时性附件后遗留的焊疤应修磨平滑。

7.4.5 焊接接头表面的修磨应符合6.2.1、6.2.2 的有关规定。

7.5 焊接返修

7.5.1 当焊缝需要返修时,应先对缺陷去除部位进行表面检测,确认缺陷已完全去除。

7.5.2 返修的焊接工艺应符合 7.3 的有关规定。

7.5.3 焊缝同一部位的返修次数不宜超过 2 次。如超过 2 次,返修前应经制造单位技术负责人批准,返修次数、部位和返修情况应记入压力容器的质量证明文件。

7.5.4 补焊表面应按 NB/T 47013.4 或 NB/T 47013.5 进行表面检测,Ⅰ级合格。对钢焊件,当补焊深度超过 10 mm 或母材厚度的 1/2 时,还应增加射线检测或超声检测,检测技术等级、合格指标不应低于设计文件中对选用的无损检测方法的规定。

7.5.5 下列压力容器如在焊后热处理后进行任何焊接返修,应对返修部位重新进行热处理:

    a) 盛装毒性为极度或高度危害介质的压力容器;

    b) Cr-Mo 钢、Cr-Mo-V 钢制压力容器;

    c) 低温压力容器;

    d) 设计文件注明有应力腐蚀的压力容器;

    e) 按疲劳分析设计的压力容器;

    f) 设计文件要求重新进行焊后热处理的压力容器。

7.5.6 除7.5.5外,热处理后的焊接返修应征得用户同意。要求焊后热处理的压力容器,如在热处理后进行返修,应符合 NB/T 47015 的相应规定。

7.5.7 有特殊耐腐蚀要求的压力容器或受压元件,返修部位仍应达到相应的耐腐蚀性能要求。

8 热处理

8.1 热处理类型及方式

8.1.1 热处理类型

压力容器及其受压元件的热处理类型分为恢复性能热处理、改善材料力学性能热处理、焊后热处理和其他热处理。

8.1.2 热处理方式

8.1.2.1 压力容器及其受压元件的热处理可采用炉内整体热处理、分段炉内热处理和局部热处理三种方式。当条件许可时,宜优先选用炉内整体热处理,且宜避免进行现场热处理。

8.1.2.2 当压力容器及其受压元件无法炉内整体热处理时,可分段热处理。分段热处理时,其重复加热长度不应小于 1 500 mm,且非加热部分的焊件应采取隔热措施,热处理工件的温度梯度应能保证其热处理后的性能仍满足设计文件规定或符合使用要求。

8.1.2.3 局部热处理宜选择在焊件刚性相近的焊缝上进行,加热带、均温带和隔热带范围应符合 GB/T 30583 的规定,热处理工件在不同方向上的温度梯度不应对压力容器性能和消除焊接残余应力效果产生有害影响,且不会产生有害变形和非预期的热处理残余应力。当用户要求时,设计单位或制造单位应对热处理工件的温度场和变形进行模拟计算,给出具体的控制措施。

8.2 恢复性能热处理

8.2.1 成形受压元件的恢复性能热处理

8.2.1.1 非合金钢、低合金钢制冷成形件,当符合下列 a)~d)中任意条件之一,且变形率超过 5%时,应于成形后进行恢复性能热处理:

a) 盛装毒性为极度或高度危害介质的压力容器;

b) 设计文件注明有应力腐蚀的压力容器;

c) 对非合金钢、低合金钢,成形前厚度大于 16 mm 时;

d) 对非合金钢、低合金钢,成形后减薄量大于 10% 时。

8.2.1.2 冷成形件变形率按公式(4)~公式(6)计算。

a) 单向拉弯[如筒体成形,见图 13a)]:

$$变形率(\%) = 50\delta[1 - (R_f/R_o)]/R_f \quad\quad\quad\quad\quad\quad (4)$$

b) 双向拉弯[如封头成形,见图 13b)]:

$$变形率(\%) = 75\delta[1 - (R_f/R_o)]/R_f \quad\quad\quad\quad\quad\quad (5)$$

c) 弯管(见图 14):

$$变形率(\%) = 100r/R \quad\quad\quad\quad\quad\quad (6)$$

式中:

δ ——板材厚度,单位为毫米(mm);

R_f——成形后中面半径,单位为毫米(mm);

R_o——成形前中面半径(对于平板为∞),单位为毫米(mm);

r ——管子的外半径,单位为毫米(mm);

R ——管子中心线处的弯曲半径,单位为毫米(mm)。

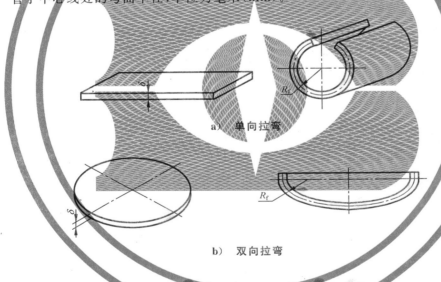

a) 单向拉弯

b) 双向拉弯

图 13 单向拉弯和双向拉弯成形示意图

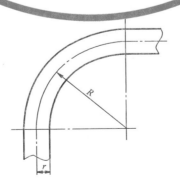

图 14 弯管成形示意图

8.2.1.3 分步冷成形时,若不进行恢复性能热处理,则成形件的变形率为各分步成形的变形率之和;若在成形过程中进行恢复性能热处理,则成形件的变形率为进行恢复性能热处理后的各分步成形的变形率之和。若投料钢板经过开平操作,进行变形率计算时应计入开平操作产生的变形率。

8.2.1.4 铬镍奥氏体型不锈钢钢板制冷成形件,若成形后按 GB/T 1954 测得的铁素体显示含量大于15%,应于成形后进行恢复性能热处理。其中,封头、膨胀节上的铁素体检测部位应分别按 4.3.2.1 b)、4.3.2.4 确定。

8.2.1.5 设计温度高于 675 ℃ 的铬镍奥氏体型不锈钢钢板制冷成形件,应在成形后进行恢复性能热处理。

8.2.1.6 若需消除温成形的变形对材料性能的影响,推荐按 8.2.1.1、8.2.1.4 或按设计文件要求对成形件进行恢复性能热处理。

8.2.1.7 若热成形或温成形改变了材料供货热处理状态,应重新进行热处理,恢复材料供货热处理状态。

8.2.1.8 复合板制造的成形件,应按基层材料确定成形后是否进行恢复性能热处理及其热处理参数。其中,计算变形率、确定热处理保温时间时,应取复合板总厚度;确定恢复性能热处理参数时,应同时保证覆层经热处理后的性能满足使用要求或设计文件的规定。

8.2.1.9 当对成形温度、恢复材料性能热处理等有特殊要求时,应遵循相关标准、规范或设计文件的规定。

8.2.2 其他恢复性能热处理

当材料的供货热处理状态与使用的热处理状态一致时,若制造过程中除成形外的其他工艺过程改变了材料供货热处理状态,应进行恢复性能热处理。

8.2.3 恢复性能热处理工艺

确定恢复性能热处理工艺时宜考虑材料出厂热处理工艺;非合金钢、低合金钢的热处理操作推荐按8.3.10 进行。

8.3 焊后热处理(PWHT)

8.3.1 压力容器及其受压元件应按焊缝厚度(即焊后热处理厚度 δ_{PWHT})、材料和设计要求确定是否进行焊后热处理。

8.3.2 焊缝厚度应按下列规定确定。

    a) 对于等厚度全焊透焊缝连接的对接接头,焊缝厚度为钢材厚度。

    b) 对于对接焊缝连接的焊接接头,焊缝厚度为对接焊缝厚度。

    c) 对于角焊缝连接的焊接接头,焊缝厚度为角焊缝厚度。

    d) 对于组合焊缝连接的焊接接头,焊缝厚度为对接焊缝与角焊缝厚度中较大者。

    e) 对于螺柱焊缝,焊缝厚度为螺柱的公称直径。

    f) 当不同厚度受压元件焊接时。

        1) 不等厚对接接头,焊缝厚度取较薄元件的钢材厚度。

        2) 壳体与管板、平封头、盖板、凸缘、压力容器法兰[不包括图 15 a)所示的法兰全厚度截面焊透的焊接接头]及其他类似元件的B类焊接接头,焊缝厚度取壳体厚度。

        3) 接管与壳体焊接时:对安放式接管,焊缝厚度取安放式接管厚度、筒体焊缝厚度或封头焊缝厚度(视接管位置取其中之一)、补强圈厚度和补强圈连接角焊缝厚度中较大者;对非安放式接管,焊缝厚度取接管焊缝厚度、筒体焊缝厚度或封头焊缝厚度(视接管位置取其中之一)、补强圈厚度和补强圈连接角焊缝厚度中较大者。

4) 接管与法兰焊接时,焊缝厚度取焊接接头处接管颈厚度;但对于图 15 a)所示结构,焊缝厚度取法兰厚度。

5) 对于图 15 b)所示的封头置于筒体内的连接结构,焊缝厚度取圆筒厚度、封头厚度和角焊缝厚度中的较大者。

6) 非受压元件与受压元件焊接时,焊缝厚度取连接焊缝厚度。

7) 换热管与管板之间的焊接接头,焊缝厚度取换热管厚度。

g) 焊接返修时,焊缝厚度取填充焊缝金属厚度。

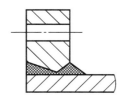 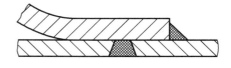

a) 全厚度截面焊透的法兰   b) 置于筒体内焊接的封头

图 15 确定焊缝厚度的结构示意图

8.3.3 压力容器及其受压元件符合下列条件之一者,应进行焊后热处理,焊后热处理应包括受压元件间、受压元件与非受压元件间的连接焊缝。

a) 焊缝厚度符合表 4 规定时;

b) 设计文件注明有应力腐蚀的压力容器;

c) 用于盛装毒性为极度或高度危害介质的非合金钢、低合金钢的压力容器(含以非合金钢、低合金钢为基层的复合板压力容器);

d) 当相关标准或设计文件另有规定时。

表 4 进行焊后热处理的焊缝厚度

材料组别	材料牌号	进行焊后热处理的焊缝厚度
Fe-1-1	Q245R、10、20	若焊前不预热:$\delta_{PWHT}>32$ mm; 若焊前预热至 100 ℃以上:$\delta_{PWHT}>38$ mm
Fe-1-2	Q345R、GB/SA-516 Gr70、GB/SA-537 Cl1、Q345D、Q345E、16Mn	若焊前不预热:$\delta_{PWHT}>32$ mm; 若焊前预热至 100 ℃以上:$\delta_{PWHT}>38$ mm
Fe-1-2	16MnDR、16MnD	$\delta_{PWHT}>25$ mm
Fe-1-2	09MnNiDR、09MnNiD	对于设计温度不低于−45 ℃的低温压力容器:$\delta_{PWHT}>20$ mm; 对于设计温度低于−45 ℃的低温压力容器:任意厚度
Fe-1-3	Q370R、Q420R	若焊前不预热:$\delta_{PWHT}>32$ mm; 若焊前预热至 100 ℃以上:$\delta_{PWHT}>38$ mm
Fe-1-3	15MnNiNbDR	对于设计温度不低于−45 ℃的低温压力容器:$\delta_{PWHT}>20$ mm; 对于设计温度低于−45 ℃的低温压力容器:任意厚度

表 4 进行焊后热处理的焊缝厚度（续）

材料组别	材料牌号	进行焊后热处理的焊缝厚度
Fe-1-4	Q490R、Q490DRL1、Q490DRL2、12MnNiVR、08MnNiMoVD、10Ni3MoVD	若焊前不预热:δ_{PWHT}>32 mm；若焊前预热至100 ℃以上:δ_{PWHT}>38 mm
Fe-3-1	12CrMo	任意厚度
Fe-3-2	20MnMo	任意厚度
Fe-3-2	20MnMoD	对于设计温度不低于−30 ℃的低温压力容器:δ_{PWHT}>20 mm；对于设计温度低于−30 ℃的低温压力容器:任意厚度
Fe-3-3	13MnNiMoR、18MnMoNbR、20MnNiMo、20MnMoNb、15NiCuMoNb	任意厚度
Fe-4-1	15CrMoR、GB/SA-387 Gr12 Cl2、14Cr1MoR、09CrCuSb、15CrMo、14Cr1Mo	任意厚度
Fe-4-2	12Cr1MoVR、12Cr1MoV	任意厚度
Fe-5A	12Cr2Mo1R、12Cr2Mo、08Cr2AlMo、12Cr2Mo1	任意厚度
Fe-5B-1	12Cr5Mo、12Cr5Mo1	任意厚度
Fe-5B-2	10Cr9Mo1VNbN、10Cr9MoW2VNbBN	任意厚度
Fe-5C	12Cr2Mo1VR、12Cr2Mo1V、12Cr3Mo1V	任意厚度
Fe-7-1	S11306、S11348	δ_{PWHT}>10 mm
Fe-7-2	S11972	δ_{PWHT}>10 mm
Fe-9B	08Ni3DR、08Ni3D	任意厚度

8.3.4 对于异种钢材之间的焊接接头,按本文件要求严者确定是否进行焊后热处理。

8.3.5 对于复合板之间的焊接接头,按基层焊缝厚度确定是否进行焊后热处理。

8.3.6 当需要对铬镍奥氏体型不锈钢、奥氏体-铁素体型不锈钢进行焊后热处理时,设计文件应明确规定。

8.3.7 焊后热处理工艺要求如下。

a) 焊后热处理保温温度、保温时间应按GB/T 30583的规定执行。当采用降低保温温度、延长保温时间的热处理工艺时,保温温度最大降温幅度不应大于55 ℃。

b) 复合板压力容器及其受压元件的焊后热处理的保温温度按基层材料确定,但不应对覆层性能产生有害影响;焊后热处理的保温时间,应按复合板的总厚度确定。

c) 焊后热处理工艺不应导致产生再热裂纹。

d) 衬里压力容器及其受压元件的焊后热处理应在组焊衬里件前进行。

e) 压力容器制造单位应按设计文件和标准的要求在热处理前编制热处理工艺文件。

8.3.8 热处理炉符合下列规定。

a) 热处理炉应符合GB/T 30583的规定,炉内气氛应呈中性或弱氧化性。当采用燃气炉对镍及镍合金复合板压力容器、衬里压力容器、堆焊压力容器或受压元件进行热处理时,燃气中的硫含量应低于0.57 g/m³;当采用燃油炉加热时,燃油中的硫含量应低于0.5%。

b) 热处理炉应配有自动记录温度曲线的测温仪表,并能自动绘制热处理的时间与工件壁温关系曲线。

8.3.9 测温点的布置符合下列规定。

a) 压力容器及其受压元件上测温点的布置应符合 GB/T 30583 的规定,且接管与壳体焊接接头部位、刚性构件与壳体相焊的焊接接头转角部位应布置测温点,相邻测温点沿壳体轮廓线测量的间距不应超过 4 600 mm。

b) 当热源在压力容器及其受压元件的外部时,测温点宜更多地布置在压力容器及其受压元件的内部;当热源在压力容器及其受压元件的内部时,测温点宜更多地布置在压力容器及其受压元件的外部。

8.3.10 热处理操作符合下列规定。

a) 加热前,应去除工件上所有的油、油污、油漆、标记、润滑剂等杂物和有害介质。

b) 热处理工件应放置在有效加热区内,加热的火焰不宜与工件直接接触,并应控制工件表面的过度氧化、脱碳、增碳和腐蚀。对镍及镍合金复合板工件,当对应产品标准对覆层材料热处理的表面保护有要求时,应采取措施对覆层加以保护。

c) 非合金钢、低合金钢的焊后热处理操作符合如下规定:
   1) 焊件进炉时炉内温度不应高于 400 ℃;
   2) 焊件升温至 400 ℃后,加热区升温速度按 $5\,500/\delta_{PWHT}$ ℃/h 计算确定,且最快不应超过 220 ℃/h,最慢不应低于 15 ℃/h;
   3) 升温时,加热区内任意 4 600 mm 长度内的温差不应大于 140 ℃;
   4) 保温时,加热区内最高与最低温度之差不宜超过 80 ℃;
   5) 炉温高于 400 ℃时,加热区降温速度按 $7\,000/\delta_{PWHT}$ ℃/h 计算确定,且最快不应超过 280 ℃/h,最慢不应低于 15 ℃/h;
   6) 焊件出炉时,炉温不应高于 400 ℃,出炉后应在空气中继续冷却。

8.3.11 S11306、S11348 铁素体型不锈钢的焊后热处理操作按 8.3.10 的规定。其中,对于 8.3.10c)中 5)和 6),当温度高于 650 ℃时,降温速度不应大于 55 ℃/h,当温度低于 650 ℃时,应快速降温。

8.4 改善材料力学性能热处理

压力容器或受压元件的制造单位进行的改善性能热处理应有工艺试验支持并据此制订热处理工艺。

8.5 其他热处理

8.5.1 钢制压力容器及其受压元件的其他热处理,按设计文件要求进行。

8.5.2 镍及镍合金衬里元件的热处理应符合 JB/T 4756 的相关规定或设计文件的要求。

8.6 热处理前、后的表面处理

有耐腐蚀要求的不锈钢及复合板制压力容器的表面,应在热处理前清除不锈钢及覆层表面污物及有害介质。该类材料制零部件进行热处理后,还应进行表面处理。

9 试件与试样

9.1 产品焊接试件

9.1.1 制备产品焊接试件条件

9.1.1.1 有筒节纵向焊缝的每台压力容器应至少制备一块产品焊接试件。是否增加制备封头焊接试件

GB/T 4732.6—2024

按设计文件要求确定。

9.1.1.2 除设计文件要求制作鉴证环试件外,B类焊接接头、半球形封头与圆筒相连的A类焊接接头免做产品焊接试件。

9.1.2 制备产品焊接试件与试样的要求

9.1.2.1 产品焊接试件应在筒节纵向焊缝延长部位与筒节纵缝同时施焊;封头焊接试件应在封头拼缝延长部位与封头拼缝同时施焊。其中,钢制球形储罐的产品焊接试件制备应符合GB/T 12337的规定。

9.1.2.2 试件应取自合格的原材料,且与压力容器用材具有相同标准、相同牌号、相同厚度和相同热处理状态。

9.1.2.3 试件应由该压力容器的焊工焊接(多焊工焊接的压力容器,制备试件的焊工由制造单位的检验部门指定),并应采用与压力容器相同的条件、过程与焊接工艺(包括施焊及其之后的热处理条件)施焊。有热处理要求的压力容器,试件一般应随压力容器进行热处理;封头焊接试件还应经历与封头成形过程中相同的加热、冷却过程。否则应采取措施保证试件与所带代表的压力容器、封头经历相同的热过程。

9.1.2.4 当一台压力容器不同筒节的A类焊接接头(不含半球形封头与圆筒间的焊接接头)由数种焊接工艺施焊时,每种焊接工艺均应制备一块试件。

9.1.2.5 当筒节厚度不同时,同一焊接工艺条件下,应在厚度最大的筒节上制备试件。

9.1.2.6 试件的尺寸和试样的截取按NB/T 47016的规定。

9.1.3 试样检验与评定

9.1.3.1 试样的检验与评定按NB/T 47016、GB/T 4732.2和设计文件要求进行。

9.1.3.2 当需要进行耐腐蚀性能检验时,应按相关标准和设计文件规定制备试样进行试验,并满足要求。其中,不锈钢的晶间腐蚀敏感性检验应按GB/T 21433的规定进行;镍及镍合金覆层、堆焊层的耐腐蚀性能检验按对应的产品标准规定或设计文件要求。

9.1.3.3 对于低温压力容器,除另有规定外,冲击试验应包括焊缝金属和热影响区,并按NB/T 47016、GB/T 4732.2和设计文件规定的试验温度和合格指标进行检验和评定。

9.1.3.4 除另有规定,铬镍奥氏体型不锈钢的焊缝金属冲击吸收能量不应小于31 J,且任一试样的侧膨胀值 LE 不应小于0.38 mm。

9.1.3.5 奥氏体-铁素体型不锈钢焊接接头的铁素体或奥氏体数应在40 FN～60 FN。

9.1.3.6 当试样评定结果不能满足要求时,可按NB/T 47016的要求取样进行复验。如复验结果仍达不到要求时,则该试件所代表的产品应判为不合格。

9.1.3.7 模拟焊后热处理的产品焊接试件、封头焊接试件应按设计文件要求的检验项目和合格指标进行检验并合格。

9.2 母材热处理试件

9.2.1 制备母材热处理试件条件

凡符合以下条件之一者,应制备母材热处理试件:
a) 当要求材料的使用热处理状态与供货热处理状态一致时,在制造过程中若改变了供货的热处理状态,需要重新进行热处理的;
b) 在制造过程中,需要采用热处理改善材料力学性能的;
c) 冷成形或温成形的受压元件,成形后需要通过热处理恢复材料性能的;
d) 设计文件要求制备母材热处理试件的。

380

9.2.2 制备热处理试件与试样的要求

9.2.2.1 热处理试件应与热处理工件同炉进行热处理;当无法同炉时,应模拟与热处理工件相同的热处理状态。

9.2.2.2 母材热处理试样的尺寸参照对应的材料标准确定,在试件上切取拉伸试样 1 个、冷弯试样 2 个、冲击试样 3 个;带焊接接头的热处理试样的尺寸参照 NB/T 47016 确定,在试件上切取拉伸试样 1 个、冷弯试样 2 个、焊缝金属和热影响区冲击试样各 3 个。

9.2.3 试样检验与评定

试样的拉伸、冷弯和冲击试验应分别按 GB/T 228.1、GB/T 232 和 GB/T 229 的规定进行,并按 GB/T 4732.2 和设计文件要求进行评定。当试样评定结果不满足要求时,允许重新取样进行复验。如复验结果仍达不到要求,则该试件所代表的母材或焊接接头应判为不合格。

9.3 B 类焊接接头鉴证环

9.3.1 鉴证环的制备应符合 9.1.2.2、9.1.2.3 的规定。

9.3.2 鉴证环试样的种类、尺寸、数量、截取及试验方法与结果评定应按设计文件要求进行。

9.4 其他试件与试样

9.4.1 要求做耐腐蚀性能检验的压力容器或者受压元件,应按设计文件规定制备耐腐蚀性能试验试件并进行检验与评定。

9.4.2 根据设计文件要求,螺柱经热处理后需做力学性能试验者,应按批制备热处理试样并进行检验与评定,并符合下列要求。

    a) 每批系指同时投料的具有相同钢号、相同炉罐号、相同断面尺寸、相同制造工艺的同类螺柱。

    b) 供做力学性能试验所切取的一根定长螺柱试验毛坯,应与零件毛坯同炉进行热处理。在钢号、断面尺寸和热处理工艺相同情况下,连续做数炉热处理时,允许仅对其中一炉做力学性能抽检,但各炉毛坯均应进行硬度检验。硬度检验结果应符合相应标准的规定或设计文件的要求。

    c) 直径不小于 M48 的螺柱应在毛坯 1/2 半径处取样,沿轴向切取拉伸试样 1 个,冲击试样 3 个。拉伸、冲击试验分别按 GB/T 228.1、GB/T 229 的规定进行。各项指标不应低于规定值的下限。

9.5 试件的合并制备

当压力容器同时要求制备产品焊接试件和热处理试件时,在保证两种试件各自代表性不发生改变的情况下可合并制备。

9.6 产品焊接试件的检验与评定时机

产品焊接试件的检验与评定应在耐压试验前进行;热处理试件的检验与评定应在热处理完成后即进行。若设计文件提出要求,可在制造工序间增加检验与评定。

10 无损检测

10.1 无损检测方法的选择

10.1.1 应采用 NB/T 47013(所有部分)规定的方法对焊接接头进行无损检测。

10.1.2 压力容器的对接接头应采用射线检测或超声检测。其中,射线检测包括射线胶片照相检测(RT)、射线数字成像检测(DR)、射线计算机辅助成像检测(CR);超声检测包括相控阵超声检测(PAUT)、衍射时差法超声检测(TOFD)、脉冲反射法超声成像检测(UIT)和不可记录的脉冲反射法超声检测(UT)。

10.1.3 当采用不可记录的脉冲反射法超声检测时,还应采用射线胶片照相检测、射线数字成像检测、射线计算机辅助成像检测或者相控阵超声检测、衍射时差法超声检测作为附加局部检测。局部检测长度不应少于各条焊接接头长度的 20%,且不应小于 250 mm。

10.1.4 压力容器焊接接头的表面检测应选用磁粉检测、渗透检测等 NB/T 47013(所有部分)规定的表面检测方法。其中,铁磁性材料制压力容器焊接接头表面优先采用磁粉检测。

10.2 无损检测的实施时机

10.2.1 压力容器的焊接接头和需要进行缺陷检查的部位,应在形状尺寸检查、外观目视检查合格后,再进行无损检测。

10.2.2 成形受压元件应在成形后进行无损检测。

10.2.3 有延迟裂纹倾向的材料(如:12Cr2Mo1R)应在焊接完成的至少 24 h 以后再进行无损检测,有再热裂纹倾向的材料(如:Q490DRL1)应在热处理后、水压试验前对所有焊接接头增加一次表面无损检测。

10.2.4 标准抗拉强度下限值大于 540 MPa 的低合金钢制压力容器,在耐压试验后,还应对焊接接头进行表面无损检测。

10.2.5 若设计时计入覆层(或堆焊层)强度,则不锈钢及镍及镍合金复合板压力容器、带堆焊层压力容器中的 A 类和 B 类焊接接头,其射线或超声检测应在基、覆层(或堆焊层)焊接均完成后进行;若设计时未计入覆层(或堆焊层)强度,则不锈钢及镍及镍合金复合板压力容器、带堆焊层压力容器中的 A 类和 B 类焊接接头,其射线或超声检测可在基层和过渡层焊接完成后进行。

10.2.6 镍及镍合金复合板压力容器、衬里压力容器在热气循环试验后,还应对覆层、衬里的焊接接头进行表面无损检测。

10.2.7 被压力容器内、外构件覆盖的焊接接头,应在内、外构件组装前进行无损检测。

10.3 射线和超声检测

射线和超声检测按下列要求进行:
a) 压力容器及其受压元件的 A 类和 B 类焊接接头,应进行全部(100%)射线或超声检测;
b) 接管与壳体相焊的 D 类焊接接头应进行 100%超声检测。

10.4 表面检测

凡符合下列条件之一,应按设计文件规定的方法,对其表面进行磁粉或渗透检测:
a) 压力容器及其受压元件上的 A 类、B 类、C 类、D 类、E 类焊接接头;
b) 压力容器及其受压元件上的缺陷修磨或补焊处的表面,卡具和拉筋等拆除处的割痕表面;
c) 堆焊表面;
d) 复合板的覆层、衬里的焊接接头;
e) 按疲劳分析设计压力容器上的受压元件之间的连接螺柱、不锈钢制螺柱及尺寸大于或等于 M36 的螺柱。

10.5 重复检测和组合检测

10.5.1 经射线或超声检测的焊接接头,如有不准许的缺陷,应在缺陷清除干净后进行补焊,并对该部分采用原检测方法重新检查,直至合格。

10.5.2 磁粉与渗透检测发现的不准许缺陷,应在进行修磨及必要的补焊后,对该部位采用原检测方法重新检测,直至合格。

10.5.3 标准抗拉强度下限值大于 540 MPa 的低合金钢制压力容器所有 A 类和 B 类焊接接头,若其焊接接头厚度大于 20 mm,还应采用 10.1.2 中所列的与原无损检测方法不同的检测方法进行组合检测,该检测应包括所有的焊缝交叉部位;上述组合检测的部位、比例,按设计文件要求确定。

10.5.4 当对接接头采用 γ 射线全景曝光射线检测时,还应另外采用 X 射线检测、相控阵超声检测或者衍射时差法超声检测进行 50% 的附加局部检测。如发现超标缺陷,则应进行 100% 的 X 射线检测、相控阵超声检测或者衍射时差法超声检测。

10.5.5 当设计文件有规定时,应按其规定进行组合检测。

10.6 无损检测要求

10.6.1 无损检测的通用要求应按 NB/T 47013.1 的规定进行。

10.6.2 射线检测应按 NB/T 47013.2、NB/T 47013.11、NB/T 47013.14 的规定进行,其合格指标见表 5。

10.6.3 超声检测应按 NB/T 47013.3、NB/T 47013.10、NB/T 47013.15 的规定进行,其合格指标见表 5。

表 5 射线检测、超声检测合格指标

检测方法		技术等级	合格级别
射线检测		AB	不低于Ⅱ
超声检测	脉冲反射法	B	不低于Ⅰ
	衍射时差法	B	不低于Ⅱ
	相控阵超声检测	B	不低于Ⅰ

10.6.4 表面检测应按 NB/T 47013.4、NB/T 47013.5 进行,质量分级为 Ⅰ 级。

10.6.5 组合检测的技术等级和质量分级按照各无损检测方法对应的要求确定,并且均应合格。

10.7 无损检测档案

压力容器无损检测档案应完整,保存时间不应少于压力容器设计使用年限。

11 耐压试验和泄漏试验

11.1 试验依据

制造完工的压力容器应按设计文件规定进行耐压试验和泄漏试验。

11.2 试验用压力表

耐压试验和泄漏试验时,如采用压力表测量试验压力,则应使用两个量程相同的并经检定合格的压力表。压力表的量程应为 1.5 倍～3 倍的试验压力,宜为试验压力的 2 倍。压力表的精度不应低于 1.6 级,表盘直径不应小于 100 mm。

11.3 试验前的检查

压力容器的开孔补强圈应在耐压试验前以 0.4 MPa～0.5 MPa 的压缩空气检查焊接接头质量。对复合板制压力容器、衬里压力容器,可在耐压试验前对覆层、衬里及其焊接接头进行泄漏检查,检查方法、合格指标按设计文件要求。

11.4 耐压试验

11.4.1 通用要求

11.4.1.1 耐压试验分为液压试验、气压试验以及气液组合压力试验,应按设计文件规定的方法进行耐压试验。

11.4.1.2 耐压试验的试验压力及必要时的强度校核按 GB/T 4732.1 的规定。

11.4.1.3 耐压试验前,压力容器各连接部位的紧固件应装配齐全,并紧固妥当;为进行耐压试验而装配的临时受压元件,应按该压力容器同类受压元件的要求进行设计、制造、检验和验收,以保证其安全性。

11.4.1.4 试验用压力表应安装在被试验压力容器的顶部。

11.4.1.5 耐压试验保压期间不应采用连续加压以维持试验压力不变,试验过程中不应带压拧紧紧固件或对受压元件施加外力。

11.4.1.6 耐压试验后所进行的返修,如返修深度大于壁厚一半的压力容器,应重新进行耐压试验。

11.4.1.7 2 个(或 2 个以上)压力室组成的多腔压力容器的耐压试验,应符合 GB/T 4732.1 的规定和设计文件的要求。

11.4.1.8 带夹套压力容器应先进行内筒耐压试验,合格后再焊夹套,然后再进行夹套内的耐压试验。

11.4.2 液压试验

11.4.2.1 试验液体一般采用水,试验合格后应立即将水排尽并用压缩空气将内部吹干;无法完全排尽、吹干时,对存在奥氏体不锈钢、镍及镍合金制元件接触水的压力容器,应控制水的氯离子含量不超过 25 mg/L。

11.4.2.2 需要时,也可采用不会导致危险的其他试验液体,但试验时液体的温度应低于其闪点或沸点,并有可靠的安全措施。

11.4.2.3 试验温度要求如下。

 a) 进行 Q345R、Q370R、Q490R 制压力容器液压试验时,压力容器器壁金属温度和液体温度均不应低于 5 ℃;进行其他非合金钢和低合金钢制压力容器液压试验时,压力容器器壁金属温度和液体温度均不应低于 15 ℃;低温压力容器液压试验的压力容器器壁金属温度和液体温度均不应低于壳体材料和焊接接头的冲击试验温度(取其高者)加 20 ℃。如果由于板厚等因素造成材料无塑性转变温度升高,则应相应提高压力容器器壁金属温度和液体温度。

 b) 当有试验数据支持时,可在较低的温度下进行试验,但试验时应保证压力容器器壁金属温度和液体温度比压力容器器壁金属无塑性转变温度至少高 30 ℃。

11.4.2.4 试验程序和步骤规定如下:

 a) 试验压力容器内的气体应排净并充满液体,试验过程中,应保持压力容器观察表面的干燥;

 b) 当试验压力容器器壁金属温度与液体温度接近时,方可缓慢升压至设计压力,确认无泄漏后继续升压至规定的试验压力,保压时间一般不少于 30 min;然后降至设计压力,保压足够时间进行检查,检查期间压力应保持不变。

11.4.2.5 液压试验的合格标准为:试验过程中,压力容器无渗漏,无可见的变形和异常声响。

11.4.3 气压试验和气液组合压力试验

11.4.3.1 试验所用气体应为干燥洁净的空气、氮气或其他惰性气体;试验液体与液压试验的规定相同。

11.4.3.2 气压试验和气液组合压力试验应有安全措施,试验单位的安全管理部门应派人进行现场监督。

11.4.3.3 试验压力及必要时的强度校核按 GB/T 4732.1 的规定。

11.4.3.4 试验温度应符合下列规定。

    a) 进行 Q345R、Q370R、Q490R 制压力容器试验时,压力容器器壁金属温度和介质温度均不应低于 5 ℃;进行其他非合金钢和低合金钢制压力容器试验时,压力容器器壁金属温度和介质温度均不应低于 15 ℃;进行低温压力容器试验时,压力容器器壁金属温度和介质温度均不应低于壳体材料和焊接接头的冲击试验温度(取其高者)加 20 ℃。如果由于板厚等因素造成材料无塑性转变温度升高,则应相应提高压力容器器壁金属温度和介质温度。

    b) 当有试验数据支持时,可在较低的温度下进行试验,但试验时应保证压力容器器壁金属温度和介质温度比压力容器器壁金属无塑性转变温度至少高 30 ℃。

11.4.3.5 试验时应先缓慢升压至规定试验压力的 10%,保压足够时间,并且对所有焊接接头和连接部位进行初次检查;确认无泄漏后,再继续升压至规定试验压力的 50%;如无异常现象,其后按规定试验压力的 10% 逐级升压,直到试验压力,保压 10 min;然后降至设计压力,保压足够时间进行检查,检查期间压力应保持不变。

11.4.3.6 对于气压试验,压力容器无异常声响,经肥皂液或其他检漏液检查无漏气,无可见的变形;对于气液组合压力试验,应保持压力容器外壁干燥,经检查无液体泄漏后,再以检漏液检查无漏气,且无异常声响,无可见的变形。

11.5 泄漏试验

11.5.1 试验方法

泄漏试验包括气密性试验、氨检漏试验、卤素检漏试验和氦检漏试验,应按设计文件规定的方法和要求进行。

11.5.2 试验时机

作为最终检验项目的泄漏试验,应在压力容器经耐压试验合格后或热气循环试验后进行;作为中间过程检验项目的泄漏试验,应在被检件局部结构制造完成后、流转到下道工序前进行,具体由设计文件规定。但不应以中间过程的泄漏试验替代最终检验的泄漏试验。

11.5.3 气密性试验

11.5.3.1 气密性试验所用气体应符合 11.4.3.1 的规定。

11.5.3.2 气密性试验压力为压力容器的设计压力。

11.5.3.3 试验时压力应缓慢上升,达到规定压力后保持足够长的时间,对所有焊接接头和连接部位进行泄漏检查。小型压力容器亦可浸入水中检查。

11.5.3.4 试验过程中,无泄漏合格;如有泄漏,应在修补后重新进行试验。

11.5.3.5 气密性试验的其他要求应符合 NB/T 47013.8 的规定。

11.5.4 氨检漏试验

11.5.4.1 氨检漏试验可选用充入 1%(体积分数)氨气法、充入 10%~30%(体积分数)氨气法或充入 100%氨气法。

GB/T 4732.6—2024

11.5.4.2 氨检漏试验的试验方法及合格判定按 NB/T 47013.8 的规定。

11.5.4.3 氨介质环境下具有应力腐蚀倾向的压力容器不宜采用氨检漏试验。

11.5.4.4 进行氨检漏试验时,应采取必要的防护措施,避免爆炸危险及对人体和环境的伤害。

11.5.5 卤素检漏试验

11.5.5.1 卤素检漏试验的试验方法及合格判定按 NB/T 47013.8 的规定。

11.5.5.2 当卤素检漏介质对压力容器材质产生腐蚀或压力容器中不准许有微量卤素检漏介质存在时,不应采用卤素检漏试验。

11.5.6 氦检漏试验

11.5.6.1 氦检漏试验可选用吸枪法、示踪探头法或护罩法。

11.5.6.2 吸枪法、示踪探头法或护罩法的试验方法及合格判定应分别符合 NB/T 47013.8 的规定。

11.5.7 泄漏率指标

盛装一般介质的压力容器,泄漏率宜小于 $10^{-3}\,\mathrm{Pa \cdot m^3/s}$;盛装毒性为极度或高度危害介质的极高价值介质的压力容器,泄漏率宜小于 $10^{-5}\,\mathrm{Pa \cdot m^3/s}\sim10^{-7}\,\mathrm{Pa \cdot m^3/s}$。

12 热气循环试验

12.1 通用要求

12.1.1 当设计文件要求时,复合板制压力容器、衬里压力容器应进行热气循环试验。

12.1.2 热气循环试验应在耐压试验合格后、最终泄漏试验前进行。

12.2 热气循环试验的操作

12.2.1 热气循环试验一般采用干燥洁净的空气、氮气或其他惰性气体作为试验介质。

12.2.2 热气循环试验可取设计温度与设计压力组合或操作压力与操作温度组合作为试验参数;升压、升温和降压、降温顺序及速率宜按压力容器操作要求确定。其中,升温、降温速率宜不低于压力容器操作要求。对多腔压力容器,应按试验时覆层或衬里的应力与操作时的应力相当的原则确定试验参数。

12.2.3 热气循环试验宜按如下步骤进行(如图16):

　　a) 先将试验压力容器按规定的升温速率,升温至试验温度,保温规定的时间;

　　b) 再按规定的升压速率,向试验压力容器充入试验介质,升压至试验压力;

　　c) 在试验压力、试验温度下保持规定的时间;

　　d) 先按规定的降压速率,泄放试验介质至常压(或微正压);

　　e) 再按规定的降温速率,将试验压力容器降温至室温。降温过程中,压力容器内不应形成负压对结构造成损伤。

12.2.4 当设计文件有规定时,可重复12.2.3试验步骤进行多次循环。

12.2.5 热气循环试验完成后,应按设计文件要求对复合板的覆层、衬里表面及其焊接接头进行表面检测和/或泄漏试验。对发现的缺陷和泄漏部位应进行必要的补焊,并对该部位采用原检测方法进行表面检测和/或泄漏试验,直至合格。

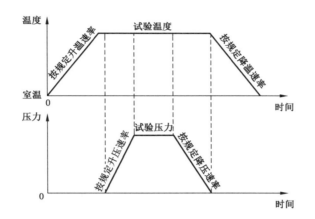

图 16 热气循环试验过程中压力、温度控制示意图

13 压力容器出厂要求

13.1 出厂资料

13.1.1 制造单位应向压力容器采购方提供出厂资料;对压力容器使用有特殊要求时,还应提供使用说明书。

13.1.2 压力容器出厂资料至少应包括以下内容:

 a) 压力容器竣工图样;

 b) 压力容器产品合格证(含产品数据表);

 c) 产品质量证明文件(含主要受压元件材质证明书、材料清单、外购的封头和锻件等的质量证明文件、质量计划或检验计划、外观及几何尺寸检查报告、焊接记录、无损检测报告、热处理报告及自动记录曲线、耐压试验报告及泄漏试验报告、与风险预防和控制相关的制造文件、现场组焊压力容器的组焊和质量检验技术资料等;对真空绝热压力容器,还包括封口真空度、真空夹层泄漏率、静态蒸发率等检测结果);

 d) 产品铭牌的拓印件或者复印件;

 e) 特种设备制造监督检验证书(对需监督检验的压力容器);

 f) 压力容器设计文件。

所有文件的电子文档应采用光盘或其他电子介质存储,随纸质出厂资料一并提供。

13.1.3 压力容器出厂资料的保存期限不应少于压力容器设计使用年限。

13.2 产品铭牌

13.2.1 压力容器铭牌应牢固固定于明显的位置,压力容器的铭牌不应直接铆固在壳体上。

13.2.2 铭牌应至少包括如下内容:

 a) 产品名称;

 b) 制造单位名称;

 c) 制造单位许可证编号/许可级别;

 d) 产品标准;

 e) 主体材料;

 f) 介质名称/组分;

 g) 设计温度;

h) 设计压力；

i) 耐压试验压力；

j) 产品编号或产品批号；

k) 设备代码；

l) 制造日期；

m) 压力容器类别/级别；

n) 压力容器自重；

o) 容积；

p) 换热面积（对于热交换器）。

13.3 压力容器的涂敷与运输包装

压力容器的涂敷与运输包装除符合 NB/T 10558 的规定外，附加要求如下。

a) 表面除锈

1) 压力容器的非合金钢、低合金钢外表面应在出厂前进行表面除锈；当设计文件要求时，非合金钢、低合金钢制压力容器及其连接件的内表面也应在出厂前进行表面除锈。

2) 表面除锈可选用喷砂、喷丸、手工或动力工具打磨等方法进行。

3) 除锈后的钢材表面至少应达到 GB/T 8923.1 规定的 St2 级或 Sa2 级的要求。

b) 酸洗钝化处理

1) 当设计文件要求时，可对非合金钢、低合金钢、高合金钢制压力容器以及复合板的覆层、衬里、堆焊层表面进行酸洗钝化处理。

2) 酸洗钝化处理可选用酸洗液、钝化液浸泡或刷涂酸洗钝化膏的方法进行。

3) 酸洗钝化处理后，应立即用清水将处理后的表面冲洗干净。酸洗钝化处理效果按设计文件要求进行检验和验收。

4) 经酸洗钝化处理后的压力容器及其受压元件表面，不应再进行任何有可能损伤钝化膜的操作，否则应重新进行酸洗钝化处理。

c) 喷丸处理

若设计文件要求时，可对压力容器及其受压元件表面进行喷丸处理，设计单位宜在设计文件中对喷丸处理所采用的丸粒材料、粒径、喷丸动力作出规定。

d) 抛光处理

若设计文件要求时，应按其要求对压力容器及其受压元件表面进行抛光处理。

e) 分片或分段出厂压力容器

1) 制造单位应在出厂前进行分片或分段出厂压力容器的预组装，经检验合格后，应对预组装确定的对应位置进行标识。

2) 现场组焊的对接焊接接头的坡口由制造单位加工、检验和清理，并在坡口及内、外两侧母材表面至少 50 mm 范围内涂敷可焊性防锈涂料加以保护。

3) 制造单位应采取措施防止分片或分段出厂压力容器在运输过程中的变形，保证组装后的压力容器能够达到设计文件要求的几何尺寸和形位公差。

附　录　A
（规范性）
锻焊压力容器的制造、检验和验收附加要求

A.1　概述

本附录规定了锻焊压力容器的制造、检验和验收的附加要求。

A.2　材料

A.2.1　锻焊压力容器壳体应采用Ⅳ级锻件,其他受压元件应采用不低于Ⅲ级锻件。

A.2.2　锻焊压力容器用锻件的杂质元素含量应控制。其中,低合金钢锻件的 $P\leqslant0.020\%$、$S\leqslant0.010\%$。

A.2.3　Ⅳ级锻件主截面部分的锻造比不应小于3.5,且锻件各向锻造比接近,并宜锻至接近成品零件的形状和尺寸。

A.2.4　出厂热处理状态为淬火＋回火的锻件,应保证锻件全截面淬透。

A.2.5　设计压力大于 35 MPa 的压力容器主要受压元件锻件,应附加断裂韧性要求,其取样方法、合格指标等按设计文件要求。

A.3　材料复验

A.3.1　外购的Ⅳ级锻件应按相应的标准对化学成分和力学性能进行复验。

A.3.2　设计压力大于 35 MPa 的压力容器外购的主要受压元件锻件,应按设计文件要求进行复验。

A.3.3　材料复验试样应从锻件的延长段或开孔位置截取,截取的试样应经历与所代表锻件相同的热过程。

A.4　成形与组装

A.4.1　成形

A.4.1.1　封头若采用热冲压成形,则成形道次不宜超过 2 次。

A.4.1.2　成形后的封头宜采用机加工方法对封头端面的内、外表面圆周进行加工,使之圆滑过渡,并保证制造公差。

A.4.2　组装

A.4.2.1　待焊部件的相互组装、对准可采用拉杆、千斤顶、连接板、定位焊或其他工具、措施,并在焊接时保持其位置。

A.4.2.2　压力容器 A 类、B 类焊接接头对口错边量(b)不应大于对口处钢材厚度(δ_s)的 1/8,且不大于 5 mm。

A.4.2.3　筒节加工后应检查壳体的直径,同一断面上最大内径与最小内径之差,不应大于该断面内径(D_i)的 1‰。

A.5　焊接

A.5.1　焊接材料

A.5.1.1　每炉或每批焊条、每批焊丝以及每一种焊丝和焊剂组合的熔敷金属均应进行化学成分复验和

脱渣、焊缝成形等工艺性试验。若设计文件要求,还应进行力学性能复验(包括常温拉伸、高温拉伸、冲击和冷弯),试样的热处理状态和复验结果应符合相应的标准或设计文件的规定。

A.5.1.2 Fe-5A 类及 Fe-5C 类钢所选用的焊接材料应保证用相应方法焊成的接头的拉伸、弯曲、冲击等性能满足母材力学性能的要求。对埋弧焊,熔敷金属中主要合金元素应来自焊丝;对手工焊条电弧焊,熔敷金属中主要合金元素宜来自焊芯。

A.5.1.3 与壳体相焊的附件宜选用与壳体同类材料,且宜采用同类型焊接材料进行焊接。

A.5.2 焊接工艺

A.5.2.1 若设计温度高于 350 ℃,焊接工艺评定时应进行高温拉伸试验和回火脆性评定试验,试验要求由设计文件规定。其中,高温拉伸试验按 GB/T 228.2 进行,试验温度为设计温度。

A.5.2.2 Fe-4-2 组、Fe-5A 类及 Fe-5C 类材料的焊接工艺评定试件应进行模拟最大程度焊后热处理和模拟最小程度焊后热处理。

A.5.2.3 中间消除应力热处理和后热处理要求如下。

  a) 压力容器及其受压元件的后热处理应在施焊完毕立即进行;若施焊完毕随即进行中间消除应力热处理或焊后热处理,可免做后热处理。其中,Fe-5A 类、Fe-5C 类材料的封头拼接焊接接头、接管与壳体连接的焊接接头仅应进行中间消除应力热处理。

  b) 中间消除应力热处理和后热处理的工艺参数见表 A.1。

表 A.1 常见材料中间消除应力热处理、后热处理工艺推荐参数

材料	中间消除应力热处理		后热处理	
	温度	时间	温度	时间
Fe-1-2	580 ℃～620 ℃	2 h～4 h	250 ℃～350 ℃	2 h～4 h
Fe-3-2、Fe-3-3	580 ℃～620 ℃	2 h～4 h	250 ℃～350 ℃	2 h～4 h
Fe-4-1、Fe-4-2、Fe-5A	600 ℃～640 ℃	2 h～4 h	300 ℃～350 ℃	2 h～4 h
Fe-5C(12Cr2Mo1V)	650 ℃～680 ℃	4 h～6 h	350 ℃～400 ℃	4 h～6 h

A.6 热处理

A.6.1 进行焊后热处理和中间消除应力热处理时,应采取措施防止工件产生再热裂纹。

A.6.2 含奥氏体不锈钢、镍及镍合金堆焊层的压力容器及其受压元件,其焊后热处理的时机和规范的选择应能保证堆焊层的性能符合设计文件的要求。

A.7 试件与试样

A.7.1 若压力容器只有 B 类焊接接头,或 B 类焊接接头采用与 A 类焊接接头不同的焊接工艺施焊,且制造单位无成功的制造案例时,应在施焊前对该焊接工艺制备 B 类焊接接头鉴证环。

A.7.2 制备 B 类焊接接头鉴证环的锻件级别应与压力容器相同。

A.7.3 采用锻造板坯成形的封头,优先在成形封头的端部或开孔处截取试件。

A.8 无损检测

A.8.1 压力容器的 A 类、B 类焊接接头应进行 100％射线或超声检测并符合表 5 的规定。

A.8.2 压力容器的 A 类、B 类、C 类、D 类、E 类焊接接头应在最终焊后热处理前、后按 NB/T 47013.4 或 NB/T 47013.5 进行 100％表面检测,Ⅰ级合格。

附　录　B

（规范性）

套合压力容器的制造、检验和验收附加要求

B.1　概述

本附录规定了套合压力容器的制造、检验和验收的附加要求。

B.2　套合工艺选择

B.2.1　套合工艺可采用高于室温的热套合、低于室温的冷套合以及冷热组合套合。其中,筒体制造不应采用冷套合和冷热组合套合工艺,且冷套合、冷热组合套合工艺中只准许冷却奥氏体型不锈钢、镍及镍合金制套合件。

B.2.2　设计压力不大于 35 MPa 的压力容器,可采用套合面未经机加工的圆筒热套合,套合后应进行释放套合应力的热处理;设计压力大于 35 MPa 的压力容器,应采用套合面经机加工的圆筒热套合。

B.3　制造

B.3.1　单层圆筒及套合件的制造

B.3.1.1　套合面不进行机加工的单层圆筒及套合件的制造满足下列要求。

    a)　单层圆筒成形后沿其轴向分上、中、下 3 个断面测量内径。同一断面最大内径与最小内径之差不应大于该圆筒内径的 0.5%。

    b)　单层圆筒的直线度用不小于圆筒长度的直尺检查。将直尺沿轴向靠在筒壁上,直尺与筒壁之间的间隙不大于 1.0 mm。

    c)　单层圆筒的 A 类焊接接头表面均应进行机加工或修磨,不准许保留余高、错边、咬边,并使接头区的圆度和圆筒轮廓一致。用弦长等于该单层圆筒内径 1/3 且不小于 300 mm 的内样板或外样板进行检查,形成的棱角(E)应符合表 B.1 的规定。

表 B.1　套合面不进行机加工的单层圆筒棱角允差

棱角(E) mm	≥1.5	<1.5～1.25	<1.25～1.0	<1.0～0.75	<0.75～0.5	<0.5～0.2	<0.2
A	0	3	4	5	6	7	不计

注：$A = \dfrac{棱角\ E\ 的弧长}{套合面圆周长} \times 100$。

B.3.1.2　套合面进行机加工的单层圆筒及套合件,其尺寸、外观及形状和位置偏差应按设计文件规定。

B.3.1.3　套合面的过盈量应按设计文件规定,确定过盈量时应同时考虑操作状态下套合件间热膨胀差异的影响,防止内层套合件的失稳。

B.3.2　套合操作

B.3.2.1　套合操作前应对各套合件进行喷砂或喷丸处理,清除铁锈、油污及影响套合面贴合的杂物。

B.3.2.2　套合温度的选择,应以不影响材料的性能为准,并在设计文件中标明。套合应靠套合件的自重自由套入,不应强力压入。

B.3.2.3 采用热套合工艺的加热推荐按 8.3.10 中的相关要求进行;采用冷套合工艺的冷却介质宜选用液态二氧化碳或液氮。

B.3.2.4 套合过程中,应将各套合件的 A 类接头互相错开,错开角度不小于 30°。

B.3.3 套合的其他要求

B.3.3.1 除接触介质的内层外,每个套合件上应按设计文件要求加工检漏孔。

B.3.3.2 套合圆筒两端坡口加工后,用塞尺检查套合面间隙,间隙径向尺寸在 0.2 mm 以上的任何一块间隙面积不应大于套合面面积的 0.4%;径向尺寸大于 1.5 mm 的间隙应进行焊补。

> 注:间隙径向尺寸即指间隙处塞入的最大塞尺厚度;间隙面积即指间隙沿圆周轴向的深度与间隙弧长的乘积。

B.3.3.3 套合面不进行机加工的套合后的筒节及套合后的受压元件应作消除应力热处理,这一工序允许和焊后消除应力热处理合并进行。

B.3.3.4 套合压力容器壳体各单层圆筒应制作产品焊接试件。

B.3.4 无损检测

B.3.4.1 压力容器的 A 类、B 类焊接接头应进行 100%射线或超声检测并符合表 5 的规定。

B.3.4.2 压力容器的 A 类、B 类、C 类、D 类、E 类焊接接头应按 NB/T 47013.4 或 NB/T 47013.5 进行 100%表面检测,Ⅰ级合格。

B.3.4.3 套合前,套合件上的焊接接头应进行全部(100%)射线或超声检测。

B.3.4.4 每套合一层后,套合件上所有可检测的受压元件焊接接头均应进行 100%表面检测。

B.3.4.5 耐压试验后,所有可检测的受压元件上的焊接接头均应进行 100%表面检测。

附 录 C

（规范性）

多层包扎压力容器的制造、检验和验收附加要求

C.1 概述

本附录规定了多层包扎压力容器（含多层筒节包扎压力容器和多层整体包扎压力容器）的材料、制造、检验和验收的附加要求。

C.2 材料

C.2.1 内筒材料

对用于制造内筒的钢板规定如下：

a) 宜选用非合金钢、标准抗拉强度下限值不大于 540 MPa 的低合金钢钢板及以这些材料为基层的复合板；

b) 多层筒节包扎压力容器的内筒厚度宜不大于所用材料需进行焊后热处理的最大厚度；

c) Q245R、Q345R 和 GB/SA-516 Gr.70 钢板应在正火状态下使用，其他钢板按标准规定的交货状态使用；

d) 钢板逐张按 NB/T 47013.3 规定的方法进行超声检测，合格级别不低于 Ⅰ 级；

e) 钢板应按热处理批进行拉伸试验、冲击试验，试样取自钢板厚度 $t/2$ 处，试验方法、合格指标应符合材料标准或设计文件的要求；

f) 复合板的级别应为 NB/T 47002.1、NB/T 47002.2 规定的 1 级。

C.2.2 层板

对用于制造层板的钢板规定如下：

a) 宜选用非合金钢、标准抗拉强度下限值不大于 540 MPa 的低合金钢钢板，不宜使用开平板；

b) 厚度不应大于所用材料需进行焊后热处理的最大厚度。

C.2.3 封头

对用于制造封头的钢板规定如下：

a) 可选用非合金钢、低合金钢钢板及以这些材料为基层的复合板；

b) Q245R、Q345R 和 GB/SA-516 Gr.70 钢板应在正火状态下使用，其他钢板按标准规定的交货状态使用；

c) 钢板逐张按 NB/T 47013.3 规定的方法进行超声检测，合格级别不低于 Ⅰ 级；

d) 复合板的级别为 NB/T 47002.1、NB/T 47002.2 规定的 1 级。

C.2.4 锻件

主要受压元件使用的锻件应为 Ⅳ 级锻件，其他受压元件使用的锻件不应低于 Ⅲ 级。

C.3 多层整体包扎压力容器的端部结构

多层整体包扎压力容器的筒体端部、封头或平盖的端面应加工成阶梯形（见图 C.1），与内筒连接的

台阶最小宽度(L)通过计算确定,一般不小于 20 mm;与层板连接的台阶宽度(b)根据坡口间隙、焊接热影响区宽度确定。

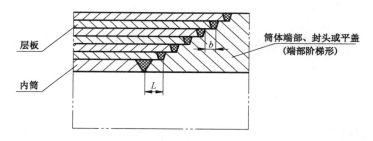

图 C.1　端面阶梯示意图

C.4　成形

C.4.1　内筒筒节

C.4.1.1　成形允差应符合表 C.1 的规定。

表 C.1　内筒筒节成形允差

成形允差		
A 类焊接接头的对口错边量 b (见图 3)	A 类焊接接头处形成的棱角 E (见图 5)	同一断面上最大直径与最小直径之差 (见图 10)
≤1.0 mm	≤1.5 mm	≤0.4%D_i,且≤5 mm

C.4.1.2　外圆周长的允差应小于或等于 3‰,且不大于 3 mm。

C.4.1.3　筒节最短长度不应小于 500 mm。

C.4.1.4　焊缝表面不应有咬边。

C.4.1.5　A 类焊接接头外表面应进行加工或修磨,使之与母材表面圆滑过渡。

C.4.2　封头

封头的形状和尺寸除符合 GB/T 150.4、GB/T 25198 的规定外,端口最大内径与最小内径之差不应大于封头内径 D_i 的 0.4%,且不大于 5 mm。

C.5　组装与焊接

C.5.1　多层整体包扎压力容器的内壳

C.5.1.1　多层整体包扎压力容器的内壳由内筒体、筒体端部、封头或平盖等组焊制成,内筒体由内筒筒节组焊制成。

C.5.1.2　内筒体筒节之间的 B 类焊接接头对口错边量(b)不应大于 1.5 mm(见图 3);内筒体与筒体端部、封头或平盖之间的 B 类焊接接头对口错边量(b)不应大于 1.0 mm(见图 C.2)。

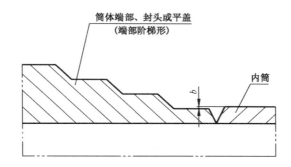

图 C.2 内筒与筒体端部、封头或平盖的对口错边量示意图

C.5.1.3 内壳的环向焊接接头在轴向形成的棱角（E）不应大于 1.5 mm（见图 6）。

C.5.1.4 内筒任意 3 000 mm 长筒体直线度偏差应小于或等于 3 mm,内筒筒体总的直线度允差不应大于内筒长度的 0.1%,且不大于 6 mm。

C.5.1.5 内筒长度不大于 10 000 mm 时,长度允差为 ±15 mm;内筒长度大于 10 000 mm 时,长度允差为 ±20 mm。

C.5.1.6 所有内壳焊缝表面不应有咬边。

C.5.1.7 内壳的 A 类、B 类焊接接头外表面应进行加工或修磨,使之与母材表面圆滑过渡。

C.5.2 多层筒节包扎压力容器的壳体

C.5.2.1 多层筒节包扎压力容器的壳体由多层筒体、筒体端部、封头或平盖等组焊制成,多层筒体由多层包扎筒节组焊制成。

C.5.2.2 多层包扎筒节两端坡口加工后,应对坡口端面进行封焊;壳体环向的 A 类或 B 类焊接接头对口错边量（b）不应大于 3 mm（见图 C.3）。

C.5.2.3 筒体长度不大于 10 000 mm 时,长度允差为 ±15 mm;筒体长度大于 10 000 mm 时,长度允差为 ±20 mm。

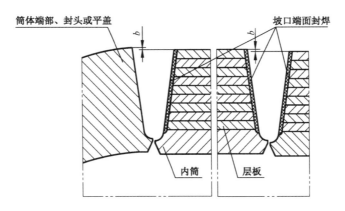

图 C.3 壳体的深环向 A 类或 B 类焊接接头的对口错边量示意图

C.5.3 层板包扎

C.5.3.1 多层包扎压力容器一般采用钢丝绳捆扎拉紧装置和钳式夹紧装置进行层板的包扎。当采用钳式夹紧装置进行层板包扎时,设计计算应校核层板上开设的包扎工艺排孔对筒体强度的削弱。

C.5.3.2 层板包扎应在内筒筒节或内壳所有检验项目合格后进行。包扎前,应清除内筒、已包扎和待包扎表面的铁锈、油污和其他影响贴合的杂物。

C.5.3.3 多层筒节包扎压力容器的层板,在筒节长度方向(层板宽度方向)上不准许拼接;多层整体包扎压力容器层板的最小宽度不应小于 500 mm。

C.5.3.4 多层筒节包扎压力容器每层层板(n 为层板序号)的纵向焊接接头在圆周上均匀分布,逐层相错角按图样规定(见图 C.4);多层整体包扎压力容器每层层板的纵向焊接接头应均匀错开,相邻层板的纵向焊接接头错开夹角 α,不应小于图样给出的错开角度(见图 C.5)。多层筒节包扎和多层整体包扎压力容器任意两层层板之间及内筒与相邻层板之间的纵向焊接接头中心之间的外圆弧长不应小于 100 mm。

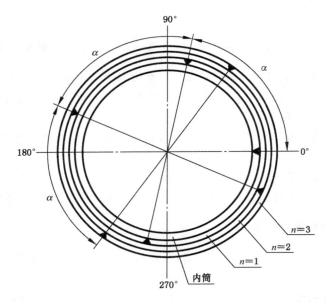

图 C.4　内筒及每层层板纵向焊接接头逐层相错示意图

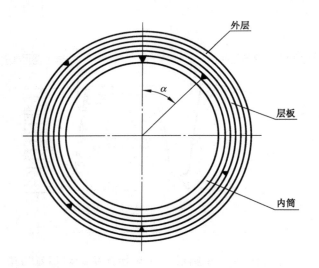

图 C.5　内筒及每层层板纵向焊接接头均匀相错示意图

C.5.3.5 多层整体包扎压力容器内筒的环向焊接接头及各层层板的环向焊接接头应相互错开,且内筒和层板与相邻层的环向焊接接头中心之间的最小距离(L_{min})不应小于 100 mm(见图 C.6)。

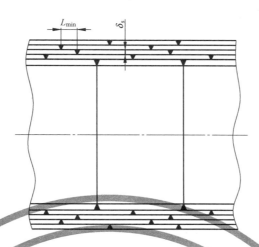

图 C.6 各层板及内筒所有环向焊接接头位置错开示意图

C.5.3.6 多层整体包扎压力容器的各层层板与筒体端部、封头或平盖之间的焊接接头对口错边量(b)均不应大于 0.8 mm(见图 C.7)。

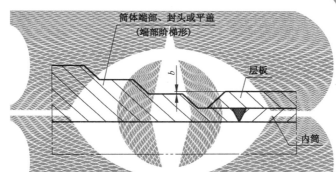

图 C.7 层板与筒体端部、封头或平盖 C 类焊接接头对口错边量示意图

C.5.3.7 包扎下一层层板前,应将前一层焊缝修磨平滑,与母材表面圆滑过渡。

C.5.3.8 层板之间的焊接接头以及多层整体包扎压力容器层板与筒体端部、封头或平盖之间的焊接接头修磨后应进行外观目视检查,不应存在裂纹、未熔合、咬边和密集气孔。

C.5.3.9 层板包扎后应进行松动面积检查。对内筒内径(D_i)不大于 1 000 mm 的压力容器,每一松动部位,沿环向长度不应超过 30%D_i,沿轴向长度不应超过 600 mm;对内筒内径(D_i)大于 1 000 mm 的压力容器,每一松动部位,沿环向长度不应超过 300 mm,沿轴向长度不应超过 600 mm。

C.5.3.10 层板拉紧或夹紧后应进行端面径向间隙检查。层板端面的任意处的径向间隙(h)不应大于 1.5 mm,且层板端面径向间隙(h)大于或等于 0.25 mm 的弧长之和所导致的间隙面积(A_s)不应大于 $25\delta_s$(见图 C.8);每层层板端面间隙超过 0.25 mm 的长度总和不应超过压力容器的内直径 D_i。

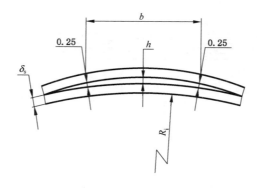

标引符号说明：

h——径向间隙，单位为毫米(mm)；

b——径向间隙大于或等于 0.25 mm 的弧长之和，单位为毫米(mm)；

R_i——径向间隙处压力容器半径，单位为毫米(mm)；

δ_s——层板投料厚度，单位为毫米(mm)。

间隙面积计算：$A_s \approx 2bh/3$，单位为平方毫米(mm^2)。

图 C.8　层板端面径向间隙

C.5.3.11　多层筒节包扎压力容器筒节的每张层板、多层整体包扎压力容器筒体的每层层板筒节均应按设计文件要求加工检漏孔。

C.6　热处理

C.6.1　多层筒节包扎压力容器的非合金钢和低合金钢制内筒筒节，其 A 类焊接接头应在层板包扎前进行焊后热处理；当内筒筒节厚度超过需进行焊后热处理的厚度时，设计文件中应明确提出避免内筒环向焊接接头焊后热处理的技术措施以及避免层板与内筒直接相焊的技术措施。

C.6.2　多层整体包扎压力容器的非合金钢和低合金钢制内筒筒节，当厚度不超过需进行焊后热处理的厚度时，其 A 类焊接接头应在内筒组焊前进行焊后热处理；当内筒筒节厚度超过需进行焊后热处理的厚度时，应对内壳进行焊后热处理，设计文件中应明确提出避免层板与内筒直接相焊的技术措施。

C.6.3　多层整体包扎压力容器内筒与筒体端部、封头或平盖之间的 B 类焊接接头，焊后热处理按GB/T 150.4 的规定；设计文件中应明确提出避免层板与筒体端部、封头或平盖之间的焊接接头焊后热处理的技术措施。

C.6.4　需要单独进行焊后热处理的多层包扎压力容器的筒体端部、封头或平盖等，热处理应在与多层包扎筒体或内筒组焊前进行。

C.6.5　多层包扎筒体上接管的 A 类、D 类焊接接头，应按设计文件规定的技术措施避免焊后热处理。

C.6.6　多层筒节包扎压力容器壳体的深环向焊接接头，焊接后可不作焊后热处理，但设计文件应明确提出不进行焊后热处理的技术措施。

C.7　试件与试样

C.7.1　多层筒节包扎压力容器的内筒和层板均应制备产品焊接试件，层板的焊接试件在某一层纵向接头(C 类)的延长部位焊制，在试件的焊缝根部应垫上与层板同材料、同厚度的垫板。

C.7.2　多层整体包扎压力容器的内筒应制备产品焊接试件。

C.8　无损检测

C.8.1　射线检测或衍射时差法超声检测(TOFD)、相控阵超声检测(PAUT)

下列焊接接头应进行全部(100%)射线检测或衍射时差法超声检测(TOFD)、相控阵超声检测

（PAUT）：

    a)   多层筒节包扎压力容器内筒筒节的 A 类焊接接头；

    b)   多层整体包扎压力容器内壳的 A 类和 B 类焊接接头；

    c)   多层筒节包扎压力容器的深环向 A 类和 B 类焊接接头；

    d)   层板的拼接接头。

射线检测按 NB/T 47013.2,检测技术等级不低于 AB 级,合格级别为 Ⅱ 级；衍射时差法超声检测（TOFD)按 NB/T 47013.10,检测技术等级为 B 级,合格级别为 Ⅱ 级；相控阵超声检测（PAUT)按 NB/T 47013.15,检测技术等级为 B 级,合格级别为 Ⅰ 级。

C.8.2 超声检测

下列焊接接头应进行全部(100%)超声检测：

    a)   多层整体包扎压力容器各层层板与筒体端部、封头或平盖连接的焊接接头；

    b)   多层整体包扎压力容器最外层层板的纵向、环向焊接接头；多层筒节包扎压力容器最外层层板的纵向焊接接头。

超声检测按 NB/T 47013.3,检测技术等级为 B 级,合格级别为 Ⅰ 级。

C.8.3 表面检测

下列焊接接头应对其表面进行 100% 磁粉或渗透检测：

    a)   材料标准抗拉强度下限值大于 540 MPa 的多层包扎压力容器层板 C 类焊接接头；

    b)   D 类焊接接头；

    c)   封焊或堆焊表面；

    d)   复合板的覆层焊接接头；

    e)   缺陷修磨或补焊处；

    f)   卡具、临时附件等拆除处；

    g)   最外层层板的 C 类焊接接头。

磁粉检测按 NB/T 47013.4,合格级别为 Ⅰ 级；渗透检测 NB/T 47013.5,合格级别为 Ⅰ 级。铁磁性材料的表面检测应优先采用磁粉检测。

GB/T 4732.6—2024

附　录　D
（规范性）
钢带错绕压力容器的制造、检验和验收附加要求

D.1　概述

本附录规定了内直径不小于 500 mm 的钢带错绕压力容器的制造、检验和验收的附加要求。

D.2　内壳制造与钢带缠绕

D.2.1　钢带错绕压力容器内筒筒节和内壳的制造、热处理、试件制备与试样检验以及无损检测应符合附录 C 中对多层整体包扎压力容器内筒筒节和内壳的相关规定。

D.2.2　钢带错绕压力容器的内壳制造完成后，应按设计文件要求进行内壳泄漏试验并合格。泄漏试验的压力不应大于公式（D.1）的计算值。

$$p_{Ti} = S_{mi} \frac{\delta_i}{R_i} \quad\quad\quad\quad\quad\quad (D.1)$$

式中：

p_{Ti}——内筒耐压试验压力，单位为兆帕（MPa）；

S_{mi}——试验温度下内筒材料的许用应力，单位为兆帕（MPa）；

δ_i——内筒名义壁厚，单位为毫米（mm）；

R_i——压力容器圆筒内半径，单位为毫米（mm）。

D.2.3　钢带缠绕要求如下。

a) 钢带缠绕应在内壳所有检验项目合格后进行。缠绕钢带前，应将内筒、钢带外表面的铁锈、油污及影响贴合的杂物清除干净。

b) 各层钢带应按设计文件规定的缠绕倾角和预拉应力进行缠绕，并记录测力装置读数。缠绕钢带过程中，应实测并记录各层钢带的实际厚度，并确保各层钢带的实际厚度总和大于钢带层设计厚度。否则，应增加钢带层数。

c) 同层钢带中，相邻钢带间距应均匀分布且小于 3 mm，不应因间距不均匀而切割钢带侧边。

d) 每层钢带缠绕后应进行松动面积检查，每根钢带上的松动面积不应超过该钢带总面积的 15%。

e) 每层钢带的始、末两端应与前一层贴合，并通过焊接钢带端部长度不小于 2 倍钢带宽度的带间间距使之得到加强与箍紧。每层钢带端部焊缝均应修磨平整，并用不小于 5 倍的放大镜对焊缝进行外观检查，不应有咬边、密集气孔、夹渣、裂纹等缺陷。按疲劳分析设计压力容器、设计压力大于 35 MPa 压力容器还应对钢带的所有焊接接头进行 100%表面检测

f) 钢带可作 45°切边对接拼接，拼接钢带长度不应小于 500 mm，每根钢带拼接至多 1 处，每一缠绕钢带层的钢带拼接不应多于 3 处。钢带拼接接头应采用全熔透结构，并应按 NB/T 47014 进行焊接工艺评定，拼接接头应进行 100%表面检测，并修磨与钢带平齐。

D.3　耐压试验和泄漏试验

D.3.1　钢带错绕压力容器耐压试验时，还应测量以下三个部位的圆筒周长：距最外层钢带左端焊缝 800 mm 处、距最外层钢带右端焊缝 800 mm 处、筒体中部。试验过程中取两组测量值，第一组取自耐压试验前、零压力状态下 3 个部位的测量值；第二组取自耐压试验中，达到规定试验压力并至少保压

5 min 后 3 个部位的测量值。计算 3 个部位周长实测伸长量的平均值(e_m),并与按公式(D.2)计算所得的相同尺寸单层圆筒周向伸长量理论计算值(e_{th})进行比较,e_m 和 e_{th} 之比为 0.6～1.0 为合格。

$$e_{th}=\frac{10.68R_o P_T R_i^2}{E_m(R_o^2-R_i^2)} \quad\cdots\cdots\cdots\cdots\cdots\cdots\cdots\cdots\cdots\cdots\cdots\cdots(D.2)$$

式中:

e_{th} ——耐压试验压力下,与绕带筒体尺寸相同的单层圆筒周向伸长量理论计算值,单位为毫米(mm);

R_o ——压力容器圆筒外半径,单位为毫米(mm);

P_T ——压力容器耐压试验压力,单位为兆帕(MPa);

R_i ——压力容器圆筒内半径,单位为毫米(mm);

E_m ——试验温度下材料的弹性模量,单位为兆帕(MPa)。

D.3.2 钢带错绕压力容器的最终泄漏试验按设计文件要求进行。

D.4 保护

钢带错绕压力容器在耐压试验和泄漏试验合格后,应按设计文件要求加焊外保护壳。